Werner Gleißner

Future Value

Werner Gleißner

Future Value

12 Module für eine strategische
wertorientierte Unternehmensführung

Bibliografische Information Der Deutschen Bibliothek
Die Deutsche Bibliothek verzeichnet diese Publikation in der Deutschen Nationalbibliografie;
detaillierte bibliografische Daten sind im Internet über <http://dnb.ddb.de>abrufbar.

1. Auflage 2004

Alle Rechte vorbehalten
© Betriebswirtschaftlicher Verlag Dr. Th. Gabler/GWV Fachverlage GmbH, Wiesbaden 2004

Lektorat: Ulrike M. Vetter

Der Gabler Verlag ist ein Unternehmen von Springer Science+Business Media.

www.gabler.de

Das Werk einschließlich aller seiner Teile ist urheberrechtlich geschützt. Jede Verwertung außerhalb der engen Grenzen des Urheberrechtsgesetzes ist ohne Zustimmung des Verlags unzulässig und strafbar. Das gilt insbesondere für Vervielfältigungen, Übersetzungen, Mikroverfilmungen und die Einspeicherung und Verarbeitung in elektronischen Systemen.

Die Wiedergabe von Gebrauchsnamen, Handelsnamen, Warenbezeichnungen usw. in diesem Werk berechtigt auch ohne besondere Kennzeichnung nicht zu der Annahme, dass solche Namen im Sinne der Warenzeichen- und Markenschutz-Gesetzgebung als frei zu betrachten wären und daher von jedermann benutzt werden dürften.

Gedruckt auf säurefreiem und chlorfrei gebleichtem Papier.

Umschlaggestaltung: Nina Faber de.sign, Wiesbaden
Satz: Fotosatz L. Huhn, Maintal
Druck und Bindung: Wilhelm & Adam, Heusenstamm
Printed in Germany
ISBN 3-409-11698-2

Vorwort

Unter den heutigen turbulenten Umfeld- und Wettbewerbsbedingungen wird die Zukunftssicherung zu einer immer schwierigeren Herausforderung für die Unternehmer. Ein adäquates Navigations- und Steuerungsinstrumentarium, das hilft, diese Herausforderung zu bestehen, haben viele mittelständische Unternehmen jedoch noch nicht aufgebaut. Natürlich findet man gerade bei erfolgreichen Unternehmen leistungsfähige Controllingsysteme, kompetente Mitarbeiter und eine Unternehmensführung, die ihre Leistungsfähigkeit durch ihre bisherigen Erfolge belegen kann. Doch durch einen integrierten Unternehmensführungsansatz, der bewährte betriebswirtschaftliche Instrumente einbezieht und verbindet, können selbst erfolgreiche Unternehmen noch erfolgreicher werden und die Basis dafür schaffen, auch den Herausforderungen der Zukunft gerecht zu werden.

Das FutureValue-Konzept ist das Konzept für integrierte, ganzheitliche Unternehmensführung insbesondere im Mittelstand. Das Konzept verbindet Instrumente zur Analyse mit denen der Strategieentwicklung und denen der Strategieumsetzung. Unser Ansatz basiert dabei in wesentlichen Teilen auf der Grundidee einer wertorientierten Unternehmensführung, weil diese – auch für nicht börsennotierte Unternehmen – wesentliche konzeptionelle Vorteile mit sich bringt. Die klare Messbarkeit von „Unternehmenserfolg", die Nachvollziehbarkeit der erfolgsbestimmenden Größen und der konsequente Zukunftsbezug zeichnen ein wertorientiertes Management aus. Anders als viele ausschließlich auf die finanzielle Dimension fixierten Varianten des wertorientierten Managements berücksichtigt der FutureValue-Ansatz, dass unternehmerischer Erfolg – und damit der Unternehmenswert – außer von Kernkompetenzen, Wettbewerbsvorteilen und effizienten Prozessen maßgeblich auch von den kulturellen Werten des Unternehmens geprägt wird. Der FutureValue-Ansatz belegt damit, dass zwischen einem strategischen und wertorientiertem Management mit klar operationalisierten Maßnahmen und Zielgrößen (Balanced Scorecard) und seinen kulturellen Werten weder ein Widerspruch bestehen muss noch bestehen sollte.

Mit diesem Buch präsentieren wir erstmals unser seit Jahren erfolgreich in der Beratungspraxis umgesetztes Unternehmensführungsmodell als Einheit. Wir stellen dabei die wesentlichen Bausteine des FutureValue-Ansatzes und die wichtigsten theoretischen Grundlagen vor. Nicht zuletzt unterbreiten wir Ihnen einen Vorschlag, wie Sie die einzelnen Module unseres Ansatzes in der Realität Ihres Unternehmens anwenden können. Wir möchten Ihnen damit Anregungen geben, Ihr Unternehmen zu stärken und seinen Wert zu steigern.

Auch diejenigen Leser, die schon unsere Veröffentlichungen zum Strategischen Management, Risikomanagement, Rating oder Unternehmenskultur kennen, werden viele neue Aspekte und interessante Verbindungen entdecken. Wir wünschen Ihnen viel Spaß beim Lesen.

Werner Gleißner

Inhaltsverzeichnis

Vorwort 5

Einleitung 13

    I   FutureValue – ein integriertes Strategisches Managementsystem 13
    II   Wissenschaftliche Grundlagen des Strategischen Managements 14
    III Das Paradigma der Wertorientierung 23
    IV Das FutureValue-Konzept im Überblick 29
        IV.I Die Intention von FutureValue 29
        IV.II Wie laufen FutureValue-Wertsteigerungsprojekte ab? 29
    V   Lust oder Leid: Der richtige Zeitpunkt für FutureValue 37
    VI FutureValue ohne Wertorientierung und Shareholder Value? 40

1 Modul 1: Vision und Leitbild 43
    1.1 Unternehmensvision und Leitbild: Grundlage für jeden Unternehmenserfolg 43
    1.2 Grundlegende Gedanken zu Visionen 44
    1.3 Echte und unechte Visionen 47
    1.4 Die Vision bedingt das Leitbild mit seinen Werten (core value) 49
    1.5 Umsetzung: Die Vision erkennen 50

2 Modul 2: Geschäftslogik 53
    2.1 Geschäftslogik und Erfolgsfaktoren 53
    2.2 Erfolgsfaktoren von Unternehmen – theoretische Erklärungsansätze ... 54
        2.2.1 Ressourcenorientierte Ansätze: Stärken, Schwächen und Kernkompetenzen 54
        2.2.2 Industrieökonomischer Ansatz 55
        2.2.3 Weitere Erklärungen für Unternehmenserfolg 57
        2.2.4 Zusammenfassung 58
    2.3 Erfolgsfaktoren von Unternehmen – empirische Ergebnisse 58
    2.4 Erfolgsfaktor und Geschäftslogik: ein Beispiel 63
    2.5 Umsetzung: Geschäftslogik erarbeiten 64

3 Modul 3: Markt- und Trendanalyse 67
    3.1 Trends und Trendanalyse 67
    3.2 Trends und Transaktionskosten 69
        3.2.1 Einleitung: Welche Trends dominieren die Zukunft? 69

3.2.2 Sinkende Transaktionskosten: der wichtigste Basistrend 70
3.3 Weitere Megatrends im Überblick 72
3.4 Branchen- und Wettbewerbsanalyse 75
3.5 Umsetzung: Markt- und Trendanalyse durchführen 78

4 Modul 4: Status-quo-Analyse des Unternehmens 81
4.1 Grundlegende Instrumente der Unternehmensanalyse 81
    4.1.1 Bedeutung von Unternehmensanalysen (Status-quo-Analyse) ... 81
    4.1.2 Anforderungen an eine Unternehmensanalyse 81
4.2 Status-quo von Unternehmen – der Value-Check 82
    4.2.1 Grundidee des Value-Checks: Eine fundierte Lageanalyse 82
    4.2.2 Value-Check (1): Erfolgspotenziale aus der Sicht der Geschäftsführung 84
    4.2.3 Value-Check (2): Schriftliche Mitarbeiterbefragung (Benchmark-Ansatz) 90
    4.2.4 Value-Check (3): Wertorientierte Jahresabschlussanalyse 92
    4.2.5 Status-quo und erste Verbesserungspotenziale 99
4.3 Umsetzung der Status-quo-Analyse 101

5 Modul 5: Werttreiberanalyse 103
5.1 Überblick zur „Werttreiberanalyse" 103
5.2 Methodische Grundlagen 103
    5.2.1 Unternehmenswert und FutureValue 103
    5.2.2 Anlässe der Unternehmensbewertung 105
5.3 Methoden der Unternehmensbewertung 106
    5.3.1 Überblick 106
    5.3.2 Gesamtbewertungsverfahren 107
    5.3.3 Einzelbewertungsverfahren (Substanzwertbetrachtung) 108
    5.3.4 Mischverfahren 109
    5.3.5 Methodische Ansätze zur Herleitung der Kapitalkostensätze 111
5.4 Berechnung des Unternehmenswertes und Werttreibermodell 117
    5.4.1 Grundlagen und Herausforderungen 117
    5.4.2 Prognosen der freien Cash-Flows 118
    5.4.3 Herleitung der Kapitalkostensätze im FutureValue-Konzept 119
    5.4.4 Einfacher Ansatz zur Berechnung des Unternehmenswertes ... 120
    5.4.5 Ein zweistufiger Ansatz zur Berechnung des Unternehmenswertes 122
    5.4.6 Wertbeitrag einer Periode 124
5.5 Bewertung strategischer Optionen 126

6 Modul 6: Strategische Konzeption 131
6.1 Grundgedanken der strategischen Planung 131

6.2 Portfoliostrategie: Die Wahl der strategischen Geschäftseinheiten 136
    6.2.1 Aufgabe des Portfoliomanagements 136
    6.2.2 Die qualitative Betrachtung: Marktportfolio 138
    6.2.3 Die quantitative Betrachtung: Portfoliosteuerung mittels
         Marakon-Matrix 142
    6.2.4 Sind diversifizierte Unternehmen sinnvoll? 144
    6.2.5 Sind besonders rentable Geschäftsfelder immer risikoreich? 147
    6.2.6 Verfahren für die operative Eigenkapitalallokation im Portfolio .. 148
    6.2.7 Vorgehen zur Erarbeitung einer Portfoliostrategie 151
6.3 Entwicklung der Geschäftsstrategie einer strategischen
    Geschäftseinheit (SGE) 153
    6.3.1 Inhalte einer Unternehmensstrategie 155
    6.3.2 Strategische Spezialprobleme 161
6.4 Umsetzung: Orientierungsfragen einer Unternehmensstrategie 166

7 Modul 7: Kompetenzentwicklung 171
7.1 Kernkompetenzen operationalisieren 171
    7.1.1 Kompetenzprofile von Unternehmen 171
    7.1.2 Kompetenztyp 171
    7.1.3 Kompetenzstruktur 172
    7.1.4 Kompetenzschwerpunkte 174
7.2 Unternehmenskompetenz und Mitarbeiterkompetenz –
    das Kompetenzmodell 178
7.3 Umsetzung 179

8 Modul 8: Strategische Organisationsgestaltung und Prozessoptimierung 181
8.1 Strategie und Organisation 181
8.2 Strategische Organisationsentwicklung 181
    8.2.1 Organisation im unternehmerischen Kontext 183
    8.2.2 Aufbauorganisation 183
    8.2.3 Ablauforganisation 184
8.3 Strategische Organisationsgestaltung: Unternehmensgestaltung 185
8.4 Einige Grundprinzipien der Organisationsgestaltung 187
8.5 Kostenmanagement im Kontext der Organisationsgestaltung 192
8.6 Optimierung von Geschäftsprozessen 194
    8.6.1 Geschäftsprozesse 194
    8.6.2 Ablauf für ein betriebliches Effizienzsteigerungsprogramm 194
    8.6.3 Modellierung und Verbesserung der Geschäftsprozesse 195
    8.6.4 Maßnahmenkonkretisierung, Umsetzung und Kontrolle 196
8.7 Umsetzung: Gestaltung der Unternehmensorganisation 197

9 Modul 9: Finanz- und Risikomanagement ... 199
9.1 Grundlagen des Finanz- und Risikomanagements ... 199
9.1.1 Finanz- und Risikomanagement: Einführender Überblick ... 199
9.1.2 Kapitalmarkttheoretische Grundlagen des Finanz- und Risikomanagements ... 200
9.2 Kapitalbedarf und Finanzierung ... 203
9.3 Risikomanagement ... 205
9.3.1 Wertorientierte Unternehmensführung: Chancen und Gefahren managen ... 205
9.3.2 Kernfragen des strategischen Risikomanagements ... 206
9.3.3 Identifikation, Messung und Aggregation von Risiken ... 207
9.3.4 Organisatorische Gestaltung von Risikomanagement-Systemen ... 215
9.4 Risikomanagement und Rating ... 217
9.4.1 Einleitung ... 217
9.4.2 Rating-Kriterien – eine Übersicht ... 218
9.4.3 Entwicklung einer Rating-Strategie ... 221
9.4.4 Checkliste – Optimierung des Rating ... 225
9.5 Risiko-Kompass: IT-Instrument für Risikomanagement und Rating ... 226
9.6 Umsetzung: Finanzierung sichern und Risikomanagement etablieren ... 227

10 Modul 10: Markt und Kunde ... 229
10.1 Die Marketingstrategie ... 229
10.2 Segmentierung und Positionierung ... 229
10.3 Entwicklung einer Marketingstrategie ... 235
10.3.1 Von der Kundenbefragung zur Marketingstrategie ... 235
10.3.2 Wünsche des Kunden und dessen Kaufkriterien ermitteln ... 236
10.3.3 Segmentierung der Kundengruppen ... 240
10.3.4 Produktpositionierung und Differenzierung ... 240
10.4 Marketing-Mix ... 241
10.4.1 Grundlagen ... 241
10.4.2 Produktpolitik ... 242
10.4.3 Preispolitik ... 242
10.4.4 Kommunikationspolitik ... 244
10.4.5 Distributionspolitik und Vertriebspolitik ... 245
10.5 Wertorientierte Markenführung ... 247
10.5.1 Die Bedeutung der Marke für Unternehmen ... 247
10.5.2 Wertorientierte Markenführung mit FutureValue ... 249
10.6 Ablaufplan für die Umsetzung ... 252

11 Modul 11: FutureValue Scorecard ... 255
11.1 Von der Strategieentwicklung zu Umsetzung und Steuerung ... 255

11.2 Einführung: Funktion und Aufbau von Controllingsystemen 256
11.3 Unternehmenssteuerung: Die FutureValue Scorecard 258
    11.3.1 Grundlagen zur Balanced Scorecard 258
    11.3.2 Besonderheiten der FutureValue Scorecard 261
    11.3.3 Ausblick: Integrierte wertorientierte Steuerungssysteme
        (Value Navigator) 262
    11.3.4 Kennzahlen für die Balanced Scorecard 264
    11.3.5 Systematische Herleitung geeigneter Kennzahlen 269
11.4 Die FutureValue Scorecard als Instrument der Strategieumsetzung .. 275
11.5 Umsetzung: Die Einführung einer FutureValue Scorecard 281

12 Modul 12: Implementierung – Kulturentwicklung 287
12.1 Implementierung – ein Überblick 287
12.2 Balanced Values: Wert und Werte 287
    12.2.1 Management von Wert und Werten: Ein Gegensatz? 287
    12.2.2 Wert und Werte: Die wechselseitige Verstärkung 288
12.3 Unternehmenskultur: Die Verbindung von Wert und Werten 291
    12.3.1 Was versteht man unter Unternehmenskultur, und wie
        entsteht sie? 291
    12.3.2 Entwicklung der Unternehmenskultur im FutureValue-
        Strategieprozess 295
    12.3.3 Beispiele für die Wirkung von Unternehmerkultur 296
    12.3.4 Wie wirkt die Unternehmenskultur auf den Unternehmenswert? 298
12.4 Umsetzung: Strategie, Kultur und Maßnahmen 301
12.5 Der FutureValue Businessplan – strategischer Leitfaden und
    Maßnahmenplan 301
    12.5.1 Businessplan: Strategie, Kommunikation und Umsetzung ... 301
    12.5.2 Aufgabe und Definition des Businessplanes 302
    12.5.3 Aufbau und Inhalt eines FutureValue Businessplanes 303
    12.5.4 Fazit: Besonderheiten des FutureValue Businessplanes ... 307
12.6 Implementierung 307

13 Zusammenfassung 309

14 Anhang 315
14.1 Anhaltspunkte für betriebswirtschaftliche Kennzahlen 315
14.2 Verfahren der Unternehmensbewertung 318
    14.2.1 Gesamtbewertungsverfahren 318
    14.2.2 Einzelbewertungsverfahren (Substanzwertbetrachtung) 328
    14.2.3 Mischverfahren 329
14.3 Musterfragebogen Mitarbeiterbefragung 335

Literaturverzeichnis 343

Abbildungsverzeichnis 353

Stichwortverzeichnis 357

Die Autoren 363

Einleitung

I FutureValue – ein integriertes Strategisches Managementsystem[1]

Unternehmerischer Erfolg ist nicht ausschließlich, aber zum erheblichen Teil durch die Unternehmensstrategie bestimmt. Für den unternehmerischen Erfolg hat deshalb die systematische Entwicklung und konsequente Umsetzung der Unternehmensstrategie eine entscheidende Bedeutung. Auch wenn diese Erkenntnis weder besonders neu noch umstritten ist, weisen insbesondere mittelständische Unternehmen – aber nicht nur diese – immer noch erhebliche Defizite in der Umsetzung der strategischen Managementaufgaben auf.

Die hohe zeitliche Inanspruchnahme der Unternehmensführung für drängende Probleme des Tagesgeschäfts, aber auch eine nicht ausreichende Nutzung betriebswirtschaftlicher Werkzeuge führen dazu, dass

- strategische Überlegungen nicht nachvollziehbar die Ausgangssituation berücksichtigen,
- Strategien vorwiegend im Kopf von Unternehmer und Spitzenmanager stattfinden und so nur fragmentarisch und schemenhaft für die Mitarbeiter erkennbar sind,
- keine geeigneten Führungssysteme existieren, die strategische Überlegungen in operative Handlungen umsetzen und somit deren Realisierung im Tagesgeschäft gewährleisten.

Strategisches Management ist das Management der Erfolgspotenziale des Unternehmens, die Entwicklung der Leitlinien für eine erfolgreiche Zukunftsgestaltung und somit maßgeblich für Zukunftsfähigkeit, Überleben und den Wert eines Unternehmens. Da die Notwendigkeit eines erfolgsorientierten strategischen Managements so offensichtlich ist, stellt sich die Frage, warum in vielen Unternehmen nicht konsequenter an der Implementierung einer strategischen Unternehmensführung gearbeitet wird. Gespräche mit Unternehmern zeigen hier sehr deutlich, dass in vielen Fällen schlicht ein ganzheitliches, transparentes, bewährtes und methodisch fundiertes Konzept für die strategische Unternehmensführung fehlt. Es gelingt nicht, ausgehend von vielfältigen Einzelaktivitäten wie Portfolio-Analysen oder Strategie-Workshops, zu einem durchgängigen, auch die Mitarbeiter einbeziehenden, strategischen Gesamtkonzept zu kommen.

---

1 Von Werner GLEIßNER.

Das im Folgenden erläuterte FutureValue-Konzept zielt genau darauf ab, dieses Problem zu lösen und Unternehmen einen durchgängigen Unternehmungsführungs-Ansatz zu bieten. Ausgehend von klar umrissenen Analyseschritten über die systematische Entwicklung einer strategischen Zukunftskonzeption bis hin zum Aufbau eines Steuerungssystems wird die individuelle Unternehmensstrategie in konkrete Maßnahmen für die Mitarbeiter umgesetzt und so die Realisierung strategischer Vorgaben gewährleistet. Der FutureValue-Ansatz ist systematisch, nutzt bewährtes betriebswirtschaftliches Instrumentarium und kann auf Grund seiner Modularität individuell an die Herausforderungen jedes Unternehmens angepasst werden. Der FutureValue-Ansatz ist wertorientiert, d. h. es werden die langfristigen Zukunftsperspektiven des Unternehmens ebenso betrachtet wie die damit verbundenen Risiken. Er ist auch werteorientiert, weil Vision und kulturelle Werte eines Unternehmens die Umsetzbarkeit einer Unternehmensstrategie so maßgeblich bestimmen, dass grundlegende strategische Veränderungen kaum ohne begleitende kulturelle Entwicklungsprozesse realisiert werden können. Die ganzheitliche Ausrichtung des FutureValue-Ansatzes vermeidet eine simplifizierende, ideologische Vereinfachung der tatsächlichen Komplexität unternehmerischer Handlungen. Daher wird konsequent nach Gefahren und Chancen auf Absatz-, Beschaffungs-, Kapital- und Personalmärkten gesucht. Gerade neuere Entwicklungen – wie beispielsweise Basel II – zeigen sehr deutlich, dass der Wettbewerb zwischen Unternehmen nicht nur ein Wettbewerb um Kunden, sondern beispielsweise auch um Kapital ist.

In den folgenden Kapiteln 1 bis 12 werden die einzelnen Module unseres Ansatzes im Detail vorgestellt.

II Wissenschaftliche Grundlagen des Strategischen Managements[2]

Strategisches Management beschäftigt sich mit der Entwicklung eines Unternehmens als Ganzes, orientiert an einem Erfolgsmaßstab. Eine Strategie kann man dabei als einen Plan beschreiben, der fixiert, auf welchen Weg das Unternehmensziel – Unternehmenserfolg – erreicht werden soll.

Zu den grundlegenden Problemen des Strategischen Managements gehört die Unvorhersehbarkeit der Zukunft, die eine explizite Risikobetrachtung erfordert. Auch die Komplexität der Problemstellung und die Vielzahl der potenziell relevanten Variablen erschweren den Prozess der Strategieentwicklung entscheidend.

Nach Vorläufern in den 60er Jahren entwickelte sich das strategische Management erst in den 70er Jahren zu einer wissenschaftlichen Disziplin. Die Entwicklung des strate-

---

[2] Von Werner GLEIßNER.

gischen Managements in den 60er Jahren war maßgeblich von Veröffentlichungen durch PENROSE und CHANDLER bestimmt. Von diesen Autoren stammen Überlegungen, die bis heute das strategische Management prägen. So betonte PENROSE (1959), dass der Erfolg eines Unternehmens von der Einzigartigkeit und Qualität seiner Ressourcen abhängt, was eine Abkehr von der neoklassischen Sichtweise der Homogenität von Unternehmen und deren Ressourcen darstellte. Ebenfalls in den 60er Jahren wurde durch CHANDLER (1962 und 1973) erstmalig der Vorrang der Strategie gegenüber anderen unternehmerischen Aktivitäten herausgehoben, was sich insbesondere in der „Structur-follows-Strategy"-These zusammenfassen lässt. ANSOFF (1965) war einer der ersten, der eine Gesamttheorie zum strategischen Management formulierte und dabei bereits viele – bis heute maßgebliche – Konzepte wie die nach ihm benannte Ansoff-Matrix und das Konzept der „schwachen Signale" einführte.

Bei der wissenschaftlichen Beschäftigung mit dem strategischen Management lassen sich heute zwei Themenschwerpunkte unterscheiden; einerseits die Erforschung des Prozesses der Strategieentwicklung und andererseits die auf die Inhalte der Strategien abzielende Erforschung des Erfolgsbeitrags strategischer Varianten (siehe Modul 2).

Eine Strukturierung der verschiedenen Schulen des strategischen Managements in den letzten 30 Jahren schlägt MINTZBERG (1996) vor, der 10 verschiedene Ansätze unterscheidet, von denen im Folgenden die wichtigsten kurz skizziert werden.

Der älteste, der Gestaltungsansatz aus den 60er Jahren, betrachtet Strategie-Entwicklung als bewussten Prozess des Aufbaus interner Stärken und des Abbaus interner Schwächen, um externen Chancen und Risiken gerecht zu werden.

Der etwa zeitgleich entstandene „Planungs-Ansatz" hat hier eine ähnliche Sichtweise, betont aber zugleich, dass Strategieentwicklung ein streng methodischer Vorgang ist, der durch geeignete Hilfsmittel (wie Portfolio, Checklisten etc.) zu unterstützen sei.

In den 80er Jahren folgte der durch die Industrieökonomikökonomik geprägte „Positionierungs-Ansatz", der insbesondere mit Porters Konzept der fünf Wettbewerbskräfte verbunden und auf Erkenntnisse der PIMS-Studie[3] abgestützt ist. Kernaspekte dieses Ansatzes sind die konsequente wissenschaftliche Fundierung, die Betonung einer hohen Relevanz des Marktumfeldes, stark formalisierte Analysen sowie eine Konzentration auf relativ allgemeine Normstrategien (z. B. Kostenführerschaft, Differenzierungs-Strategie, Fokussierungs-Strategie).

Der auch in dieser Zeit entstandene „unternehmerische Ansatz" greift auf die alten Ideen von SCHUMPETER (1942) zurück und rückt die Person des Unternehmers als zentralen Erfolgsfaktor in den Mittelpunkt der Unternehmensstrategien. Die eigentliche unternehmerische Planung wird im Wesentlichen auf Intuition zurückgeführt, sodass

---
3 Vgl. BUZZELL; GALE, 1989.

die Auswahl geeigneter Unternehmerpersönlichkeiten der entscheidende Erfolgsfaktor ist.

Wie der „unternehmerische Ansatz" sind die ihm verwandten „kognitiven Ansätze" und die „Lern-Ansätze" (im Gegensatz zu den vorangegangenen) eher deskriptiv orientiert. Beide befassen sich mit psychologischen Aspekten der Strategieentwicklung und nutzen dabei Erkenntnisse der kognitiven Psychologie, z. B. der Lernpsychologie. Insbesondere der Lernansatz geht davon aus, dass Strategien nur zu einem geringen Teil Ergebnis systematischer Planung sind, sondern „einfach entstehen" (emergente Strategien), was dazu führt, dass nicht nur die Person des Unternehmers, sondern die gesamte Mitarbeiterschaft eine hohe Bedeutung für den Prozess der Strategieentwicklung hat und zudem Strategieentwicklung und Implementierung eng miteinander verbunden sind.[4]

Der Planungsansatz des strategischen Managements, der noch etwas näher betrachtet werden soll, wurde insbesondere von der Harvard Business School vertreten. In diesem Modell wird sehr deutlich zwischen der Formulierung der Strategie (Entscheidungsproblem) und der anschließenden Umsetzung (Implementierung) unterschieden. Strategisches Management wird daher in erster Linie als Entscheidungsproblem aufgefasst, bei dem das Top-Management, gestützt auf einen möglichst umfassenden Kenntnisstand, vollkommen rational nach den Grundprinzipien der Entscheidungstheorie die hinsichtlich der Unternehmensziele optimale Strategie wählt. Dieser Ansatz stellt in gewisser Weise ein Idealmodell für das strategische Management dar, das als Orientierungspunkt für das tatsächliche strategische Management von Interesse ist, aber in vielen Aspekten noch relativ weit von der Realität entfernt ist. In einem Unternehmen wird eine größere Anzahl von Entscheidungsträgern involviert sein, soziale Gruppen und dynamische Aspekte spielen daher bei Entscheidungen eine Rolle. Auf Grund der begrenzten kognitiven Fähigkeiten der Entscheider in der Unternehmensführung ist bestenfalls mit begrenzt rationalen Entscheidungen zu rechnen. Auch die Vernachlässigung der Probleme bei der Umsetzung von Unternehmensstrategien und der Möglichkeit, dass Strategien zum Teil durch eine Vielzahl von Aktivitäten ungewollt entstehen, sind Kritikpunkte an diesem Planungsansatz.

Insgesamt ist der durch die Harvard Business School beschriebene Planungsansatz als das Idealbild zu interpretieren, das bis heute seine Bedeutung hat. Auch empirische Untersuchungen seit den 70er Jahren belegen, dass ein an diesem Ansatz angelehnte strategische Planung mehrheitlich als erfolgssteigernd betrachtet wird.[5] Einen weitgehend entgegengesetzten Ansatz beschreibt deutlich später D'AVENI (1994), der in seinem Konzept des „Hyperwettbewerbs" empfiehlt, auf Grund instabiler Umfeldbedin-

---

[4] Auf die weiteren von Mintzberg genannten Ansätze soll auf Grund der geringeren Bedeutung hier nicht eingegangen werden. Anzumerken ist, dass Mintzberg selber – quasi als Verbindung aller Ansätze – als zehnten und letzten strategischen Ansatz selbst den so genannten „Konfigurationsansatz" präsentiert, der deskriptive und präskriptive Aspekte verbindet.
[5] MÜLLER-STEVENS; LECHNER, 2001, S. 48.

gungen den Schwerpunkt der Überlegungen von langfristig strategischen Planungen hin zur taktischen Anpassung der Maßnahmen zu verschieben.[6] Dies erfordert Flexibilität, Improvisationsfähigkeit und Kapazitätsreserven, um den Risiken des Umfelds zu begegnen. Eine längerfristige Ausrichtung des Unternehmens im Sinne einer Anpassung an Umfeldbedingungen verliert so an Bedeutung.

Als Beispiel für die neueren Ansätze der Managementtheorie, die sich von den traditionellen Planungsansätzen unterscheiden, sei beispielhaft das Konzept von PASCALE u. a. (2002) kurz vorgestellt, das in dem Buch „Chaos ist die Regel" veröffentlicht wurde. PASCALE u. a. wenden sich deutlich gegen die übliche Managementtradition, derzufolge die Gesamtstrategie des Unternehmens ausschließlich von der Unternehmensführung bestimmt und anschließend durch vorgegebene Implementierungsanweisungen auf vorhersehbare Weise umgesetzt wird. Die Autoren kritisieren dabei insbesondere die Vorstellung, dass Unternehmen durch gezielte Gestaltung der Unternehmensleitung allein in einen stabilen, optimalen Gleichgewichtszustand versetzt werden könnten. Sie sehen ein „Gleichgewicht" an sich sogar als ein Problem an, weil derartige Zustände durch die damit verbundene geringe Veränderungsfähigkeit und Veränderungsbereitschaft im Unternehmen sogar risikoerhöhend wirken. Außergewöhnliche Chancen können nur in ungleichgewichtigen Situationen äußerer Bedrohung („Rand des Chaos") erreicht werden, weil hier die höhere Innovationsfreudigkeit die Entdeckung neuer Lösung wahrscheinlicher machen würde. Das systematische Stören eines „bequemen" Gleichgewichts fördert die Anpassungs- und Innovationsfähigkeit eines Unternehmens und soll zudem selbstorganisierende Prozesse der Mitarbeiter unterstützen. Eine tolerierte oder besser sogar aktiv unterstützte interne Vielfalt im Unternehmen fördert somit Überlebensfähigkeit – und begrenzt die Sinnhaftigkeit der an sich sinnvollen strategischen Zielsetzung einer „Konzentration auf Kernkompetenzen".

PASCALE u. a. (2002, S. 260) fassen dies wie folgt zusammen:

- „Tiefgreifendes Verständnis bildet die Basis für die erforderliche Dringlichkeit und fördert die Handlungsbereitschaft.
- Kompromisslose Offenheit ist unverzichtbar, um Gleichgewicht zu erzeugen und in einer Welt am Rande des Chaos zu bestehen.
- Eine explizite Zukunftsvorstellung definiert ein Ziel, das die Menschen anzieht.
- Fantasievolle Verantwortung (die Kombination von zuverlässiger Leistung und Improvisation) hat Einfluss darauf, wie sich Selbstorganisation manifestiert.
- Krisen helfen uns, aus unseren Schwächen zu lernen.
- Beharrliche Unzufriedenheit schärft unsere Handlungsfähigkeit und eröffnet ungeahnte Möglichkeiten.
- Reziprozität hält ein lebendes System trotz aller divergenten Spannungen zusammen."

---

6 D'AVENI, 1995.

Heute muss man davon ausgehen, dass Unternehmensstrategien teilweise durch bewusste, mehr oder weniger rationale, Entscheidungen der Unternehmer und zudem auf einer Vielzahl operativer Einzelentscheidungen basieren, die sich in ihre Gesamtheit zu einer bestimmten strategischen Ausrichtung verdichten.

MINTZBERG (vgl. MINTZBERG; WATERS, 1985) unterscheidet daher anhand der Kriterien:

- „geplant" versus „nicht geplant",
- „realisiert" versus „nicht realisiert".

Die drei Typen von Strategien:

- intendierte Strategien (geplant und realisiert),
- unrealisierte Strategien (geplant, aber nicht realisiert),
- emergente Strategien (realisiert, aber nicht geplant).

Emergente Strategien sind dabei genau diejenigen, die aus der Verdichtung einzelner Handlungen entstehen und so die Ausrichtung eines Unternehmens bestimmen. Heute kann strategisches Management nicht mehr als alleiniger Top-Down-Prozess des Managements verstanden werden, weil emergente Prozesse die Entstehung von Strategien mit beeinflussen, was die Einbeziehung einer breiten Mitarbeiter-Basis erfordert. Dies ändert jedoch nichts daran, dass die Unternehmensführung die Gesamtverantwortung für die Unternehmensstrategie behält und die Grundzüge der Unternehmensstrategie entwickeln und vorgeben muss.

Dem strategischen Management haftet noch immer vielfach der Ruf an, wenig theoretische Fundierung aufzuweisen. Je nach Einstellung zum Thema wird das strategische Management entweder als „Kunst" oder als geschickt verpacktes „Durchwursteln" aufgefasst. Tatsächlich muss man aber feststellen, dass sich schon seit Jahren durchaus auch ein solides theoretisches Fundament für wesentliche Teile des strategischen Managements entwickelt hat. Es hat aber sicherlich noch nicht den Präzisierungsgrad und den Grad an Konsens erreicht, wie er beispielsweise mit der Kapitalmarkttheorie als Fundament des wertorientierten Managements geschaffen wurde.

Schon die bekannte „Structure-Conduct-Performance"-Hypothese von BAIN (1956) betonte die Bedeutung der Branchen-Charakteristik, die das Verhalten der Unternehmen und letztlich deren Erfolg bestimmt. Diese „Industrieökonomik",, ist zu einem erheblichen Umfang im traditionellen neoklassischen Paradigma verankert, was insbesondere in der Annahme gleicher Ressourcen-Ausstattungen der Unternehmen und vollkommen rationaler Entscheidungen des Managements erkennbar wird.

Die Institutionenökonomie behandelt Entstehung, Charakteristika und die Koordinationsmechanismen von Institutionen, was neben Unternehmen auch Märkte und staatliche Institutionen mit einschließt. Die Institutionenökonomik betrachtet durchgängig die vollkommen rationalen Entscheidungen einzelner Individuen und folgt in dieser Hinsicht dem neoklassischen Paradigma – was zugleich einer der wesentlichen Kritikpunkte an diesem Ansatz darstellt. Ein weiterer wichtiger Beitrag der Institutionenökonomik sind die Property-Right-Theorie und die eng damit verbundene Principal-Agent-Theorie.

Wichtige theoretische Fundamente des strategischen Managements bilden die Arbeiten von Ronald COASE zu Transaktionskosten (1937) sowie von WILLIAMSON (1985), welche maßgeblich die Institutionenökonomie geprägt haben. Die Transaktionskostentheorie befasst sich mit der Effizienz von Koordinationsmechanismen. Wichtigste Erkenntnis der Institutionenökonomie für das strategische Management ist die Schlussfolgerung, dass langfristig Koordinationsformen wettbewerbsfähig sein werden, die mit den niedrigsten Transaktionskosten funktionieren. Wichtige alternative Koordinationsmöglichkeiten sind[7]

- die Koordination über Märkte (außerhalb eines Unternehmens) und
- die Koordination durch Hierarchie (innerhalb eines Unternehmens).

Eine Zwischenstufe zwischen der Koordination über Märkte und innerhalb der Unternehmens-hierarchie stellen Kooperationen dar.

Sinkende Transaktionskosten führen tendenziell zu einer zunehmenden relativen Effizienz der Koordination über Märkte, was wiederum eine verstärkte Tendenz zum Outsourcing von Dienstleistungen und der Bildung von Netzwerken mit sich bringt.

Für die Beantwortung der Frage, ob die Koordination über Märkte die günstigsten Transaktionskosten aufweist, sind insbesondere folgende Kriterien heranzuziehen:

- Effizienz der Märkte (insbesondere Informationseffizienz der Preise): hohe Effizienz begünstigt Märkte;

- Stabilität des Bedarfs: hohe zeitliche Instabilität des Bedarfs begünstigt aus Risiko-Gesichtspunkten den Zukauf über Märkte;

- Spezifität der Güter: mit zunehmender Spezifität entstehen Abhängigkeiten zwischen Anbietern und Nachfragern, was dazu führt, dass eine Koordination über Märkte zunehmend durch Kooperation oder gar hierarchische Mechanismen verdrängt wird.

Nach dieser kurzen Übersicht über die theoretische Fundierung des strategischen Managements sollen im Folgenden noch kurz die strategischen Planungsprozesse, also die Vorgehensweisen bei der Entwicklung der Strategie, betrachtet werden.

---

[7] Demokratische Koordinationsmechanismen, wie sie in Staaten von hoher Bedeutung sind, spielen im ökonomischen Bereich dagegen kaum eine Rolle.

Bei allen Planungsverfahren im operativen und strategischen Management haben sich bestimmte Funktionsprinzipien als gültige Spielregeln manifestiert. Zu nennen ist beispielsweise die Dominanz der strategischen gegenüber der operativen Planung und die fortschreitende Konkretisierung der Pläne im Rahmen einer revolrierenden Planung. Ebenfalls als solches Grundprinzip ist die Fokussierung der Planung auf den maßgeblichen Engpassfaktor anzusehen. Das bedeutet, dass die Planung des Gesamtsystems, ausgehend von dem am stärksten beschränkenden Teilplan – dieses ist in vielen Fällen die Absatzplanung – vorgenommen wird. Die anderen Teilpläne – beispielsweise Personal- und Finanzplanung – werden aufbauend auf diesen Plan realisiert. Auf Grund der unvermeidlichen Unsicherheiten bezüglich sämtlicher zukunftsbezogener Annahmen kann als weiteres Grundprinzip die Berücksichtigung von „Planungsreserven" (z. B. Kapazitäts- oder Liquiditätsreserven), also die so genannte „elastische Planung", angesehen werden. Auch die frühzeitige Festlegung von Eventualentscheidungen, die beim Eintreten bestimmter Umweltzustände realisiert werden, trägt der Unsicherheit der Planannahmen Rechnung.[8]

Bei der Unternehmensplanung haben sich im Wesentlichen drei Typen herausgebildet:[9]

- Bei der Top-Down-Planung legt die Unternehmensführung zunächst die obersten Unternehmensziele fest. Diese Vorgaben werden anschließend, der Unternehmenshierarchie folgend, auf die einzelnen Unternehmensbereiche und Funktionen heruntergebrochen und dabei präzisiert.

- Bei der Bottom-Up-Planung werden umgekehrt zunächst von den einzelnen Unternehmensbereichen bzw. Unternehmensfunktionen Teilpläne erstellt, die anschließend zu einem Gesamtplan aggregiert werden.

- Am gebräuchlichsten ist jedoch das so genannte Gegenstromverfahren, das Top-Down- und Bottom-Up-Planung kombiniert. Hierbei werden zunächst aus einem vorläufig formulierten Oberziel Vorgaben für die einzelnen Unternehmensbereiche erstellt, die dort in Teilplänen konkretisiert werden. Auf Grundlage der nach oben zurückgemeldeten Teilpläne wird gegebenenfalls das Gesamtplanungssystem modifiziert und anschließend von der obersten Unternehmensführung verabschiedet.

Der strategische Planungsprozess lässt sich anhand der folgenden Orientierungsfragen charakterisieren:[10]

- Wer ist in den strategischen Planungsprozess involviert?
- Wann wird der strategische Planungsprozess initiiert (Auslöser, Turnus etc.)?
- Welche Zielgrößen werden fixiert?

---

8 Vgl. SCHIERENBECK; LISTER, 2001, S. 42.
9 Vgl. SCHIERENBECK; LISTER, 2001, S. 38-44.
10 Vgl. MÜLLER-STEWENS; LECHNER, 2001, S. 58-60.

- Welcher Zeithorizont wird betrachtet?
- Welche Ressourcen (Zeit, Geld, Informationen) stehen für den strategischen Planungsprozess zur Verfügung?
- Welches strategische Planungsverfahren kommt zum Einsatz („top down" versus „bottom up")?
- Welche Arbeitsweise herrscht vor („analytisch" versus „intuitiv")?
- Welcher Grad an Quantifizierung wird angestrebt?
- Welcher Grad an Transparenz – insbesondere auch hinsichtlich der Planannahmen – wird angestrebt?
- Wie wird die Entscheidung über die ausgewählte Strategie getroffen?

Wie fast alle Themenfelder der Betriebswirtschaft ist auch das strategische Management einem stetigen Wandlungsprozess unterworfen. Themen, die gestern noch im Mittelpunkt der Betrachtung standen, wurden heute als längst veraltet betrachtet. Normstrategien aus früheren Jahrzehnten – wie „Diversifikation" – wurden durch die scheinbar sogar gegenteiligen Vorstellungen von heute – „Konzentration auf Kernkompetenzen" ersetzt. Was sind nun die größten Veränderungen des strategischen Managements in der Gegenwart?

Betrachtet man zusammenfassend die Entwicklung des strategischen Managements in den letzten Jahren, lassen sich einige grundlegende Tendenzen feststellen:

- Das Wettbewerbsumfeld eines Unternehmens wird nicht mehr als gegebene Größe angesehen, an das man sich lediglich anpassen kann. Stattdessen werden Reaktionen dieses Umfelds – insbesondere der Wettbewerber – auf die eigenen Aktivitäten ebenso berücksichtigt wie die Möglichkeit, das Wettbewerbsumfeld selbst zu gestalten.

- Es zeichnet sich eine Integration industrieökonomischer und ressourcenorientierter Ansätze ab: Sowohl Aspekte für das Marktumfeld als auch die Ressourcen des Unternehmens (und hier insbesondere die Kernkompetenzen) werden als relevante Erfolgsfaktoren aufgefasst.

- Die zunehmende Dynamik des Umfelds, technologische Innovationen und unprognostizierbare Diskontunitäten (Entwicklungsbrücke) führen weg von einer Strategieauffassung, die auf Fortschreibung der Vergangenheit basieren. Stattdessen gilt es, grundlegende Zusammenhänge aufzufassen, Zukunftsvisionen zu entwickeln und konsequent an deren Umsetzung zu arbeiten und nicht zuletzt durch eine Intensivierung des Risikomanagements der Unvorhersehbarkeit der Zukunft Rechnung zu tragen.

- Strategisches Management wird nicht mehr ausschließlich als analytische und konzeptionelle Aufgabe des Topmanagements angesehen, sondern als Herausforderung für das gesamte Unternehmen. Dies erfordert die Berücksichtigung der Gesamtheit der Mitarbeiter, die Einbeziehung unternehmens-kultureller Aspekte, die Veränderungen im Unternehmen maßgeblich beeinflussen sowie die Entwicklung geeigneter Steuerungssysteme zur Umsetzung strategischer Initiativen.

Gerade die erläuterten Überlegungen von PASCALE u. a. (2002) zeigen, wie weit derartige Unternehmensführungskonzeptionen inzwischen vom traditionellen Planungsansatz der Harvard Business School entfernt sind. Es überrascht hierbei sicherlich kaum, dass man in allen diesen „Management-Schulen" sinnvolle und interessante Anregungen findet. Vermutlich wird der für ein Unternehmen am besten geeignete (strategische) Managementansatz Aspekte und Anregungen unterschiedlichen Schulen miteinander verbinden müssen. Die „richtige" Kombination ist dabei natürlich von der Struktur der Branche und des Unternehmens, den aktuellen Rahmenbedingungen und Herausforderungen und nicht zuletzt von den persönlichen Charakteristika der Personen in der Unternehmensführung – aber auch weiterer maßgeblicher Mitarbeiter – abhängig. Auch bei der Wahl einer geeigneten Managementkonzeption für ein Unternehmen wird man – ähnlich der schon jahrelangen Diskussion über die angemessenen Führungsstile – kein Patentrezept finden. Der FutureValue-Ansatz versucht daher erst gar nicht, ein allgemein gültiges Verfahren eines strategischen Managements zu implementieren. Dies kann nur unter Sichtung sämtlicher Rahmenbedingungen und in der Nutzung der vielfältigen Anregungen aus den einzelnen Managementschulen unternehmensindividuell geschehen. Stattdessen bietet FutureValue ein Grundgerüst von Verfahren und strategischen Management-Spielregeln, die in den Details unternehmensindividuell auszubauen sind.

Einige der aus unserer Sicht besonders wesentlichen Aspekte sind:

1. Unternehmensführung muss konsequent zukunftsorientiert ausgerichtet werden und dabei die unvermeidlichen Risiken aus der Unvorhersehbarkeit der Zukunft berücksichtigen.

2. Der Erfolg eines Unternehmens resultiert aus der Qualität der zentralen (strategischen) Planung der Unternehmensführung einerseits und zugleich den selbstorganisierenden Aktivitäten aller Mitarbeiter andererseits.

3. Erfolgreiche Unternehmenssteuerung verbindet formale Steuerungssysteme (z. B. die Balanced Scorecard) mit informellen Anreizsystemen und einer motivierenden Unternehmenskultur.

Sicher ist es bei der Suche nach einem geeigneten Ansatz für die Unternehmensführung illusorisch, von einem allgemeinen Patentrezept auszugehen – auch bei der Mitarbeiterführung hat man diese Idee längst aufgegeben.

III Das Paradigma der Wertorientierung[11]

Nach dem Leitbild der wertorientierten Unternehmensführung ist es Ziel jedes Unternehmens, das Vermögen der Eigentümer nachhaltig zu erhöhen. Der Unternehmenswert ist der Erfolgsmaßstab an den sich auch jede Unternehmensstrategie messen lassen muss.

Seit den 70er Jahren beschäftigt sich die Wissenschaft mit dem Thema wertorientiertes Management. Der Einzug in die Unternehmen fand erst in den 80er Jahren statt, wobei die USA hier eine Vorreiterrolle übernommen haben. Einen wichtigen Anstoß stellte dabei die Veröffentlichung von RAPPAPORT dar, der den „Unternehmenswert" – auch Shareholder Value – als Erfolgsmaßstab und Steuerungsgröße für Untenehmen etablierte. Es hat sich seit längerem die Auffassung durchgesetzt, dass die Maximierung des Unternehmenswertes die richtige Zielsetzung für die Führung eines Unternehmens ist. Amerikanische Manager geraten von Seiten ihrer Kontrollorgane oder auch von den Kapitalmärkten massiv unter Druck, wenn ihre Unternehmen für die Gesellschaft keinen Wert schaffen. In Europa und auch in Asien konnte man sich bisher nicht im gleichen Umfang dazu durchringen, dieses Ziel so konsequent zu formulieren. Dennoch ist in deutschen Großunternehmen mittlerweile die Akzeptanz des Primats der Wertorientierung relativ hoch. Und auch in kleinen und mittelständischen Unternehmen setzt sich langsam die Erkenntnis durch, dass die Maximierung des Unternehmenswertes entscheidend für deren Zukunft sein wird. Denn solange Kapital eine knappe Ressource darstellt, wird wertorientiertes Management zu einem Muss für jedes Unternehmen, um im Wettbewerb um Finanzmittel zu bestehen.

Wertorientierung erfordert ein langfristig orientiertes Management der Werttreiber „Wachstum", „Rentabilität" und „Risiko". Dies wird durch die Entwicklung oder Konkretisierung einer Unternehmensstrategie, welche die Erfolgspotenziale des Unternehmens gezielt weiter entwickelt und konsequent ausschöpft, erreicht. Kaum jemand wird heute noch die Bedeutung einer derartigen langfristig angelegten strategischen Unternehmensplanung anzweifeln, die vor allem auch die Unwägbarkeiten der Zukunftsentwicklung explizit berücksichtigt.

Folgende Merkmale charakterisieren ein wertorientiertes Management:

- „Systematische Nutzung von Möglichkeiten zur Kostensenkung und zur Ertragssteigerung im operativen Geschäft,
- strategische Konzentration auf Geschäftsfelder, die in Folge bestehender oder erwerbbarer Kernkompetenzen Mehrwerte zu generieren in der Lage sind,
- Financial Engeenering in Bezug auf Kapitalstruktur und Ausschüttung sowie

---
[11] Von Werner GLEIßNER und Arnold WEISSMAN (in Anlehnung an GLEIßNER; WEISSMAN, 2001a).

- Pflege der Investor-Relations durch aussagekräftige finanzielle Berichterstattung und sonstige aktionärsfreundliche und vertrauensbildende Maßnahmen, welche die langfristige und hohe Bindung des Aktionärs an die Unternehmung zum Ziel haben".[12]

In Deutschland wird ein wertorientiertes Management oft deshalb abgelehnt, weil die Interessen von Mitarbeitern oder Kunden nicht adäquat berücksichtigt würden. Empirische Untersuchungen zeigen aber, dass zwischen dem häufig diskutierten Stakeholder-Ansatz und dem Shareholder-Ansatz in zentralen Punkten keine so entscheidenden Unterschiede bestehen: Unternehmen, die ihren Aktionären eine langfristig überdurchschnittliche Verzinsung des eingesetzten Kapitals erwirtschaften, haben in aller Regel auch bessere Möglichkeiten, die Interessen ihrer Kunden und Mitarbeiter zu wahren.

Ebenfalls zeigen empirische Untersuchungen, dass die durchschnittlichen Renditen, die Unternehmen für die Gesellschafter erwirtschaftet haben, deutlich differieren – erfolgreiche Unternehmen gibt es aber in allen Branchen, wie die Obergrenzen der in Abbildung 1 angegebenen Spannbreiten zeigen.

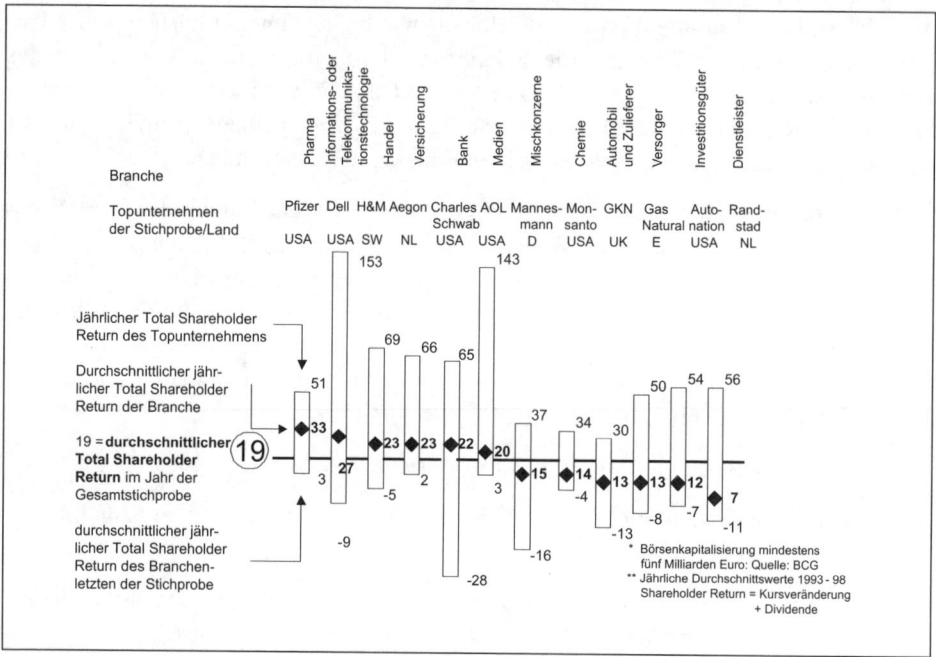

Abbildung 1: Aktien, Renditen in verschiedenen Branchen[13]

---
12 Vgl. SCHIERENBECK; LISTER, 2001, S. 77-78.
13 Quelle: Boston Consulting Goup.

Die Erfordernis, eine am Unternehmenswert orientierte Unternehmenspolitik zu betreiben („Wertmanagement"), ergibt sich wie erwähnt aus dem Wettbewerb der Unternehmen um die knappe Ressource „Kapital". Unternehmen, die keine adäquate Steigerung ihres Wertes erreichen, werden für Investoren unattraktiv. Sie werden es schwerer haben, zusätzliches Eigenkapital von neuen Gesellschaftern oder durch Kapitalerhöhung an der Börse zu bekommen. Eine insgesamt durch eine unbefriedigende Wertentwicklung eingeschränkte Verfügbarkeit von Kapital schränkt die Chancen eines Unternehmens ein, größere Investitionen vorzunehmen und somit zu wachsen. Gerade an den internationalen Aktienmärkten zeigt sich zudem immer deutlicher, dass wertvolle Unternehmen allein durch ihren Wert einen wesentlichen Erfolgsfaktor aufgebaut haben, weil sie bei Fusionen oder Akquisitionen gegenüber anderen Unternehmen im Vorteil sind.

Aber auch für nicht-börsennotierte Unternehmen ist der Unternehmenswert von Bedeutung, nicht zuletzt um auch für externe Kapitalgeber attraktiv zu sein. Dies ist insbesondere vor dem Hintergrund des so genannten Basel II Accords[14], demzufolge die Banken zukünftig mehr Eigenkapital für Firmenkunden mit einem schlechteren Rating vorweisen müssen, von hoher Aktualität, da die meisten Faktoren, die eine Steigerung des Unternehmenswerts bewirken, zugleich zu einer Verbesserung des Rating führen. Wertorientiertes strategisches Management umfasst daher auch die Entwicklung von „Rating-Strategien", die gewährleisten, dass einem Unternehmen auch zukünftig ein ausreichender Finanzierungsspielraum zu adäquaten Konditionen zur Verfügung steht (vgl. Absatz 9.4).

Die einzelnen Geschäftsfelder eines Unternehmens werden im Paradigma der Wertorientierung genauso wie ein Unternehmen als Ganzes betrachtet: Da sich der Wert eines Unternehmens – unter Beachtung möglicher Synergien – aus den Werten der ein-

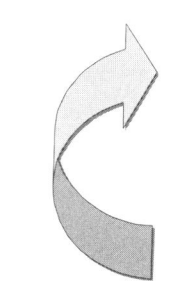
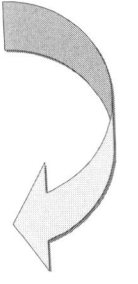

- ◆ **Rentabilität schafft die Basis für Wachstum.**
- ◆ **Wer profitabel wächst, steigert den Wert.**
- ◆ **Wer Wert steigert, zieht Kapital an.**
- ◆ **Wer Kapital anzieht, kann investieren.**
- ◆ **Wer investiert, kann wachsen.**

Abbildung 2: Die Logik des wertorientierten Managements

---

14 Hierunter versteht man die neuen Eigenkapitalunterlegungsvorschriften der Banken für Kreditrisiken, die im zweiten Basler Akkord (kurz: Basel II) vereinbart wurden und voraussichtlich 2006/ 2007 in Kraft treten sollen.

zelnen Geschäftsfelder zusammensetzt, ist es nicht zielführend, wenn ein Geschäftsfeld dauerhaft Wert zerstört.

Grundlage der Bestimmung des Unternehmenswertes ist die geplante Unternehmensentwicklung der nächsten Jahre, besonders die zukünftigen freien Cash-Flows.[15] Der Unternehmenswert ergibt sich durch die Abzinsung dieser zukünftigen freien Cash-Flows – also der Liquiditätsüberschüsse – auf den heutigen Zeitpunkt. Damit ein Geschäftsfeld oder eine Investition einen positiven Beitrag zu diesem Unternehmenswert leistet, ist es erforderlich, dass seine Rendite größer ist als sein risikoabhängiger Kapitalkostensatz.

Kennzahlen zur wertorientierten Unternehmensführung sollen sicherstellen, dass in allen Unternehmensbereichen eine Mindestrendite erzielt wird, die dem Risiko des jeweiligen Geschäftes entspricht. Die knappen Mittel sind dauerhaft nur denjenigen operativen Einheiten zur Verfügung zu stellen, die diesen Verzinsungsansprüchen gerecht werden. Aktivitäten, die diesen Ansprüchen nicht genügen, sind umzustrukturieren – bis hin zur Desinvestition.

Im wertorientierten Management gilt der Grundsatz, dass alle Risiken zu identifizieren, zu quantifizieren und schließlich in ihrer Konsequenz für den Unternehmenswert zu bewerten sind.

Hohe Risiken zeigen sich dabei in erheblichen Schwankungsbreiten des zukünftigen Cash-Flows. Während beispielsweise Kostensenkungsmaßnahmen auf eine Steigerung der (Erwartungswerte) der freien Cash-Flows abzielen, ist es eine Aufgabe des

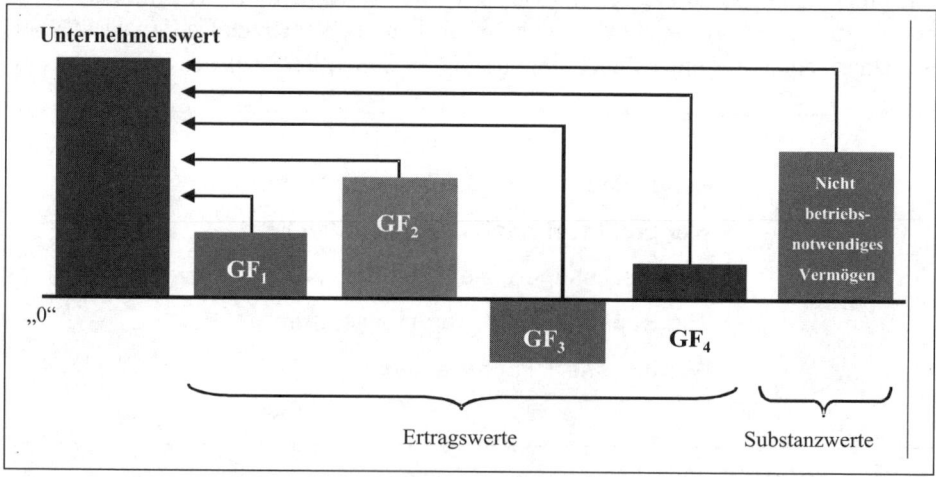

Abbildung 3: Unternehmenswert als Wert der einzelnen Geschäftsfelder (GF)

---

15 Freie Cash-Flows sind die Cash-Flows vor Zinsen, aber nach Abzug von Investitionen in Anlage- und Umlaufvermögen.

Risikomanagements, die Streuung bzw. die Schwankungsbreite der freien Cash-Flows zu reduzieren und so einen Betrag zur Steigerung des Unternehmenswertes zu leisten.

Da Kapitalanleger typischerweise risikoavers sind, werden sie ein risikoreicheres Unternehmen nur dann so hoch bewerten wie ein risikoärmeres, wenn die erwarteten Erträge höher sind; höheres Risiko muss „bezahlt" werden. Hohe Risiken führen zu hohen Kapitalkostensätzen, also hohen Mindestanforderungen an die zukünftige Rendite. Damit wird das oft vernachlässigte Risikomanagement zu einem zentralen Baustein der wertorientierten Unternehmensführung.

Wenn das Paradigma des wertorientierten Managements das Handeln der Unternehmensleitung bestimmt, dann müssen alle zukunftsgerichteten Maßnahmen nachweislich oder zumindest plausibel den Wert des Unternehmens erhöhen. Nur wenn die Geschäftsleitung die Mechanismen der Wertschöpfung transparent vor Augen hat, kann sie die Steigerung des Unternehmenswertes zielgerichtet umsetzen.

Fassen wir zusammen: Eine gute Unternehmensstrategie ist jene, die den Unternehmenswert maximiert. Sinnvoll sind gemäß dieser Sichtweise des „Wertmanagements" genau die unternehmerischen Maßnahmen (Investitionen, Forschungsprojekte oder Marktausweitungen) die zu einer Steigerung des Unternehmenswertes führen. Hierzu müssen die erwarteten Renditen über den (risikoabhängigen) Kapitalkostensätzen liegen.

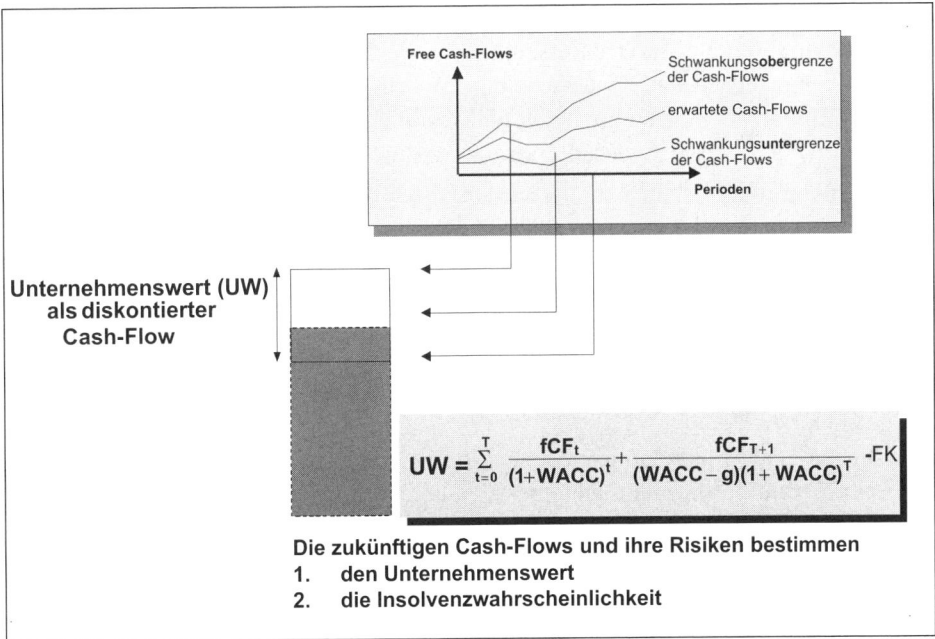

Abbildung 4: Unternehmenswert als „Discounted Cash-Flow" (DCF)

Klare Erfolgsmessung, Nachvollziehbarkeit, Zukunftsausrichtung und die Einbeziehung von Risiken sind die überzeugenden Vorteile eines wertorientierten Managements.

Wertorientierte Unternehmer und Manager werden es in aller Regel schaffen, den Wert ihres Unternehmens zu erhöhen, wenn sie die (kausalen) Zusammenhänge zwischen Wertsteigerung und den dahinter stehenden Variablen (Kernkompetenzen, Wettbewerbsvorteile und Prozessüberlegenheit) kennen. Dies erfordert zunächst eine Operationalisierung des Unternehmenswertes und seiner wesentlichen Ursachen/Eigenschaften und dann den Aufbau einer „Geschäftslogik", die die Ursache-Wirkungs-Zusammenhänge darstellt.

Das Management der operativen Werttreiber zielt dann auf die Schaffung eines überlegenen Kundennutzens, den Aufbau langfristig wertvoller Kompetenzen im Unternehmen, die Effizienzsteigerung der internen Prozesse und natürlich auch auf die Optimierung der Risikostruktur ab.

Zusammenfassend können die wichtigsten **Grundaussagen des Paradigmas der Wertorientierung** gemäß des FutureValue-Konzeptes wie folgt formuliert werden:

1) Strategisches Oberziel und Erfolgsindikator des Unternehmens ist der Unternehmenswert.
2) Gemessen wird der Unternehmenserfolg an objektiven finanziellen Kennzahlen, wie dem Discounted-free-Cash-Flow (DfCF).
3) Marktattraktivität, Marktführerschaft, Prozess-Effizienz und verteidigungsfähige Kernkompetenzen sind die entscheidenden Erfolgsfaktoren.
4) Die Unternehmensstrategie regelt und koordiniert alle Aktivitäten der langfristigen Erfolgssicherung, deren Umsetzung durch ein strategisches Kennzahlensystem unterstützt wird.
5) Wertorientierte strategische Steuerung basiert auf fundierten Annahmen über die Abhängigkeiten von Erfolgsfaktoren und dem Unternehmenswert („Geschäftslogik").
6) Alle wesentlichen Maßnahmen im Unternehmen müssen konsequent bezüglich ihrer Wirkung auf den Unternehmenswert geprüft werden.
7) Das Kapital wird konsequent in die Bereiche mit der höchsten Wertgenerierung gelenkt.
8) Kunden- und Mitarbeiterzufriedenheit sind nie Selbstzweck.
9) Selbstverantwortung und angemessene unternehmerische Freiheit kompetenter Mitarbeiter sind wichtige Stützen des unternehmerischen Erfolgs.
10) Die Vergütung der Mitarbeiter im Unternehmen wird am Beitrag zum Unternehmenswert ausgerichtet.

IV Das Future Value-Konzept im Überblick[16]

IV.I Die Intention von Future Value

Das Konzept „Future Value" zielt darauf ab, einen Beitrag für die nachhaltige Steigerung des Unternehmenswertes zu leisten. Dazu wird – gestützt auf eine fundierte Analyse des Unternehmens und seiner Umfeldbedingungen – eine wertorientierte Unternehmensstrategie erarbeitet, die dazu beiträgt,

- die wesentlichen **Kernkompetenzen** auszubauen,
- sich auf aussichtsreiche Geschäftsfelder zu konzentrieren und dort **Wettbewerbsvorteile** zu erringen,
- unnötige **Risiken** zu vermeiden und Werttreiber konsequent zu nutzen, sowie
- die **Wertschöpfungskette** so zu gestalten, dass diese möglichst einfach, aber strategiekonform ist.

Eine Besonderheit des methodischen „Future Value"-Ansatzes besteht darin, dass erprobte Instrumente des strategischen und operativen Managements konsequent aufeinander abgestimmt und in den Kontext einer wertorientierten Unternehmensführung gestellt werden. Die Schnittstellen zwischen leistungsfähigen Instrumenten, wie Branchenanalyse, Future Value Scorecard oder Risikomanagement, werden dabei optimiert. Der gesamte Ansatz ist als ein methodisches Konzept „aus einem Guss" aufgebaut, das in allen Teilen konsequent wertorientiert ist.

Zudem dient das Future Value-Konzept nicht nur zum Erarbeiten einer Strategie, sondern zur Entwicklung eines umfassenden Unternehmensführungssystems, das die Strategie in konkrete Maßnahmen für alle Mitarbeiter umsetzt und diese Umsetzung mess- und steuerbar macht.

Von großer Bedeutung ist die durchgängige wissenschaftliche Fundierung der Konzeption. Das Future Value-Konzept will möglichst wenig Glaubensgrundsätze, sondern überprüfbare, nachvollziehbare Fakten zur Grundlage der Unternehmensgestaltung machen.

Future Value hilft dabei, Wertsteigerungspotenziale des Unternehmens zu identifizieren und konsequent zu nutzen.

IV.II Wie laufen Future Value-Wertsteigerungsprojekte ab?

Im Folgenden werden die 12 Module des Future Value-Ansatzes zunächst stark komprimiert in einer knappen Übersicht dargestellt. Die folgenden 12 Kapitel werden diese Themen aufgreifen und alle Module vertiefend darstellen.

---
16 Von Werner GLEIßNER und Arnold WEISSMAN.

Modul 1: Vision, Leitbild und Unternehmensziele

Zunächst ist zu klären, wie das Unternehmen bzw. die Unternehmensführung sich sieht, welche Visionen und Werte existieren und welche langfristigen Perspektiven neben der Steigerung des Unternehmenswertes angestrebt werden. Konkrete Ziele und Restriktionen sollten bereits hier frühzeitig zusammengefasst werden.

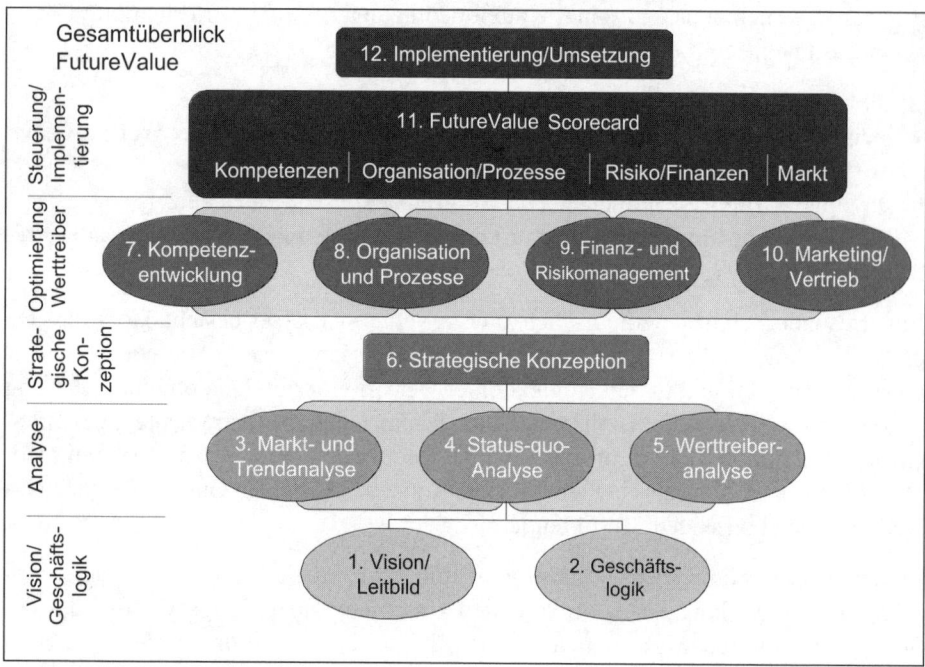

Abbildung 5: Gesamtüberblick FutureValue

Modul 2: Geschäftslogik

Für eine fundierte und nachvollziehbare Ableitung einer erfolgsversprechenden, d. h. wertorientierten Unternehmensstrategie, ist es erforderlich, sich über die kausalen Sachzusammenhänge im Unternehmen und seinem Umfeld klar zu werden. In diesem zweiten Modul wird diese „Geschäftslogik" zusammengefasst und möglichst gut fundiert. Hierbei werden vor allem die kausalen Wirkungsbeziehungen und die Wirkungen einzelner Faktoren auf den Unternehmenswert aufgezeigt. Letztendlich wird ein Modell des Unternehmens und seines Umfelds erstellt, das später die Grundlage für die Erarbeitung der FutureValue Scorecard bildet.

Modul 3: Markt- und Trendanalyse

Die Marktanalyse zielt darauf ab, die Attraktivität der einzelnen Märkte und Marktsegmente, in denen das Unternehmen tätig ist bzw. prinzipiell tätig werden könnte, zu beurteilen. Die Grundidee dieser Analysen ist darin zu sehen, dass sich Unternehmen auf attraktive Märkte bzw. Marktsegmente konzentrieren sollten sowie auf Märkten, bei denen sie Wettbewerbsvorteile aufweisen bzw. erwerben können. Hierbei kommt unter anderem eine Analyse der einzelnen Wettbewerbskräfte (Porter-Schema) zum Einsatz. Analysiert werden dabei sowohl Wachstumspotenziale der Marktsegmente als auch Differenzierungsmöglichkeiten oder die Abhängigkeit von Kunden und Lieferanten. Darüber hinaus werden wesentliche technologische Trends und Entwicklungen im Kundenverhalten aufgezeigt, um daraus die Konsequenzen für die zukünftige Wettbewerbssituation und die Kompetenzanforderungen des Unternehmens ableiten zu können.

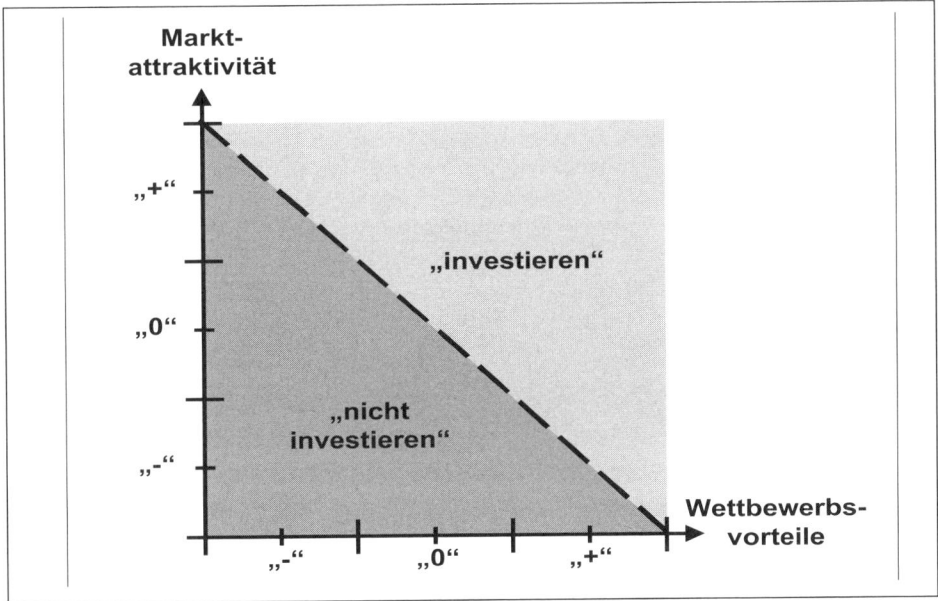

Abbildung 6: Marktattraktivität-Wettbewerbsvorteil-Portfolio

Modul 4: Status-quo-Analyse

Durch fundierte Analyseverfahren werden die Stärken und Schwächen des Unternehmens im Vergleich zu seinen Wettbewerbern ermittelt. Dabei werden sowohl interne Stärken und Schwächen als auch die vom Kunden wahrnehmbaren Wettbewerbsvorteile, wie z. B. Preis, Qualität oder Service, betrachtet. Darüber hinausgehend wird das

Kompetenzprofil des Unternehmens entlang der Wertschöpfungskette bewertet, um die grundsätzlichen Potenziale für die Zukunftsgestaltung aufzuzeigen. Für die Erstellung der strategischen Bilanz (Stärken-Schwächen-Übersicht) werden verschiedene Verfahren eingesetzt, wie beispielsweise schriftliche Mitarbeiterbefragungen (Benchmarking-Ansatz), kennzahlenorientierte Jahresabschlussanalysen, Workshops, Interviews sowie Prozessanalysen.

Modul 5: Werttreiberanalyse und Erfolgsmaßstab

Zunächst wird ein wertorientierter **Erfolgsmaßstab** definiert, mit dem die verschiedenen strategischen Handlungsalternativen sinnvoll vergleichbar gemacht werden können. Erst so wird eine gezielte Unternehmensführung möglich. Gestützt auf ein Modell für den Unternehmenswert als Erfolgsmaßstab wird aufgezeigt, welche primären Werttreiber den Unternehmenswert am meisten beeinflussen. Hierbei sind zum Beispiel Variablen wie die **Wachstumsrate**, der **Risikoumfang**, die **Umsatzrentabilität** (damit die Marktposition) sowie die **Reinvestitionsrate** (Kapitalumschlag) von Bedeutung. Ergänzend wird auch der Wertbeitrag jedes Geschäftsfeldes bestimmt.

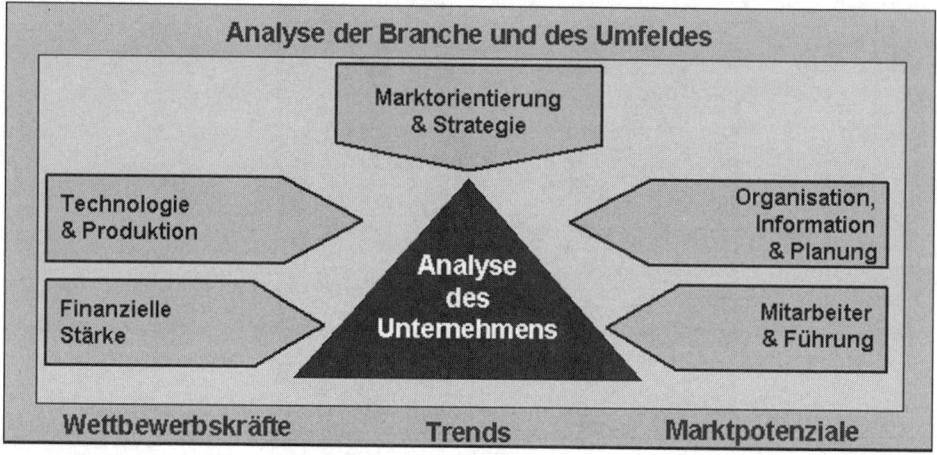

Abbildung 7: Analyse der Erfolgsfaktoren

Modul 6: Strategische Konzeption

Auf Dauer kann nur die richtige, konsequent umgesetzte Strategie den Unternehmenswert erhöhen. Genau an diesem Punkt setzt das Herzstück von FutureValue an: die Optimierung der Unternehmensstrategie.

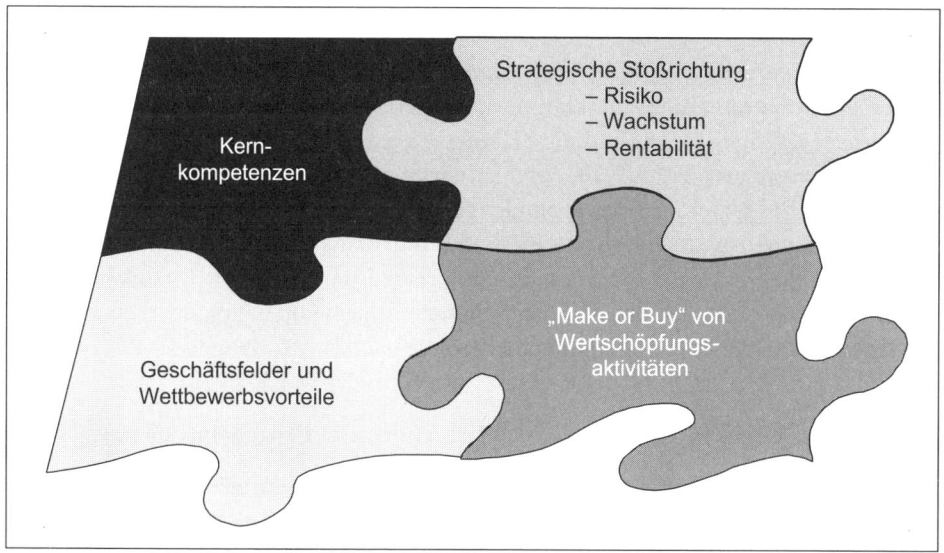

Abbildung 8: Komponenten der Unternehmensstrategie

Im Rahmen der Unternehmensstrategie werden die Grundaussagen zur langfristigen Ausrichtung und Erfolgssicherung des Unternehmens fixiert, die als Leitlinie für die zukünftige Entwicklung des Unternehmens dienen.

Gestützt auf die Analyse des Unternehmens wird eine Unternehmensstrategie mit folgender Fokussierung erarbeitet:

- Ausbau von Kernkompetenzen,
- Konzentration auf aussichtsreiche Geschäftsfelder, um dort Wettbewerbsvorteile zu generieren,
- Vermeidung unnötiger Risiken,
- konsequente Nutzung der Werttreiber (Strategische Stoßrichtung: Risiko, Wachstum, Rentabilität) sowie
- Gestaltung der Wertschöpfungskette möglichst einfach – aber strategisch konform.

Am Ende dieses Prozesses steht eine überprüfte, stimmige und in allen Teilen umsetzbare Strategie. Sie zeigt, wie durch einen Aufbau von Kernkompetenzen, internen Stärken (z. B. effiziente Prozesse) und für den Kunden wahrnehmbare „Wettbewerbsvorteile" zukünftige Gewinne und Liquidität generiert werden, die den Unternehmenswert bestimmen.

In diesen vier Bereichen, in denen die wesentlichen Werttreiber zu finden sind, werden bei FutureValue – ausgehend von den Vorgaben der strategischen Konzeption – konkrete Verbesserungspotenziale erarbeitet (vgl. Module 7 bis 10).

Modul 7: Kompetenzentwicklung

Während die vom Kunden wahrnehmbaren Wettbewerbsvorteile den heutigen Markterfolg eines Unternehmens erklären, sind Kernkompetenzen die Determinanten zukünftiger Erfolge (vgl. Abbildung 8). Häufig sind Kernkompetenzen an das Wissen sowie die besonderen Fähigkeiten und Erfahrungen einer eingespielten Gruppe von Mitarbeitern des Unternehmens gebunden. Gestützt auf die grundsätzlichen Vorgaben der Unternehmensstrategie wird zum Auf- und Ausbau der Kernkompetenzen ein Kompetenzentwicklungsprogramm konzipiert und durchgeführt. Dazu werden die Kompetenzanforderungen aus der Unternehmensstrategie operationalisiert und bis auf die einzelnen Mitarbeiter heruntergebrochen.

Modul 8: Strategische Organisationsentwicklung und Prozessoptimierung

Aus den Vorgaben der strategischen Konzeption werden die grundsätzlichen Anforderungen an die Aufbau- und Ablauforganisation des Unternehmens abgeleitet. Dabei wird insbesondere darauf geachtet, dass die Organisation des Unternehmens den angestrebten Wettbewerbsvorteilen entspricht.

Darüber hinaus werden die Ablaufprozesse des Unternehmens unter Abwägung von Kosten-Nutzen-Aspekten überprüft. Die Nutzenansprüche werden unter Beachtung der strategischen Ziele im Sinn von Geschwindigkeit, Qualität oder Flexibilität operationalisiert und optimiert.

Modul 9: Risiko- und Finanzierungsmanagement

Für die Stabilität und Bonität des Unternehmens ist es nötig, dass das Gesamtrisiko eines Unternehmens durch das Risikodeckungspotenzial – also insbesondere durch das Eigenkapital und die Liquiditätsreserven – getragen werden kann.

Ziel dieses Moduls ist es, die wesentlichen Risiken des Unternehmens zu identifizieren, quantitativ zu bewerten und schließlich zu aggregieren, also das Gesamtrisiko des Unternehmens zu ermitteln.

Die Risikoaggregation stellt die Grundlage einer konsistenten wertorientierten Risikopolitik dar, da mit ihrer Hilfe das zur Risikodeckung erforderliche Eigenkapital ermittelt werden kann, welches wiederum zur Berechnung der Kapitalkostensätze dient. Außerdem wird die Kapitalbindung optimiert und es wird ein Finanzierungskonzept erarbeitet, das geeignet ist, den Unternehmenswert zu steigern.

Im Rahmen des Finanzierungs- und Risikomanagements muss sich die Unternehmensführung auch mit der Entwicklung einer Ratingtrategie auseinandersetzen. Ein Rating gibt die Ausfallwahrscheinlichkeit (Insolvenzwahrscheinlichkeit) eines Unternehmens

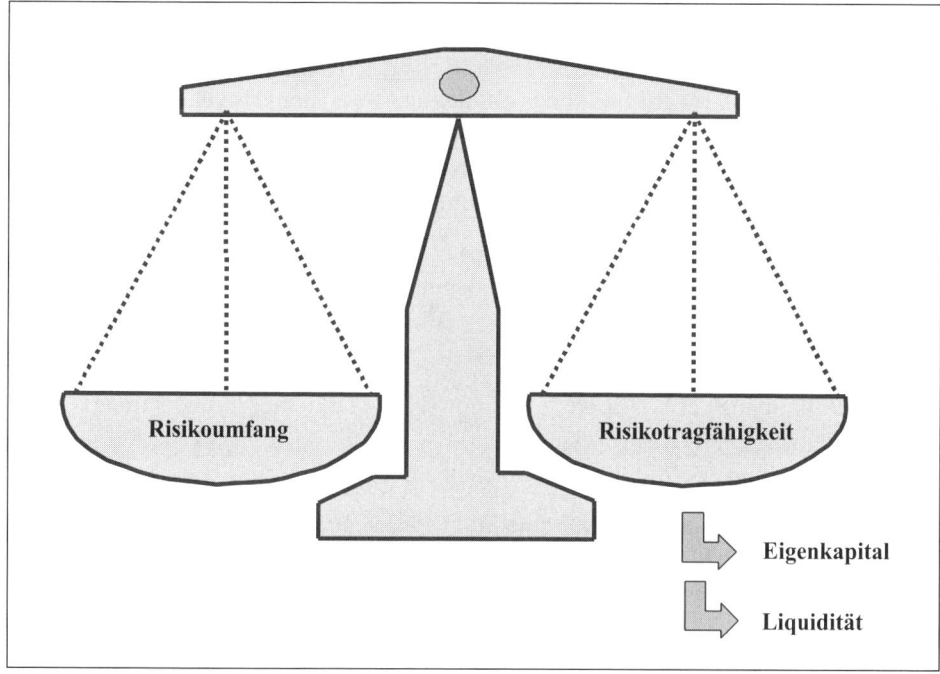

Abbildung 9: Risikoumfang und Risikotragfähigkeit

an. Je höher die Ausfallwahrscheinlichkeit des Unternehmens, desto ungünstiger werden die Finanzierungsspielräume und Finanzierungskonditionen bei der Aufnahme von Fremdkapital.

Modul 10: Marketing- und Vertriebskonzeption

Zum Ausbau der Wettbewerbsvorteile wird eine Marketingkonzeption erarbeitet, die auf eine klare Differenzierung – z. B. bezüglich Produkt, Service oder Marke – abzielt. Kern der Marketingkonzeption ist immer die Frage, wie zentrale Probleme der Kunden am besten gelöst werden können. Darüber hinausgehend werden Potenziale im Vertrieb aufgedeckt, die dazu führen, dass Kundenpotenziale vollständiger identifiziert, die Kundenansprache verbessert und die Kundenbindung erhöht werden.

Modul 11: FutureValue Scorecard: Das Mess- und Steuersystem

Das strategische Ziel der wertorientierten Unternehmensführung ist die Maximierung des Unternehmenswertes. Dieses Ziel muss heruntergebrochen werden auf vorgelagerte, beobachtbare und vom Unternehmen beeinflussbare Kennzahlen, um die Umsetzung der Unternehmensstrategie steuer- und kontrollierbar zu machen. Zudem sollten auch die „exogenen Störungen", also die nicht beeinflussbaren Einflussfaktoren, erkennbar werden.

Die FutureValue Scorecard bildet das Bindeglied zwischen dem strategischen Management und der operativen Umsetzung, indem sie alle strategischen Ziele systematisch in Kennzahlen, also konkrete Messgrößen, übersetzt und diesen Kennzahlen Maßnahmen sowie Verantwortlichkeiten zuordnet.

Neben den üblichen finanziellen Kennzahlen (z. B. Rentabilität), die primär die Ergebnisse unternehmerischen Handelns widerspiegeln, werden hier Messgrößen mit einbezogen, welche die finanziellen Kennzahlen zukünftiger Perioden beeinflussen werden. Dazu gehören insbesondere Kennzahlen

- zur Beschreibung der Wettbewerbsposition (z. B. Marktanteil, Kundentreue),
- zur Effizienz der Arbeitsprozesse und
- zur Entwicklung der Mitarbeiterkompetenzen.

Entscheidender Vorteil der FutureValue Scorecard gegenüber der klassischen Balanced Scorecard ist die klare Ausrichtung auf den Unternehmenswert, die Einbeziehung von Risiken sowie externer Störgrößen, also die Frühaufklärung.

Die FutureValue Scorecard erlaubt ein regelmäßiges Überprüfen der Kennzahlen und somit die Kontrolle des Umsetzungsgrades der Unternehmensstrategie. So hat der Un-

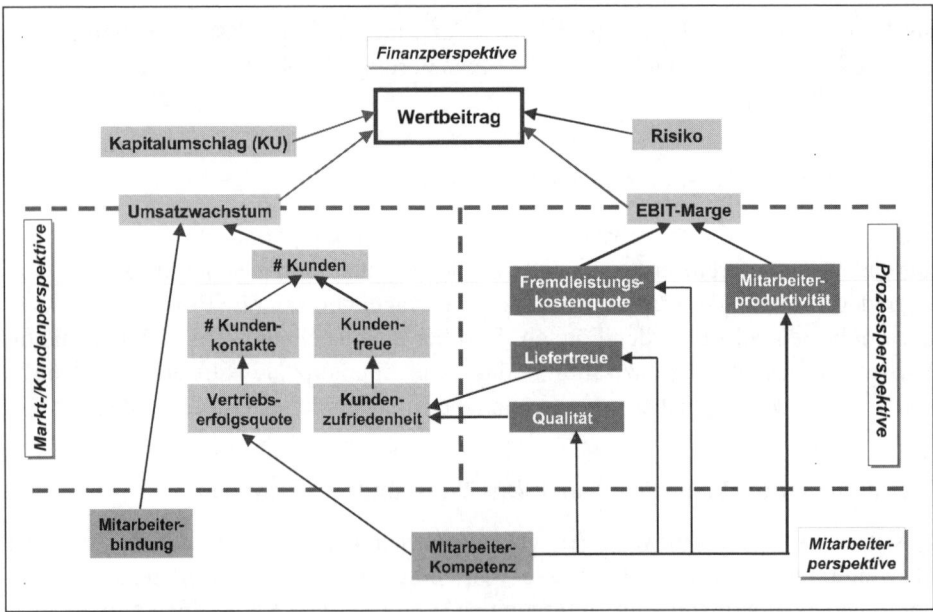

Abbildung 10: Beispiel der kausalen Zusammenhänge in einer FutureValue Scorecard

ternehmer die Möglichkeit, strategisch bedeutsame Planabweichungen rechtzeitig zu erkennen und zu korrigieren. Die klare Zuordnung von Verantwortlichkeiten für die Zielerreichung und die dazugehörigen Maßnahmen stellen sicher, dass die Unternehmensstrategie konsequent umgesetzt wird.

Modul 12: Implementierung/Umsetzung

Jede strategische Neuausrichtung eines Unternehmens sollte auf einer nachvollziehbaren und systematischen Überlegung basieren und dabei auf den Erkenntnissen der Status-quo-Analyse aufsetzen. Um eine derartige strategische Neuausrichtung im Unternehmen zu implementieren, benötigt es Steuerungssysteme wie die FutureValue Scorecard, die grundlegende Entscheidungen der Strategie durch Kennzahlen operationalisiert und mit Maßnahmen und Verantwortlichkeiten verbindet. Neben diesem Steuerungssystem und einem möglichst damit verbundenen Prämien- bzw. Anreizsystem sollte jedoch ein weiterer Aspekt für die erfolgreiche Umsetzung von Strategien nicht vergessen werden: Jede Veränderung sollte auch die Ebene der Glaubensgrundsätze und des Leitbilds einbeziehen. Da Menschen nicht nur rational handeln, scheitern viele Veränderungsprojekte an diesen Faktoren.

Deshalb ist es wichtig und nötig, zur erfolgreichen Umsetzung einer Strategie neben dem finanziellen Wert auch die vorhandenen Wertvorstellungen und Wertesysteme zu beachten. Die monetäre Größe „Wert" muss mit den Werten in Balance stehen, um langfristig erfolgreich zu handeln. Die Maßnahmen werden im Unternehmen kommuniziert, begründet und auf die **Unternehmenskultur** abgestimmt.

In einem kontinuierlichen Prozess wird die Umsetzung der strategischen Maßnahmen, insbesondere auch gestützt auf die erarbeitete Scorecard, regelmäßig überprüft, um bei Abweichungen rechtzeitig eingreifen zu können. Damit mündet das FutureValue-Konzept in einem strategischen **Controlling-Regelkreis**, der immer neue Informationen erfasst, die strategische Konzeption bei Bedarf überarbeitet und auch bei neuen Veränderungen des Umfeldes immer wieder auf eine Wertsteigerung ausrichtet.

V Lust oder Leid: Der richtige Zeitpunkt für FutureValue

Trotz der zunehmenden Akzeptanz eines wertorientierten strategischen Managements scheint das Thema gerade in Zeiten hoher ökonomischer Unsicherheiten, Krisen- oder Rezessionen immer deutlicher an Aktualität zu verlieren. Viele Unternehmen stellen die Entwicklung einer langfristig ausgerichteten Unternehmensstrategie zu Gunsten scheinbar zunächst dringlicherer kurzfristiger Maßnahmen der Krisenabwehr zurück. Manche Unternehmensführungen verfallen in hektische Ad-hoc-Maßnahmen, wie das unreflektierte Kostensparen „in allen Bereichen". Andere Unternehmensführungen zeigen dagegen eine ausgesprochene „Starrheit" und verschieben vor allem jegliche Überlegung der langfristigen Zukunftssicherung auf „bessere Zeiten".

Dabei sind jedoch gerade latente und sogar akute Krisen von Unternehmen durchaus auch ein richtiger Zeitpunkt, sich mit langfristigen strategischen Aspekten auseinander zu setzen. Eine Unternehmenskrise zeigt zumindest in vielen Fällen, dass die bisherige Unternehmensstrategie durchaus noch optimierbar ist und das Unternehmen sicher noch nicht als ein „robustes Unternehmen" angesehen werden kann, das auch unvorhersehbaren Widrigkeiten des Umfelds widersteht. Gerade Krisen und ungünstige Entwicklungen des unternehmerischen Umfelds machen Schwächen bei den Erfolgspotenzialen eines Unternehmens besonders deutlich und zeigen so die Ansatzpunkte für eine Verbesserung der strategischen Ausrichtung. Zudem ist gerade auch in einer Unternehmenskrise die Bereitschaft der Mitarbeiter viel ausgeprägter, erforderliche Veränderungen der Ausrichtung des Unternehmens mit zu tragen, weil oft nur in einer Unternehmenskrise die zwingende Notwendigkeit solcher Veränderungen wirklich eingesehen wird. Wer eine Unternehmenskrise – oder auch nur eine mögliche krisenhafte Entwicklung auf Grund gesamtwirtschaftlich schlechter Rahmenbedingungen – nicht nutzt, um sein Unternehmen neu auszurichten, wird die erforderliche Veränderungsbereitschaft möglicherweise unter besseren wirtschaftlichen Rahmenbedingungen nicht finden. In dieser Hinsicht sind gerade vor dem Hintergrund strategischer Entscheidungen Krisen durchaus zugleich Chancen für das Unternehmen.

Es darf nicht vergessen werden, dass gerade die vielfach zu treffenden Maßnahmen der Krisenprofilaxe oder Krisenbekämpfung zwingend einer strategischen Flankierung bedürfen. Ansonsten ist die Gefahr sehr groß, dass unternehmerische Maßnahmen, die in der Krise kurzfristig Verbesserungen mit sich bringen, langfristig betrachtet die wesentlichen Erfolgspotenziale unangemessen beeinträchtigen.

Schließlich ergibt sich die Notwendigkeit einer strategischen Orientierung gerade vor oder in einer Unternehmenskrise auch durch das Zusammenspiel eines Unternehmens mit den finanzierenden Kreditinstituten. Insbesondere durch den bereits angesprochenen Basel II-Akkord werden die Banken und Sparkassen zukünftig bei ihrem Rating verstärkt die Zukunftsperspektiven eines Unternehmens beurteilen müssen. Die Entwicklung, Präzisierung und konsequente Umsetzung einer nachvollziehbaren Unternehmensstrategie ist für das Rating wesentlich und kann dazu beitragen, auch – und gerade in einer Krisensituation – den erforderlichen finanziellen Spielraum zu akzeptablen Kreditkonditionen sicherzustellen. Gerade wenn die augenblickliche Ertragssituation eines Unternehmens unbefriedigend ist und nicht ausreicht, den Kapitaldienst des Unternehmens sicherzustellen, richtet sich das Augenmerk der Banken naheliegenderweise auf die erwarteten zukünftigen Erträge.

Eine glaubhafte Prognose bezüglich des zukünftigen Ertragsniveaus erfordert aber eine auch für die finanzierenden Banken nachvollziehbare und plausible Unternehmensstrategie, die Erfolgspotenziale ausbaut, die das zukünftige Ertragsniveau des Unternehmens bestimmen. In dieser Hinsicht sollten gerade in wirtschaftlich schwierigen Situationen strategische Überlegungen nicht zu kurz kommen. Es gilt auch in derartigen Situationen, die für die Zukunft wichtigen Kernkompetenzen des Unternehmens weiter zu entwickeln, für die Kunden erkennbare Wettbewerbsvorteile aufzubauen und geeignete Unternehmensführungssysteme – wie beispielsweise eine Balanced Scorecard – zu implementieren, welche die konsequente Umsetzung der strategischen Ausrichtung des Unternehmens in der Praxis des Tagesgeschäfts sicherstellen.

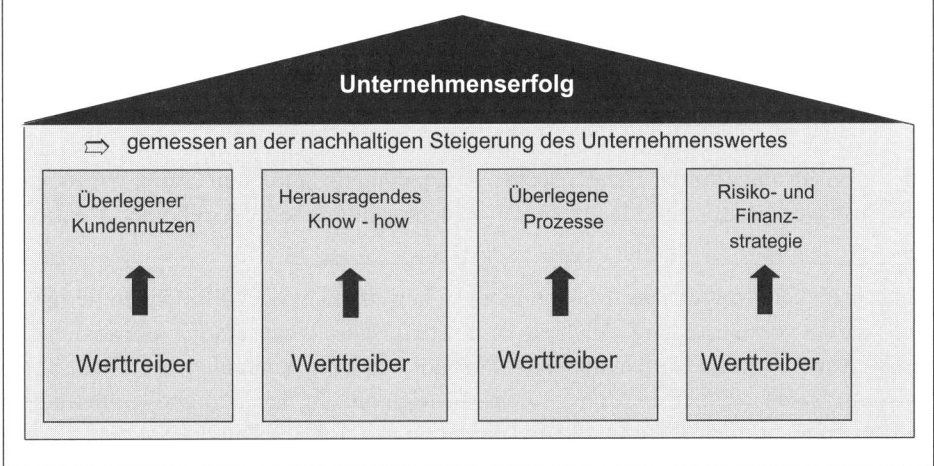

Abbildung 11: Optimierung der operativen Werttreiber

Nie sind die Möglichkeiten der Unternehmensführung so gut, eine langfristig Erfolg versprechende Strategie einzuschlagen, wie bei einer drohenden oder bereits eingetretenen Unternehmenskrise. Und nie hat eine auch für das Kreditinstitut nachvollziehbare Unternehmensstrategie eine so hohe Bedeutung für die Sicherung der Kreditrahmen, wie während einer Unternehmenskrise. In dieser Hinsicht sind Unternehmenskrisen immer zugleich auch Chancen für eine zukünftig noch erfolgreichere Unternehmensentwicklung. Langfristig orientierte, insbesondere auch auf eine langfristige Wertsteigerung des Unternehmens ausgerichtete Unternehmensstrategie, sollte deshalb gerade in schwierigen wirtschaftlichen Verhältnissen keinesfalls an Priorität verlieren.

VI FutureValue ohne Wertorientierung und Shareholder Value?[17]

Der FutureValue-Ansatz basiert – wie mehrfach erwähnt – auf der Grundidee des wertorientierten Managements. Gerade in Deutschland und besonders bei mittelständischen Unternehmen lassen sich heute noch immer viele Vorbehalte gegenüber dem wertorientierten Management feststellen. Sicherlich ist dies häufig darauf zurückzuführen, dass wertorientiertes Management mit dem so genannten „Shareholder-Value-Ansatz" amerikanischer Prägung gleichgesetzt wird.

Mit einem Shareholder-Value-Ansatz verbindet man in Deutschland (teilweise noch) Attribute wie beispielsweise:

- Handlungsmaxime nur für börsennotierte Gesellschaften,
- kurzfristige Handlung, orientiert am nächsten Quartalsgewinn,
- ausschließliche Orientierung an finanziellen Kenngrößen und insbesondere Ignorierung sämtlicher kulturellen Werte.

Die so häufig angeführten Thesen decken sich jedoch nicht mit den Grundüberzeugungen eines wertorientierten Managements – auch nicht mit dem Shareholder-Value-Ansatz amerikanischer Prägung.

Zunächst ist wertorientiertes Management sicherlich nicht nur für börsennotierte Gesellschaften von Bedeutung. Auch ein mittelständischer Unternehmer, der seinen Unternehmenswert nicht täglich am Aktienkurs ablesen kann, kann die wesentlichen Vorteile eines wertorientierten Managements für sich nutzen. Er kann und sollte für sein eigenes Unternehmen einen klaren und eindeutigen Erfolgsmaßstab definieren, der die Zielgröße des unternehmerischen Handelns wird. Der Unternehmenswert ist dann kein (durchaus zweifelhafter) an der Börse beobachtbarer Unternehmenswert, sondern ein Unternehmenswert, der in Abhängigkeit klar definierter Einflussfaktoren (wie Rentabilität oder Risiko) berechnet wird. Ein derartiger Maßstab macht die Konsequenzen unternehmerischer Entscheidungen unter Abwägung der Auswirkungen auf Ertrag und Risiko transparent.

Eines der wesentlichen Charakteristika eines wertorientierten Managements ist die konsequente Zukunftsorientierung und die Analyse sämtlicher auch langfristiger Konsequenzen unternehmerischer Entscheidungen. Ein kurzfristig orientiertes Management ist somit geradezu das Gegenteil eines wertorientierten Managements. Die stark ausgeprägte Fixierung auf Quartalsergebnisse in amerikanischen Unternehmen hat nichts mit dem wertorientierten Management zu tun. Gerade für mittelständische deutsche Unternehmen, die eine langfristige und nachhaltige Absicherung des Unternehmens anstreben, ist ein wertorientiertes Management damit ein sinnvoller Ansatz.

---

17 Von Werner GLEIßNER.

Das wertorientierte Management ignoriert dabei nicht die Schwierigkeiten mittel- und langfristiger Prognosen, sondern berücksichtigt die Risiken durch die Unvorhersehbarkeit der Zukunft explizit.

Auch der Vorwurf, demzufolge wertorientiertes Management per se ausschließlich finanzielle Größen betrachtet und insbesondere kulturelle Werte ignoriere, geht an der Realität vorbei. Richtig ist, dass im Kontext eines wertorientierten Managements letztlich finanzielle Kennzahlen (wie der Unternehmenswert) als oberste Zielgrößen fixiert werden. Dies bedeutet jedoch keinesfalls, dass alle nicht finanziellen Themen ignoriert würden. In einem richtig interpretierten wertorientierten Management werden Themenfelder wie „Kundenorientierung", „Mitarbeitermotivation" und die diese wesentlich bestimmenden kulturellen Werte und Visionen des Unternehmens zwangsläufig mitbetrachtet, weil dies wichtige Ursachen sind, die die finanziellen Größen (Wirkungen) mitbestimmen.

Wertorientiertes Management darf nicht mit der häufig veröffentlichten Karikatur eines Shareholder-Value-Ansatzes amerikanischer Prägung verwechselt werden. Auch jedes deutsche mittelständische Unternehmen, das die Vorteile eines transparenten und nachvollziehbaren Erfolgsmaßstabs und die Notwendigkeit einer konsequenten Zukunftsorientierung sieht, die zugleich die Berücksichtigung von Risiken erfordert, wird mit einem wertorientierten Management-Ansatz die richtige Lösung für das eigene Unternehmen finden.

Eine Unternehmensführung, die auf den Grundprinzipien

- Transparenz und Nachvollziehbarkeit,
- eindeutiger Erfolgsmaßstab,
- Zukunftsorientierung und
- konsequente Risikobetrachtung

basiert, ist im Grundsatz wertorientiert. Selbst wenn man den Begriff des „wertorientierten Managements" nicht als Maxime der eigenen Unternehmensführung fixieren möchte, ist im Rahmen dieses Grundverständnisses der FutureValue-Ansatz ein geeignetes Konzept für die Weiterentwicklung eines Unternehmens.

1 Modul 1: Vision und Leitbild

1.1 Unternehmensvision und Leitbild: Grundlage für jeden Unternehmenserfolg[18]

Die Vision als Ausgangspunkt der Gestaltung eines Unternehmens und seiner Strategie – so liest man es in vielen Managementbüchern. Vor dem Hintergrund eines wertorientierten Management-Ansatzes erscheint es jedoch durchaus nicht unbedingt nahe liegend, die den Unternehmen und seine Mitarbeiter begeisternde Vision als Ausgangspunkt für alle weitergehenden Überlegungen zur Gestaltung der Zukunft zu betrachten.

Mit dem Unternehmenswert als Erfolgsmaßstab erkennt man, dass nicht unbedingt das Verfolgen der Vision – so attraktiv dies vielleicht erscheint – den größten Erfolg für ein Unternehmen erwarten lässt. Die zukünftigen Erfolgsperspektiven eines Unternehmens (und damit der Unternehmenswert) werden im Wesentlichen durch die Verfügbarkeit und den effektiven Einsatz der Ressourcen (einschließlich Kompetenzen) des Unternehmens bestimmt. Das, was ein Unternehmen gut kann, ist nicht zwangsläufig das, was Unternehmensführung und Mitarbeiter am liebsten tun. Wertorientierte Managementansätze tendieren daher dazu, zunächst die Ressourcen, die Stärken und die außergewöhnlichen Kompetenzen eines Unternehmens zu betrachten, um auf dieser Grundlage einen erfolgsversprechenden Weg in der Zukunft zu planen und zu entscheiden, in welchen Tätigkeitsfeldern das Unternehmen aktiv werden soll.

Der FutureValue-Ansatz hebt den oft unnötig dogmatisch diskutierten Gegensatz zwischen eher vision- und kulturgetriebenen Management-Ansätzen und solchen, die eher finanziell- oder ressourcengetrieben sind, auf. Bei einer undogmatischen Herangehensweise an die Problemstellung wird man nicht umhinkommen zu akzeptieren, dass sowohl die verfügbaren Ressourcen und Kompetenzen eines Unternehmens wie auch der Grad der Motivation der Mitarbeiter und insbesondere die Unternehmensführung für den Erfolg und damit den Unternehmenswert relevant sind.

Auch bei einer konsequenten Ausrichtung eines Unternehmens auf das alleinige Ziel des Unternehmenswerts muss man die Bedeutung kultureller Werte und motivierender Visionen akzeptieren, da der persönliche Einsatz und die erbrachte Arbeitsleistung sicherlich vom Grad der Motivation der Mitarbeiter abhängen.

Im FutureValue-Konzept werden Vision und Leitbild (emotionale Werte) nicht deshalb als erstes betrachtet, weil man ihnen im Voraus eine höhere Bedeutung für die Gestal-

---

18 Von Werner GLEIßNER.

tung des Unternehmens zumessen würde als anderen Faktoren (z. B. Kompetenzen). Die Betrachtung dieser Faktoren bei Beginn eines Projektes zur Weiterentwicklung des Unternehmens bietet sich jedoch an, weil man durch das Eingehen auf die Visionen, Wünsche und Werte der Mitarbeiter die Möglichkeit erhält, diese zunächst für strategische Veränderungen im Unternehmen überhaupt zu motivieren. Wünsche und Visionen der einzelnen Mitarbeiter werden sichtbar ernst genommen. Schon zu Beginn eines FutureValue-Projektes werden damit mögliche Konflikte auf Mitarbeiterebene – oder gar schwer veränderliche Restriktionen – erkennbar und können im Rahmen der weiteren Aktivitäten berücksichtigt werden. Insbesondere wird sich zeigen, inwieweit zwischen dem bestehenden Wertesystem der Mitarbeiter und den Konsequenzen eines wertorientierten Managements (vgl. die „Kernthesen" in Absatz III) Diskrepanzen bestehen.

Als Konsequenz aus dem bisher Erläuterten soll das Modul 1 – „Vision und Leitbild" – die Zukunftsvision oder die das Leitbild des Unternehmens prägenden kulturellen Werte der Mitarbeiter nicht verändern oder weiterentwickeln. Zielsetzung ist es zunächst lediglich, diese Aspekte zu verstehen und zu präzisieren, um sie in den weiteren Überlegungen zur Gestaltung der Unternehmenszukunft berücksichtigen zu können. Ohne die Kenntnis der zukünftigen Unternehmensstrategie, die erst später (vgl. Modul 6) entwickelt wird, wäre es fahrlässig, Veränderungen bei Vision oder Leitbild zu initiieren, die später möglicherweise wieder zu revidieren sind. Vor dem Hintergrund einer Erfolg versprechenden, wertsteigernden Unternehmensstrategie kann es sich jedoch durchaus als notwendig herausstellen, vorhandene kulturelle Werte und Visionen des Unternehmens (behutsam) zu verändern; mit einem derartigen Kulturentwicklungsprozess sollte jedoch erst begonnen werden, wenn die grundlegenden Aussagen zur Zukunftsgestaltung des Unternehmens fixiert sind (vgl. Modul 12).

In diesem Kapitel wird zunächst erläutert, was unter Vision und Leitbild eines Unternehmens zu verstehen ist und welche Bedeutung beide Themen für das Unternehmen und hierfür seine Erfolgsperspektiven haben. Zielsetzung ist es, dabei zu helfen, die immer (oft implizit) vorhandenen Visionen und das Wertesystem der Mitarbeiter eines Unternehmens so transparent zu machen, dass diese Themen im Rahmen der Unternehmensentwicklung adäquat berücksichtigt werden können.

1.2 Grundlegende Gedanken zu Visionen[19]

„Eine gemeinsame Vision ist nur dann eine Vision, wenn sich viele Menschen ihr wahrhaft verschrieben haben, weil sie ihre eigene, ganz persönliche Zielstellung widerspiegelt."

(Peter M. SENGE)

---
19 Von Arnold WEISSMAN und Jill SCHMELCHER.

Eine gemeinsame Vision setzt voraus, dass die offizielle Version der Unternehmensvision mit den persönlichen Visionen der Mitarbeiter in Einklang gebracht werden kann, bzw. eine Schnittmenge findet. Sie muss aufeinander abgestimmt werden, es braucht eine gemeinsame Version und daraus resultierende konkrete Leitlinien, die mit allen Beteiligten vereinbart werden – sonst geht es nicht.

Da die meisten Menschen keine persönliche Vision formuliert haben, muss man sich mit allgemein gültigen Zielvorstellungen von mündigen Mitarbeitern behelfen. Diese könnten lauten:

- ein hoher Grad an Selbstverwirklichung im Berufsalltag,
- Anerkennung der Leistungen als Potenzialträger,
- ein hoher Lebensstandard und Schutz für die Familie,
- einen Beitrag zur Entlastung der Umwelt leisten oder
- leben in einem demokratisch verfassten Gemeinwesen usw.

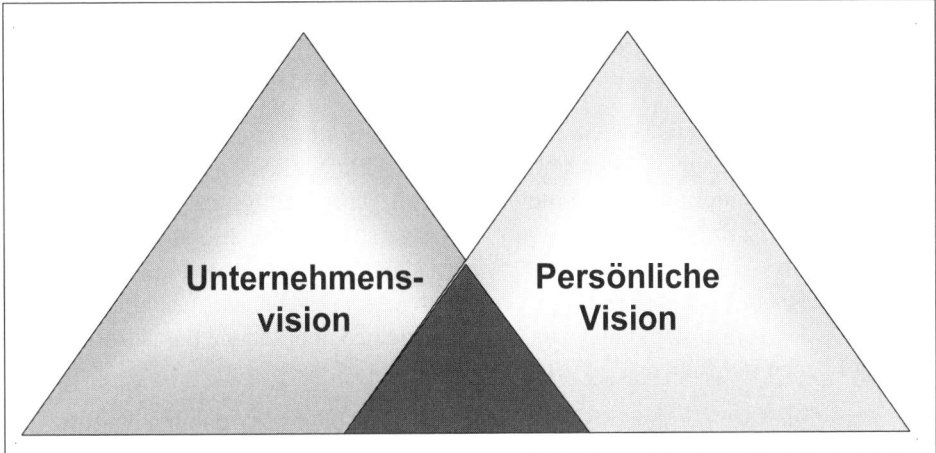

Abbildung 12: Unternehmensvision versus Persönliche Version?

Bevor auf die praktische und pragmatische Seite der Visionsarbeit eingegangen wird, einige grundlegende Überlegungen.

Das Spezielle am Handlingsystem ist, dass das menschliche Ich – analog zu seiner Gehirnstruktur – drei Ebenen umfasst, nämlich die geistige, die emotionale und die spirituelle Ebene. Letztere bezeichnet die Ebene, auf der wir Fragen des Sinns zu verstehen suchen. Dass dies nicht unbedingt religiös besetzt sein muss, versteht sich von selbst.[20]

---

20 Vgl. WEISSMAN; FEIGE, 1997.

Während auf der geistigen Ebene ein Mensch das explizite Denken mit der Fähigkeit, Probleme zu lösen, Regeln zu befolgen, um Ziele zu erreichen, vollzieht, wird auf der spirituellen Ebene definiert, welche Ziele wir für lohnenswert halten und welche Regeln zu befolgen wir bereit sind. Sie lassen sich also aus unseren Zielen, Erinnerungen und Erlebnissen, aus unseren Visionen und im Innersten geltenden Werten ableiten. Viele Erkenntnisse der Tiefenpsychologie liefern Beweise dafür, dass den meisten Phänomenen unser Sinnstreben, unsere Visionen und innersten Werte zugrunde liegen – also unsere spirituelle Seite.

Auch in jedem Unternehmen gibt es diese Ebenen. Die geistige Ebene ergibt sich aus den allgemeinen Denkweisen, den Regeln und den Argumenten für die Vorgaben von Prioritäten. In rein mechanistischen Unternehmen hat sich diese geistige Ebene so verselbständigt, dass Ergebnisse und Effizienz die Hauptrolle, wenn nicht die einzige Rolle spielen. In diesen Unternehmen wird gefragt: Was ist die beste Methode, um eine Aufgabe zu erledigen? Nur selten wird dort gefragt: Ist die Aufgabe lohnenswert?

Oder: „Was bedeutet es, wenn wir diese Aufgabe erledigen?" Die Suche nach Prioritäten und Zielen schließt spirituelle Fragen immer mit ein, im Unternehmen wie bei Menschen. Sie basiert auf der Vision und den Werten des Menschen.

Bei jedem Menschen und bei jedem Unternehmen erfordert ein echter Wandel grundlegende Veränderungen auf allen Ebenen des menschlichen Ichs. Auf einzelne Ebenen beschränkte Veränderungen sind ineffizient! Ein Veränderungsprozess (Changemanagement), der sich beispielsweise nur an die geistige Ebene anbindet, führt in der Regel dazu, dass Unternehmen wie auch Menschen das Gleichgewicht verlieren und in mancher Hinsicht nach vorne preschen, während sie in anderer Hinsicht zurückbleiben. Soll jedoch ein Unternehmen als Ganzes gedeihen, müssen die Fortschritte auf allen drei Ebenen stattfinden.

Das menschliche Ich besteht eben nicht aus drei „Abteilungen" mit den Aufschriften „Geist", „Herz" und „Spirituelles". Nach dem Modell der „Sinnergie" sind Unternehmen ebenso ganzheitliche Systeme, die wie ein Organismus auch seine Organisation abzubilden haben.[21]

Nach unserem Verständnis muss ein Unternehmen deswegen drei Formen der Intelligenz fördern:

- die geistige Intelligenz,
- die emotionale Intelligenz und
- die spirituelle Intelligenz.

VICTOR FRANKL, der Begründer der Logotherapie, hat gezeigt, dass das wichtigste Bedürfnis für Menschen ihr Streben nach Sinn ist. Es gibt zahllose Beispiele dafür, dass

---

21 Vgl. WEISSMAN; FEIGE, 1997.

Menschen Bequemlichkeit, Gesellschaft, Nahrung und ihr Leben geopfert haben, weil sie höhere Ziele und Ideale verfolgten. In vielen Unternehmen gibt es Mitarbeiter, die freiwillig mehr Stunden für weniger Geld arbeiten, wenn sie erkennen, dass sie damit besonders spannende, sinnvolle Ziele und Aufgaben verfolgen. Selbstverständlich ist dieses Bedürfnis nach Sinn nicht zu trennen von anderen Bedürfnissen wie Sicherheit, materiellen Erfolgen, gesellschaftlicher Anerkennung und Selbstachtung. Jede Ebene des Ichs durchdringt jede andere Ebene.[22]

Das Ich ist ein dynamisches System, und unsere Bedürfnisse beeinflussen sich gegenseitig auf dynamische Weise. Dies gilt für Personen wie für Unternehmen. Wir können das Gewinnstreben oder die Effektivität unseres Unternehmens nicht von dem Bedürfnis trennen, den Mitarbeitern Selbstachtung zu geben oder eine anspruchsvolle Vision zu verfolgen. Vieles läuft im Unternehmen nur deshalb schief, weil dieser grundsätzliche, ganzheitliche, systemische Aspekt der Struktur nicht verstanden wird.

Auf der spirituellen Ebene eines Unternehmens ist die Vision angesiedelt. Die Vision meint nicht nur „welche Pläne für die kommenden 5 Jahre", sondern etwas viel Grundsätzlicheres: die Vision als allumfassenden und oft unbewussten Sinn für die Identität eines Unternehmens, für seine Ziele, sein Selbstbild, seine wichtigsten Werte, seine Motivationen und langfristigen Strategien. Bei allen Fragen im Unternehmen muss das Unternehmen sowie der Einzelne immer in der Lage sein, auf sein spirituelles Zentrum zuzugreifen. Dies ist die einzige Ebene, von der aus bestehende Annahmen, Führungsmuster und Strukturen verändert und gestaltet werden können.

1.3 Echte und unechte Visionen[23]

Wenn man sich diese grundlegenden Gedanken bewusst macht, wird deutlich, wie flach der Begriff Vision oft in der Praxis verwendet wird. In vielen Unternehmen werden vermeintliche Visionen kultiviert, die diesen hohen Anspruch in keiner Form verdienen. Aussagen wie *„der höchsten Qualität nachzustreben, dem Kunden optimal zu dienen, einen Gast höflich und freundlich zu bedienen, Arbeitsprozesse zu verbessern"*, zeigen weniger eine Vision denn eine Selbstverständlichkeit.

Diese Plattitüden sind bestimmt nicht das, was hart arbeitende Menschen beseelt. Und Werte, die unterschiedslos für jede beliebige Tätigkeit auf dieser Welt gelten können, werden sicher nicht das Antriebsmoment sein, in einem Unternehmen die Erfüllung seiner beruflichen Wünsche zu suchen.

---
22 Vgl. FRANKL, 1985.
23 Von Arnold WEISSMAN und Jill SCHMELCHER.

Wer Mitarbeiter auf einer unvergleichlichen Plattform zusammenführen möchte, der muss über Visionen tiefer nachdenken, sich auf die spirituelle Ebene konzentrieren und wegkommen von den „Visionen", wie sie in der Massenkonfektion vorkommen.

- Ein Computer, der problemlos über Spracherkennung funktioniert und der damit der gesamten Menschheit die Möglichkeit des Zugangs zu diesen Systemen ermöglicht,
- ein Medikament, das dem Aidsvirus entgegentritt und das wirklich hilft zu heilen,
- Geflügel, das in einer lebenswerten Umwelt und frei von Salmonellen leben kann,
- Autos ohne Abgase,
- Banken, die zum Kunden kommen,
- Lernmodule, die wirklich und direkt vom Wissen zum Handeln führen.

Dies sind Visionen, die es wert wären, in Ziele der Tagesarbeit umgesetzt zu werden. Wenn ein Autoreifenhersteller die Aussage treffen würde: Wir entwickeln den rutschfesten Reifen (und senken die Rate der Glatteis-Toten um 60 %), so wäre das mit Sicherheit ein visionäres Leitbild, das auch schlafende (sogar potenzielle) Mitarbeiter motivieren kann. Echte Visionen kommen von Menschen, die sich mit wirklichen Problemen beschäftigen. Sie sind selten das Ergebnis „sorgfältiger Diskussionen", bei der Formulierungen wieder und wieder in Frage gestellt werden, bis sie in die veröffentlichungsreife Form einer Unternehmensvision oder eines Leitbildes gegossen werden können.

Zusammenfassend gilt, jede reifende Vision sollte mindestens vier Voraussetzungen erfüllen:

- die Mitarbeiter müssen sich mit der Vision identifizieren, damit sie ihre Erfüllungsgehilfen werden,
- die Vision muss praktikabel sein, d. h., in Einzelziele der Tagesarbeit zerlegt werden können,
- die Formulierung darf nicht starr und dogmatisch ausfallen, sondern muss eine schrittweise Anpassung an die Realität zulassen,
- eine Vision hat nur Aussicht, verwirklicht zu werden, wenn sie durch die Potenziale und Ressourcen eines Unternehmens gedeckt wird.

Visionen, die zwar Utopien und Träume zulassen, aber nicht praktikabel sind, mögen sich zwar für die Öffentlichkeitsarbeit eignen, für das Management von Unternehmenspotenzialen sind sie bestimmt untauglich.

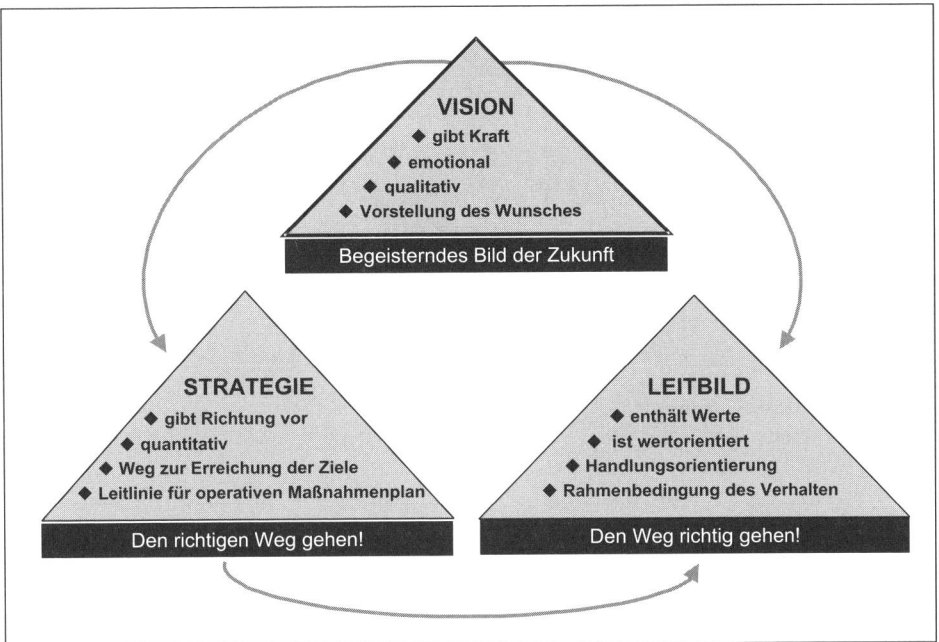

Abbildung 13: Der Zusammenhang zwischen Vision, Leitbild und Strategie

1.4 Die Vision bedingt das Leitbild mit seinen Werten (core value)[24]

Das Leitbild schafft die Verbindung der Vision zum operativen Tagesgeschäft, die Verbindung von Wert und Werten (core values), indem es:

- eine Handlungsorientierung für jeden Einzelnen gibt,
- eine gemeinsame Grundlage schafft, auf die sich alle im Unternehmen beziehen können,
- durch ein gemeinsames Wertesystem ein einheitliches Selbstverständnis entstehen lässt.

Während die Strategie die Frage beantwortet: „Gehen wir den richtigen Weg?", fragen wir uns im Leitbild „Gehen wir den Weg richtig?"

Durch das Leitbild werden strategische Entscheidungen und daraus resultierende notwendige Veränderungsprozesse in einen positiven Sog umgewandelt.

---

24 Von Arnold WEISSMAN und Jill SCHMELCHER.

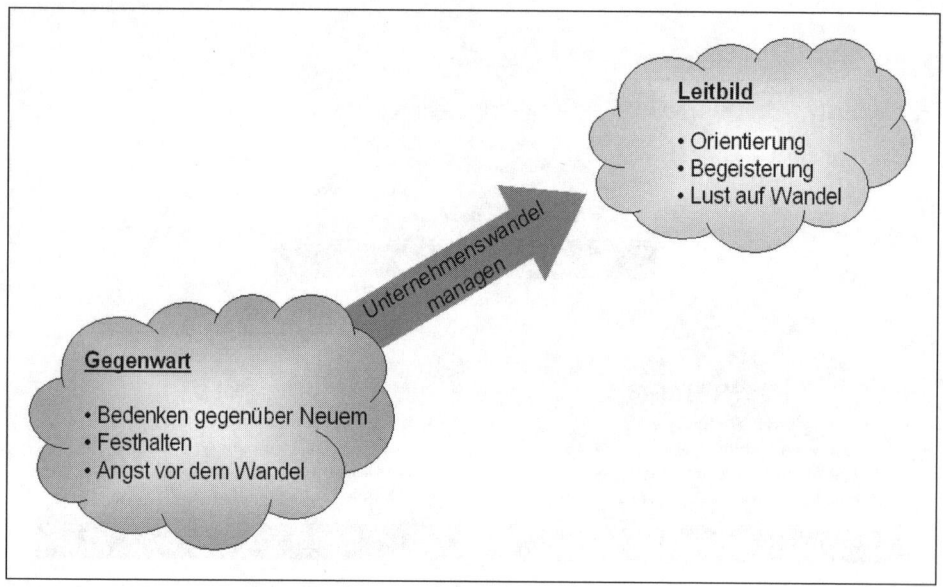

Abbildung 14: Positiver Sog durch das Leitbild

1.5 Umsetzung: Die Vision erkennen

Im Folgenden werden (wie am Ende jedes weiteren Moduls des Future Value-Ansatzes) einige Hinweise zur praktischen Umsetzung der wesentlichen Aufgabe des ersten Moduls zusammengefasst:

Zunächst beschäftigt man sich mit der Überprüfung der vorhandenen Ziele im Unternehmen. Durch eine Systematisierung der Ziele (insbesondere Prüfung auf Konsistenz und richtige hierarchische Einordnung) sollen bereits vorhandene Ziele in die strategischen Überlegungen einbezogen werden und am Ende des Strategieentwicklungsprozesses entweder Bestandteil der Strategie sein oder als unrealisierbar fallengelassen beziehungsweise verschoben werden. Es bietet sich an, mit den Zielen zu beginnen, da man hier die Möglichkeit hat, allen Beteiligten in „ihrer" Welt abzuholen und sie dann in die „Visionswelt" zu führen.

Bei der Vision geht es um die Abfrage der langfristigen Vorstellungen über die Zukunft des Unternehmens (Ist-Vision) und die Überprüfung von Vision und Leitbild (falls vorhanden) im Sinne einer wertorientierten Unternehmensführung. Gibt es Abweichungen oder Vorstellungen, die einer wertorientierten Unternehmensführung entgegenlaufen?

Falls das Unternehmen über kein Leitbild verfügt, werden die „core values" des Unternehmens als Verbindung von Wertorientierung und kulturellen Werten erarbeitet.

Nach der Bearbeitung dieses Moduls sollten folgende Ergebnisse vorliegen:

- eine Beschreibung der aktuellen Vision von Mitarbeitern und Unternehmensleitung,
- eine Liste der wichtigsten kulturellen Werte von Mitarbeiter und Unternehmensführung,
- die Bereitschaft der Mitarbeiter, über Veränderungen des Unternehmens – seiner Strategie und auch seiner Organisation – nachzudenken, sollte geweckt sein.

Verknüpfung der Ergebnisse mit folgenden Modulen:

- Die Vision und die kulturellen Werte werden besonders bei der Weiterentwicklung der strategischen Konzeption (Modul 6) und der Implementierung (Modul 12) herangezogen, um bei allen Überlegungen zur Zukunftsgestaltung des Unternehmens auch Wünsche und Werte der Mitarbeiter adäquat berücksichtigen zu können.

- Die aktuelle Vision und die vorhandenen kulturellen Werte definieren den Ausgangspunkt für jeden Kulturentwicklungsprozess, der sich auf Grund der strategischen Ausrichtung des Unternehmens als erforderlich herausstellt (vgl. Modul 12).

2 Modul 2: Geschäftslogik[25]

2.1 Geschäftslogik und Erfolgsfaktoren

Solide Informationen über die aktuelle Situation des Unternehmens und seines Umfelds sind die Basis für alle Überlegungen zur Gestaltung der Zukunft. Gerade wenn man jedoch versucht, eine möglichst solide Informationsgrundlage für die eigenen Entscheidungen zu gewinnen, setzt man sich potenziell der Gefahr aus, in einer Vielzahl von Detailinformationen den Blick für das Wesentliche und die Gesamtzusammenhänge zu verlieren. Das FutureValue-Modell „Geschäftslogik" unterstützt daher bei der Fokussierung auf die für den Unternehmenserfolg maßgeblichen Faktoren. Durch die Erarbeitung der Geschäftslogik eines Unternehmens werden die in Zukunft maßgeblichen „Erfolgsfaktoren" und ihre Ursache-Wirkungs-Beziehungen herausgearbeitet. Auf diese Weise wird es möglich, die entscheidenden Ursachen für zukünftige Erfolge und damit den Unternehmenswert aufzuzeigen und alle weiteren strategischen Überlegungen – insbesondere auch die Informationserhebung (vgl. Status-quo-Analyse im Modul 4) – auf diese besonders wichtigen Aspekte auszurichten. Eine Geschäftslogik betrachtet dabei nicht ausschließlich die verengte Sicht eines spezifischen Unternehmens, stattdessen beschreibt sie, welche Erfolgsfaktoren in einem bestimmten Branchensegment prinzipiell besonders wichtig und erfolgsverursachend sind. Durch diese Sichtweise wird das Blickfeld erweitert und alternative, vom Unternehmen selbst nicht verfolgte, Strategievarianten werden ebenso betrachtet wie auch mögliche alternative (Erfolg versprechende) strategische Ausrichtungen von Wettbewerbern erkannt werden.

Um bei der Identifikation der maßgeblichen Erfolgsfaktoren zu helfen, werden in diesem Kapitel zuerst die wesentlichen theoretischen Grundlagen für die Erklärung unternehmerischer Erfolge in der Betriebswirtschaftslehre vorgestellt. Anschließend wird eine Auswahl wichtiger empirischer Untersuchungen über Erfolgsfaktoren kurz zusammengefasst, die verdeutlichen, auf welche branchenübergreifenden Gesetzmäßigkeiten unternehmerischer Erfolg zurückzuführen ist. Diese Ausführungen sind naheliegenderweise nicht unreflektiert auf die eigene Situation übertragbar. Sie bieten jedoch vielfältige Anregungen und quasi einen „Benchmark", der bei der Diskussion über die Geschäftslogik des eigenen Unternehmens berücksichtigt werden sollte.

Wenn man die Erfolgschancen beurteilen will, muss man zunächst wissen, von welchen Faktoren unternehmerischer Erfolg maßgeblich beeinflusst wird und wie „Erfolg" überhaupt zu messen ist. Ein objektiv messbares Erfolgskriterium für Unternehmen ist der Unternehmenswert.

---

[25] Von Werner GLEIẞNER.

Ein Erfolgsfaktor ist eine Eigenschaft des Unternehmens oder seiner Umwelt, die den Erfolg eines bestehenden oder zu gründenden Unternehmens beeinflusst. Aus den konkreten Ausprägungen der Erfolgsfaktoren ergibt sich das Erfolgspotenzial eines bestimmten Unternehmens.

In den Wirtschaftswissenschaften ist durchaus umstritten, welche Faktoren den Unternehmenserfolg im Wesentlichen bestimmen. Es gibt verschiedene Richtungen, die deutlich differierende Aspekte als maßgebliche Erfolgsfaktoren betonen. Nachfolgend werden die wichtigsten Richtungen kurz beschrieben.[26]

2.2 Erfolgsfaktoren von Unternehmen – theoretische Erklärungsansätze

2.2.1 Ressourcenorientierte Ansätze: Stärken, Schwächen und Kernkompetenzen

Die traditionelle Vorstellung hinsichtlich der Ursachen für den unterschiedlichen Erfolg von Unternehmen war intuitiv einleuchtend: Erfolgreich (wettbewerbsfähig) sind die Unternehmen, die hinsichtlich wichtiger „Ressourcen" – z. B. Finanzmittel, Bekanntheitsgrad, Maschinen oder Mitarbeiter – über eine bessere Ausstattung verfügen („asymmetrische Ressourcenallokation").[27] Aufgabe des strategischen Managements ist es somit, insbesondere mittels „Stärken-Schwächen-Analysen" Vorteile und Nachteile des eigenen Unternehmens im Vergleich zu den Wettbewerbern aufzuzeigen und dann die Ausstattung des eigenen Unternehmens mit den besonders erfolgsrelevanten Ressourcen zu verbessern.

Nachdem jahrelang das Konzept des „ressource-based-view" durch industrieökonomische Ansätze etwas in den Hintergrund gedrängt wurde (vgl. unten), gewinnt es seit den 90er Jahren wieder an Bedeutung.[28]

Hinsichtlich der **Dauerhaftigkeit von Erfolgsunterschieden** zwischen Unternehmen spielt die Annahme über die Existenz von Märkten, auf denen Ressourcen und Fähigkeiten gehandelt werden, eine wichtige Rolle. Damit eine Ressource nach Ansicht von

---

[26] Darstellung in Teilen angelehnt an GLEIßNER, 2000, S. 46 ff. und GLEIßNER 2001a.
[27] Vgl. ANSOFF, 1965. Im Folgenden fassen wir auch fähigkeitenorientierte und wissensorientierte Ansätze unter die Kategorie ressource-based-view, weil beide als Weiterentwicklungen anzusehen sind. Fähigkeitenorientierte Ansätze befassen sich dabei insbesondere mit der Fragestellung, wie durch den intelligenten, koordinierten Einsatz von Ressourcen Erfolge geschaffen werden können. Wissensorientierte Ansätze dagegen betonen die herausragende Bedeutung der speziellen Ressource „Wissen".
[28] Vgl. z. B. das Konzept der Kernkompetenzen HAMEL und PRAHALAD, 1995.

BARNEY[29] strategische Bedeutung erlangt, müssen folgende Anforderungen erfüllt werden:

1) Knappheit
Eine Ressource sollte knapp bzw. selten sein, da Ressourcen, über die auch Wettbewerber verfügen, weder die Grundlage einzigartiger Wettbewerbsvorteile bilden können noch die exklusive Verfolgung einer Strategie erlauben.

2) Imitierbarkeit und Substituierbarkeit
Die Ressource sollte nicht imitierbar sein, da die Strategie eines Unternehmens andernfalls nach kurzer Zeit nachgeahmt werden kann. Ressourcen sollten auch nicht substituierbar sein, d. h. es sollten keine äquivalenten Ressourcen existieren mit deren Hilfe dieselbe Strategie verfolgt werden kann.

3) Wert
Eine Ressource sollte wertvoll sein, d. h. sie muss die Verfolgung einer Strategie ermöglichen, die eine Verbesserung der Effizienz und/oder der Effektivität des Unternehmens bewirkt. Ressourcen sind dann als wertvoll anzusehen, wenn sie die Nutzung der Chancen oder die Abwehr von Bedrohungen ermöglichen. Da der für den Unternehmenserfolg wahrgenommen Preis- und Leistungsvorteil durch die Kunden von entscheidender Bedeutung ist, hängt der Wert einer Ressource weitgehend davon ab, inwieweit sie dem Kunden Nutzen stiftet.

2.2.2 Industrieökonomischer Ansatz

Eine theoretische Erklärung für unternehmerischen Erfolg suchte der amerikanische Wissenschaftler Michael E. PORTER[30] im Zusammenspiel der fünf Wettbewerbskräfte Kunden, Lieferanten, Substitutionsprodukte, potenzielle Anbieter und Wettbewerb zwischen den bisherigen Anbietern.

Die wichtigsten Einflussfaktoren auf den Unternehmenserfolg sind somit (exogene) Marktcharakteristika (Marktstruktur), die ein Unternehmen kaum beeinflussen kann. Begründet wird die geringere Einschätzung der Relevanz von Stärken und Schwächen hinsichtlich „Ressourcen" damit, dass langfristig Wettbewerbsvorteile bzw. Rentabilitätsunterschiede durch diese kaum erklärbar seien. Bei (näherungsweise) vollkommenen Märkten könnten relevante Ressourcen – z. B. bessere Maschinen – einfach gekauft werden, was die asymmetrische Ressourcenallokation und damit die Rentabilitätsunterschiede ausgleichen würde.

---

29 Vgl. BARNEY, 1991.
30 Vgl. PORTER, 1992.

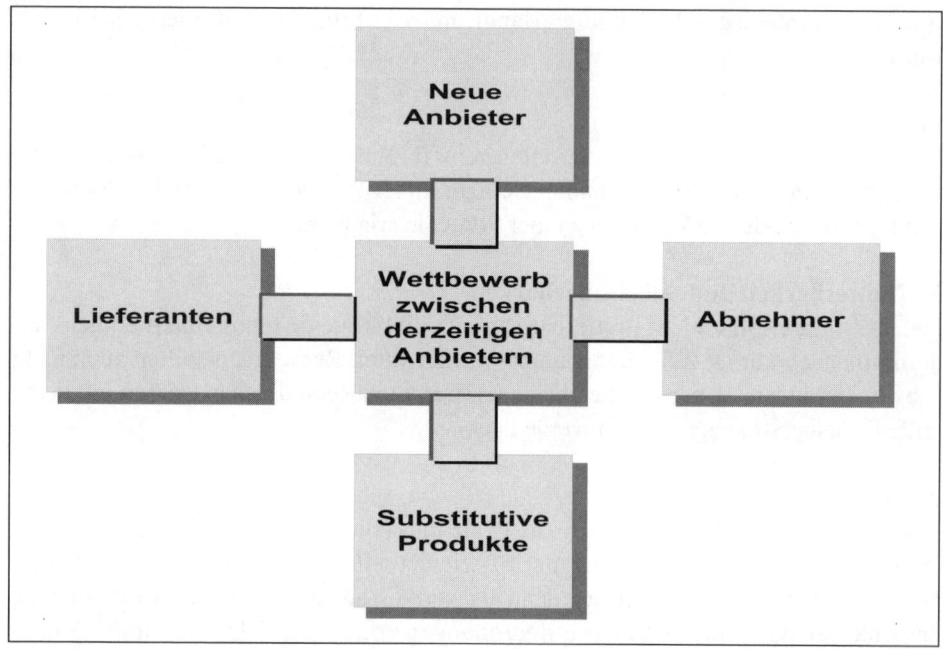

Abbildung 15: Wettbewerbskräfte gemäß Porter

Die Analyse der schon angesprochenen Wettbewerbskräfte gemäß PORTER kann Auskunft über die prinzipiellen Ertragserwartungen eines Unternehmens oder Geschäftsfelds geben. So deuten z. B. geringes Nachfragewachstum, fehlende Differenzierungsmöglichkeiten und hoher Fixkostenanteil auf einen scharfen Wettbewerb zwischen den etablierten Anbietern und somit auf eine relativ niedrige Rentabilität hin. Starke oder finanziell angeschlagene Kunden oder Lieferanten sind ebenso negativ zu bewerten. Dagegen sind hohe Markteintrittshemmnisse (z. B. wegen hoher Käuferloyalität oder starker Größendegressionseffekten) positive Einflussfaktoren auf die Rentabilität.

PORTER sieht für ein Unternehmen im Spannungsfeld dieser Wettbewerbskräfte nur drei erfolgreiche strategische Alternativen: erstens die **Differenzierung**, bei der sich das Unternehmen durch besondere Leistungen (z. B. Produktqualität, Service oder Image) deutlich von seinen Konkurrenten abhebt; zweitens die **Kostenführerschaft**; drittens die **Fokussierung** auf ein bestimmtes Marktsegment („Nische"), d. h. das Unternehmen versucht, seinen Differenzierungs- oder Kostenvorteil in einem bestimmten Teilmarkt (Region, Käufergruppe) auszunutzen.

Theoretisches Fundament der Kostenführerschaft-Strategie ist das schon in den 60er Jahren von Boston Consulting Group entwickelte Konzept der „**Erfahrungskurve**". Dieser vielfach empirisch untersuchten Konzeption zufolge reduzieren sich bei jeder Verdoppelung der kumulierten Produktionsmenge die realen Stückkosten eines Produkts um etwa 20 bis 30 Prozent, sofern man sämtliche Rationalisierungsmöglichkeiten nutzt. Größenbedingte Kostendegressions- und Lerneffekte bei den Mitarbeitern sind die maßgeblichen Ursachen für den Erfahrungskurveneffekt.

PORTER hat sämtliche hybride Strategien, die weder konsequent auf Kostenführerschaft noch Differenzierung ausgerichtet sind, als wenig aussichtsreich eingestuft. Tatsächlich zeigen neuere Untersuchungen, dass auch „hybride Wettbewerbsstrategien" erfolgreich sein können, wenn jeweils in unterschiedlichen Zeitabschnitten konsequent eine Differenzierung bzw. Kostenführerschaft-Strategie verfolgt wird.[31]

Grundsätzlich besteht gemäß diesen industrieökonomischen Überlegungen die wichtigste (weil für den Erfolg maßgeblichste) strategische Entscheidung aber darin, sich für prinzipiell aussichtsreiche Geschäftsfelder zu entscheiden.

2.2.3 Weitere Erklärungen für Unternehmenserfolg

Selbst bei heute völlig gleichen Umfeldbedingungen können damit zwei Unternehmen auf Grund differierender strategischer Entscheidungen in der Vergangenheit heute unterschiedliche Strategien verfolgen und damit unterschiedlich erfolgreich sein. Die Erklärung des strategischen Verhaltens eines Unternehmens und seiner heutigen Erfolge ist damit nur möglich, wenn man seine Vergangenheit betrachtet.[32]

GHEMAWAT gibt die Gründe – er spricht von „sticky factors" – für das Festhalten an einer einmal eingeschlagenen Strategie an,[33] z. B.:

- Austrittsbarrieren,
- Eintrittsbarrieren,
- Wirkungsverzögerungen und auch
- interne Trägheit, also eine Tendenz, bestehende Verhaltensweisen beizubehalten, während eigentlich notwendige Modifikationen einer Strategie unterlassen bleiben.

Da offenbar strategische Entscheidungen der Vergangenheit nicht im Nachhinein ungeschehen zu machen, also irreversibel sind, schlägt GHEMAWAT Folgendes vor:

- Strategien sollten auch dahingehend bewertet werden, wie einfach sie wieder verändert werden können („**Flexibilität**").

---

31 Vgl. GILBERT; STREBEL, 1987.
32 Darstellung angelehnt an GLEIßNER, 2000, S. 38-39.
33 Vgl. GHEMAWAT, 1991. Hinweise auf die Relevanz der Unternehmenshistorie für die Zukunft findet man auch bei HAMEL; PRAHALAD, (1995), weil die von diesen Autoren besonders hervorgehobenen „Kernkompetenzen" nur langfristig aufzubauen sind und damit zwangsläufig ein Resultat der Unternehmenshistorie sein müssen.

- Außerdem muss auch berücksichtigt werden, inwieweit die durch eine bestimmte Strategie angestrebten Wettbewerbsvorteile durch Nachahmung oder Gegenmaßnahmen der Wettbewerber bedroht sind („**Nachhaltigkeit**").

Hier kommen also spieltheoretische Überlegungen zu rationalen Reaktionen der Wettbewerber zum Tragen. Vorteilhaft sind offenkundig Strategien, die bei beliebigen Reaktionen der Wettbewerber akzeptable Erfolge zeigen. Auf der anderen Seite ist der Unternehmer jedoch durch das bewusste Eingehen von Irreversibilitäten in der Lage, Signale gegenüber der Konkurrenz zu setzen. So lassen sich beispielsweise die Investitionen in Marke oder Produktionskapazitäten als Signal auffassen, langfristig in einem Markt verbleiben zu wollen. Dies schafft Markteintrittsbarrieren für potenzielle neue Wettbewerber.

2.2.4 Zusammenfassung

Aus heutiger Sicht ist festzuhalten, dass sicherlich alle vorgestellten Erklärungsansätze ihre Berechtigung haben. Der industrieökonomische Ansatz erklärt relativ gut die Rentabilitätsunterschiede zwischen Branchen; der Ressourcenansatz die Rentabilitätsunterschiede innerhalb einer Branche. Die ressourcenorientierten Ansätze sind in letzter Zeit durch die Arbeiten von HAMEL und PRAHALAD[34] über Kernkompetenzen, die ja nichts anderes als besonders wichtige, nicht käufliche Ressourcen sind, wieder stärker in den Mittelpunkt des Interesses gerückt. Für die langfristige Erfolgssicherung sind hierbei natürlich Vorteile hinsichtlich solcher Ressourcen von Bedeutung, die nicht oder kaum von Wettbewerbern am Markt erworben oder einfach selbst aufgebaut werden können.

Zudem kann man annehmen, dass der Erfolg von Unternehmen auch wesentlich von den irreversiblen historischen Entscheidungen und den individuellen Charakteristika der die Strategie beeinflussenden Führungspersonen – speziell deren Fähigkeiten, typische „Denkfallen" zu erkennen und die eigenen heuristischen Handlungsregeln regelmäßig kritisch zu hinterfragen – abhängt.[35]

2.3 Erfolgsfaktoren von Unternehmen – empirische Ergebnisse

Ergänzend zu derartigen theoretischen Überlegungen stützt sich die Ermittlung von Erfolgsfaktoren zu einem erheblichen Teil auf empirische Untersuchungen, die unternehmensexterne und unternehmensinterne Faktoren berücksichtigen (Erfolgsfaktorenuntersuchungen).

---
34 Vgl. HAMEL; PRAHALAD, 1995.
35 Vgl. DÖRNER, 1989; GLEIßNER, 2000.

KRÜGER[36] kommt in seiner Untersuchung beispielsweise zu dem Ergebnis, dass viele Faktoren sich sowohl auf den Erfolg als auch auf den Misserfolg von Unternehmen auswirken, aber nicht unbedingt mit der gleichen Stärke (Wirkungsasymmetrie). So stellte er z. B. fest, dass die Faktoren „Träger" (Qualifikation, Motivation und Führungsstil des Managements), „Struktur" (organisatorischer und rechtlicher Unternehmensaufbau) und „Realisationspotenziale" (Ausstattung mit Finanzmitteln, qualifizierten Mitarbeitern und effizienten Fertigungsanlagen) nur schwach zum Erfolg eines Unternehmens beitragen, dafür aber Krisen und deren Wirkung erheblich verstärken können. Wichtigster Erfolgsfaktor (weil in beide Richtungen mit starker Wirkung) ist nach der Untersuchung von Krüger die Strategie eines Unternehmens, d. h. die Auswahl geeigneter Geschäftsfelder.[37]

Zudem stellte sich bei vielen Untersuchungen heraus, dass selten ein Faktor allein zum Misserfolg eines Unternehmens führt, umgekehrt aber bereits ein besonderer Vorteil zum Erfolg führen kann. Dies erklärt auch, warum manche Unternehmen trotz einiger Mängel schnell und erfolgreich wachsen, dann aber (bei sinkendem Wettbewerbsvorteil) schnell in eine Krise geraten können.

Die wichtigste empirische Erfolgsfaktorenuntersuchung ist das so genannte **PIMS-Projekt** des Strategic Planning Institute (SPI). Der Unternehmenserfolg wird dabei durch den „Return-on-Investment" (ROI)[38], also einer Art Gesamtkapitalrendite gemessen. Die in der folgenden Tabelle dargestellten acht Erfolgsfaktoren der PIMS-Studie erklären etwa dreiviertel des Erfolgs der analysierten strategischen Geschäftseinheiten.[39] Selbst die am stärksten mit der Kapitalrendite korrelierten Erfolgsfaktoren erklären dabei jeweils für sich alleine höchstens 10 % des Gesamterfolgs, was unterstreicht, dass unternehmerischer Erfolg ein sehr komplexes Phänomen ist. Einfache Patentrezepte, die lediglich auf einen Erfolgsfaktor abzielen, sind offensichtlich wenig praxistauglich.

---

36 Vgl. KRÜGER, 1988.
37 Weiter interessante Erfolgsfaktorenuntersuchungen für deutsche Unternehmen stammen von DASCHMANN, 1994 und SIMON, 1990.
38 Der ROI ist das Verhältnis von Betriebsergebnis (Vor-Steuer-Gewinn und Fremdkapitalzinsen) zur Summe von Anlagevermögen (zu Buchwerten) sowie Vorräten und Forderungen aus Lieferung und Leistung („Working Capital") abzüglich der Verbindlichkeiten aus Lieferung und Leistung und erhaltenen Auszahlungen.
39 Eine ausführlichere Übersicht findet man auch bei GLEIßNER, 2000, S. 40-46.

Erfolgsfaktor (ROI Wirkung)	Wirkung	Erläuterung
Nachfragewachstum	+	weniger Wettbewerbsintensität, weil Wachstum ohne die Verdrängung von Wettbewerbern möglich ist
Marktanteil	+	Größendegressionsvorteile, Erfahrungskurveneffekte
Produktqualität[40]	+	höhere Preise durchsetzbar, mehr Kundentreue
Investmentintensität	–	Preiskrämpfe wegen hoher Fixkosten, ineffiziente Kapitalnutzung
Vertikale Integration[41]	+/–	„V-Zusammenhang": Mittlere Integration hat die niedrigste Rentabilität
Mitarbeiterproduktivität[42]	+	Arbeitseffizienz steigert Rendite
Auftragsgröße	–	härtere Preisverhandlungen der Kunden, zunehmende Abhängigkeit von Kunden
Innovationsrate[43]	+	insbesondere wirksam bei Unternehmen mit hohem Marktanteil

Abbildung 16: Ergebnisse der PIMS-Studie

Es ist offensichtlich, dass sowohl unternehmensspezifische Stärken und Schwächen („Ressourcen-Ansatz") – wie z. B. die Produktivität – als auch externe Marktcharakteristika – wie z. B. das Marktwachstum – („Industrieökonomischer Ansatz") den Unternehmenserfolg beeinflussen.

Auf eine neuere Untersuchung über Erfolgsfaktoren in Deutschland, die eine sehr breite theoretische Fundierung aufweist, soll nachfolgend noch etwas näher eingegangen werden. JENNER hat unter dem Titel „Determinanten des Unternehmenserfolges" eine empirische Untersuchung veröffentlicht, die auf der persönlichen computergestützten Befragung von 220 Entscheidungsträgern deutscher Industrieunternehmen basiert[44]. Auf Grund der Multikausalität des Phänomens „Erfolg" stützt sich diese Untersuchung sowohl auf Überlegungen des Ressource-Based-View als auch auf industrieökonomische Ansätze. Ergänzend zu den beiden dominierenden Forschungstraditionen betrachtet JENNER auch den Erfolgsbeitrag unterschiedlicher Arten der Marktbearbeitung

---

[40] Qualität gemäß Beurteilung durch die Kunden im Vergleich zu den Wettbewerbern.
[41] Gemessen als Wertschöpfung pro Umsatz.
[42] Gemessen als Wertschöpfung pro Mitarbeiter.
[43] Umsatzanteile von Produkten, die nicht älter als drei Jahre sind.
[44] JENNER, 1999.

sowie der Qualität und der Art der Prozesse der Strategieformulierung und der Organisation.[45]

Die wesentlichsten Ergebnisse der empirischen Untersuchung von JENNER sind nachfolgend zusammengefasst:[46]

Sehr auffällig ist, dass der theoretisch vorhergesagte und in vielen anderen Untersuchungen bestätigte Erfolgsbeitrag der Marktcharakteristika der Unternehmen kaum erkennbar ist. JENNER führt dies besonders darauf zurück, dass sich Unternehmen in der Zwischenzeit auf Bereiche konzentrieren, in denen sie mit ihren vorhandenen Ressourcen bei den gegebenen Marktbedingungen gute Erfolgschancen haben.

Den größten Erfolgsbeitrag zeigen die marktlichen Wettbewerbsvorteile sowie die unternehmerischen Kompetenzen. Besonders erfolgreich sind dabei Unternehmen, deren Wettbewerbsvorteile man zu einer „vertriebsorientierten Marketingstrategie" zusammenfassen kann. Wichtig sind daher die „Marketingkompetenz", die „Effizienzkompetenz" sowie die „Qualitätskompetenz" des Unternehmens.

Es zeigt sich zudem, dass die Unternehmensphilosophie, die beispielsweise durch eine konsequente Mitarbeiter- oder Kundenorientierung zu beschreiben ist, ebenfalls für den Unternehmenserfolg wesentlich ist. Erwartungsgemäß beeinflusst sie den Unternehmenserfolg aber nicht direkt, sondern dient dem Aufbau bzw. der Verfügbarkeit von Kompetenzen. Unternehmen mit einer ausgeprägten „Kundenorientierung" sind erfolgreicher, weil die Kundenorientierung wiederum die „Marketingkompetenz" positiv beeinflusst.

Unabhängig von den Umfeldbedingungen zeigt sich ein direkter Einfluss der Organisationsform auf den Unternehmenserfolg, wobei „organische Strukturen" mit einer hohen Eigenständigkeit der Mitarbeiter eher „mechanischen" Strukturen überlegen sind.

Zudem zeigen sich diejenigen Unternehmen mit ausgesprochen rationalen Planungsprozessen, die also insbesondere systematisch eine langfristig angelegte Unternehmensstrategie herleiten, besonders erfolgreich.

Wie beispielsweise der industrieökonomische Ansatz von PORTER vorhersagt und andere Untersuchungen[47] belegen, zeigt sich eine klare Überlegenheit von Marktstrategien, welche auf eine Differenzierung gegenüber den Wettbewerbern ausgerichtet sind. Außerdem sind Unternehmen erfolgreicher, deren Wettbewerbsstrategien eher offensiv sind, d. h. die sich unmittelbar an den Wettbewerbern ausrichten und versuchen, diese am Markt zu schlagen.

---

45 Der „Erfolg" als Zielvariable wird dabei durch mehrere Indikatoren operationalisiert, die außer finanziellen Aspekten (Rendite) beispielsweise auch den Zugewinn beim Marktanteil umfassen.
46 übernommen von GLEIßNER 2001b.
47 z. B. von DASCHMANN, 1994.

Da immer mehr Branchen mit einer stagnierenden oder gar schrumpfenden Nachfrage konfrontiert werden, betrachten wir abschließend noch die wesentlichen Ergebnisse der empirischen Untersuchung von GÖTTGENS[48], die sich speziell mit Erfolgsfaktoren in stagnierenden Märkten auseinander gesetzt hat. Grundsätzlich zeigt die Studie, dass Unternehmen auch in solchen Marktbedingungen durchaus erfolgreich agieren können, wenn sie bestimmte Voraussetzungen mitbringen.

Im Detail zeigt die Studie dabei folgende Erkenntnisse hinsichtlich der Erfolgsperspektiven von Unternehmen in stagnierenden Märkten:

- Wenn eine hohe Übereinstimmung zwischen den Marktgegebenheiten und den Stärken des Unternehmens vorliegt, sollten Unternehmen in dem Markt verbleiben, da für sie überproportionale Gewinne erzielbar sind.

- Erfolgreiche Industrieunternehmen zeichnen sich durch eine höhere verkaufs-, kunden- und mitarbeiterorientierte Unternehmenskultur aus, d. h. die Grundhaltungen und Werte werden gestaltet und intensiv gelebt.

- Wie die empirischen Auswertungen weiterhin belegen, erklärt auch die Schwerpunktsetzung der Unternehmensstrategie den Unternehmenserfolg. Dabei dominieren insbesondere die Strategien **Qualitätsführerschaft, Rationalisierung, Kundenbindungsaktivitäten, Internationalisierungsanstrengungen und Verbesserung des Kundenservices**. Darüber hinaus werden das **Outsourcing** und die **Technologieführerschaftsstrategie** von den erfolgreichen Industrieunternehmen intensiver verfolgt.

- GÖTTGENS stellt fest, dass in stagnierenden und schrumpfenden Märkten insbesondere Industrieunternehmen erfolgreich agieren, die folgende Eigenschaften aufweisen:
  - extensive Neuproduktpolitik (F&E-Produktausgaben),
  - höhere Produktivität im Vergleich zum Wettbewerb,
  - geografische Expansion zum Ausgleich regionaler Konjunkturschwankungen,
  - eine kontinuierliche Steigerung der Produktqualität,
  - Konzentration des Produkt- und Leistungsprogramms auf Marktnischen,
  - Organisationen mit einer flachen Hierarchie,
  - mitarbeiterorientierte Führungsaspekte (intensive Weiterbildung),
  - hoher Grad an Entscheidungsdelegation,
  - ausgeprägte Kundennähe,
  - hoher relativer Marktanteil und
  - günstigere Kostenstruktur.

---

[48] GÖTTGENS, 1995.

Auch wenn es natürlich eine Fülle weiterer interessanter empirische Untersuchungen über Erfolgsfaktoren von Unternehmen gibt[49], dürften die hier vorgestellten Ergebnisse im Allgemeinen ausreichend sein, um die für das eigene Unternehmen relevante Geschäftslogik auf Basis interessanter Anregungen diskutieren zu können.

2.4 Erfolgsfaktor und Geschäftslogik – ein Beispiel

Für eine fundierte und nachvollziehbare Ableitung einer erfolgsversprechenden – d. h. wertorientierten – Unternehmensstrategie ist es erforderlich, sich über die kausalen Sachzusammenhänge im Unternehmen und seinem Umfeld klar zu werden. Hierfür werden die kausalen Abhängigkeiten zwischen den Erfolgsfaktoren der Branche und den Wirkungen einzelner Faktoren auf den Unternehmenswert aufgezeigt und in der „Geschäftslogik" zusammengefasst. Hierbei werden vor allem die kausalen Wirkungen einzelner Faktoren auf den Unternehmenswert aufgezeigt.

Letztendlich wird also eine Art Modell des Unternehmens und seines Umfelds erstellt, welches als Grundlage für eine fundierte und nachvollziehbare Ableitung einer Erfolg versprechenden Unternehmensstrategie dient.

Der Erfolg hängt im betrachteten Beispiel (vgl. Abbildung 17) von der Fähigkeit ab, Erfahrungskurveneffekte zu nutzen. Der Erfahrungskurveneffekt ist ein wesentlicher Erfolgsfaktor, da es dem Unternehmen gelingt, durch mehrmaliges Wiederholen von Tätigkeiten und Abläufen Vorteile zu generieren. Dieser Effekt ist dadurch gekennzeichnet, dass Erfahrungen aus Aufträgen systematisch genutzt werden, um eine stetige Optimierung zu erzielen.

Die Vorteile zeigen sich einerseits auf der Kostenseite über eine erhöhte Arbeitsproduktivität (Kosteneinsparungspotenziale) und andererseits in einer verbesserten Qualität, welche es erlaubt, entsprechende Preisvorteile durchzusetzen. Grundsätzliche Voraussetzung für die Nutzung des Erfahrungskurveneffekts, die hohe Qualität und die gute Kundenbindung ist eine klare Fokussierung auf Aktivitäten, die das Unternehmen besonders gut beherrscht. Nur zufriedene Kunden können langfristig an das Unternehmen gebunden werden. Zudem sinkt deren Bereitschaft, zum Wettbewerber zu wechseln.

Der Prozess der Kundengewinnung stellt im betrachteten Unternehmen ebenfalls einen wichtigen Erfolgsfaktor dar. Ziel muss es sein, die Kunden zu identifizieren, mit denen es möglich ist, Erfahrungskurveneffekte zu generieren.

---

[49] Vgl. z. B. GLEIẞNER, 2000, S. 40-46.

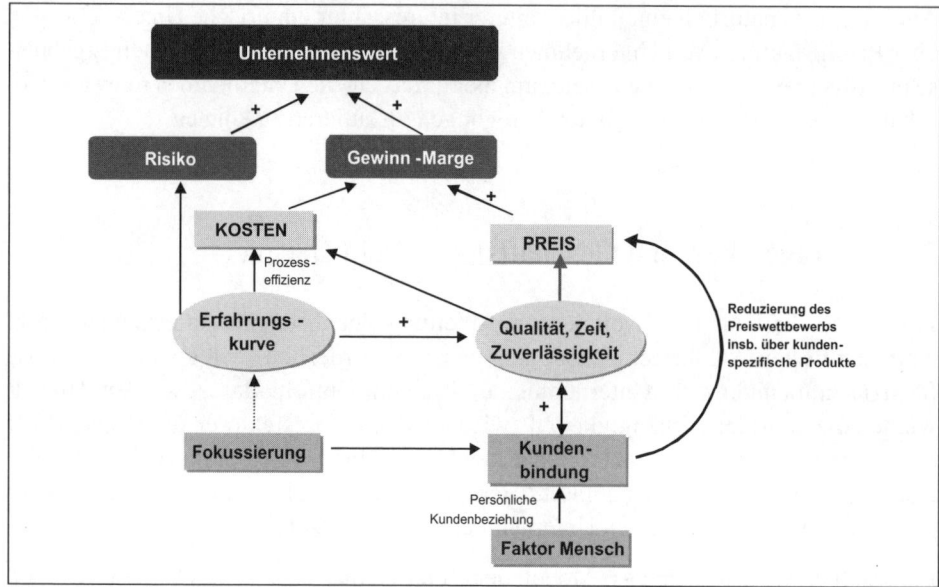

Abbildung 17: Beispielhafter Ausschnitt aus einer Geschäftslogik

Der Erfahrungskurveneffekt und die Kundenbindung sind sehr eng miteinander verbunden und bilden die Stellhebel, auf denen sich der Unternehmenserfolg für das Unternehmen aufbaut. Die Kundenbindung ist ein sehr wichtiger Aspekt, da ein großer Anteil des Umsatzes mit Bestandskunden generiert wird (Folgeaufträge). Es ist bekannterweise mit deutlich geringerem Aufwand verbunden, Kunden zu halten und an das Unternehmen zu binden, als neue zu generieren. So entsteht ein sich selbst verstärkender Kreislauf: Je mehr zufriedene Kunden gewonnen werden, desto mehr Möglichkeiten bestehen durch Weiterempfehlungen weitere Kontakte zu potenziellen Kunden herzustellen.

2.5 Umsetzung: Geschäftslogik erarbeiten

Bei der Entwicklung einer Geschäftslogik sollte zunächst aufgezeigt werden, dass gerade die theoretische und empirische Erfolgsfaktorenforschung Informationen darüber liefert, welche Aktivitäten von Unternehmen tendenziell erfolgsvermehrend sind. Danach sollte auf einem noch relativ abstrakten Niveau über die Erfolgsfaktoren des Unternehmens bzw. der Unternehmen in der Branche diskutiert werden. Eine erste Meinung zu den Erfolgsfaktoren sollte dabei erhoben und bezüglich Konsistenz und theoretischer bzw. empirischer Fundierung untersucht werden. Zudem sollte ein erster

Entwurf über die Annahmen bezüglich der Abhängigkeiten der Erfolgsfaktoren untereinander aufgezeigt werden. Dieser wird später im Kontext der FutureValue Scorecard wieder aufgegriffen.

Die so fixierte Geschäftslogik kann genutzt werden, um mit Verfahren der Systemtheorie erste Ideen für Erfolg versprechende Strategien zu finden. Im ersten Schritt werden dabei diejenigen Variablen identifiziert, die vom Unternehmen selbst beeinflusst werden können und die eine hohe Bedeutung für die letztendlichen Ziele haben. Dabei kann es besonders hilfreich sein, zunächst sämtliche Variablen einzuteilen in „exogene Störungen" (die nicht beeinflusst werden können) und strategische Instrumenten-Variablen, die das Unternehmen gezielt beeinflussen kann.

Nach der Bearbeitung dieses Moduls sollten folgende Ergebnisse vorliegen:

- Die wichtigsten Erfolgsfaktoren sollten ermittelt sein.
- Die Ursache-Wirkungs-Beziehungen zwischen den wichtigsten Erfolgsfaktoren sollten bekannt sein.

Die Ergebnisse aus der Geschäftslogik werden in folgenden Modulen wieder aufgegriffen:

- Die wesentlichen Erfolgsfaktoren sollten im Hinblick auf die Entwicklung ihrer zukünftigen Bedeutung vor dem Hintergrund der maßgeblichen Zukunftstrends (vgl. Modul 3) betrachtet werden.

- Die Kenntnis der Erfolgsfaktoren dient dazu, im Rahmen der Status-quo-Analyse des Unternehmens (Modul 4) eine Fokussierung auf die wichtigsten Themen zu erreichen.

- Die Erfolgsfaktoren sind maßgeblich für die Beurteilung der relativen Stärke des eigenen Unternehmens im Vergleich zu den Wettbewerbern – beispielsweise im Kontext der Portfolio-Analyse (vgl. Modul 3 und Modul 6).

- Die Geschäftslogik mit ihren Ursache-Wirkungs-Beziehungen zwischen den Erfolgsfaktoren dient als „Grobskizze" beim Aufbau der Balanced Scorecard (FutureValue Scorecard, vgl. Modul 11).

3 Modul 3: Markt- und Trendanalyse[50]

3.1 Trends und Trendanalyse

Den Grundgedanken eines wertorientierten Managements folgend soll ein Unternehmen mit Hilfe der FutureValue-Methodik zukunftsorientiert ausgerichtet werden. Eine Anpassung eines Unternehmens an die aktuellen Umfeld- und Wettbewerbsbedingungen greift hier zu kurz. Strategisches Management ist kein „survival of the fittest" im Darwin'schen Sinne, dem zu Folge die (zufällig) am besten angepassten Unternehmen überleben. Es ist auch mehr als ein aktives Anpassen des Unternehmens, seiner Struktur und Kompetenzen an die aktuellen Umfeldbedingungen. Zukunftorientiertes, wertorientiertes Management zielt auf die Antizipation der zukünftigen Umfeld- und Wettbewerbsbedingungen und richtet folglich das Unternehmen nicht nur an vorhandene, sondern vor allen Dingen auch an zukünftig erwarteten Anforderungen aus. Wesentliche Mittel hierzu sind Prognosen und Szenarioanalysen. Für unternehmerischen Erfolg ist diese Zukunftssicht zwingend erforderlich, weil sämtliche Anpassungsprozesse eines Unternehmens mehr oder wenig viel Zeit bedürfen und eine Vielzahl unternehmerischer Entscheidungen sogar irreversibel ist.

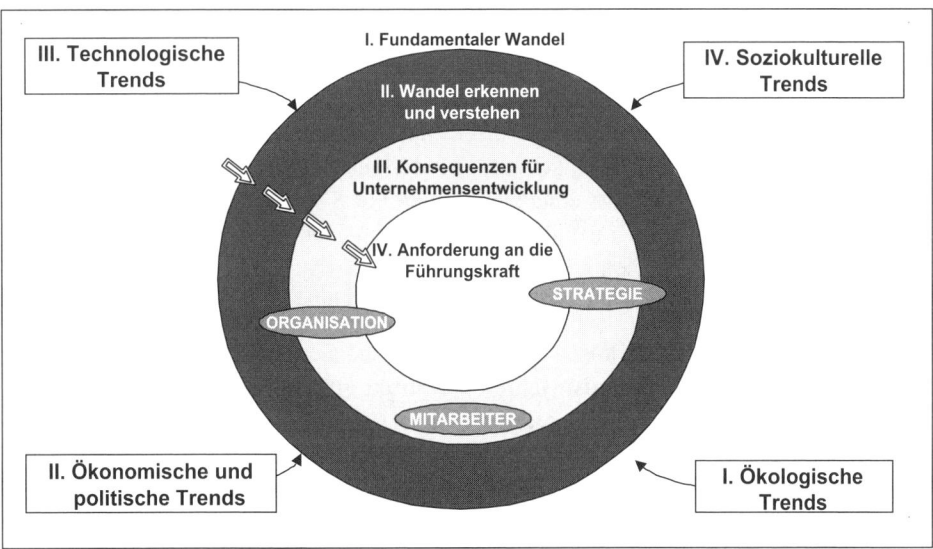

Abbildung 18: Das einzig Beständige ist der Wandel[51]

---
50 Von Ulrich BLUM und Werner GLEIẞNER.
51 Quelle: GLEIẞNER; WEISSMAN, 2001, S. 130.

Die für das Unternehmen grundsätzlich maßgeblichen Veränderungen des Umfelds betreffen dabei technische, ökonomische und politische Aspekte ebenso wie ökologische und kulturelle (vgl. Abbildung 18). Um ein Unternehmen heute auf zukünftige Veränderungen ausrichten zu können, ist es zwingend erforderlich, dass

- die Zukunft prinzipiell bestimmten Gesetzmäßigkeiten folgt (und damit prognostizierbar ist) und
- das Unternehmen geeignete Systeme entwickelt, um solche Prognosen tatsächlich zu erstellen.

Auf Grund einer Vielzahl stochastischer und chaotischer Prozesse, die die Umwelt des Menschen prägen, ist eine vollkommene Vorhersehbarkeit der Zukunft ausgeschlossen. Unternehmertum muss sich also auch zukünftig in einem Umfeld bewähren, das nur begrenzt vorhersehbar ist und somit zwangsläufig erhebliche Anforderungen an den Umgang mit Risiken stellt (vgl. Modul 9 zum Risikomanagement). Dennoch ist davon auszugehen, dass in bestimmten Bandbreiten langfristig wirksame Trends existieren, aus denen sich eine Vorstellung über die zukünftigen Anforderungen an ein Unternehmen ableiten lässt.

Frühaufklärung mittels Szenario- und Prognosesystemen stellt eine spezielle Art von Informationssystem dar, um zukünftige Entwicklungen und Ereignisse mit Bedeutung für das Unternehmen vorab zu erkennen. Sie verschaffen den Unternehmen die Möglichkeit, diese Entwicklung durch geeignete präventive Maßnahmen zu antizipieren.

Letztlich verschaffen Frühaufklärungssysteme Unternehmen Zeit für erforderliche Reaktionen.[52] Sobald Szenarien eine formale Struktur erhalten, werden sie ähnliche Elemente wie Prognosesysteme enthalten, insbesondere funktionale Verknüpfungen. Prognosen können grob in **intuitive**, **strukturmodellgestützte** und **zeitreihengestützte** Verfahren unterteilt werden. Das erstgenannte Verfahren beruht auf der bewussten Integration subjektiver Bewertungen und Einschätzungen – hier besteht damit eine Nähe zur Szenariotechnik, denn diese enthält meist bewusst exogene Einflüsse, die sich rational erfassen lassen, die aber in der Ausprägungshöhe meist nicht zu quantifizieren sind.

Strukturmodellgestützte Prognosen hingegen zeichnen sich durch einen hohen Formalisierungsgrad aus. Die Standardverfahren von strukturmodellgestützten Verfahren beruhen vor allem auf Regressionsmodellen, mit deren Hilfe z. B. Wachstumsprozesse beschrieben werden. In den Wirtschaftswissenschaften werden strukturmodellgestützte Prognosen in der Regel mittels ökonometrischer Modelle erstellt, die über Regressionsanalysen anhand statistischer Daten versuchen, quantifizierte Aussagen über „Kausalzusammenhänge" des zu analysierenden Systems zu treffen. Diese Aussagen manifestieren sich in Gleichungen bzw. Gleichungssystemen, die diese Zusammen-

---

52 Zum Aufbau operativer und strategischer Frühwarn- und PrognosesystemePrognosesysteme vergleiche GLEIßNER; FÜSER, 2000.

hänge zwischen erklärenden Faktoren (den Regressoren) und den erklärten Größen (den Regressanden) aufdecken.

Zeitreihengestützte Verfahren schließlich bestimmen von einer bestimmten Zeitbasis aus zukünftige Realisationswerte einer Variablen anhand vergangener Werte. Zu ihnen zählen Trendextrapolationsmethoden, von denen gleitender Durchschnitt oder exponenzielle Glättung am bekanntesten sind.

3.2 Trends und Transaktionskosten

3.2.1 Einleitung: Welche Trends dominieren die Zukunft?

Technologische Entwicklungen führen offensichtlich zu weitreichenden Veränderungen der Rahmenbedingungen, an die sich ein Unternehmen anpassen muss, um erfolgreich zu sein. Darüber hinaus führen neue Technologien, in Verbindung mit Nachfrageänderungen, zu strukturellen Verschiebungen in der Volkswirtschaft, die sich in deutlich differierenden Wachstumsraten der verschiedenen Branchen zeigen. Häufig sind die stark wachsenden Branchen weniger wettbewerbsintensiv und rentabler.

Grundsätzlich bieten aber gerade wesentliche strukturelle Veränderungen und globale „Mega-Trends" im Umfeld nicht nur Gefahren, sondern immer auch besondere Chancen für innovative Unternehmen.

Welche Trends muss ein Unternehmer berücksichtigen? Darüber gibt es sicher keine einheitliche Einschätzung. Gut erkennbar sind einige, wie zum Beispiel das überdurchschnittliche *Bevölkerungs- und Nachfragewachstum* in den Schwellenländern oder das überdurchschnittliche Wachstum der *Pharmabranche* wegen des zunehmenden Anteils älterer Menschen an der Bevölkerung und ihrem Wunsch nach Gesundheit. Natürlich sind auch viele weitere technologische Trends bedeutsam. Beispielhaft erinnert sei an die Tendenz zu sinkenden Transport-, Telekommunikations- und Datenverarbeitungskosten, an die immer weitergehende Substitution „traditioneller" Werkstoffe durch Kunststoffe und Verbundwerkstoffe, an die umweltpolitisch bedingten Tendenzen zur Energieeinsparung und zum Recycling sowie an den zunehmenden Computereinsatz (CAM, PPS) mit einem Trend zur Schaffung unternehmensweiter, integrierter Informationssysteme mit einheitlicher Datengrundlage (CIM, Intranetze). Von besonderer Bedeutung wird dabei sicherlich die weitere Entwicklung des Internet sein, das insbesondere die globale Verfügbarkeit von Informationen entscheidend verbessert hat. Nicht mehr die prinzipielle Verfügbarkeit von Informationen, sondern die Fähigkeit der gezielten Informationssuche und -auswertung wird so zum entscheidenden Wettbewerbsvorteil von Unternehmen.

Nicht alle Trends werden nachfolgend in ihrer Konsequenz für die Unternehmensstrategie behandelt, sondern nur der vielleicht wichtigste Basistrend: der Trend zu **sinkenden Transaktionskosten** und seine vielfältigen Konsequenzen, wie z. B. der Globalisierung.

3.2.2 Sinkende Transaktionskosten: der wichtigste Basistrend

Von grundlegender Bedeutung für die Zukunft von Unternehmen ist aus volkswirtschaftlicher Sicht der Trend immer weiter sinkender Transaktionskosten (pro Transaktion), also der Kosten, die mit dem Austausch von Kapital, Waren oder Dienstleistungen verbunden sind. Zu den Transaktionskosten gehören Such- und Informationskosten, Verhandlungs- und Entscheidungskosten sowie die Kosten für die Überwachung und Durchsetzung von Verträgen, im weiteren Sinn auch die Transportkosten. Während technologisch bedingt die Kosten einer Transaktion sinken, steigt durch die zunehmende Anzahl der Transaktionen der Anteil der Transaktionskosten am Volkseinkommen an. Schätzungen gehen davon aus, dass Transaktionen ca. 50 Prozent des Volkseinkommens ausmachen,[53] was immer größere Chancen für Unternehmen ergibt, die sich eine Reduzierung von Transaktionskosten zum Ziel gesetzt haben (z. B. Börsen, Makler, Rechtsanwälte, Unternehmensberater usw.).

Institutioneller Wettbewerb, vor allem der Wettbewerb der gesellschaftlichen und wirtschaftlichen Arrangements, führt dazu, dass die Kosten des ökonomischen Handelns sinken. Die ökonomische Transaktionskostentheorie betont[54], dass die Frage, ob der Austausch über Märkte oder innerhalb einer Hierarchie stattfindet, von den Kosten der jeweilig erforderlichen Transaktionen und der Produktionstechnologie abhängt.[55] Relevant sind die Transportkosten, die Informationsspeicherkosten und die Kosten der Wissensreproduktion.

Mit dieser Entwicklung hin zu sinkenden Transaktionskosten verbunden sind die Trends zur **Individualisierung und Atomisierung:** Sie bewirken die Verstärkung der Autonomie des Einzelnen. Jeder Unternehmer wird auf Grund dieser atomistischen Tendenzen mehr als bisher gezwungen sein, für sich folgende zentrale Fragen zu beantworten:[56]

---

53 Vgl. RICHTER; FURUBOTN, 1999, S. 56-61.
54 Vgl. COASE, 1937; vgl. WILLIAMSON, 1985.
55 BLUM; DUDLEY (1999) haben diesen Sachverhalt insoweit präzisiert, als sie drei Organisationsstrukturen einführten, nämlich die vertikal integrierte, die horizontale und die atomistische Organisation. Welche dann gewählt wird, hängt vom Zusammenspiel zweier Größen ab, nämlich den Skalenökonomien, also den Erträgen, die sich aus der Konzentration von Aktivitäten in einer Institution ergeben (im einfachsten Fall Kostendegressionseffekte), und den Kosten, die Erfüllung von Weisungen entlang der Hierarchie zu kontrollieren.
56 Vgl. GLEIßNER, 2000, S. 19.

- „*Welche Leistungen* kann das Unternehmen überhaupt noch selbst effizient intern erbringen, welche soll es zukaufen?
- *An welchen Standorten* kann eine bestimmte Leistung effizient erbracht werden?
- Wie können die *Kosten für die dafür nötigen Transaktionen* entscheidend gesenkt werden?
- Wie kann der *abnehmenden Bindung von Kunden* an sein Unternehmen begegnet werden?
- Wie können *wichtige Mitarbeiter* an das Unternehmen gebunden und durch geeignete Anreizsysteme zu einer eigenverantwortlichen, quasi-selbständigen Tätigkeit im Interesse der Unternehmensziele bewogen werden?"

Fehlentscheidungen in diesen Kernfragen sind wegen des intensiver werdenden Wettbewerbs immer stärker existenzbedrohend. Umgekehrt sind gerade innovative Lösungsansätze zu diesen Fragen vermutlich der Schlüssel zu außergewöhnlichen Erfolgen – auch in wenig innovativen Branchen.

Auch die **Globalisierung** ist letztlich auf sinkende Transaktionskosten zurückzuführen. Für jedes einzelne Unternehmen bedeutet die Globalisierung, dass es mit seinen Produkten und Dienstleistungen möglicherweise alle entsprechenden Anbieter der Welt als Wettbewerber einbeziehen und sich damit am weltweit höchsten Leistungsstandard messen muss. Außerdem erfordern die oft sehr hohen Investitionssummen für die Entwicklung von Produkten und den Aufbau der Fertigungsanlagen (z. B. bei Automobilen, Flugzeugen oder Mikroprozessoren) weltweit Kunden, um ausreichende Umsätze erzielen zu können. Um die für solche Großinvestitionen erforderlichen Finanzmittel zu erhalten, muss ein Unternehmen den Anforderungen der internationalen Kapitalmärkte entsprechen und ausreichende Rentabilität und Sicherheit (gutes „Rating") vorweisen.

Die totale Mobilität von Information, die rasant steigende Mobilität von Kapital, der zunehmende Aufbau von Humankapital und die weitgehende Entkopplung von Wissen und Arbeit haben die Bedeutung der Mobilität von physischen Produktionsfaktoren verringert, die für die Produktion ohnehin immer unwichtiger werden. Die Qualität von Informationen wird langfristig für den Wettbewerb eine immer größere Bedeutung erhalten, d. h. sie gewinnt zunehmend kaufentscheidendes Potenzial. Es findet also weniger Preis- als Qualitätswettbewerb statt. Damit wird die Tendenz zur monopolistischen Konkurrenz verstärkt, d. h. Güter unterscheiden sich durch ihre Differenzierung, und der Preissetzungsspielraum des Anbieters wird begrenzt durch die Konkurrenz des nächsten Substituts.

Gerade die Identifikation und der Ausbau derjenigen Kompetenzen, die in Anbetracht der erkennbaren Zukunftstrends an Bedeutung gewinnen, werden zu zentralen Aufgaben des strategischen Managements.

Folgende Kernaussagen fassen diese Herausforderungen zusammen:[57]

- „Ein Unternehmen benötigt Kenntnisse der sich verändernden Umfeldbedingungen, um sich strategisch richtig aufzustellen und um strategische und operative Frühwarnsysteme zu installieren. Traditionelle Szenario- und Prognoseverfahren, aber zunehmend auch kausalanalytische Verfahren, stellen dabei probate Mittel dar.

- Wesentliche Triebkräfte der Veränderung stellen die Transaktionskosten dar, die beispielsweise Trends wie die Globalisierung erst ermöglichen. Insbesondere weisen sie den Weg zu einer Zunahme dezentraler und atomistischer Arrangements. Aber auch die zentrale Bündelung bestimmter strategischer Führungsfunktionen gewinnt an Bedeutung, vor allem solche, die den Wettbewerb unter den Unternehmensteilen erhöht.

- Unternehmer können einen vorhandenen Trend nutzen, einen neuen Trend begründen oder eine Nische suchen. In jedem Fall müssen sie darauf achten, die erforderlichen, wertvollen Kernkompetenzen zu erwerben, die zukünftige Wettbewerbsvorteile generieren können und möglichst vielseitig anwendbar sind.

- Neben der Zunahme des tatsächlichen Wettbewerbs bringt die Globalisierung auch eine Ausweitung der potenziellen Konkurrenz mit sich: Der künftige Wettbewerber ist noch unsichtbar, möglicherweise nur an seiner Technologie zu erkennen. Klassische Standortfaktoren entwerten sich dabei.

- Wissen und Kapital werden zunehmend ertragreiche Produktionsfaktoren. Der tertiäre Gehalt der Produkte nimmt zu, was auch die Bedeutung der zielgruppenspezifischen Individualisierung der eigenen Leistungen erhöht."

3.3 Weitere Megatrends im Überblick

Megatrends sind dadurch charakterisiert, dass sie unabhängig von der Branche gelten. Sie gelten für das gesamte Umfeld und stellen den Rahmen jeder Umfeldanalyse dar.

Ein Auszug daraus sind nachfolgende Trends, die im Rahmen der FutureValue-Strategieentwicklung hinsichtlich ihrer Konsequenzen für die Unternehmer, insbesondere hinsichtlich zukünftiger Kompetenzanforderungen, betrachtet werden:

1) **Sinkende Transaktionskosten** fördern Märkte und Kooperationsnetzwerke,
2) **Globaler Wettbewerb** erfordert höchste Wettbewerbsfähigkeit – sofern keine geeignete **Nische** gefunden wird,

---

[57] Vgl. BLUM; GLEIßNER, 2001.

3) **Instabilität im Kundenverhalten** und **sinkende Kundentreue**; diese führen zu hoher Volatilität des Umsatzes,
4) **Austauschbarkeit von Produkten** aus Sicht der Kunden begünstigt in viele Märkten einen Preiswettbewerb, den nur die kostengünstigsten Anbieter bestehen,
5) die **Bedeutung der Marken** nimmt zu; deshalb versuchen Unternehmen, ihre Unverwechselbarkeit zu erhalten,
6) **Verschiebung der Altersstruktur** begünstigt die Gesundheitsbranche,
7) **Verlust der Mitte**; damit einher geht die Erfordernis einer klaren Positionierung und Differenzierung sowie des Aufbaus von Reputation,
8) **Neue Informationstechnologie** verändert die innere Organisation von Branchen, schafft neue Produkte und beeinflusst die Lebensweise der Konsumenten,
9) Stagnation und Rückgang in vielen Wirtschaftssektoren, aber **Wachstum in den Emerging Markets**.

Auf die Bedeutung eines zunehmend globalen Wettbewerbs infolge sinkender Transaktionskosten (z. B. Transportkosten) wurde bereits hingewiesen. Globaler Wettbewerb führt dazu, dass sich jedes Unternehmen darauf vorbereiten muss, mit den Besten einer Branche gemessen zu werden. Regionale Nischen verschwinden zunehmend.

Die Dynamik des gesamten Umfelds der Menschen spiegelt sich nicht zuletzt auch im Konsumverhalten wider. Die Bereitschaft, das eigene Verhalten zu ändern und sich an aktuelle Trends anzupassen, scheint bei vielen Menschen zuzunehmen, was auch dazu führt, dass sich Kunden nicht mehr an „Werte" der Anbieter von Produkten und Dienstleistungen gebunden fühlen. Die Kundentreue sinkt, was zusätzliche Anstrengung der Unternehmen erfordert, den Kundenbestand zu sichern.

Die sinkende Kundentreue ist zu einem erheblichen Teil auch darauf zurückzuführen, dass die angebotenen Produkte aus Sicht vieler Kunden immer ähnlicher werden. Bei neuen, innovativen Produkten ist es durchaus möglich, sich mit den objektiven, beispielsweise technologischen Produkteigenschaften zu unterscheiden. Doch mit der Zeit werden immer mehr Wettbewerber Produktstandards übernehmen, was eine Differenzierung nur mehr über die zugehörigen Serviceleistungen oder emotionale Faktoren wie die Marken (vgl. Kapitel 10) ermöglicht.

Unter den demokratischen Trends ist zumindest in Europa das Altern der Bevölkerung festzustellen, das auf die folgenden Ursachen zurück zu führen ist: die Vergrößerung der Lebenserwartungen und die generative Implosion, bedingt durch die derzeitige Gesellschaftsordnung und das Sozialsystem. Die Nachfrage wird sich folglich hin zu Produkten verschieben, die den Bedarf älterer Menschen treffen. Hier ist insbesondere an dem mit dem Alter der Menschen steil ansteigenden Bedarf an Produkten aus Pharmazie und Medizintechnik zu denken. Schon die rückläufige Bevölkerungszahl in Deutschland und in den meisten europäischen Ländern sowie die erkennbare Dynamik der Wirtschaftssysteme außerhalb Europas belegen es sehr deutlich: Die ökonomischen Wachstumsraten in den so genannten „Emerging Markets" werden auch in den nächsten Jahren deutlich höher sein als beispielsweise in Deutschland. Für global agierende Unternehmen werden deshalb gerade diese Emerging Markets auf Grund ihres überdurchschnittlichen Wachstumspotenzials von großem Interesse sein.

Neben den sinkenden Transport,- Such,- und Verhandlungskosten sind nicht zuletzt die sinkenden Kosten für Informationstechnologie die entscheidenden Ursachen für die insgesamt sinkenden Transaktionskosten. Informationen sind prinzipiell an jedem Punkt der Erde leicht zugänglich.

Außer einer zunehmenden Intensität des (globalen) Wettbewerbs führen die sinkenden Informations- und Transaktionskosten auch zu grundlegenden Veränderungen der Koordinations- und Wertschöpfungsstrukturen in der Volkswirtschaft. Niedrigere Transaktionskosten ermöglichen es, Geschäftsbeziehungen quasi „fallweise" einzugehen. Die Erstellung von Leistungen in den hierarchischen Strukturen eines Unternehmen, die bei hohen Transaktionskosten durchaus sinnvoll ist, wird an vielen Stellen ersetzt werden durch Kooperationsnetzwerke von Unternehmen und den Zukauf der benötigten Leistungen über Märkte (vgl. Outsourcing).

Die BBE Unternehmensberatung fasst regelmäßig die für die nächsten Jahre wichtigsten Trends im Konsumentenverhalten zusammen. Auch das sind Rahmenbedingungen, denen unternehmerische Entscheidungen – insbesondere im Rahmen des Marketings – gerecht werden müssen.

Im Jahr 1994 wurden besonders die zunehmende Umweltorientierung und das zunehmende Gesundheitsbewusstsein hervorgehoben, aber auch die steigende Bedeutung aktiver, älterer Konsumenten und der Single-Haushalte sowie die Polarisierung der Gesellschaft in eine preisorientierte einkommensschwache und eine qualitätsorientierte einkommensstarke Schicht („Verlust der Mitte") wurden als Trends prognostiziert. Die Mehrheit der von BBE befragten Experten ging schon 1994 – wie auch 1999 – davon aus, dass die Konsumenten zukünftig immer mehr Wert darauf legen werden, dass ihre spezifischen Bedürfnisse durch individuelle Lösungen befriedigt werden.

Im Jahr 1999 wurden unter anderem folgende Trends angegeben:

1) Die flexible Gesellschaft: Gefragt ist der schnelle Konsum ohne mühsame Vorbereitungen oder langfristige Verpflichtungen. Produkte, Dienstleistungen und Angebote müssen dem schnellen Lebenswandel entsprechen, der neben Wechsel von Wohnorten, Jobs usw. auch den schnellen Wechsel persönlicher Stile der Konsumenten beinhaltet. Flexibilität und Variabilität werden daher zukünftig eine noch stärkere Bedeutung für Unternehmen haben.

2) Preisbewusste Konsumenten: Das preisbewusste Einkaufen (Schnäppchenjagd) wird immer stärker in der Gesellschaft anerkannt und gefördert. Außerdem wird das Internet den Preisdruck für die Unternehmen und besonders für den klassischen Handel verschärfen. Die Unternehmen müssen sich konsequent zwischen der Preis- und Serviceorientierung entscheiden. Nur wer ein klares Profil vorweisen kann, wird künftig noch genügend Kunden anziehen.

3) Convenience: Bezogen auf Einkauf und Konsum verbinden die Kunden mit Convenience im Wesentlichen Zeitersparnis und Stressvermeidung. Das Kaufpotenzial in Deutschland ist dafür beachtlich. Die Gründe für diesen Trend sind vor allem demografische Entwicklungen wie die steigende Anzahl von Singles, berufstätigen Frauen und Senioren, aber auch die zunehmende Freizeitorientierung.

4) E-Commerce: Unternehmen, die die Möglichkeiten des E-Commerce nicht ausloten, riskieren aus heutiger Sicht massive Wettbewerbsnachteile.

5) Informations-Überfluss: Die steigende Informationsflut ist von den Kunden nicht mehr zu bewältigen. Im Trend liegen daher elektronische Medien, die es erlauben, den Medienkonsum über Präferenzfilter zu steuern. Gleichzeitig sinkt die Bereitschaft, sich mit den umfangreichen Informationspaketen auseinander zu setzen.

6) „Prosumer": Individualität und Originalität der Produkte haben einen hohen Stellenwert, Unikate sind jedoch für die Mehrheit unbezahlbar. Die preiswerte Individualisierung von Massenprodukten durch neue Techniken stößt deshalb auf eine riesige Bedarfslücke.

Die hier nur sehr schnittmusterartige Beschreibung einiger grundlegender Entwicklungstendenzen der Zukunft zeigt bereits, dass sich nahezu zwangsläufig neue Herausforderungen für Unternehmen ergeben. Es ist unumgänglich, eine Vielzahl weiterer potenziell relevanter Trends zu kennen und ihre Konsequenzen für das Unternehmen zu beurteilen, bevor mit der Entwicklung einer erfolgsversprechenden Zukunftsstrategie begonnen werden kann.

3.4 Branchen- und Wettbewerbsanalyse

Umfeld- und Branchenanalysen sind wesentliche Vorarbeiten für jede fundierte Beurteilung der Erfolgschancen einer Unternehmensstrategie, weil die hier betrachteten exogenen Rahmenbedingungen eine erhebliche Erfolgsrelevanz für jedes Unternehmen haben. Sie durchleuchten das Umfeld eines Unternehmens nach wettbewerbsrelevanten Aspekten. Grundsätzlich ist darauf zu achten, dass eine solche Analyse – unabhängig von einem speziellen Unternehmen – das allgemeine, exogene Umfeld betrachten soll, also z. B. eben nicht die Wettbewerbsvorteile eines Unternehmens.

Modul 3: Markt- und Trendanalyse

Sie soll insbesondere zeigen,

- wie die momentane wirtschaftliche Situation und die langfristigen Wachstumspotenziale einer Branche sind,
- welche Rentabilität eine Branche auf Grund der Marktcharakteristika erwarten lässt (vgl. „Wettbewerbskräfte"),
- hinsichtlich welcher Kaufkriterien und (dahinter liegender) Kernkompetenzen ein Unternehmen Wettbewerbsvorteile aufbauen muss, um überdurchschnittlich erfolgreich zu sein.

Im Folgenden können die wesentlichen Aspekte einer Branchenanalyse nur kurz umrissen werden.[58] Jede Branchenanalyse sollte grundsätzlich eine Beurteilung der Marktattraktivität und damit der maßgeblichen Wettbewerbskräfte (vgl. der Ansatz von Porter[59]) umfassen. Eine besondere Bedeutung hat in diesem Kontext die Beurteilung der langfristigen Nachfragewachstumsrate in einer Branche, da diese die Rentabilität und insgesamt den Wert eines Unternehmens besonders maßgeblich bestimmt. Bei derartigen Wachstumsprognosen kann man sich beispielsweise auf Branchenreports – wie diejenigen von der FERI Group (www.FERI.de) – stützen.

Einflussfaktor auf die Marktattraktivität gemäß Porter	Rendite-wirkung	Risiko-wirkung
Erwartetes Marktwachstum	+	–
Leistungsrisiken (z. B. durch Kalkulationsfehler)	–	+
Preisempfindlichkeit („Elastizität") der Nachfrage	–	+
Möglichkeiten zur Produkt- bzw. Leistungsdifferenzierung	+	–
Konjunkturempfindlichkeit der Nachfrageschwankung	–	+
Notwenige Kapitalbindung, Fixkostenbelastung	–	+
Möglichkeit der Kundenbindung	+	–
Verhandlungsmacht der Kunden	–	+
Verhandlungsmacht der Lieferanten	–	+
Verfügbarkeit von Substitutionsprodukten	–	+
Markteintrittshemmnisse für neue Wettbewerber	+	–

Abbildung 19: Marktattraktivität

---

58 Vgl. ausführliche Darstellung GLEIßNER, 2000, S. 105-106 und 225-229, sowie die umfangreiche Literatur zur Marktforschung.
59 Vgl. PORTER, 1992 und 1995.

Die Entwicklung der letzten Jahre, die oft durch temporäre konjunkturelle Effekte geprägt war, darf keinesfalls einfach unreflektiert in die Zukunft projiziert werden. Wesentlich ist es aber durchaus, den Umfang solcher konjunktureller Nachfrageschwankungen einzuschätzen, weil diese die Risikosituation einer Branche maßgeblich beeinflussen. Viel wichtiger als die konjunkturellen Nachfragezyklen ist der Bezug einer Branche zu grundlegenden demografischen Veränderungen, Trends oder Basisinnovationen. Derartige Zusammenhänge sind langfristig wirksam und von so grundlegender Bedeutung, dass das Nachfragewachstum einer Branche durch diese bestimmt wird. Hierbei sind jedoch nicht nur die direkten Auswirkungen, sondern auch die indirekten Wirkungen über die Abhängigkeiten von anderen Branchen zu berücksichtigen. Manche Produkte sind infolge von Komplementaritäten stark von anderen Produkten – und damit anderen Branchen – abhängig.

Jede Branchenanalyse muss sich mit den für die Kunden maßgeblichen Kaufkriterien auseinander setzen. Es gilt also zu identifizieren, welche Faktoren die Kaufentscheidung eines (potenziellen) Kunden maßgeblich bestimmen. Am Beginn des Lebenszyklus eines Produktes dominiert dabei typischerweise der Wettbewerb mit (oft technischen) Produkteigenschaften. Erst später folgt ein „Servicewettbewerb", wenn sich die Produkteigenschaften durch den Wettbewerb weitgehend angenähert haben. Oft folgt anschließend noch eine Phase des „Imagewettbewerbs", in dem Marken und persönliche Beziehungen für den Erfolg maßgeblich sind. Häufig lässt es sich nicht vermeiden, dass die Produkte letztlich in allen ihren Eigenschaften austauschbar werden, was den Preis zum dominierenden Kaufkriterium macht.

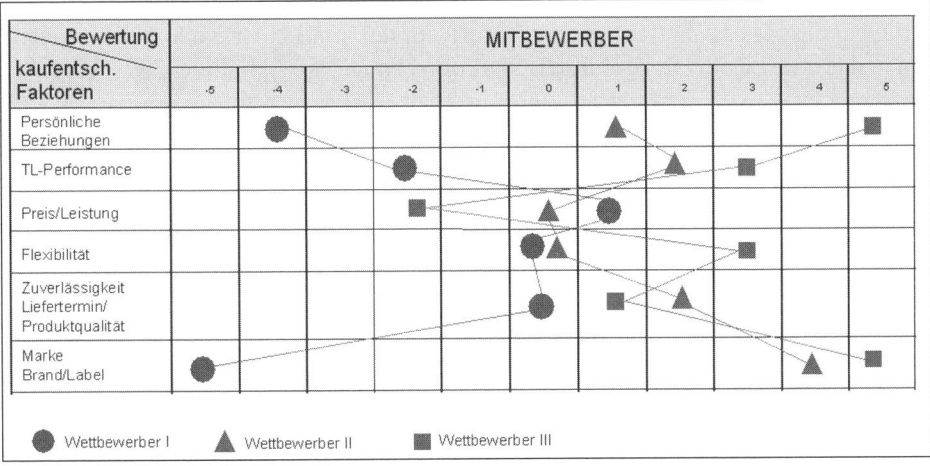

Abbildung 20: Differenzierungsprofil

Bei einer Wettbewerbsanalyse wird das eigene Unternehmen im Vergleich zu einzelnen Wettbewerbern oder ersatzweise dem Durchschnitt aller Konkurrenten hinsichtlich der relativen Erfüllung der kaufentscheidenden Faktoren bewertet. Kaufentscheidende Faktoren sind die Eigenschaften eines Produkts (sowohl auf der Produkt-, auf der Service- oder der emotionalen Ebene), die vom Käufer beim Kauf des Produktes herangezogen werden. Je wichtiger der kaufentscheidende Faktor, desto höher wird er im Differenzeignungsprofil angesetzt. Im Differenzierungsprofil gilt es, die Unterschiede zwischen einem Unternehmen und den Hauptwettbewerbern herauszuarbeiten. Das zu vergleichende Unternehmen, wird dabei auf der Nulllinie platziert. Die Positionierung des Wettbewerbers rechts der Nulllinie bedeutet eine bessere Erfüllung des kaufentscheidenden Faktors durch den Wettbewerber, links eine schlechtere. Durch das Differenzierungsprofil wird die Differenzierung zu den Wettbewerbern deutlich.Woher bekommen die Unternehmen eigentlich die Daten für die Bewertung ihrer relativen Wettbewerbsposition?

Im Grunde gibt es hier die folgenden Möglichkeiten, die sich durch zunehmende Kosten, aber auch zunehmende Datenqualität auszeichnen:

- persönliche Einschätzung der Wettbewerbsvorteile durch die Unternehmensführung,
- Bewertung der Situation zusammen mit den Mitarbeitern,
- qualitative Interviews oder auch Gruppendiskussionen mit den Kunden,
- quantitative, statistisch abgesicherte Marktforschung.

Eine fundierte Einschätzung bestehender und zukünftiger Wettbewerbsvorteile braucht eine solide Einschätzung der Wettbewerbssituation aus Kundensicht. Das ideale Instrument dazu ist das Differenzierungsprofil auf der Basis einer methodisch angelegten und professionell durchgeführten Marktforschung (vgl. Abbildung 20).

Eine Verbindung der Informationen aus der Wettbewerbsanalyse („relative Wettbewerbsposition") mit den exogenen Daten der Marktattraktivität findet mit der Portfolioanalyse statt (vgl. Kapitel 6.2).

3.5 Umsetzung: Markt- und Trendanalyse durchführen

Bei der Umsetzung dieses Moduls befasst man sich zunächst mit den langfristigen Entwicklungen in der Branche sowie allen anderen langfristigen Trends, die für das Unternehmen maßgeblich sind (zum Beispiel „Globalisierung", „sinkende Transaktionskosten").

Es sind die wichtigsten Trends festzuhalten und bezüglich ihrer Konsequenzen für das Unternehmen auszuwerten:

- Welche Trends sind für das Unternehmen günstig?
- Welche sind ungünstig?

Darauf aufbauend wird ermittelt, welche Kompetenzen, die das Unternehmen heute hat (hier nur eine Grobeinschätzung), durch diese Zukunftstrends wertvoller bzw. weniger wertvoll werden. Außerdem sollte bereits festgehalten werden, welche zusätzlichen, bisher noch nicht vorhandenen Kompetenzen das Unternehmen auf Grund der Zukunftstrends zukünftig benötigt. Zur Vorbereitung der Wettbewerbsanalyse sollte darüber nachgedacht werden, welche Wettbewerber des Unternehmens durch diese Zukunftstrends besonders profitieren bzw. besonders geschädigt werden: Gewinnen die großen Unternehmen? Gewinnen die Serviceorientierten? etc.

Die einzelnen Geschäftseinheiten (ggf. Strategische Geschäftseinheiten, SGE) des Unternehmens sind abzugrenzen. Zur Vorbereitung der Portfolio-Analyse werden dann die beiden Achsen des Portfolios „Marktattraktivität" und „Wettbewerbsposition" durch prinzipiell messbare Kriterien operationalisiert. Für die Operationalisierung der Achse „Marktattraktivität" sollte dabei auf das Kriterien-System des Porter-Ansatzes zurückgegriffen werden. Für die Wettbewerbsvorteile sind insbesondere die aus Sicht der Kunden maßgeblichen Kaufkriterien zu berücksichtigen (ggf. mittels Differenzierungsprofil).

Später werden alle Einzelkriterien (die ggf. gewichtet werden) bewertet, um so die Positionierung der einzelnen SGE aufzuzeigen. Diese SGE-Zuordnung sollte anhand von Daten des Rechnungswesens überprüft werden. Ein Ansatzpunkt einer solchen Überprüfung ist dadurch gegeben, dass Marktattraktivität und Wettbewerbsvorteil (zumindest langfristig) als Bestimmungsfaktor der Rentabilität aufzufassen sind. Durch eine überschlägige Regressionsrechnung kann hier bereits überprüft werden, ob die Operationalisierung von Marktattraktivitäten und Wettbewerbsvorteilen tatsächlich zur Erklärung der Rentabilität beiträgt. Ist dies nicht der Fall, muss die Aussagefähigkeit der Analyse vorsichtig betrachtet werden.

Ergebnis ist eine Beurteilung der Zukunftsperspektiven der wesentlichen Geschäftsfelder. Schon an dieser Stelle sollten Ideen aufgesammelt werden, welche Geschäftsfelder denn zukünftig als Felder für weitere Investitionen in Frage kommen, bzw. welche Geschäftsfelder ggf. langfristig aufzugeben bzw. zu verkaufen sind.

Nach der Bearbeitung dieses Moduls sollten folgende Ergebnisse vorliegen:

- eine Übersicht zu den wichtigsten Trends,
- die sich daraus ergebenen Chancen und Gefahren (Risiken),
- die sich aus den Trends ergebenen zukünftigen Anforderungen an Unternehmen,
- die Beurteilung der relativen Wettbewerbsposition anhand der Kaufkriterien als Basis für die Portfolioanalyse der wesentlichen Geschäftsfelder (oder SGEs).

Die Ergebnisse aus der Markt- und Trendanalyse werden in folgenden Modulen wieder aufgegriffen:

Die Ergebnisse dieses Moduls werden bei der Entscheidung über die Portfolio- und Geschäftsstrategie (Modul 6) und die Erarbeitung eines Konzepts für die Weiterentwicklung der Kompetenzen (Modul 7) berücksichtigt.

4 Modul 4: Status-quo-Analyse des Unternehmens[60]

4.1 Grundlegende Instrumente der Unternehmensanalyse

4.1.1 Bedeutung von Unternehmensanalysen (Status-quo-Analyse)

Unternehmerischer Erfolg hängt nicht zuletzt von der Qualität grundlegender, strategischer Entscheidungen der Unternehmensführung ab. Auch der fähigste Unternehmer wird langfristig nur sein Unternehmen erfolgreich führen können, wenn er dafür aussagefähige Informationen mit hoher Qualität nutzen kann. Erforderlich ist daher eine fundierte Analyse des Unternehmens und seines Umfelds, um mit möglichst geringem Aufwand fundierte, nachvollziehbare und entscheidungsrelevante Informationen bereitzustellen.

Eine Unternehmensanalyse beschreibt möglichst umfassend und objektiv den Status-quo eines Unternehmens, um die Zukunftsperspektiven beurteilen zu können. Einen hohen Stellenwert haben Unternehmensanalysen naheliegenderweise als Instrument bei der Früherkennung von Krisen und der Identifikation von strategischen Risiken – aber auch als Ausgangspunkt jedes fundierten Prozesses der Strategieentwicklung.

Die Unternehmensanalyse beurteilt – quasi als „Fitness-Check" – umfassend die Situation des Unternehmens in seinem gesamten Umfeld und betrachtet besonders diejenigen Faktoren, welche die zukünftigen Erträge und Risiken maßgeblich beeinflussen werden. Sie zeigt somit die Fähigkeiten des Unternehmens auf, die zukünftige Erfolge ermöglichen, und beleuchtet die Schwächen, welche die Rentabilität grundsätzlich beeinträchtigen oder zumindest unsicher erscheinen lassen. Damit werden die zentralen Ansatzpunkte für ein erfolgsorientiertes unternehmerisches Handeln, also die Strategie, aufgezeigt.

4.1.2 Anforderungen an eine Unternehmensanalyse

Wie analysiert man ein Unternehmen, um mit den erhaltenen Informationen ein fundiertes Stärke-Schwächen-Profil eines Unternehmens zu erhalten? Jede Analyse sollte folgende Grundanforderungen erfüllen:[61]

1) *Objektivität:* Eine Unternehmensanalyse darf nicht nur die Meinung der Unternehmensführung zusammenfassen, die oft durch subjektive Eindrücke verzerrt ist. Das Unternehmen sollte aus verschiedenen Perspektiven betrachtet werden.

---

60 von Werner GLEIßNER.
61 Vgl. GLEIßNER, 2000, S. 52-58.

2) *Operationalität:* Die für die Unternehmensbeurteilung wichtigen Kenngrößen, wie z. B. Betriebsklima, Arbeitsproduktivität oder Risiko, müssen genau operationalisiert und nachvollziehbar gemessen werden. Nur so ist es auch später möglich, die Wirksamkeit eingeleiteter Maßnahmen zu prüfen: „If you can't measure it, you can't manage it."

3) *Erfolgsorientierung:* Bei jeder Komponente der Unternehmensanalyse muss immer explizit untersucht werden, welche Konsequenzen eine vermutete Stärke oder Schwäche für den Erfolg bzw. Wert eines Unternehmens hat. Dies impliziert, dass Auswirkungen der identifizierten Stärken und Schwächen auf die Werttreiber (Umsatzrentabilität, Effizienz der Kapitalnutzung oder Wachstumsrate) bewertet werden sollten.

4) *Systemischer Ansatz:* Eine Unternehmensanalyse muss alle erfolgsrelevanten Aspekte eines Unternehmens beleuchten. Entscheidend ist, dass hier keine isolierte Beurteilung von Einzelaspekten vorgenommen wird, sondern die (kausalen) Wirkungszusammenhänge zwischen diesen aufgezeigt werden.

5) *Zukunftsbezug:* Grundsätzlich sollte sich eine Unternehmensanalyse nicht auf eine Situationsbeschreibung beschränken, sondern muss – unter Berücksichtigung erwarteter Änderungen im Unternehmensumfeld – Prognosen über die Entwicklung des Unternehmens erstellen („Status-quo-Prognose").

Auf Grund ihres diagnostischen Charakters kann man Unternehmensanalysen analog zu Routineuntersuchungen von Menschen beim Hausarzt sehen.

4.2 Status-quo von Unternehmen – der Value-Check

4.2.1 Grundidee des Value-Checks: Eine fundierte Lageanalyse

Die Nachvollziehbarkeit von Entscheidungen ist von grundlegender Bedeutung im Future Value-Unternehmensführungs-Ansatz. Nachvollziehbarkeit erhöht sowohl die Qualität von Entscheidungen, weil sie eine kritische Diskussion überhaupt erst ermöglicht, und unterstützt zudem die Akzeptanz einmal getroffener Entscheidungen, weil die Hintergründe dieser Entscheidungen offenkundig werden. Um Entscheidungen der Unternehmensführung beispielsweise hinsichtlich der strategischen Ausrichtung nachvollziehen zu können, ist es zwingend erforderlich, die dieser Entscheidung zugrunde liegenden Annahmen zu kennen. Konsens über die zukünftige Ausrichtung eines Unternehmens setzt in der Regel Konsens über die Einschätzung der heutigen Ausgangssituation voraus. Eine solche Beschreibung der Ausgangssituation eines Unternehmens, insbesondere die Beurteilung der Schwächen hinsichtlich der potenziell maßgeblichen Erfolgsfaktoren, kann dabei schon aus Kostengründen niemals alle Details betrachten. Mit dem „Value-Check" soll im Folgenden ein hoch effizienter Ansatz für die Unternehmensanalyse vorgestellt werden, der sich genau auf diejenigen Faktoren fokussiert, die für den Unternehmenswert besonders maßgeblich und daher im Kontext der Strategieentwicklung einzubeziehen sind.

Um die Gefahr subjektiver Daten, die aus einer isolierten Betrachtung von Einzelaspekten zu falschen Schlussfolgerungen führen können, zu vermeiden, wird das Unternehmen aus verschiedenen Perspektiven betrachtet. So wird eine Überprüfbarkeit der Daten durch Plausibilitätstests gewährleistet. Zusätzlich können die Ursachen des (Miss-)Erfolgs des Unternehmens nachvollzogen werden, indem die Wirkungszusammenhänge zwischen den Aspekten aufgezeigt werden.

In einer solchen intensiven Kurzanalyse, gemäß dem FutureValue-Ansatz, wird ein Unternehmen aus drei sich ergänzenden Perspektiven untersucht:

- Geschäftsführungsicht: Quick-Check der Erfolgspotenziale/Geschäftslogik
- Mitarbeitersicht: Schriftliche Befragung (Benchmark-Ansatz)
- Jahresabschlusssicht: Quantitative Bewertung von Risiko (Rating), Rentabilität und Wertgenerierung

Ziel des „Value-Check" (vgl. Abbildung 21) ist es, mit einem geringen Analyseaufwand einen möglichst hohen Aussagegehalt zu erzielen. Der Value-Check ermöglicht daher Aussagen dazu, welche Stärken oder Schwächen bestehen und welche Konsequenzen für den Erfolg bzw. Wert eines Unternehmens zu erwarten sind. So werden die zentralen Ansatzpunkte für ein erfolgsorientiertes unternehmerisches Handeln aufgezeigt.

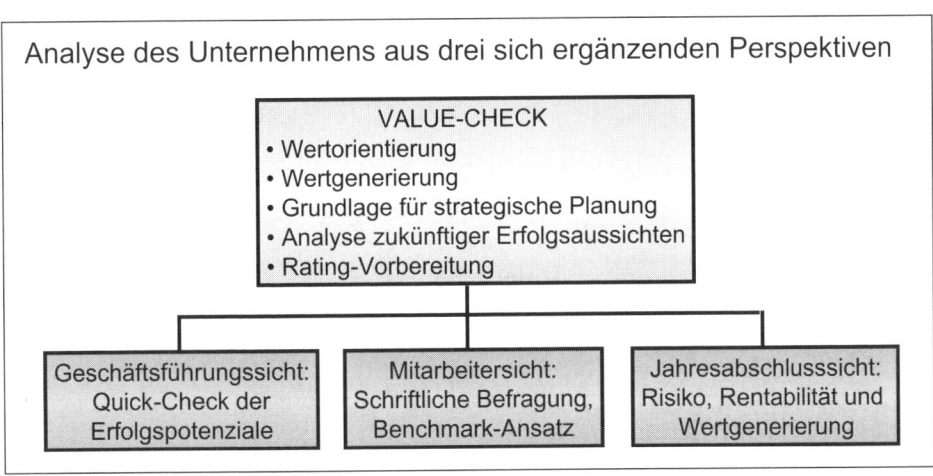

Abbildung 21: Value-Check

4.2.2 Value-Check (1): Erfolgspotenziale aus der Sicht der Geschäftsführung

Die primäre Zielsetzung des so genannten „Quick-Checks der Erfolgspotenziale" ist es, die grundsätzlichen Zukunftsperspektiven eines Unternehmens beurteilen zu können. Schwerpunkt dieser (oft IT-gestützten) Kurzanalyse sind daher Fragestellungen zur Beurteilung der Stärken und Schwächen bezüglich der Erfolgspotenziale eines Unternehmens, die aus den Erkenntnissen empirischer Erfolgsfaktorenforschungen abgeleitet wurden. Wie bereits erwähnt ist es empfehlenswert, die Schwerpunkte einer solchen Analyse auf die gemäß „Geschäftslogik" (vgl. Modul 2) maßgeblichen Erfolgsfaktoren auszurichten.

Im Rahmen einer Quick-Check-Analyse können je nach Grad der Präzisierung und Fundierung unterschiedliche Informationen herangezogen werden; im Minimum diejenigen eines Gesprächs mit der Geschäftsführung. Dies geschieht mit Hilfe von Einzelfragen, die den jeweiligen „Erfolgsfaktorenbereichen" zugeordnet werden.[62]

Wie bereits im Kontext der „Geschäftslogik" (vgl. Modul 2) erläutert, sollte der Schwerpunkt der Informationserhebung für eine Unternehmensanalyse auf diejenigen Aspekte gerichtet werden, die in engem Zusammenhang mit den maßgeblichen Erfolgsfaktoren stehen. Dabei bietet es sich an, für jeden in der Geschäftslogik fixierten Erfolgsfaktor zu überlegen, wie man die Stärke oder Schwäche des eigenen Unternehmens (oder eines Wettbewerbers) bezüglich dieses Erfolgsfaktors möglichst objektiv beurteilen könnte. Die Stärken-Schwächen-Analyse wird anschließend auf Basis der so fixierten Indikatoren für die Erfolgsfaktoren durchgeführt.

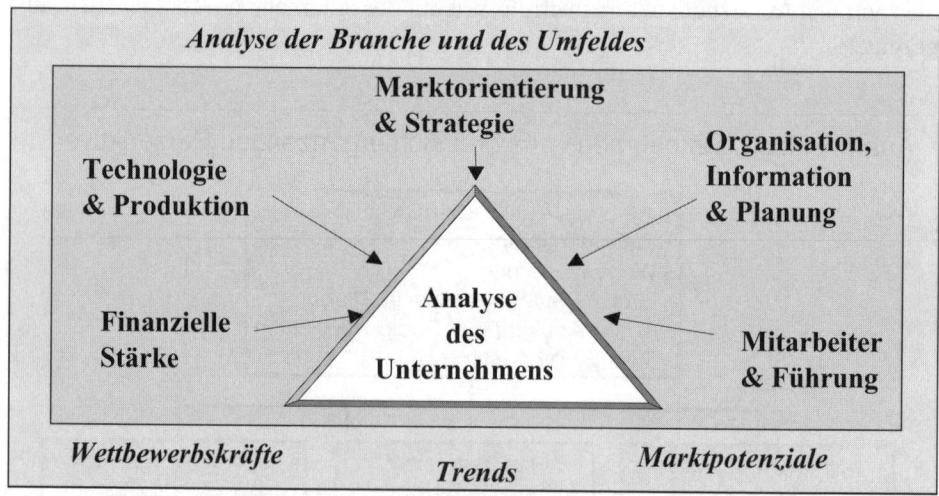

Abbildung 22: Die fünf Erfolgsfaktoren

---

[62] Einen Katalog von Orientierungsfragen für eine Unternehmensanalyse findet man bei GLEIẞNER, 2000, S. 230-338.

Checklisten-Systeme für Unternehmen sind selten als vollständige Aufzählungen zu verstehen; insbesondere gilt dies auch für Unternehmensanalysen. Sie können jedoch dazu beitragen, an häufig bedeutsame Einflussfaktoren des Erfolges zu erinnern, die im Kontext einer Unternehmensanalyse auf jeden Fall betrachtet werden sollten. Auch wenn hier keine vollständige Erfolgspotenzialanalyse dargestellt werden kann, soll anhand des Erfolgsfaktorensystems der WIMA-Unternehmensanalyse überblickartig gezeigt werden, welche Aspekte eines Unternehmens zu betrachten sind.

Analysiert werden die folgenden Erfolgsfaktoren oder – exakter – Erfolgsfaktorengruppen:[63]

- Marktorientierung und Strategie,
- Organisation, Information und Planung,
- Mitarbeiter und Führung,
- Produktion und Technologie,
- finanzielle Stärke und Stabilität.

Erfolgsfaktor 1: MarktorientierungMarktorientierung und Strategie
Der Erfolgsfaktor „Marktorientierung und Strategie" drückt aus, inwieweit es dem Unternehmen gelingt, eine den Marktbedingungen, Kundenwünschen und sonstigen Umfeldbedingungen angemessene Strategie zu realisieren, d. h. insbesondere aussichtsreiche Tätigkeitsfelder auszuwählen und Kernkompetenzen aufzubauen, die langfristig relevante Wettbewerbsvorteile erwarten lassen.

Wichtig ist hierbei auch die momentane Markt- bzw. Kundenorientierung des Unternehmens. Nur wenn ein Unternehmen potenzielle Kunden identifizieren, gezielt ansprechen und ihnen dann eine Leistung anbieten kann, die ihren Bedürfnissen und Wünschen entspricht, kann es Gewinne erwirtschaften. Ein Unternehmen muss dabei gegenüber den Mitbewerbern eine belegbare Überlegenheit hinsichtlich Produkt, Preis, Qualität, Serviceleistungen, Design oder Image/Marke besitzen, die sich durch Kundenbefragungen sowie Produkt- oder Markttests ermitteln lässt. Im Endeffekt muss das Unternehmen wesentliche Kundenprobleme besser lösen als die Wettbewerber.

Erfolgsfaktor 2: Organisation, Information und Planung
Dieser Erfolgsfaktor betrachtet die formale, weitgehend von Personen unabhängige Struktur des Aufbaus eines Unternehmens sowie die Gestaltung der Geschäftsprozesse, des Informationsflusses und der Methoden der Informationsauswertung. Es ist ein erfolgsrelevanter Vorteil eines Unternehmens, wenn innerbetriebliche Reibungsver-

---

[63] übernommen aus GLEIßNER, 2000, S. 56-58. Eine andere Strukturierung der Erfolgsfaktoren und Erfolgsfaktorengruppen stellt beispielsweise das bekannte 7-S-Modell von MCKINSEY dar, das die Erfolgsfaktoren einteilt in Strategie, Structur, Systems, Staff, Skills, Style und Shared-Values.

luste durch klare, sinnvolle Aufgaben- und Kompetenzregelungen und durchdachte Schnittstellen in den Arbeitsprozessen vermieden werden und alle benötigten Informationen schnell, korrekt und ohne großen Arbeitsaufwand an den richtigen Stellen im Unternehmen ankommen. Das Unternehmen spart so Arbeitsaufwand (Personalkosten), vermeidet Fehlerquellen und gewinnt an Reaktionsschnelligkeit.

Besondere Beachtung muss hier auch die Fähigkeit eines Unternehmens finden, interne und externe Informationen zu erfassen, zu speichern und zielgerichtet auszuwerten. Die Qualität unternehmerischer Entscheidungen hängt maßgeblich von der Verfügbarkeit und der korrekten Auswertung von Informationen ab. Zu betrachten sind hier beispielsweise Kalkulationsverfahren, Führungsinformations- und Controlling-Systeme, Bestellmengen-, Lager- und Fertigungsablaufplanung, Budgetierung, Geschäftsfelderfolgsrechnung, Projektcontrolling, Investitions- und Finanzplanung sowie Marktforschung und Marketingplanung.

Erfolgsfaktor 3: Mitarbeiter und Führung
Qualifizierte und motivierte Mitarbeiter stellen einen entscheidenden Erfolgsfaktor für ein Unternehmen dar, denn alle Maßnahmen im Unternehmen, die letztlich auf Entwicklung, die effiziente Herstellung und den Vertrieb der Produkte/Leistungen ausgerichtet sind, werden von den Mitarbeitern eines Unternehmens durchgeführt. Erst die Mitarbeiter erfüllen die formale Struktur eines Unternehmens (Erfolgsfaktor 2) mit Leben. Die bestgeplanteste Maßnahme und die ausgefeiltesten Betriebsabläufe helfen nichts, wenn die Mitarbeiter nicht fähig oder nicht willens sind, so zu arbeiten, wie es geplant wurde. In Zusammenhang mit diesem Erfolgsfaktor ist also zu untersuchen, ob an den einzelnen Stellen Mitarbeiter mit der jeweils erforderlichen Qualifikation arbeiten und ob sie motiviert sind, ihre Leistungsfähigkeit gemäß den Zielsetzungen des Unternehmens einzusetzen und die Kernkompetenzen auszubauen. Wesentliche Auswirkungen auf die Motivation haben Unternehmenskultur, Führungsstil und „betriebliche Anreizsysteme", also diejenigen Regelungen, die Mitarbeiter für ein Verhalten belohnen, das den Zielsetzungen des Unternehmens förderlich ist.

Ebenso wie viele Aspekte der organisatorischen Effizienz (Erfolgsfaktor 2) lassen sich Themen für Betriebsklima, Führungsstil und Motivation am besten durch anonyme und schriftliche Mitarbeiterbefragungen analysieren.

Erfolgsfaktor 4: Produktion und Technologie
Die Effizienz, mit der ein Unternehmen seine Produkte/Leistungen erzeugt, hängt außer von der Leistungsfähigkeit des Produktionsfaktors „Arbeit" auch von der Leistungsfähigkeit des Produktionsfaktors „Kapital" (materielle Ressourcen) – Anlagen, Maschinen, Werkzeugen und logistischen Systemen – ab. Eine überlegene Produktionstechnik ist ein Erfolgsfaktor, weil eine solche interne Stärke dazu beiträgt, die Herstellkosten infolge hoher Produktivität zu senken, überlegene Qualität zu gewähr-

leisten oder besonders flexibel auf neue Anforderungen zu reagieren. Letztendlich zeigt sich eine leistungsfähige Produktionstechnik in einer hohen Arbeitsproduktivität. Zu diesem Erfolgsfaktor sind auch Kooperationen und Partnergesellschaften mit einzubeziehen, wenn sie im Leistungserstellungsprozess integriert sind.

Erfolgsfaktor 5: Finanzielle Stärke und Stabilität
Der Erfolgsfaktor „finanzielle Stärke und Stabilität" soll Aufschluss geben über die Höhe des Risikos, aus Finanzierung (z. B. Verschuldungsgrad) und Kostenstruktur (Höhe des Anteils von Fixkosten und „versunkener Kosten") bei einer ungünstigen Geschäftsentwicklung Verluste zu erleiden, zahlungsunfähig zu werden oder Eigenkapitalreserven aufzuzehren.

Eine hohe finanzielle Stärke und Stabilität ist besonders wichtig, weil dadurch auch Verlustphasen, beispielsweise infolge einer konjunkturellen Rezession oder betriebsspezifischer Schwächen bei anderen Erfolgsfaktoren, eine gewisse Zeit lang überlebt werden können. Damit hat die Unternehmensführung Zeit, die erforderlichen Anpassungen bzw. Verbesserungen durchzusetzen. Außerdem bietet eine hohe finanzielle Stabilität einen größeren Spielraum für ein zukünftiges Unternehmenswachstum und erleichtert auch Verhandlungen mit Kreditinstituten, was wiederum niedrigere Kapitalkosten bewirkt.

Die Beurteilung der finanziellen Stärke und Stabilität basiert im Wesentlichen auf einer kennzahlenorientierten Jahresabschlussanalyse (z. B. Eigenkapitalquote, dynamischer Verschuldungsgrad oder Umsatzrendite). Daneben wird durch Kapitalbindungsanalysen und Prognoserechnungen untersucht, inwieweit das Unternehmen seinen zukünftigen Kapitalbedarf selbst erwirtschaften kann. Schließlich erfolgt hier durch eine Beurteilung der Rentabilität des Unternehmens eine Gesamtbeurteilung seiner Leistungsfähigkeit.

Es lässt sich belegen, dass bestimmte Eigenschaften von Unternehmen auch bei bestmöglicher Ausprägung Unternehmenserfolg nicht verursachen können und somit nicht als Erfolgsfaktoren im engen Sinn zu betrachten sind.[64] Sehr schlechte Ausprägungen dieser Eigenschaften (z. B. Qualität des Rechnungswesens, organisatorischer Aufbau) können jedoch Unternehmenskrisen erheblich verstärken. Da man derartige Faktoren in der Liste der Erfolgsfaktoren einer Geschäftslogik üblicherweise nicht finden wird, bietet es sich an, ergänzend auch derartige Faktoren zu betrachten, um so ein umfassendes Stärken-Schwächen-Profil des Unternehmens zu erhalten.

Die folgenden Tabellen können als Checkliste dienen, die prinzipiell interessante Eigenschaften eines Unternehmens benennt, hinsichtlich derer eine Stärken-Schwächen-Bewertung vorgenommen werden sollte.

---

[64] Vgl. KRÜGER, 1988.

Strategie und Management	1	2	3	4	5
A Unternehmensstrategie					
B Strategische Steuerungssysteme u. Strategieplanungsprozess					
C Risikomangements-Systeme/Frühaufklärungssysteme					
D Controlling- und Planungsinstrumente					
E Standortqualität					
F Zielvereinbarungssysteme					
G Vier-Augen-Prinzip/Internes Kontrollsystem					

Abbildung 23: Checkliste zur Strategie- und Managementbewertung

Organisation und Prozesse (Leistungserstellung)	1	2	3	4	5
H Produktivität der Leistungserstellung					
I Lieferantenabhängigkeit					
J Kompetenzregelungen					
K Qualitätsmanagement					
L IT-Systeme					

Abbildung 24: Checkliste zur Organisations- und Prozessbewertung

Mitarbeiter und Kompetenzen	1	2	3	4	5
M Eigeninitiative					
N Kompetenz zur Produktentwicklung					
O Qualifikation					
P Motivation					
Q Fluktuation					

Abbildung 25: Checkliste zur Mitarbeiterbewertung

	Markt und Kunde	1	2	3	4	5
R	Marktanteil					
S	Preisführerschaft					
T	Qualitätsdifferenzierung					
U	Bekanntheit/Marke					
V	Unabhängigkeit von einzelnen Kunden					
W	Service					
X	Vertriebsstärke					
Y	Wachstum					

Abbildung 26: Checkliste zur Markt- und Kundenbewertung

Zur Unterstützung einer derartigen Unternehmensanalyse können am Markt verfügbare Programme, wie der „Risiko-Kompass" (www.risiko-kompass.de) eingesetzt werden, die neben einer Unternehmensanalyse auch die Beurteilung des Rating des eigenen Unternehmens sowie das Risikomanagement unterstützten. Eine derartige Software hilft dabei, eine möglichst umfassende Beurteilung des Status-quo eines Unternehmens zu erhalten. Darüber hinaus werden auch automatische Plausibilitätstests bei den Fragebeantwortungen vorgenommen, um widersprüchliche Bewertungen des Unternehmens von vornherein auszuschließen. Damit wird die Aussagekraft der Quick-Check-Analyse entscheidend erhöht. Für die Gewichtung der einzelnen Faktoren sind jedoch Kenntnisse der Geschäftslogik und der maßgeblichen Erfolgsfaktoren unumgänglich.

Fast zwangsläufig wird man bei der Erhebung der Stärken und Schwächen eines Unternehmens zugleich bestimmte Risiken identifizieren. Es bietet sich an, diese Risiken in einem vorläufigen Risikoinventar zusammenzufassen, das später (vgl. Modul 9) im Kontext des Risikomanagements aufgegriffen, überarbeitet und vervollständigt wird. Schon in diesem vorläufigen Risikoinventar sollten aber zumindest die wichtigsten strategischen Risiken – also die Bedrohung der für das Unternehmen maßgeblichen Erfolgspotenziale – enthalten sein. Zu beachten ist bei der Unterscheidung von Schwächen und Risiken, dass Erstere einen (weitgehend sicheren) Nachteil eines Unternehmens gegenüber den Wettbewerbern (oder einem anderen Vergleichsmaßstab) darstellen. Risiken sind dagegen mögliche Abweichungen von einem Plan oder Erwartungswert. Während also beispielsweise eine zu den Wettbewerbern relativ niedrige Kundenzufriedenheit eine Schwäche für das Unternehmen darstellt, stellt die sich daraus ergebende Möglichkeit des Verlustes wichtiger Kunden ein daraus abgeleitetes Risiko dar.

4.2.3 Value-Check (2): Schriftliche Mitarbeiterbefragung (Benchmark-Ansatz)[65]

Um ergänzend zum „Quick-Check" Aussagen über die Einschätzung des Unternehmens aus Sicht der Mitarbeiter treffen zu können, wird eine schriftliche Mitarbeiterbefragung durchgeführt, die z. B. Betriebsklima, Arbeitssituation, Selbsteinschätzung des Unternehmens (z. B. hinsichtlich Wettbewerbsvorteilen und Kundenorientierung), Führungssituation und Schwächen der Arbeitsorganisation (Effizienz) fundiert beurteilt. Die Ergebnisse der Mitarbeiterbefragung können dann auch mit denen anderer Unternehmen verglichen werden. Eventuelle Verzerrungen im Antwortverhalten von Mitarbeitern können dadurch relativiert werden. Die Ergebnisse einer Mitarbeiterbefragung werden im Rahmen des Value-Check statistisch ausgewertet und mit der Unternehmensführung diskutiert, um Verbesserungspotenziale aufzudecken und nutzen zu können.

Ein schriftlicher und standardisierter Mitarbeiter-Fragebogen hat wesentliche Vorteile:

- die Ergebnisse sind nicht – wie bei Interviews – durch subjektive Verzerrungen seitens der Berater/Interviewer beeinflusst,
- auch bei großen Unternehmen kommen alle Mitarbeiter zu Wort,
- die Ergebnisse sind mit den Daten anderer Unternehmen vergleichbar und liefern so unmittelbar Hinweise auf Stärken und Schwachpunkte (Benchmark-Ansatz).

Der im Rahmen von Beratungsobjekten der FutureValue Group regelmäßig durchgeführte Mitarbeiterfragebogen (vgl. Muster im Anhang) befasst sich mit den folgenden sieben Befragungsschwerpunkten:

- *Charakteristika des Beantworters*
  Die Anonymität des Befragten ist in jedem Fall zu wahren. Dennoch ist es interessant, hinter den Antworten bestimmte Mitarbeitergruppen zu identifizieren. Dieser Teil des Fragebogens wird unternehmensindividuell gestaltet und enthält z. B. Fragen nach der Arbeitsstätte oder der Betriebszugehörigkeit (z. B. in welcher Niederlassung oder Abteilung der Mitarbeiter tätig ist).

- *Gesamteinschätzung des Unternehmens*
  Aus Fragen nach der generellen Einschätzung des Unternehmens durch die Mitarbeiter, z. B. zur Marktsituation und zur finanziellen Situation des Unternehmens oder zur vermuteten Sicherheit des eigenen Arbeitsplatzes, wird analysiert, ob die Mitarbeiter das Unternehmen als eher „stark" oder eher „schwach" einschätzen.

- *Kundenzufriedenheit*
  Zumindest ein Teil der Mitarbeiter eines Unternehmens steht in permanentem direktem Kundenkontakt. Aber auch Mitarbeiter, die nur selten in direktem Kontakt

---

65 Von Werner GLEIẞNER und Bernd MOTT.

zu Kunden stehen, haben ihre eigene Einschätzung, wie das Unternehmen von den Kunden gesehen wird. Das Erfahrungspotenzial dieser Mitarbeiter wird durch eine Vielzahl von Faktoren erfasst. Dazu zählen z. B. die Einschätzung der Bedeutung einiger kaufentscheidender Faktoren sowie eine Bewertung des Unternehmens bezüglich dieser Faktoren.

- *Betriebsklima*
  Die Einschätzung des Betriebsklimas ist ein guter Indikator für den „inneren Frieden" in einem Unternehmen und damit auch ein Spiegelbild des Zustandes der innerbetrieblichen Organisation. Sehr allgemein formulierte Fragen in diesem Untersuchungsschwerpunkt (z. B. nach der Zufriedenheit mit der Arbeitsstelle „Alles in allem") erlauben zudem eine von einzelnen Kritik- oder Lob-Schwerpunkten abgehobene Bewertung durch die Mitarbeiter.

- *Effizienz der Betriebsabläufe*
  Die Güte der Betriebsabläufe wird durch die Mitarbeiter mittels mehrerer Fragen bewertet, die schließlich zu einem Faktor aggregiert werden. Z. B. wird nach der Häufigkeit der Störungen der Arbeitsabläufe durch technische Probleme, unklare Kompetenzen oder fehlende Informationen gefragt. Die Betriebsabläufe werden dadurch dahingehend bewertet, ob sie eher ruhig und durchdacht oder eher hektisch und ungeplant sind.

- *Führung*
  Führungsstil und Führungsverhalten haben einen nicht zu unterschätzenden Einfluss auf die Motivation der Mitarbeiter und die Effizienz der betrieblichen Abläufe. Eine Reihe von Fragen erfasst daher die Einschätzung der Mitarbeiter bezüglich des Verhaltens ihrer Vorgesetzten.

- *Mitarbeiterqualifikation und Kompetenzen*
  Damit ein Mitarbeiter die ihm übertragenen Aufgaben effektiv ausführen kann, muss er vor allem die an ihn gestellten Anforderungen erfüllen können. Die Beurteilung der Qualifikation eines Mitarbeiters ist daher entscheidend für den richtigen Einsatz eines Mitarbeiters.

Abbildung 27 zeigt beispielhaft und hochverdichtet das Stärken-Schwächen-Profil eines Unternehmens aus Sicht der Mitarbeiter. Konkrete Ansatzpunkte für Verbesserungsmöglichkeiten bieten jedoch in erster Linie die detaillierten Ergebnisse auf Basis der einzelnen Fragen.

	Tendenzdarstellung		Wert	Abw.
Starkes Unternehmen	1 2 3 4 5	Schwaches Unternehmen	2,91	+
Zufriedene Kunden	1 2 3 4 5	Unzufriedene Kunden	2,14	+
Gutes Betriebsklima	1 2 3 4 5	Schlechtes Betriebsklima	3,01	+
Ruhige, durchdachte Betriebsabläufe	1 2 3 4 5	Hektische, ungeplante Betriebsabläufe	2,64	0
Kooperative Führung	1 2 3 4 5	Autoritäre Führung	2,13	+
Qualifizierte Mitarbeiter	1 2 3 4 5	Unqualifizierte Mitarbeiter	2,51	–

Abbildung 27: Ergebnisse einer Mitarbeiterbefragung

4.2.4 Value-Check (3): Wertorientierte Jahresabschlussanalyse[66]

4.2.4.1 Aufgaben einer wertorientierten Jahresabschlussanalyse

Die wertorientierte Jahresabschlussanalyse gibt zunächst Aufschluss über die Höhe der Risiken – die ein Unternehmen auf Grund seiner Finanzierung (z. B. Verschuldung) und seiner gesamten Kostenstruktur hat – bei einer ungünstigen Geschäftsentwicklung Verluste zu erleiden, illiquid zu werden oder seine Eigenkapitalreserven aufzuzehren.

Im Rahmen dieser Jahresabschlussanalyse werden die Bilanzen und Gewinn- und Verlustrechnungen des Unternehmens konsolidiert und mit Hilfe ausgewählter Kennzahlen die finanzielle Stärke und Stabilität des Unternehmens untersucht.

Durch die Berechnung üblicher „Rating-Kennzahlen" erfolgt eine Ersteinschätzung des Rating aus finanzwirtschaftlicher Sicht. Das Finanzrating wertet schwerpunktmäßig die für das Rating besonders maßgeblichen Jahresabschlusskennzahlen aus. Dabei werden Kennzahlen berücksichtigt, die sich im Rahmen empirischer Analysen als Insolvenzindikator bewährt haben (z. B. der dynamische Verschuldungsgrad), Kennzahlen, welche die Risikotragfähigkeit des Unternehmens beschreiben (z. B. die Eigenkapitalquote) und Kennzahlen, die das Ertragsniveau des Unternehmens beschreiben (z. B. Gesamtkapitalrendite). Das Finanzrating beurteilt ein Unternehmen aus Sicht der Fremdkapitalgeber (Gläubiger). Ein ausreichendes Rating ist erforderlich,

---

[66] Von Werner GLEIßNER und Jürgen KOHLHAMMER.

um die Finanzierung des Unternehmens (zu akzeptablen Konditionen) sicherzustellen (vgl. vertiefend Abschnitt 9.4).

Eine wertorientierte Jahresabschlussanalyse nimmt aber naheliegenderweise auch die Perspektive der Eigentümer, der Eigenkapitalgeber ein. Die Eigentümer interessiert dabei nicht nur, wie hoch die Stabilität (das Rating bzw. die Insolvenzwahrscheinlichkeit) eines Unternehmens ist.

Vielmehr interessieren die Eigentümer beispielsweise die Antworten auf folgende Fragen:

- Wie viel ist das Unternehmen (etwa) wert?
- Wie hat sich der Wert des Unternehmens in den letzten Jahren verändert?
- Wie hoch war die Rendite auf das von den Eigentümern eingebrachte Kapital?
- War die Kapitalrendite gemessen am eingegangenen Risiko (Kapitalkostensatz) ausreichend, um von einer Wertgenerierung sprechen zu können?
- Welche (primären) Werttreiber haben die Wertentwicklung des Unternehmens besonders maßgeblich positiv (negativ) beeinflusst? Umsatzwachstum? Risikoumfang? Effizienz der Kapitalnutzung (Kapitalumschlag)? Operative Gewinnmarge (EBIT-Marge)?
- Welche Wertentwicklung ist in den nächsten Jahren zu erwarten, und welche Faktoren (Werttreiber) sind dafür maßgeblich?

Im Folgenden sollen einige der wichtigsten, den Wert und das Rating eines Unternehmens maßgeblich bestimmenden, Jahresabschlusskennzahlen und ihre betriebswirtschaftliche Interpretation kurz vorgestellt werden – eine umfassende Einführung in die Jahresabschlussanalyse ist dagegen nicht vorgesehen.[67]

4.2.4.2 Grundlagen der Jahresabschlussanalyse

Die Jahresabschlussanalyse ist ein Instrument, um die „finanzielle Stärke und Stabilität" eines Unternehmens abschätzen zu können. Grundsätzlich schafft die Jahresabschlussanalyse im Hinblick auf ihre wertorientierte Ausrichtung die Voraussetzungen, eine Aussage darüber zu treffen, wie rentabel ein Unternehmen unter Berücksichtigung des eingesetzten Kapitals wirtschaftet und welche Risiken es dabei eingeht. Deshalb werden bei der Analyse insbesondere die Werttreiber bzw. Kennzahlen näher betrachtet, die den Unternehmenswert besonders maßgeblich bestimmen (z. B. Umsatzwachstumsrate, Umsatzrendite, Kapitalumschlag sowie ein geeignetes Risikomaß). Die Kennzahlen, die im Rahmen der Jahresabschlussanalyse im Wesentlichen herangezogen werden, lassen sich im nachfolgend dargestellten „Werttreiberbaum" zusammenfassen:

---

[67] Vgl. BORN, 1995, HORVATH 1998, BAETGE, 1998.

94 Modul 4: Status-quo-Analyse des Unternehmens

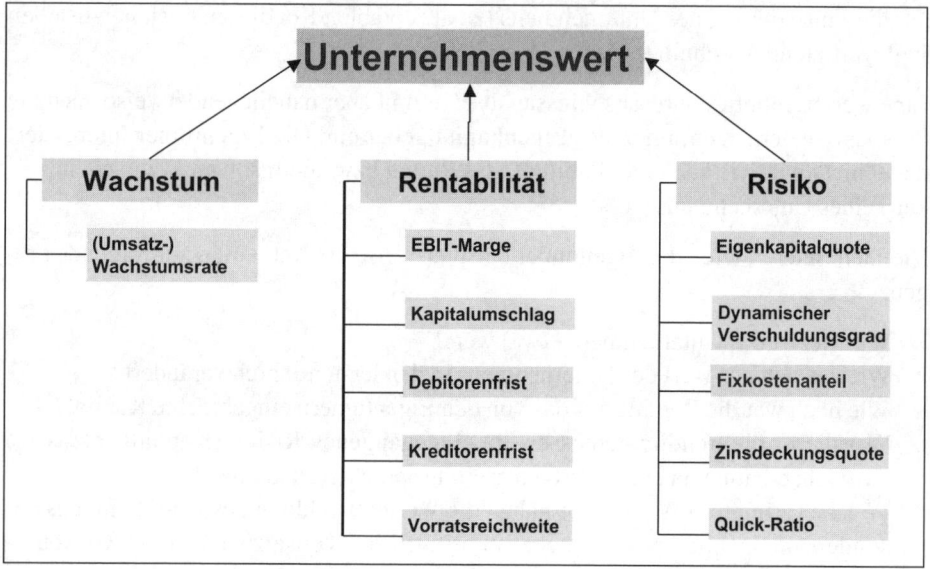

Abbildung 28: „Werttreiberbaum"

Die Kennzahlen und ihre Definitionen werden in den nachfolgenden Absätzen erläutert. Damit eine betriebswirtschaftlich sinnvolle und von steuerlichen Einflüssen bereinigte Betrachtung möglich ist, werden in der Regel die Positionen der Gewinn- und Verlustrechnung sowie der Bilanz aus dem ursprünglichen Jahresabschluss entsprechend korrigiert. Es sei an dieser Stelle auf die umfassenden Erläuterungen von BAETGE[68] zu diesem Thema verwiesen.

4.2.4.3 Werttreiber „Wachstum"

Der Werttreiber „Wachstum" lässt sich mit Hilfe der (Umsatz-)Wachstumsrate beschreiben. Die Wachstumsrate zeigt, in wie weit das Unternehmen in der Lage ist, an einem Nachfragewachstum zu partizipieren und den Marktanteil zu verbessern. Die Wachstumsrate des Capital Employed (betriebsnotwendiges Vermögen) oder die Wachstumsrate des EBIT (Betriebsergebnis) werden an dieser Stelle noch nicht näher betrachtet (vgl. Kapitel 5 „Werttreiberanalyse").

4.2.4.4 Werttreiber „Rentabilität"

Die Operationalisierung des Werttreibers „Rentabilität" lässt sich anhand eines traditionellen Kennzahlensystems aufzeigen, wobei häufig der Return-on-Capital-Employ-

---

[68] BAETGE, 1998.

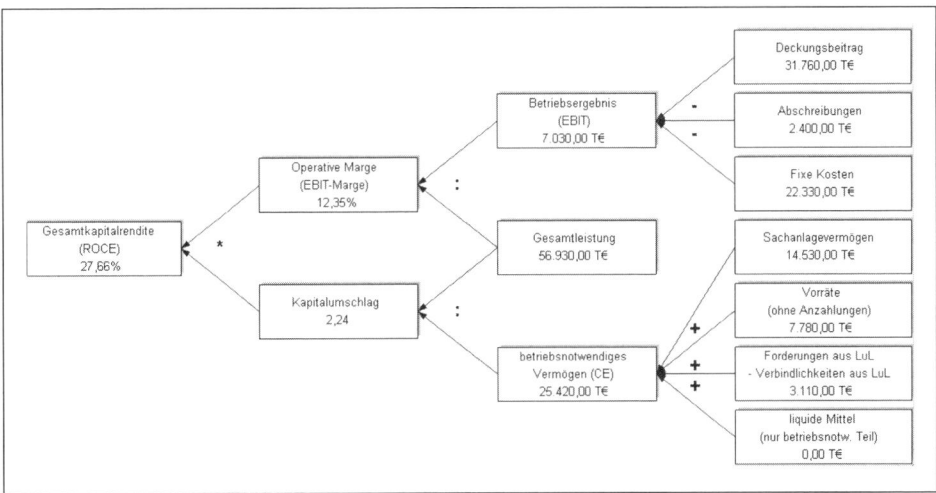

Abbildung 29: DuPont-Schema

ed (ROCE) als Rentabilitätsmaß herangezogen wird. Die Gesamtkapitalrendite lässt sich definitorisch als Produkt aus EBIT-Marge (operative Ertragsmarge) und Kapitalumschlag beschreiben.

In Anlehnung an dieses DuPont-Schema lassen sich verschiedene Kennzahlen ableiten, die je nach Ausprägung die Rentabilitätssituation des Unternehmens beeinflussen:

EBIT-Marge
Durch den EBIT („Earnings-before-interests and taxes"), das Betriebsergebnis, erhält man eine vergleichbare Aussage über die eigentliche operative Ertragskraft eines Unternehmens und zwar unabhängig von der individuellen Kapitalstruktur. Bei Verwendung des Jahresüberschusses bzw. der Umsatzrendite schneiden Unternehmen mit einer höheren Eigenkapitalquote auf Grund geringerer Fremdkapitalkosten tendenziell besser ab. Häufig wird alternativ zum EBIT auch der EBITDA („Earnings-before-interests, taxes, depreciation and amortization") herangezogen, der eher zahlungsorientiert und durch bilanzielle Maßnahmen wenig beeinflussbar ist.

Die EBIT-Marge wird wie folgt berechnet:

$$EBIT\text{-}Marge = \frac{EBIT}{Umsatz}$$

Sie erlaubt eine Aussage bezüglich der Marktposition des Unternehmens und ist der Umsatzrendite nach Zinsen vorzuziehen, wenn es nur um die Beurteilung des eigentlichen betrieblichen Prozesses der Leistungserstellung und der eingenommenen Marktposition geht.

Kapitalumschlag (KU)

Neben einer Steigerung der EBIT-Marge lässt sich die Rentabilität des Unternehmens über einen effizienteren Kapitaleinsatz erhöhen. Dazu ist es erforderlich, dass der Kapitalumschlag steigt.

$$Kapitalumschlag = \frac{Umsatz}{Capital\ Employed}$$

Dabei wird das Capital Employed (CE), das zur Erzielung des EBIT erforderlich ist, als Summe von betriebsnotwendigem (Sach-) Anlagevermögen plus Working Capital definiert. Das Working Capital selbst ergibt sich als Summe von Forderungen aus Lieferung und Leistung sowie Vorräten abzüglich Verbindlichkeiten aus Lieferung und Leistung und erhaltenen Anzahlungen (ggf. auch kurzfristig Rückstellungen).

Der Kapitalumschlag wird dabei neben der Investitionspolitik (Sachlagevermögen) im Wesentlichen durch die drei Einflussfaktoren Debitorenfrist, Kreditorenfrist sowie Vorratsreichweite bestimmt (vgl. DuPont-Schema). Diese sind von Bedeutung, weil sie aufzeigen, wie schnell die einzelnen Zahlungsströme durch das Unternehmen fließen.

Debitorenfrist

Die Debitorenfrist ermöglicht Rückschlüsse auf das Zahlungsverhalten der Kunden und zeigt wie lange es dauert, bis die Umsatzerlöse liquiditätswirksam werden.

Sie wird wie folgt berechnet:

$$Debitorenfrist = \frac{Forderungen\ aus\ Lieferungen\ und\ Leistungen}{Umsatz} \cdot 365 \cdot \frac{1}{1 + MWSt}$$

Eine lange Debitorendauer kann andeuten, dass das Unternehmen im Fall von Liquiditätsengpässen durch Gewährung von Skonti und eine Intensivierung des Mahnwesens seine Liquiditätssituation wieder verbessern kann. Gleichzeitig besteht die Möglichkeit, dass bei einem hohen „Kundenziel" das Unternehmen möglicherweise zum Zwecke der Umsatzausdehnung Kunden mit schlechterer Bonität und folglich größerem Ausfallrisiko beliefert hat. Lange Kundenziele sind oftmals auch Ausdruck einer schlechten Zahlungsmoral, die ihrerseits wieder eine Ursache in konjunkturell bedingten Zahlungsschwierigkeiten der Kunden haben kann.

Kreditorenfrist

Die Kreditorenfrist beschreibt, nach wie viel Tagen das Unternehmen durchschnittlich seine Lieferantenrechnungen bezahlt und wird wie folgt berechnet:

$$Kreditfrist = \frac{Verbindlichkeiten\ aus\ Lieferungen\ und\ Leistungen}{Materialaufwand} \cdot 365$$

Die Lieferantenverbindlichkeiten sind dahingehend vom Unternehmen zu prüfen, ob die Ausnutzung der Skontoerträge wirtschaftlicher als die Inanspruchnahme des Lieferantenzieles ist.

Vorratsreichweite
Genau wie Forderungen aus Lieferungen und Leistungen binden auch Vorräte Kapital und verursachen Zinskosten. Eine steigende Vorratsreichweite ist deshalb kritisch zu betrachten. Sie kann auf Probleme der Materialbewirtschaftung/Wareneinkauf oder auf Absatzprobleme bei fertigen Erzeugnissen hindeuten. Die Vorratsreichweite zeigt an, wie lange eine Vermögensposition (z. B. unfertige und fertige Erzeugnisse) im Umsatzprozess gebunden ist.

Die Umschlagsdauer ist also der durchschnittliche Bestand der Periode multipliziert mit 365 in Relation zum Abgang der Periode:

$$Vorratsreichweite = \frac{Vorräte}{Umsatz} \cdot 365$$

Ergänzend kann es sinnvoll sein, separat die Kapitalbindung in fertige Erzeugnisse, unfertige Erzeugnisse und Roh-, Hilfs- und Betriebsstoffe zu analysieren.

4.2.4.5 Werttreiber „Risiko"

Die Risikosituation eines Unternehmens lässt sich mit Hilfe einiger Indikatoren beschreiben, die nachfolgend kurz dargestellt sind (siehe vertiefend Modul 7).

Eigenkapitalquote (EKQ)
Das Insolvenzrisiko eines Unternehmens hängt – sieht man zunächst von dem Risiko der Zahlungsunfähigkeit ab – entscheidend von der Eigenkapitalausstattung ab, weil das Eigenkapital als Risikodeckungspotenzial fungiert und das gesamte Unternehmensrisiko trägt. Alle Verluste eines Unternehmens belasten das Eigenkapitalkonto. Sobald dieses aufgezehrt ist, muss das Unternehmen (zumindest eine Kapitalgesellschaft) Insolvenz anmelden.

Die Eigenkapitalquote wird wie folgt berechnet:

$$Eigenkapitalquote = \frac{Eigenkapital}{Bilanzsumme}$$

Sie ist ein wichtiges Maß für die Sicherheit und Kreditwürdigkeit eines Unternehmens. Sie sollte möglichst nicht unter 15 % liegen. Anzustreben ist eine Eigenkapitalquote von über 30 %. Diese Kennzahl wird durch das Nichteinrechnen von stillen Reserven verfälscht. Anzumerken ist, dass die Angemessenheit der Eigenkapitalausstattung natürlich vom Umfang der Risiken und damit auch der Branchenzugehörigkeit abhängt. So hat ein Unternehmen mit einer höheren (erwarteten) Umsatzrendite, bei gleichen Umsatzschwankungen und gleicher Kostenstruktur, eine niedrigere Wahrscheinlichkeit, Verluste zu erleiden als ein Unternehmen mit geringer Umsatzrendite. Letztlich lässt sich die Angemessenheit der Eigenkapitalausstattung nur mit Hilfe eines Risikoaggregationsmodells ermitteln (vgl. Modul 7).

Dynamischer Verschuldungsgrad (DVG)
Die Angemessenheit der Verschuldung wird – wie empirische Untersuchungen zum Konkursrisiko gezeigt haben – insbesondere durch den dynamischen Verschuldungsgrad beschrieben. Der dynamische Verschuldungsgrad zeigt, wie viele Jahre alle Cash-Flows des Unternehmens benötigt würden, um die Nettoverbindlichkeiten (d. h. Verbindlichkeiten minus liquide Mittel) zu tilgen, sofern keine Investitionen vorgenommen werden.

Der dynamische Verschuldungsgrad sollte unter 6 bis 8 Jahren liegen.

$$DVG = \frac{(Verbindlichkeiten - liquide\ Mittel)}{Cash\text{-}Flow}$$

Der Cash-Flow ist der vom Unternehmen erwirtschaftete Finanzmittelüberschuss, der für Tilgung, Ausschüttungen und Investitionen zur Verfügung steht. Der Cash-Flow lässt sich näherungsweise ermitteln, indem der Jahresüberschuss, die Abschreibungen und die Zunahme der langfristigen Rückstellungen addiert werden.

Zinsdeckungsquote
Die Zinsdeckungsquote sagt etwas darüber aus, ob die dem Unternehmen zufließenden Finanzmittel oder Erträge (EBIT) ausreichen, um die Zahlungsverpflichtungen gegenüber den Fremdkapitalgebern zu erfüllen.

$$Zinsdeckungsquote = \frac{EBIT}{Fremdkapitalzinsen}$$

Ergänzend hierzu wird häufig auch die Kapitaldienstdeckung berechnet, welche die zu erbringende Tilgungsleistung zusätzlich berücksichtigt.

Quick-Ratio
Zahlungsunfähigkeit ist ein Konkursgrund. Deshalb sollten immer ausreichend kurzfristig Aktiva zum Ausgleich kurzfristiger Verbindlichkeiten vorhanden sein. Zur Vermeidung von Refinanzierungs- und Zinsänderungsrisiken sind langfristige Aktiva (z. B. Sachanlagevermögen) auch langfristig zu finanzieren.

Die Quick-Ratio von über 100 % deutet grundsätzlich auf einen hohen finanziellen Spielraum hin und verringert das Risiko, zahlungsunfähig zu werden.

$$Quick\text{-}Ratio = \frac{(kurzfristige\ Forderungen + liquide\ Mittel + Wertpapiere\ des\ Umlaufvermögens)}{kurzfristigen\ Verbindlichkeiten}$$

Eine Quick-Ratio über 100 % besagt, dass die kurzfristigen Verbindlichkeiten des Unternehmens niedriger sind als seine kurzfristig verfügbaren Forderungen und seine liquiden Mittel, also die Zahlungsfähigkeit gewährleistet ist.

Fixkostenanteil
Grundsätzlich gilt, dass ein hoher Fixkostenanteil am Umsatz bei Absatzmengenschwankungen zu vergleichsweise hohen Gewinnschwankungen und damit zu einem höheren Risiko führt.

$$Fixkostenanteil = \frac{Fixkosten}{Umsatz}$$

Bei der Ermittlung der Fixkosten werden in Abgrenzung zu den variablen Kosten alle beschäftigungsunabhängigen Kosten berücksichtigt.

Die wertorientierte Jahresabschlussanalyse erlaubt eine quantitative Einschätzung der drei primären Werttreiber Wachstum, Rentabilität und Risiko und schafft durch die betriebswirtschaftliche Bereinigung der Jahresabschlussdaten und die Berechnung der Kennzahlen die Voraussetzungen zur Durchführung der Werttreiberanalyse. Dieser Aspekt wird in Modul 5 vertiefend betrachtet. Zudem können die Ergebnisse aus Erfolgspotenzialanalyse (Quick-Check) und Mitarbeiterbefragung plausibilisiert werden, weil sich ausgeprägte Stärken in der Regel in finanziellen Ergebnissen widerspiegeln sollten.

Branchenvergleichswerte für die hier genannten Kennzahlen sind im Anhang (Abschnitt 14.1) zu finden.

4.2.5 Status-quo und erste Verbesserungspotenziale

Zusammenfassend lässt sich feststellen, dass eine fundierte Informationsgrundlage für zukünftige unternehmerische Entscheidungen mit durchaus überschaubarem Arbeitsaufwand entwickelt werden kann. Die mit dem „Value-Check" erhobenen Informationen sind optimal aufeinander abgestimmt, erlauben gegenseitige Plausibilitätsüberprüfung und sind klar auf die unternehmerischen Entscheidungen in den wichtigsten Themenfelder ausgerichtet. Bei einer wertorientierten Ausrichtung von Unternehmen zeigt der Value-Check deutlich, ob bei der jetzigen Ausrichtung des Unternehmens von einer zukünftigen Wertsteigerung ausgegangen werden kann und welche Ursachen für Wertschaffung oder Wertvernichtung maßgeblich sind. In dieser Weise ist ein Value-Check mehr als ein rein analytisches Instrument, weil zwangsläufig bereits erste kon-

100 Modul 4: Status-quo-Analyse des Unternehmens

krete Ansatzpunkte für die Verbesserung der strategischen und operativen Leistungsfähigkeit des Unternehmens aufgezeigt werden.

Der Value-Check belegt, dass eine fundierte, gut abgesicherte und entscheidungsorientiert aufbereitete Informationsgrundlage für die Unternehmensführung kein Privileg von Großunternehmen sein muss. Durch eine strukturierte Erhebung und entscheidungsorientierte Auswertung wesentlicher Basisdaten aus Sicht der Finanzsituation, aus Sicht der Mitarbeiter und aus Sicht der Geschäftsführung ist es – unter Einbeziehung von Benchmarking-Informationen anderer Unternehmen – mit sehr überschaubarem Arbeitsaufwand möglich, die Grundlagen für eine zielorientiertere Steuerung des Unternehmens zu verbessern. Der Value-Check ist daher als eine Investition in bessere Entscheidungsgrundlagen für die Unternehmensführung – speziell in Sachen Strategieentwicklung – anzusehen.

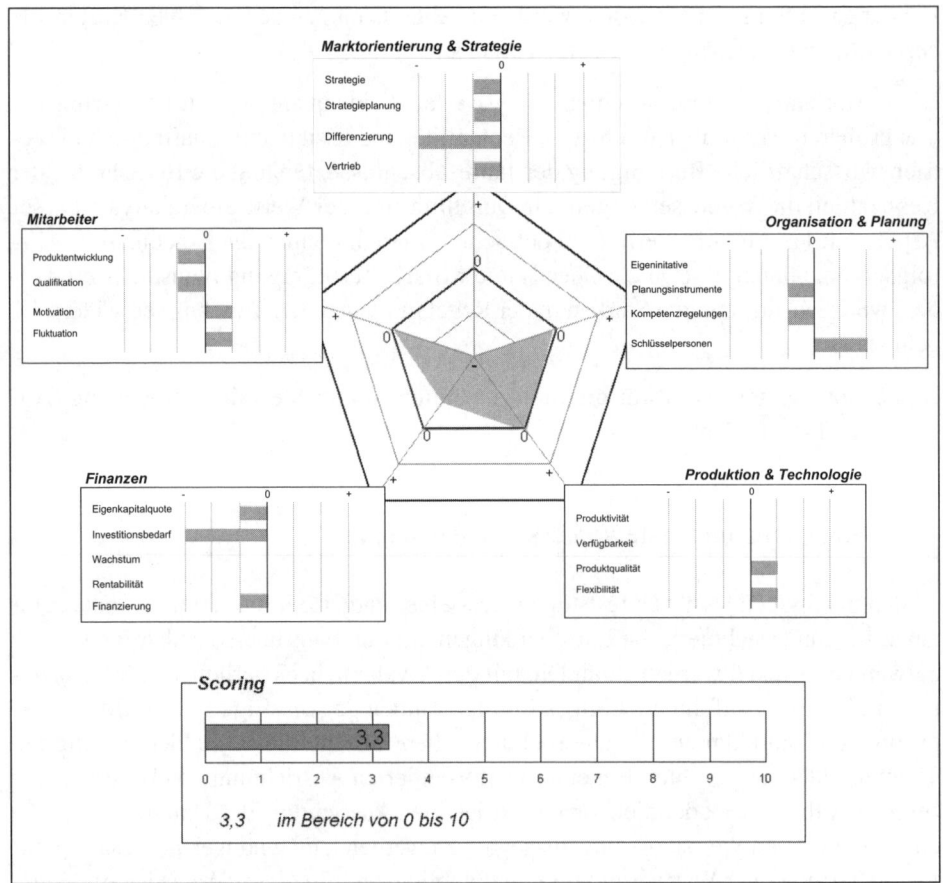

Abbildung 30: Status-quo: Stärken und Schwächen zu den Erfolgsfaktoren

Ausgehend von einer solchen Stärken-Schwächen-Analyse anhand der Erfolgsfaktorengruppe können unter Bezugnahme auf Chancen und Risiken des Umfeldes (SWOT-Analyse[69]) bereits erste Ideen für strategische Maßnahmenßnahmen abgeleitet werden:[70]

- **SO-Strategien** realisieren Chancen aus dem Umfeld durch Nutzung bestehender Stärken.
- **ST-Strategien** nutzen die Stärken des Unternehmens, um externen Gefahren zu begegnen.
- **WO-Strategien** versuchen Chancen des Umfelds aufzugreifen, um dadurch bestehende Schwächen zu neutralisieren.
- **WT-Strategien** zielen darauf, durch den Abbau bestehender Schwächen des Unternehmens Gefahren des Umfelds aus dem Umfeld zu reduzieren.

4.3 Umsetzung der Status-quo-Analyse

Die Einzelergebnisse der Teilanalysen (z. B. Mitarbeiterbefragung) werden verdichtet den Erfolgsfaktorenbereichen (Finanzielle Stärke und Stabilität, Marktorientierung und Strategie, Mitarbeiter und Führung, Organisation, Information und Planung sowie Produktion) als Beurteilungsrahmen zugeordnet. Für jeden der fünf Erfolgsfaktorenbereiche werden die wesentlichen identifizierten Stärken und Schwächen dargestellt, und es wird eine Gesamtbeurteilung des Erfolgsfaktors (üblicherweise Skala „++" bis „–") vorgenommen. Zu beachten ist dabei, dass zumindest alle wesentlichen Themen diskutiert wurden (Quick-Check-Ansatz).

Insgesamt ist es die Zielsetzung dieses Moduls, einen Konsens über die Stärken-Schwächen-Situation des Unternehmens zu erhalten. Diese Einschätzung ist die Basis für die Entwicklung der strategischen Konzeption.

Ergänzend ist anzumerken, dass in den Fällen, in denen sich Stärken und Schwächen nur auf einzelne Geschäftsbereiche des Unternehmens beziehen, explizit auf solche Unterschiede zwischen Geschäftsbereichen hinzuweisen ist. Im Grundsatz geht es jedoch um eine Gesamtbeurteilung des Unternehmens.

Nach der Bearbeitung dieses Moduls sollten folgende Ergebnisse vorliegen:

- Eine Übersicht zu den wichtigsten Stärken und Schwächen („Strategische-Bilanz")
- Es ist überprüft, inwieweit die vorhandene Ausprägung von Stärken und Schwächen mit den tatsächlichen finanziellen Ergebnissen des Unternehmens übereinstimmt.

---

69 SWOT=Strength/Weakness/Opportunity/Threat.
70 Vgl. MÜLLER-STEVENS; LECHNER, 2001, S. 166f.

- Eine erste Liste von (Ad-hoc)-Verbesserungsmaßnahmen für das Unternehmen ist zusammengestellt.

Die Ergebnisse aus der Strategischen Bilanz werden in folgenden Modulen wieder aufgegriffen:

- Die Informationen über die Stärken und Schwächen des Unternehmens sind die Grundlage für die Entwicklung der Kernkompetenzen (Module 6 und 7), die Entwicklung der Strategie (vgl. Modul 6) sowie die Planung und Umsetzung operativer Verbesserungsmaßnahmen (Modul 11 und 12).

- Erkenntnisse über Risiken und die finanzielle Stabilität (Finanzrating) werden bei der Entwicklung der Rating-Strategie herangezogen (vgl. Modul 9).

- Erkenntnisse über die relative Positionierung des Unternehmens hinsichtlich der Kaufkriterien werden bei der Entwicklung der Unternehmensstrategien und der Ausrichtung auf bestimmte Wettbewerbsvorteile (vgl. Modul 6) verwendet.

- Die Kenntnisse über die Lokalisierung der Stärken und Schwächen entlang der Wertschöpfungskette (Kompetenzprofil) werden bei der Gestaltung der Wertschöpfungskette (vgl. Modul 6 sowie weiterführend Modul 7 und Modul 8) genutzt.

5 Modul 5: Werttreiberanalyse

5.1 Überblick zur „Werttreiberanalyse"

Im Rahmen der Shareholder-Value-Ansätze von RAPPAPORT[71] und COPELAND/KOLLER/MURRIN[72] wird mit der Anwendung von Discounted-Cash-Flow-Verfahren insbesondere das Ziel verfolgt, einen Maßstab zur Bewertung unternehmerischer Aktivitäten zu erhalten. Die Zielsetzung des Managements liegt dabei in der Maximierung des Marktwertes des von den Eigentümern bereitgestellten Kapitals.

Ausgehend von diesen Ansätzen verfolgt die Werttreiberanalyse primär das Ziel, ein geeignetes (also ein an spezifischen Gegebenheiten des Unternehmens angepasstes) Unternehmenswertmodell auszuwählen und aufzuzeigen, welche primären Werttreiber (z. B. Wachstumsrate, Risikoumfang, Umsatzrentabilität) den Unternehmenswert am meisten beeinflussen. Dabei gilt es, einen wertorientierten Erfolgsmaßstab präzise zu definieren, mit dem dann verschiedene strategische Handlungsalternativen sinnvoll vergleichbar sind (vgl. auch GLEICH, 2001)

Die nachfolgenden Ausführungen setzen sich zunächst allgemein mit den methodischen Grundlagen der wertorientierten strategischen Steuerung eines Unternehmens auseinander. Anschließend werden die bekanntesten Bewertungsmethoden kurz dargestellt, um aufzuzeigen, unter welchen Umständen der Einsatz dieser Bewertungsmethoden möglich ist.

5.2 Methodische Grundlagen[73]

5.2.1 Unternehmenswert und Future Value

Startpunkt beim Aufbau eines wertorientierten Unternehmenssteuerungssystems ist eine präzise und operationale Definition der Zielgröße, die später auch zum Vergleich verschiedener unternehmerischer Handlungsoptionen genutzt wird. Schon zu Beginn dieses Buches wurde gezeigt, dass der Unternehmenswert, präziser der Wert des Eigenkapitals des Unternehmens[74], die maßgebliche Zielgröße des strategischen Ma-

---

[71] Vgl. RAPPAPORT, 1996.
[72] Vgl. COPELAND; KOLLER; MURRIN, 1993.
[73] Vgl. GLEIßNER, 2001c, S. 63 ff.
[74] In der Fachliteratur wird teilweise auch die Summe der Marktwerte des Eigen- und des Fremdkapitals als „Unternehmenswert" bezeichnet. Für diese Summe wird hier zur klaren Abgrenzung der Begriff „Gesamtunternehmenswert" (GUW) verwendet. Synonym wird hier auch der Begriff „Entity-Value" verwendet.

nagements sein sollte. Der Wert des Eigenkapitals, der sich als Gegenwartswert der zukünftigen freien Cash-Flows des Unternehmens abzüglich des Marktwerts des (Netto-)Fremdkapitals definieren lässt, ist oft höher als der in der Bilanz ausgewiesene Wert des bilanziellen Eigenkapitals.

Der so ermittelte Wert des Eigenkapitals (Shareholder Value, Unternehmenswert) kann gedanklich in vier Komponenten aufgegliedert werden.

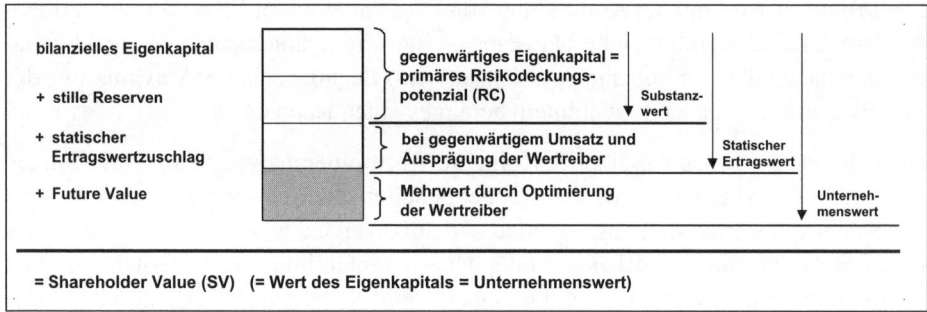

Abbildung 31: FutureValue als Element des Shareholder Value

Die beiden erstgenannten Komponenten des Unternehmenswerts zeigen, welches Eigenkapital in der Vergangenheit von den Gesellschaftern in das Unternehmen eingebracht bzw. vom Unternehmen selbst erwirtschaftet wurde. Dies entspricht dem Substanzwert, dabei sind sowohl das in der Bilanz ausgewiesene Eigenkapital wie auch stille Reserven in Anlage- und Umlaufvermögen zu berücksichtigen. Gerade dieses gegenwärtige Eigenkapital ist maßgeblich für die Risikotragfähigkeit des Unternehmens und wird daher auch Risikokapital (RC) genannt. Wenn ein Unternehmen Verluste erleidet, wird genau diese Komponente des Eigenkapitals aufgezehrt; bei einem vollständigen Verlust des bilanziellen Eigenkapitals (zuzüglich glaubwürdiger stiller Reserven) tritt bei einer Kapitalgesellschaft Insolvenz durch Überschuldung ein.

Für die Bewertung eines Unternehmens ist jedoch nicht nur die gegenwärtige Eigenkapitalsubstanz wichtig, sondern insbesondere auch die Ertragslage. Als „statischer Ertragswertzuschlag" (Pos. 3) bezeichnet man dementsprechend die Differenz zwischen dem statischen Ertragswert des Unternehmens und dem Substanzwert (Pos. 1 und 2).[75] Für die Berechnung des statischen Ertragswertes wird davon ausgegangen, dass die jetzigen Ausprägungen der maßgeblichen Werttreiber auch in Zukunft erhalten bleiben und dass das Unternehmen nicht wächst.

Die vierte Komponente des Unternehmenswertes, der hier FutureValue (Pos. 4) genannt wird, drückt die Konsequenzen der eingeschlagenen Unternehmensstrategie aus.

---

[75] Dieser Zuschlag kann auch negativ ausfallen – und zwar dann, wenn der statische Ertragswert kleiner als der Substanzwert des Unternehmens ist.

Der FutureValue resultiert aus der strategiebedingten zukünftigen Veränderung der maßgeblichen Werttreiber. In ihnen spiegeln sich die Zukunftsperspektiven des Unternehmens wider (daher die Bezeichnung „FutureValue").

Zusammenfassend zeigt sich, dass der Unternehmenswert sich aus einer vergangenheitsorientierten Komponente (dem Risikokapital oder Substanzwert), einem Zuschlag für das gegenwärtige Ertragsniveau und einem weiteren Zuschlag für erwartete zukünftige Ertragszuwächse durch die gewählte strategische Ausrichtung (dem FutureValue) zusammensetzt. Änderungen der Unternehmensstrategie haben (zunächst) nur Auswirkungen auf den FutureValue, weil sie zukunftsbezogen sind. Je höher der Anteil des FutureValue am gesamten Unternehmenswert, desto erfolgreicher die Strategie. Im Absatz 5.3 werden die verschiedenen Unternehmensbewertungsverfahren im Überblick vorgestellt, um später auf einige Besonderheiten des FutureValue-Ansatzes zur Bewertung strategischer Handlungsoptionen einzugehen.

5.2.2 Anlässe der Unternehmensbewertung

In der betrieblichen Praxis gibt es zahlreiche Anlässe, die eine Unternehmensbewertung notwendig machen. Dabei gilt es zu berücksichtigen, dass es nicht den einen, richtigen Unternehmenswert gibt, sondern die Auswahl der Methodik und damit das Bewertungsergebnis in Abhängigkeit vom eigentlichen Bewertungszweck erfolgt bzw. zu sehen ist.

Der ermittelte Unternehmenswert kann je nach Bewertungsanlass unterschiedliche Zwecke erfüllen:

- **Entscheidungswert:** interner Erfolgsmaßstab bzw. wertorientierte Steuerungsgröße
- **Potenzieller Marktwert:** Wert, der möglicherweise am Markt erzielt werden kann

Der Begriff „Unternehmensbewertung" umfasst eine Reihe von Analysen, die sich mit verschiedenen Aspekten des Unternehmens beschäftigen (vgl. Abbildung 32). Im Folgenden soll unter Unternehmensbewertung im engerem Sinn jedoch die Ermittlung des Wertes des Eigenkapitals eines Unternehmens verstanden werden.

Die Unternehmensbewertungsverfahren erlauben den Vergleich strategischer Handlungsoptionen und die Beurteilung einzelner Geschäftsfelder hinsichtlich ihres Wertbeitrages. Damit lässt sich ein Bewertungsmaßstab ableiten, der es erlaubt, die Mitarbeiter über Anreizsysteme an den erreichten Wertsteigerungen bzw. am Unternehmenserfolg zu beteiligen.

Die nachfolgende Abbildung fasst die verschiedenen möglichen Bewertungsanlässe zusammen.

106 Modul 5: Werttreiberanalyse

Unternehmensbewertung……..	mit Wechsel der Eigentümer/Gesellschafter	ohne Wechsel der Eigentümer/Gesellschafter
… von Eigentümer/ Gesellschafter initiiert	• Kauf oder Verkauf von Unternehmen oder Unternehmensteilen • Börseneinführung (IPO) • Kapitalerhöhung • Unternehmen als Sacheinlage • Abschluss eines Gewinnabführungs- oder Beherrschungsvertrages • Eingliederung Privatisierung • Eintritt eines Gesellschafters in eine Personengesellschaft	• Ermittlung des ökonomischen Gewinns • Buchwertermittlung • Zukunftsbezogene Publizität • Wertorientierte strategische Planung • wertorientierte Lenkung des Verhaltens von Gesellschaftern über Erfolgsbeteiligung und Abfindungsklauseln • Wertorientierte Vergütung von Managern
… ohne Eigentümer/ Gesellschafter initiiert	• Vermögensübertragung • Verschmelzung • Umwandlung • Erbauseinandersetzung • Ehescheidung • Enteignung, Entflechtung • Ausscheiden oder Ausschluss eines Gesellschafters aus einer Personengesellschaft	• Sanierung • Kreditwürdigkeitsprüfung • Steuererklärung

Abbildung 32: Anlässe der Unternehmensbewertung[76]

5.3 Methoden der Unternehmensbewertung[77]

5.3.1 Überblick

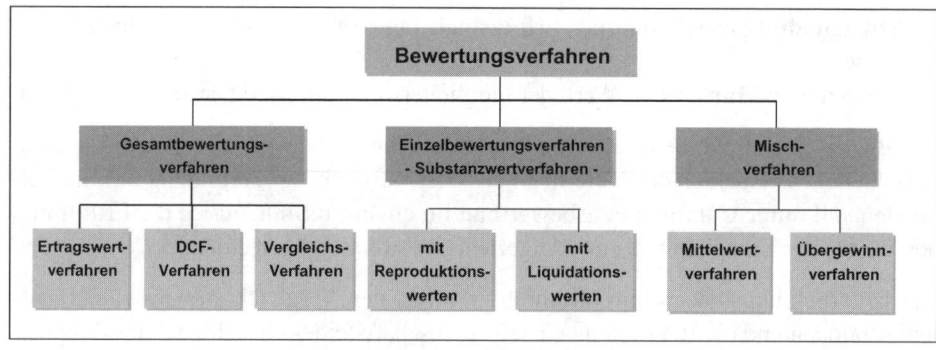

Abbildung 33: Bewertungsverfahren im Überblick

---

76 Vgl. SCHULTZE, 2001, S. 2 ff.
77 Von Werner GLEIßNER und Jürgen KOHLHAMMER.

Die Bewertungspraxis und die betriebswirtschaftliche Literatur sind durch eine Vielzahl von verschiedenen Methoden zur Unternehmensbewertung gekennzeichnet. Grundsätzlich lassen sich diese je nach Bewertungskonzeption bzw. -aufgabe in drei Verfahrensgruppen unterteilen (vgl. Abbildung 33). [78]

Die nachfolgenden Ausführungen haben das Ziel, die wichtigsten Unternehmensbewertungsverfahren und die wesentlichen Merkmale der einzelnen Methoden darzustellen.

5.3.2 Gesamtbewertungsverfahren

Alle Gesamtbewertungsverfahren haben gemeinsam, dass das Unternehmen als Bewertungseinheit betrachtet wird. Der Wert ergibt sich aus der zukünftigen erwarteten Ertragskraft des Unternehmens. Die Gesamtbewertung erfolgt losgelöst von den einzelnen realen Vermögensbestandteilen des Unternehmens (z. B. des Sachanlagevermögens) und bezieht sich auf das Unternehmen als Gesamtkomplex. Innerhalb der Gesamtbewertungsverfahren kann zwischen drei Verfahrenstypen unterschieden werden, nämlich Ertragswertverfahren, Discounted-Cash-Flow-Verfahren (DCF-Verfahren) sowie Vergleichsverfahren. Die nachfolgende Grafik fasst die wesentlichen Merkmale der Gesamtbewertungsverfahren zusammen.

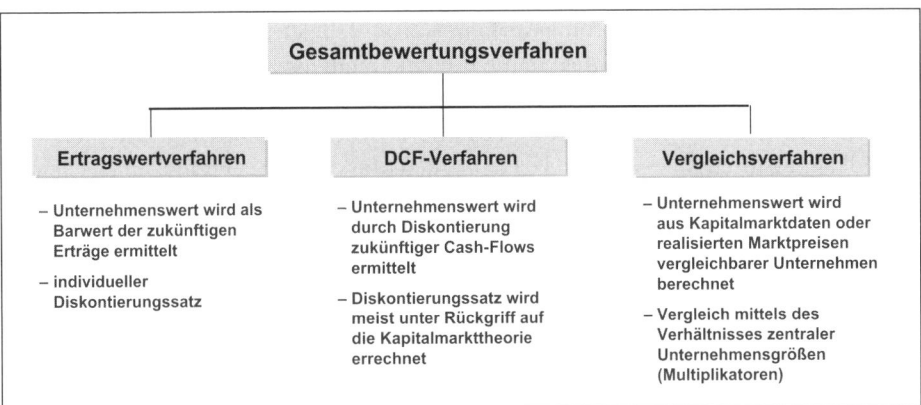

Abbildung 34: Gesamtbewertungsverfahren im Überblick

Die Ertragswertverfahren und DCF-Verfahren liefern Zukunftserfolgswerte, also Barwerte von erwarteten künftigen Erfolgen des Bewertungsgegenstandes. In der Mehrzahl der Bewertungsfälle ist von einer unbegrenzten Lebensdauer des zu bewertenden

---
78 Vgl. MANDL; RABEL, 1997, S. 28 ff.

Unternehmens auszugehen. In bestimmten Fällen kann es jedoch auch sinnvoll sein, eine begrenzte Lebensdauer zu unterstellen. Die Ermittlung von zukünftigen Erfolgswerten basiert methodisch auf der dynamischen Investitionsrechnung („Kapitalwertmethoden"), wonach die Liquiditätsüberschüsse für jede Periode einzeln erfasst und mit risikoabhängigen Kapitalisierungszinsätzen auf den Bewertungsstichtag diskontiert (abgezinst) werden (vgl. vertiefend Anhang 14.2).

Unterstellt man eine unbegrenzte Lebensdauer des zu bewertenden Unternehmens, entspricht der Unternehmenswert dem Barwert der zukünftigen finanziellen Überschüsse aus dem betriebsnotwendigen Vermögen zuzüglich des Barwerts des nicht betriebsnotwendigen Vermögens. Daraus abgeleitet ergibt sich folgende Formel:

$$UW = \sum_{t=1}^{\infty} \frac{E_t^{bV}}{(1+r)^t} + nbV$$

E_t^{bV} = erwarteter Unternehmensertrag aus dem betriebsnotwendigen Vermögen in der Periode t
nbV = nicht betriebsnotwendiges Vermögen
r = individueller, konstanter Kalkulationszinssatz

Mit Hilfe des Lücke-Theorems lässt sich zeigen, dass der Unternehmenswert auf Basis von Einzahlungs-, Ertrags- oder Entnahmeüberschüssen identisch ist, wenn bestimmte Nebenbedingungen gegeben sind.[79]

Im Rahmen der Gesamtbewertungsverfahren lässt sich der Unternehmenswert direkt (einstufig) berechnen, indem die um die Fremdkapitalkosten verminderten finanziellen Überschüsse diskontiert werden (z.B. Ertragswertverfahren). Oder indirekt (mehrstufig), indem die finanziellen Überschüsse aus der betrieblichen Tätigkeit (vor Fremdkapitalzinsen) abgezinst und dann um den Marktwert des Fremdkapitals gemindert werden. Im Anhang (Abschnitt 14.2) werden die üblichen Bewertungsverfahren etwas näher vorgestellt.

5.3.3 Einzelbewertungsverfahren (Substanzwertbetrachtung)

Im Gegensatz zu den Gesamtbewertungsverfahren wird bei den Einzelbewertungsverfahren der Unternehmenswert (Substanzwert) aus der Summe der einzelnen Vermögensgegenstände und Schulden ermittelt. Hierzu muss zunächst der individuelle Wert der einzelnen Vermögensgegenstände erfasst werden. Die ermittelten Einzelwerte werden dann zum Unternehmenswert addiert. Der Substanzwert errechnet sich grundsätz-

---

[79] Das Lücke-Theorem besagt, dass der Kapitalwert des Gewinns vermindert um die kalkulatorischen Zinsen auf das zu Beginn der jeweiligen Periode gebundene Kapital dem Kapitalwert des Zahlungsüberschusses entspricht. Vgl. LÜCKE, 1991, S. 264.

lich nach folgendem Schema, wobei je nach Bewertungsanlass die Vermögensgegenstände als Buchwerte, Liquidationswerte oder Verkehrswerte (Wiederbeschaffungspreise, Reproduktionswerte) in die Berechnung eingehen:

Wert der einzelnen Vermögensgegenstände
− Wert der Verbindlichkeiten (inkl. Rückstellungen)
= **Substanzwert (SW) (des Eigenkapitals)**

Während in den Gesamtbewertungsverfahren versucht wird, die zukünftige Entwicklung des Unternehmens zu prognostizieren und in die Bewertung des Unternehmens einfließen zu lassen, erfolgt bei den Einzelbewertungsverfahren eine statische, stichtagsbezogene Betrachtung vor allem von Bilanzwerten auf Basis historischer Anschaffungs- und Herstellungskosten. Allerdings werden auch Prognosen vorgenommen, wenn es darum geht, zukünftig (in der Regel kurzfristig) realisierbare Preise für einzelne Vermögensgegenstände abzuschätzen.

Die nachfolgende Tabelle zeigt die beiden wichtigsten Einzelbewertungsverfahren:

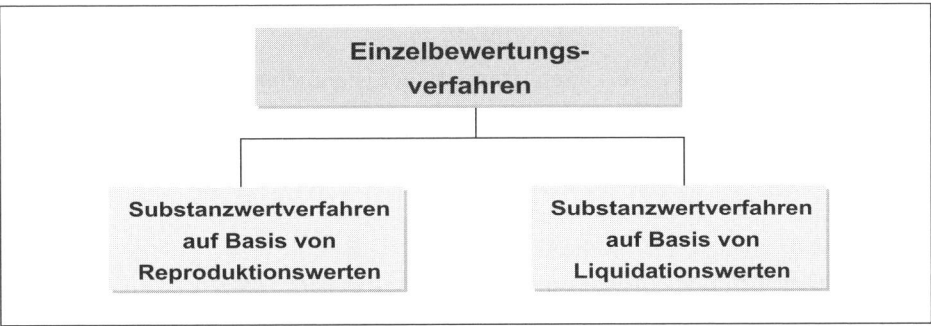

Abbildung 35: Substanzwertverfahren im Überblick

In der Praxis gibt es zahlreiche Maßstäbe zur Bewertung der einzelnen Vermögens- und Schuldpositionen der Unternehmen, die dann zu unterschiedlichen modifizierten Substanzwertverfahren führen.

5.3.4 Mischverfahren

Bei den Mischverfahren wird der Unternehmenswert mittels einer Kombination aus Einzel- und Gesamtbewertungsverfahren ermittelt. Der Einsatz von Mischverfahren ist zum einen auf die erheblichen Abweichungen zwischen den Ergebnissen der Einzel- und Gesamtwertbetrachtung zurückzuführen und zum anderen auf ein Misstrauen gegenüber der isolierten Anwendung beider Verfahren.

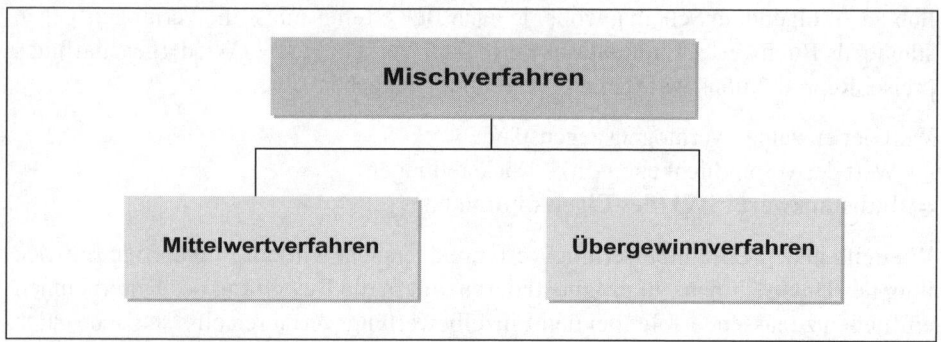

Abbildung 36: Mischverfahren im Überblick

Mischverfahren treten als einfache Mittelwertverfahren oder in Form des Übergewinnverfahrens auf und werden nachfolgend kurz dargestellt.

5.3.4.1 Mittelwertverfahren

Im Rahmen des Mittelwertverfahrens lässt sich der Unternehmenswert (UW) als arithmetisches Mittel aus dem Substanzwert und dem Ertragswert berechnen:

$$UW = \frac{SW + EW}{2}$$

SW = Substanzwert ((Teil-)Reproduktionswert)
EW = Ertragswert (in der Regel auf Basis von Periodenerfolgen)
Weitere Ausführungen zu diesem Verfahren sind im Anhang zu finden.

5.3.4.2 Übergewinnverfahren

Beim Übergewinnverfahren wird der Unternehmenswert aus der Summe von Substanzwert (siehe Einzelbewertungsverfahren) und Barwert der „Übergewinne" ermittelt:

Substanzwert ((Teil-)Reproduktionswert)
+ Barwert der Übergewinne
= **Unternehmenswert**

Der „Übergewinn" wird definiert als der Teil des zukünftigen Periodenerfolgs, der über den „Normalertrag" hinaus durch das Unternehmen erwirtschaftet werden kann, wobei dieser Normalertrag einer „angemessenen" Verzinsung des Substanzwertes (SW) entspricht. Der Übergewinn ($ÜG_t$) wird nach folgender Formel ermittelt:

$$ÜG_t = E_t - E_{norm} = E_t - r \times SW$$

E_t = erwarteter Periodenerfolg in der Periode t
E_{norm} = konstanter Normalertrag
r = individueller Kalkulationszinssatz (angemessene Verzinsung)

Im Anhang werden zwei der bekanntesten Ansätze der Übergewinnverfahren, das EVA-Konzept von Stern/Stewart und das CVA-Modell (bzw. das CFRoI-Modell) nach Boston Consulting Group dargestellt. Zudem sind dort auch vertiefende Erläuterungen zu anderen üblichen Unternehmensbewertungsverfahren zu finden (z. B. WACC-Ansatz, APV-Ansatz oder „Stuttgarter Verfahren").

5.3.5 Methodische Ansätze zur Herleitung der Kapitalkostensätze

Für die Ermittlung der Kapitalkostensätze (also der erforderlichen, risikoabhängigen Mindestrentabilitäts-Anforderung), die bisher nur kurz angesprochen wurde, kommen fünf methodische Ansätze in Frage:

- inhaberorientierte subjektive Ansätze,
- Benchmarking-Ansätze,
- kapitalmarktorientierte Ansätze,
- finanzstrukturelle Ansätze,
- risikodeckungsorientierte Ansätze.

Diese werden nachfolgend dargestellt. Gerade die Bestimmung der Kapitalkostensätze stellt eine der größten methodischen Problemfelder in wertorientierten Managementansätzen dar. Die ersten beiden genannten Varianten sollen hier nur kurz aufgegriffen werden.

5.3.5.1 Inhaberorientierte subjektive Ansätze

Bei dem *inhaberorientierten, subjektiven Ansatz* legt der Inhaber eine subjektive Anforderung an die Eigenkapitalrendite fest, die bei der Bestimmung der Gesamtkapitalkosten (WACC) hinzugezogen wird. Dieser Ansatz ist zwar verbreitet, aber nicht theoretisch fundiert.

5.3.5.2 Benchmarking-Ansätze

Bei den *Benchmarking-Ansätzen* orientiert man sich bei der Festlegung der Eigenkapitalrendite (oder auch der Gesamtkapitalrendite) an Vergleichswerten von Unternehmen, die hinsichtlich Branchenzugehörigkeit, Tätigkeitsprofil und anderen Charakteristika in etwa dem eigenen Unternehmen entsprechen. Dabei ist es sowohl möglich, sich an der mittleren Eigenkapitalrendite als auch an der Spitzengruppe der vergleichbaren Unternehmen (best practice) zu orientieren.

5.3.5.3 Kapitalmarktorientierte Ansätze

Auf die zur Zeit dominierenden *kapitalmarktorientierten Ansätze*[80], wie das Capital Asset Pricing Model (CAPM) oder die Arbitrage Pricing Theory (APT), soll im Folgenden näher eingegangen werden, weil sie sowohl in der Praxis als auch in der ökonomischen Theorie eine hohe Bedeutung haben.

Capital Asset Pricing Model (CAPM)

Die Eigenkapitalgeber, die Kapital in Unternehmen investieren, erwarten eine bestimmte Verzinsung ihres Investments. Wäre die Investition risikolos, würden die Eigenkapitalgeber mindestens den risikofreien Zins als Rendite verlangen. Ist dagegen die Investition risikobehaftet, fordern sie eine Risikoprämie, die dem eingegangenen Risiko entspricht.

Im Capital Asset Pricing Model setzt sich die Renditeerwartung der Investoren (z. B. Eigenkapitalgeber) für eine bestimmte Kapitalanlage aus einer am Markt erzielbaren risikolosen Rendite und einer Risikoprämie für das „systematische" Risiko der Unternehmung zusammen. Grundsätzlich wird zwischen dem systematischen und dem unsystematischen Risiko unterschieden, wobei das unsystematische Risiko unternehmensspezifisch ist und sich durch Diversifikation ausschalten lässt. Deshalb wird hierfür keine Risikoprämie gezahlt bzw. vom Investor erwartet. Im Gegensatz dazu ergibt sich das systematische Risiko durch allgemeine Marktschwankungen, sodass der Investor eine Risikoprämie – also eine höhere erwartete Rendite – verlangt.

Diese Risikoprämie lässt sich wie folgt berechnen:

Risikoprämie $= (r_m - r_0) \cdot \beta$

r_m = Renditeerwartungen des Marktes (durchschnittliche Rendite eines Marktindex)
r_0 = Rendite für „risikolose" Kapitalanlagen
β = Maß für das systematische Marktrisiko (des Unternehmens)

Der Beta-Faktor (ß) drückt das „systematische Risiko" aus, also die Wirkungen allgemeiner, nicht unternehmensspezifischer Einflüsse auf den Wert eines Vermögensgegenstands – wie eine Aktie (z. B. die Konjunktur- und Zinsentwicklung). Es ist ein Risikomaß, dass das Ausmaß der Sensitivität der Rendite in Bezug auf die Renditeänderung eines als repräsentativ anzusehenden Marktindexes bzw. in Relation zur Branche oder zum Marktsegment verdeutlicht.

---

80 Vgl. SCHIERENBECK; LISTER, 2001 und PERRIDON; STEINER, 2002.

Die von den Investoren geforderte Rendite lässt sich dann wie folgt berechnen:

$r_{EK} = r_0 + (r_m - r_0) \cdot \beta$

r_{EK} = risikoangepasste Renditeforderung der Eigenkapitalgeber

Die von den Unternehmen durchgeführten Investitionen müssen neben der Verzinsung des Fremdkapitals (Fremdkapitalkosten) genau diese Renditeerwartung der Eigenkapitalgeber erfüllen, so dass dieser die Eigenkapitalkosten des Unternehmens darstellt. Die Renditeforderung im CAPM bezieht sich dabei auf das investierte Kapital zu Marktpreisen, sodass sich die zu leistende Verzinsung des Unternehmens auf das Eigenkapital zu Marktwerten und nicht auf das Eigenkapital zu Buchwerten bezieht.

Das Capital Asset Pricing Model erlaubt zwar in der Praxis eine prinzipiell nachvollziehbare Quantifizierung der Eigenkapitalkosten. Es sind jedoch einige kritische Anmerkungen zu den getroffenen Annahmen nötig[81]. So werden beispielsweise die risikoabhängigen Kapitalkostensätze börsennotierter Unternehmen aus den Kursschwankungen der Aktien des Unternehmens abgeleitet, obwohl davon auszugehen ist, dass u. a.

- die Börsenteilnehmer sicherlich keine so umfassende Informationen über die Risikosituation eines Unternehmens haben wie das Unternehmen selbst und
- Kauf- bzw. Verkaufsentscheidungen nicht immer auf rationalen Risiko-Rendite-Überlegungen basieren, was in der Vergangenheit häufig durch das zu beobachtende Platzen von „spekulativen Blasen"[82] belegt wurde.

Darüber hinaus weist das CAP-Modell eine Reihe weiterer wenig realitätsnaher Annahmen auf, die seine Anwendung fragwürdig erscheinen lassen. So ist beispielsweise davon auszugehen, dass sich Unternehmen oder Investoren unbeschränkt zum risikolosen Zinssatz verschulden können. Weiterhin ist problematisch, dass sich das aus Finanzmarktanalysen beobachtbare „Risiko" des Unternehmens nicht für die Auswahl potenzieller unternehmerischer Maßnahmen eignet – wenn man nicht den Mut hat, auch noch zu unterstellen, dass die rationalen Finanzmarktteilnehmer stets bereits vorher wüssten, welche Entscheidung die Unternehmensführung tatsächlich treffen wird.

Dies hat u. a. die Konsequenz, dass unternehmerische Maßnahmen (z. B. Veränderungen beim Versicherungsschutz) lediglich hinsichtlich ihrer Ertrags-, nicht aber hinsichtlich ihrer Risikowirkung beurteilt werden (können).

Arbitrage Pricing Theory (APT)

Die Arbitrage Pricing Theory (APT)[83], eine selten genutzte Alternative zum CAPM,

---
81 Zur Kritik am CAPM-Ansatz vgl. BIETA, V., 2002, S. 65 ff. sowie GÜNTHER, 1997; ULSCHMID, 1994; PERRIDON; STEINER, 2002; STEINER; UHLIR, 2000.
82 Vgl. SCHILLER, 2000, S. 140 ff. sowie 197 ff.

basiert auf der Idee, dass das systematische Risiko nicht nur auf eine, sondern auf mehrere Ursachen zurückgeführt werden kann, wobei diese im Rahmen der APT nicht explizit genannt werden. Denkbar sind verschiedene makroökonomische Faktoren (z. B. Veränderung des Volkseinkommens oder der Inflationsrate). Beim APT-Ansatz wird ein aus mehreren Wertpapieren bzw. Investitionen zusammengesetztes Portfolio zugrunde gelegt. Die Rendite dieses Portfolios (rEKi) lässt sich in folgende Komponenten zerlegen:

$$r_{EK_i} = r_0 + (r_{m1} - r_0) \cdot \beta_{i1} + (r_{m2} - r_0) \cdot \beta_{i2} + \ldots + (r_{mn} - r_0) \cdot \beta_{in}$$

r_{EK_i} = Erwartungswert der Rendite des Wertpapiers i
r_0 = faktorunabhängigen Renditebestandteil, der der risikolosen Verzinsung entspricht (Rendite für „risikolose" Kapitalanlagen)
r_{mn} = Erwartungswert der mit dem Risikofaktor n verbundenen Marktrendite
β_{in} = Sensitivität des Wertpapiers i gegenüber Veränderungen des Risikofaktors n

Während im CAPM der anlagespezifische Beta-Faktor mit der Marktrisikoprämie multipliziert wird, werden in der APT die jeweiligen Faktor-Betas mit Faktorrisikoprämien vervielfacht. Zu den Vorteilen der APT gegenüber dem CAPM gehört, dass die zugrunde gelegten Annahmen weniger restriktiv sind und auf die Konstruktion eines Marktportfolios verzichtet wird.

Die Nachteile der APT liegen in der Unkenntnis darüber, welches die richtigen Risikofaktoren sind und der höheren Komplexität.

5.3.5.4 Finanzstrukturelle Ansätze

Einen interessanten, aber in der Praxis bisher wenig verbreiteten Vorschlag für die Ermittlung von Eigenkapitalkosten, bilden finanzstrukturelle Ansätze, die auch ergänzend zu den später noch beschriebenen risikodeckungsorientierten Ansätzen (vgl. 5.3.5.5) von Bedeutung sind. Grundidee dieser finanzstrukturellen Ansätze ist die Forderung, dass die erforderliche Eigenkapitalrendite (mithin die Eigenkapitalkosten) mindestens so hoch sein muss, dass bei der geplanten Unternehmensentwicklung bestimmte Kapitalstrukturnormen eingehalten werden können[84].

Die Eigenkapitalrendite muss also beispielsweise ausreichend sein, um auch dauerhaft die insbesondere auch für das Unternehmens-Rating maßgeblichen Finanzkennzahlen – Eigenkapitalquote, dynamischer Verschuldungsgrad oder Zinsdeckungsquote – auf einem „akzeptablen" Niveau zu stabilisieren. Die vorgeschlagene „strukturelle Gleichgewichts-Rentabilität" stellt ein integratives Konzept dar, das Finanzstrukturgleichgewicht und Rentabilitätsbedarf miteinander verknüpft. Die Schlüsselgröße in diesem

---

[83] Vgl. Ross, 2003.
[84] Vgl. SCHIERENBECK; LISTER, 2001, S. 122-169.

Ansatz ist die zeitliche Entwicklung des Eigenkapitals. Es gilt durch eine ausreichende Eigenkapitalrendite sicherzustellen, dass die erwartete Entwicklung des Eigenkapitals mit der Entwicklung des *Eigenkapitalbedarfs* übereinstimmt. Sieht man vereinfachend von Ausschüttungen und Kapitalerhöhungen ab, entspricht die Eigenkapitalrendite (nach Steuern) genau der Wachstumsrate des Eigenkapitals.

Möchte ein Unternehmen beispielsweise die augenblickliche Eigenkapitalquote konstant halten, muss offensichtlich die Eigenkapitalrendite (nach Steuern) mindestens so hoch sein wie das Bilanzsummen-Wachstum. Wenn man von einem konstanten Kapitalumschlag ausgeht, wächst zudem die Bilanzsumme entsprechend der Umsatz-Wachstumsrate[85].

Die erforderliche Eigenkapitalrendite – also der Eigenkapitalkostensatz (k_{EK}) – im Rahmen dieses finanzstrukturellen Ansatzes ist von folgenden Einflussfaktoren abhängig:

- Umsatzwachstumsrate,
- Kapitalumschlag,
- Kapitalstrukturnormen (z. B. erforderlichen Eigenkapitalquote),
- Steuersatz,
- Ausschüttungsquote.

Es zeigt sich, dass der Eigenkapitalbedarf (Eigenkapitalrendite) mit zunehmender Umsatzwachstumsrate, niedrigerem Kapitalumschlag und niedrigerem angestrebten Verschuldungsgrad zunimmt.

5.3.5.5 Risikodeckungsorientierte Ansätze

Bei den risikodeckungsorientierten Ansätzen werden die erforderlichen Kapitalkostensätze mit Hilfe von Risikoaggregationsverfahren unmittelbar aus den Risiken abgeleitet, denen das Unternehmen ausgesetzt ist.[86] Der Vorteil dieses Ansatzes gegenüber anderen Varianten ist darin zu sehen, dass tatsächlich das individuelle Risikoprofil eines Unternehmens für die Bestimmung der Kapitalkosten herangezogen wird. Aus den aggregierten Risiken ergibt sich der Eigenkapitalbedarf (EK^{Bedarf}) zur Abdeckung von möglichen Verlusten, der bei der Berechnung der Gesamtkapitalkosten (WACC) genutzt wird.

$$WACC = \frac{EK^{Bedarf}}{EK + FK} \times k_{EK} + \frac{(EK + FK - EK^{Bedarf})}{EK + FK} \times k_{FK}(1-s)$$

---

85 Möchte man komplett auf zusätzliches Fremdkapital verzichten, ist es sogar erforderlich, dass die Gesamtkapitalrendite (nach Steuern) der Umsatzwachstumsrate entspricht.
86 Vgl. GLEIßNER, 2002.

k_{EK} = Eigenkapitalkostensatz (in Abhängigkeit der bei der Berechnung von EK^{Bedarf} zugrunde gelegten Insolvenzwahrscheinlichkeit und der Rendite-Volatilität)
k_{FK} = Fremdkapitalkostensatz
FK = Fremdkapital
EK = Eigenkapital
s = Steuervorteil der Fremdfinanzierung

Viele Risiken erfordern viel teures Eigenkapital, was höhere Kapitalkosten impliziert. Es wird nicht der Umweg über den Kapitalmarkt gegangen, der allein schon deshalb zweifelhaft ist, weil wenig plausibel ist, wieso die Kapitalmarktteilnehmer die Risikosituation eines Unternehmens besser beurteilen können sollten als die Unternehmensführung selbst. Im Rahmen des FutureValue-Konzeptes erfolgt die Ermittlung der Kapitalkostensätze – wenn es die Verfügbarkeit der Risikoinformationen im Unternehmen zulässt – nach der risikodeckungsorientierten Vorgehensweise (vgl. vertiefend 5.4.3 „Herleitung der Kapitalkostensätze im FutureValue-Konzept").

Insgesamt muss man leider festhalten, dass nahezu sämtliche heute implementierten wertorientierten Steuerungssysteme mit Kapitalkostensätzen als Mindestrenditevorgabe arbeiten, die nur wenig fundiert sind. Insbesondere fehlt der unmittelbare Bezug zu den tatsächlich identifizierten und bewerteten Risiken des Unternehmens, die im Risikomanagement „verwaltet" werden. Dies kann zu gravierenden Problemen im wertorientierten Management führen, weil die verwendeten Wertmaßstäbe – z. B. der EVA – eben dann nicht geeignet sind, als sinnvoller Erfolgs- oder Bewertungsmaßstab herangezogen zu werden, der erwartete Erträge und die damit verbundenen Risiken gegeneinander abwägt. Genau dies ist jedoch einer der grundlegenden Vorteile, die wertorientiertes Management mit sich bringen sollte. Wenn die Angemessenheit der tatsächlich erzielten Renditen nicht in Bezug zu den eingegangen Risiken beurteilt werden kann, besteht beispielsweise die Gefahr, dass z. B. bei Veränderung des Portfolios (Kauf oder Verkauf von Beteiligungen) grundlegende Fehlentscheidungen getroffen werden.

Interessanterweise lässt sich diese gravierende Schwäche in wertorientierten Steuerungssystemen an sich relativ einfach lösen. Man muss nur die in jedem (KonTraG-orientierten) Risikomanagement-System schon vorhandenen Informationen über die Risikosituation eines Unternehmens sinnvoll im Kontext von Unternehmensplanung und wertorientiertem Management auswerten. Mit Hilfe der Risikoaggregationsverfahren können der Eigenkapitalbedarf eines Unternehmens und die im Hinblick auf das individuelle Risikoprofil angemessenen Kapitalkostensätze abgeleitet werden – der sehr zweifelhafte Umweg über die Kapitalmärkte (Capital Asset Pricing Modell etc.) ist somit nicht erforderlich. Auf diese Weise können das wertorientierte Management auf ein solides Fundament gestellt und die Qualität unternehmerischer Entscheidungen (z. B. bei Investitionen oder M&A-Aktivitäten) erheblich verbessert werden.

5.4 Berechnung des Unternehmenswertes und Werttreibermodell[87]

5.4.1 Grundlagen und Herausforderungen

Nach den bisherigen grundlegenden Überlegungen zu Unternehmenswertmodellen wird im Folgenden ein Ansatz vorgestellt, der sich oft in der Praxis bewährt hat, aber für den natürlich kein Anspruch auf universelle Anwendbarkeit erhoben werden kann. Grundlage jedes wertorientierten strategischen Managements ist die Definition eines präzisen Erfolgsmaßstabs. Nach den bisherigen Überlegungen soll nachfolgend ein Ansatz für die Berechnung des Unternehmenswertes aufgezeigt werden, der relativ einfach handhabbar ist, weil die Berechnung auf einer überschaubaren Anzahl von „Werttreibern" basiert und eine (präzisere, aber auch wesentlich aufwendigere) explizite Ableitung der freien Cash-Flows aller zukünftigen Perioden in einem vollständigen Finanzplan damit nicht erforderlich wird.

Wertorientierte Managementsysteme erfordern zwangsläufig eine klare Fixierung des Erfolgsmaßstabs, also des Wertmaßstabs. Es gibt – wie die vorangegangenen Ausführungen belegen – vielfältige Möglichkeiten, den Unternehmenswert als Ganzes oder den Wertbeitrag einer Periode zu bestimmen. Für jedes in der Praxis handhabbare System muss man dabei einen geeigneten Kompromiss zwischen effizienter Anwendung einerseits und methodischer Präzision andererseits finden. Auch wenn man damit gewisse Abstriche von dem theoretischen Ideal sicher akzeptieren muss, zeigen sich doch in der Praxis an vielen Stellen so gravierende Mängel, dass die Aussagefähigkeit grundsätzlich in Frage gestellt werden muss.[88]

Auch wenn die Bestimmung eines geeigneten Ertragsmaßstabs (z. B. gewinnbereinigt um außerordentliche Ergebnisse) durchaus schon viel Anlass für Diskussionen lässt, so ist doch gerade die Bestimmung des „Kapitalbedarfs" ein viel größeres Problem. Wie soll beispielsweise das Factoring oder Leasing eines Unternehmens behandelt werden? Sollen immaterielle Vermögensgegenstände – z. B. Markenwerte oder spezifisches Know-how – im Capital Employed erfasst werden? Wie werden stille Reserven, also Verkehrswerte oberhalb der Bilanzwerte behandelt?

Noch interessanter aus der praktischen Perspektive ist die Frage, ob Vermögensgegenstände zu ihrem Wiederbeschaffungspreis oder zu einem möglichen Liquidationserlös zu bewerten sind. Gerade hier erkennt man, dass der „richtige" Wertmaßstab leider oft auch davon abhängt, auf welche Fragestellung man ihn anwenden möchte. So ist bei der Beurteilung des möglichen Rückzugs aus einem Geschäftsfeld (Liquidation) naheliegenderweise der erzielbare Liquidationswert maßgeblich. Dies gilt aber offenbar nicht bei der Beurteilung einer Investitionsentscheidung.

---
87 In Anlehnung an GLEIẞNER, 2001c.
88 Vgl. HERING, 1999, S. 153 ff. und GLEIẞNER; SAITZ, 2003.

Ebenfalls kontrovers wird die Frage diskutiert, ob bzw. wann eine Beurteilung von Positionen der Aktiva oder Passiva zu Marktwerten erforderlich ist. So werden beispielsweise bei der Bestimmung der Kapitalkostensätze (WACC) die Gewichtungsfaktoren „Eigenkapital" und „Fremdkapital" zu Marktwerten bewertet. Der Marktwert des Eigenkapitals ist dabei einfach der Börsenwert. Zugleich werden die Aktiva des Unternehmens zu (ggf. leicht korrigierten) Bilanzwerten bewertet. Dies führt dazu, dass bei der so implizit aufgebauten Bilanz die „Aktivseite" und die „Passivseite" nicht mehr übereinstimmen.

5.4.2 Prognosen der freien Cash-Flows

Im Rahmen des FutureValue-Konzeptes wird je nach spezifischer Anforderung des Unternehmens bei der Berechnung des Ertragswertes entweder auf die zukünftigen Zahlungsströme (z. B. freier Cash-Flow) oder aber vereinfachend auf „buchhalterische" Größen, wie das operative Ergebnis (EBIT bzw. EBITDA), abgestellt. Dabei gilt es jedoch allgemein zu berücksichtigen, dass die handels- und steuerbilanziellen Gewinne durch bilanzpolitische Maßnahmen manipuliert werden können und der Investitionsaufwand zur Realisierung der zukünftigen Erträge nicht direkt (sondern über die Abschreibungen) berücksichtigt wird.

Im Allgemeinen lassen sich bei einer Unternehmensbewertung beliebige Prognosemodelle der zukünftigen freien Cash-Flows heranziehen, sofern sie ausreichend fundiert werden können. Für den Praxisgebrauch haben sich folgende Prognoseverfahren bewährt:

Wächst ein Unternehmen mit der Umsatzwachstumsrate w, kann man davon ausgehen, dass (zumindest langfristig) auch der Kapitalbedarf (CE) mit dieser Rate wachsen wird, was unmittelbar (Netto-)Investitionen in Höhe von $CE^w * w$ ergibt. Die freien Cash-Flows lassen sich dann wie folgt berechnen:

$fCF_0 = EBIT_0(1-s) - CE^w*w$.

s   = durchschnittlicher (Ertrag-)Steuersatz
CE^W = Capital Employed zu Wiederbeschaffungspreisen
w   = Umsatz-Wachstumsrate

Für eine beliebige Periode t ergibt sich durch das Wachstum mit der Wachstumsrate w somit der folgende freie Cash-Flow, wobei hier (vereinfachend) angenommen wird, dass die EBIT-Marge konstant bleibt.

$fCF_t = (1+w)^t * (EBIT_0(1-s) - CE^w*w)$.

Um auf einen „normalisierten" Gewinn ($EBIT^n$) zu gelangen, werden ausgehend vom weitgehend bewertungsunabhängigen EBITDA „normalisierte Abschreibungen" abgezogen. Diese errechnen sich, indem man das Capital Employed zu Wiederschaffungspreisen (CE^w) durch dessen durchschnittliche betriebliche Nutzungsdauer (N) teilt.

$$fCF_t = (1 + w)^t * (EBIT^n * (1 - s) - CE^w * w)$$

$$= (1 + w)^t * \left((EBITDA - \frac{CE^W}{N}) * (1 - s) - CE^W * w\right)$$

Das Heranziehen der freien Cash-Flows im Rahmen des Bruttoverfahrens hat den Vorteil, dass der Unternehmenswert unabhängig von der Finanzierungsstruktur errechnet werden kann und somit eine ansonsten notwendige periodenspezifische Prognose von Änderungen im Fremdkapitalbestand nicht erforderlich wird. Damit die angestrebte Finanzierungsneutralität der fCF erreicht werden kann, werden die Unternehmenssteuern ohne Berücksichtigung der steuerlichen Abzugsfähigkeit der Fremdkapitalzinsen errechnet und der Cash-Flow entsprechend vermindert.

Der steuerliche Vorteil der abzuschätzenden, zukünftigen Fremdkapitalzinsen wird erst durch eine entsprechende Verminderung des Diskontierungssatzes in Form des gewogenen Kapitalkostensatzes (WACC) berücksichtigt. Die prognostizierten freien Cash-Flows beschreiben somit den Finanzmittelüberschuss, der zur Ausschüttung an die Eigen- und Fremdkapitalgeber zur Verfügung steht und mit dem gewogenen Kapitalkostensatz abgezinst wird. In der Praxis und der Theorie haben sich verschiedene Ansätze zur Ermittlung der Kapitalkostensätze ergeben, die nachfolgend dargestellt werden.

5.4.3 Herleitung der Kapitalkostensätze in FutureValue-Konzept

Im Rahmen des FutureValue-Konzeptes wird abhängig von der spezifischen Datengrundlage des Unternehmens entweder – vereinfachend – durch die Verwendung eines Indikatorensystems oder mit Hilfe eines Risikoaggregationsverfahrens der Kapitalkostensatz bestimmt.

Mit Hilfe des Indikatorensystems z. B. (der Boston Consulting Group) lässt sich – im Gegensatz zu den quantitativen Ansätzen CAPM und APT – qualitativ das systematische (Markt-)Risiko des betrachteten Unternehmens abschätzen und damit eine risikoadäquate Anpassung der Eigenkapitalkosten näherungsweise durchführen.

Mit Hilfe des nachfolgenden Kriterienrasters lässt sich das Marktrisiko durch Berechnung des Beta-Faktors „β" abschätzen, der dann wieder für die Bestimmung der Eigenkapitalkosten herangezogen werden kann (vgl. Erläuterungen zum CAPM in Abschnitt 5.3.5.4):

$r_{EK} = r_0 + (r_m - r_0) * β$

Kriterien	Ausprägung		
	Geringes Risiko	0,2 0,6 1,0 1,4 1,8	Hohes Risiko
Kontrolle Markt Wettbewerber Produkte/Konzepte Markteintrittsbarrieren	Geringe externe Rendite-Einflüsse Stabil, ohne Zyklen Wenige, konstante Marktanteile Langer Lebenszyklus, nicht substituierbar Hoch		Starke externe Rendite-Einflüsse Dynamisch, Zyklus Viele, variable Marktanteile Kurzer Lebenszyklus, substituierbar Niedrig
Durchschnitt			

Abbildung 37: Kriterienraster zur Bestimmung des Geschäftsrisikos[89]

Das FutureValue-Konzept orientiert sich bei der Ermittlung des Kapitalkostensatzes an diesem risikobasierten Ansatz. Auf Basis der Risikoaggregationsergebnisse lassen sich ausgehend vom tatsächlichen Eigenkapitalbedarf des Unternehmens die risikoorientierten Kapitalkostensätze (WACC) berechnen.

Das geeignetste Verfahren zur Risikoaggregation[90] stellt die Risikosimulation (z. B. „Monte-Carlo-Simulation") dar. Hierzu werden die Wirkungen der Einzelrisiken (Markteintritt neuer Wettbewerber, Bonitätsrisiko, Abhängigkeit von Lieferanten, Zinsänderungsrisiko) den entsprechenden Positionen der Unternehmensplanung zugeordnet. Die einzelnen Risikowirkungen werden in einem weiteren Schritt durch Simulationsläufe mehrere tausend Mal durchgespielt und jeweils eine Ausprägung der GuV oder Bilanz berechnet. Damit erhält man in jedem Simulationslauf einen Wert für die betrachtete Zielgröße (z. B. Gewinn oder Cash-Flow), also eine Stichprobe möglicher Zukunftsszenarien des Unternehmens. Diese zeigen den risikobedingten Eigenkapitalbedarf, der die Kapitalkostensätze bestimmt. Für die Berechnung des risikogerechten Kapitalkostensatzes kann man nun auch auf diesen risikoabhängigen Eigenkapitalbedarf zurückgreifen.

Nachfolgend soll ein vereinfachtes Konzept der Unternehmensbewertung vorgestellt werden, welches allen maßgeblichen Anforderungen gerecht wird, und daher als Basismodell des FutureValue-Konzeptes dient.

5.4.4 Einfacher Ansatz zur Berechnung des Unternehmenswertes

Das FutureValue-Konzept nutzt Kenntnisse über die Schwächen üblicher Bewertungsansätze und orientiert sich bei der Auswahl geeigneter Unternehmensbewertungsmodelle an deren Umsetzbarkeit in der Praxis. Dabei werden insbesondere betriebswirtschaftlich aussagekräftige Größen (z. B. EBIT, freier Cash-Flow) sowie unter Risikogesichtspunkten berechnete Kapitalkostensätze herangezogen.

---

[89] Modifiziert übernommen von Boston Consulting Group.
[90] Vgl. zur Methode Kapitel 9.

Zur Ermittlung eines Unternehmenswertes eignen sich dann je nach Zielsetzung des Unternehmens unterschiedliche methodische Ansätze, die sich durch ihre Komplexität unterscheiden. So ergibt sich bei freien Cash-Flows, die ewig mit konstanter Rate w wachsen, speziell (bei konstantem Kapitalkostensatz) folgender Unternehmenswert:

(1) $\quad UW = \dfrac{fCF}{WACC - w} - FK_M$

Vernachlässigt man Abweichungen des Marktwertes des Fremdkapitals (FK_M) von dessen Nominalwert (FK) und steuerliche Aspekte, kann man den Unternehmenswert auch in Abhängigkeit der Eigenkapitalkosten k_{EK} berechnen, ohne dass man zunächst den Kapitalkostensatz (WACC) berechnen muss:

(1b) $\quad UW \approx \dfrac{fCF - k_{FK} * FK}{k_{EK} - w}$

Beträgt die Wachstumsrate w = 0, vereinfacht sich die Formel (1) zur bekannten Formel für den statischen Ertragswert, weil hier der freie Cash-Flow genau EBIT(1-s) entspricht:

(2) $\quad UW_{w=0} = \text{statischer Ertragswert} = \dfrac{EBIT(1-s)}{WACC} - FK_M$

Auch diese Berechnung des UW kann man vereinfacht in Abhängigkeit der k_{EK} ausdrücken:

(2b) $\quad UW_{w=0} = \text{statischer Ertragswert} \approx \dfrac{(EBIT - k_{FK} * FK) * (1-s)}{k_{EK}}$

Ein grundsätzliches Problem traditioneller Ertragswert-Methoden bei der Unternehmensbewertung ist darin zusehen, dass diese große Schwierigkeiten im Umgang mit Unternehmenswachstum haben. Daher sieht man häufig Modelle, die grundsätzlich Wachstum nicht einkalkulieren, was vielen Strategien nicht gerecht wird. Wenn man dagegen Unternehmenswachstums berücksichtigt, tritt das Problem auf, dass Wachstumsraten, die größer sind als der Kapitalkostensatz langfristig in der Realität nicht möglich sind.[91]

Bisher wurden im Rahmen des Moduls lediglich Spezialfälle unterschiedlicher Wachstumsprämissen zugrunde gelegt, nämlich der einer Wachstumsrate w, die dauerhaft konstant und kleiner als der Kapitalkostensatz ist.

Unterstellt man jedoch beispielsweise zwei unterschiedliche Wachstumsphasen, dann sollte ein zweistufiger Ansatz zur Berechnung des Unternehmenswertes herangezogen werden.

---

91 In obiger Formel würde der Nenner (WACC – w) und damit der Unternehmenswert negativ werden. Immer wenn die Wachstumsrate w sich dem Kapitalkostensatz WACC nähert, geht der Unternehmenswert gegen unendlich.

5.4.5 Ein zweistufiger Ansatz zur Berechnung des Unternehmenswertes[92]

Der hier im Weiteren vorgestellte Ansatz geht zweistufig vor. In einer ersten Phase wird eine Wachstumsrate zugelassen, die deutlich über dem Kapitalkostensatz (WACC) liegen kann. In der zweiten Phase des Unternehmenswachstums wird dann unterstellt, dass sich das Wachstum auf ein volkswirtschaftlich übliches Wachstumsniveau normalisiert.

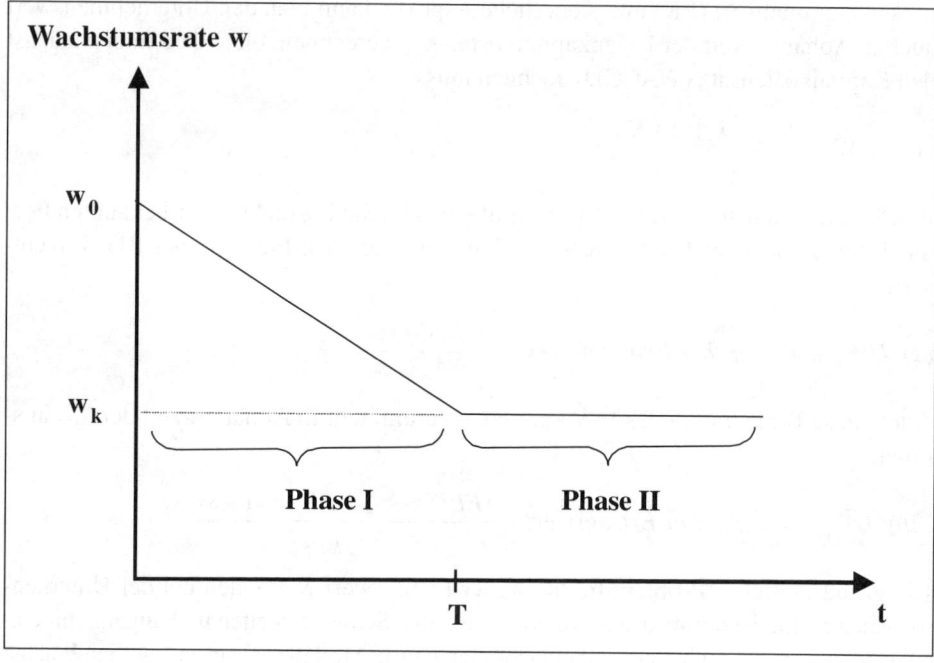

Abbildung 38: Das 2-Phasen-Wachstumsmodell

Um diesen Wachstumsprozess zu beschreiben, sind somit drei Parameter notwendig:

- die Anfangswachstumsrate des Unternehmensumsatzes (w_0),
- die langfristige volkswirtschaftliche Wachstumsrate (w_k),
- die Dauer des überdurchschnittlichen Wachstums (T).

Bei einer solchen zeitlichen Entwicklung der Wachstumsrate ergibt sich beispielsweise die in der folgenden Grafik dargestellte Entwicklung von EBIT und fCF. Man erkennt, dass wegen der wachstumsbedingten Investitionen der fCF zunächst negativ ist und erst mit einer rückläufigen Wachstumsrate wieder positiv wird. Der EBIT ist dagegen stän-

---

[92] In enger Anlehnung an GLEIßNER, 2001c, S. 63-100.

dig positiv und steigend. Die Grafik verdeutlicht damit, dass gerade bei Wachstumsunternehmen eine Bewertung alleine mittels des EBIT oftmals nicht ausreichend ist.

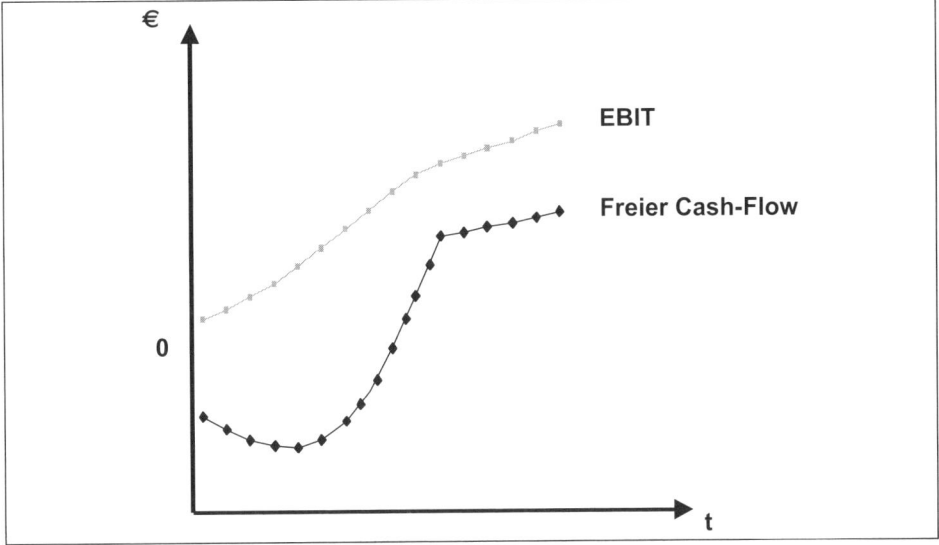

Abbildung 39: Beispiel zur Entwicklung von EBIT und fCF

Das Modell unterstellt, dass die anfängliche Wachstumsrate des Unternehmens (w_0) im Zeitraum T (=10) kontinuierlich (linear) auf die volkswirtschaftliche Wachstumsrate (w_k) absinkt. Vereinfachend wird im Folgenden noch angenommen (was jedoch nicht zwingend erforderlich ist), dass das Unternehmen während der gesamten Phase T mit einer durchschnittlichen Wachstumsrate wächst, die sich als Mittelwert von w_0 und w_k berechnet (w): Für die Betrachtung des Wachstumsprozesses ist zusätzlich maßgeblich, wie lange dieser Prozess anhält, welchen Wert also T annimmt.

Grundsätzlich ist davon auszugehen, dass ein überdurchschnittliches Wachstum solange realistisch ist, wie

- die Wachstumsvoraussetzungen der betrachteten Branche (**Marktattraktivität**) überdurchschnittliches und/oder
- die **Wettbewerbsvorteile** des Unternehmens überdurchschnittlich sind.

Für die Prognose von Werten von T ist damit die Nachhaltigkeit der Wettbewerbsvorteile eine entscheidende Determinante.

Damit ergibt sich der Unternehmenswert als der Wert der freien Cash-Flows in der Wachstumsphase (t=0 bis T) und der nachfolgenden Periode mit konstantem, volkswirtschaftlichen Wachstum (w_k):

$$UW = \underbrace{\sum_{t=0}^{T} \frac{fCF_t}{(1 + WACC)^t}}_{\text{Phase I}} + \underbrace{\frac{fCF_{T+1}}{(WACC - w_k)(1 + WACC)^{T+1}}}_{\text{Phase II}} - FK_M$$

Der so errechnete Unternehmenswert ist die Basis der Bewertung von Strategiealternativen. Er ist – bei gegebenem Umsatz in der Startperiode – abhängig von folgenden (abgeleiteten) Werttreibern, deren Veränderungen durch die strategischen Handlungsalternativen abzuschätzen ist:

- EBITDA-Marge (EDM),
- Kapitalumschlag (KU),
- Kapitalnutzungsdauer (N),
- (risikoabhängiger) Kapitalkostensatz (WACC),
- Steuersatz (s),
- Umsatzwachstumsrate (w),
- Wachstumsdauer (T).

Aus diesen (primären) Werttreibern lassen sich durch weitere Ableitungen (z. B. Kostenstrukturanalyse bei der EBITDA-Marge) vertiefend weitere (sekundäre) Werttreiber bestimmen, die einen noch detaillierteren Einblick in die Wertgenerierung des Unternehmens erlauben. Durch eine solche weitergehende Analyse lässt sich zudem ein unmittelbarerer Bezug zu operativen Steuerungsgrößen herstellen („Werttreiber-Baum").[93]

Die Differenz dieses Unternehmenswerts zum statischen Ertragswert (vgl. Gleichung 2) zeigt den FutureValue[94], der durch zukünftige Veränderungen der Werttreiber bestimmt ist.

5.4.6 Wertbeitrag einer Periode

Die Berechnung des Unternehmenswertes bzw. des FutureValues ist trotz aller vereinfachender Annahmen über die Entwicklung der Werttreiber noch immer ziemlich komplex und damit schwierig kommunizierbar. Für eine Beurteilung des „Erfolgs" einer Periode kann man aber durchaus einen einfacheren Maßstab verwenden, der – anders als der Unternehmenswert – nur tatsächlich realisierte (keine prognostizierten) Informationen nutzt (Ex-post-Betrachtung).

Damit ein neues Geschäftsfeld oder eine Investition einen positiven Beitrag zum Unternehmenswert leistet, ist es erforderlich, dass seine Rendite (ROCE) größer ist als sein risikoabhängiger Kapitalkostensatz.

---

[93] Derartige Methoden werden beispielsweise auch beim Aufbau einer Balanced Scorecard angewendet (vgl. GLEIBNER, 2000b, S. 129-134).
[94] Ggf. korrigiert um Einzahlungen bzw. Auszahlungen von Eigenkapital.

Der Wertbeitrag (WB) einer Unternehmensaktivität in einer betrachteten Periode lässt sich dabei in Abhängigkeit der Differenz von Kapitalrendite und Kapitalkostensatz angeben:

Wertbeitrag = Kapitalbindung*(Kapitalrendite – Kapitalkostensatz)

oder gleichwertig

Wertbeitrag = Betriebsergebnis (EBIT) – Kapitalbindung*Kapitalkostensatz

Möchte man den Wertbeitrag (WB) einer einzelnen Periode berechnen, bietet sich konkret die folgende Vorgehensweise an. Der Wertbeitrag (WB) ergibt sich als Differenz des (normalisierten) EBIT (nach Steuern) abzüglich der Kapitalkosten:

$$WB = EBIT^n * (1-s) - WACC * CE^n$$

Mit den bereits angesprochenen Modifikationen zur Herleitung „normalisierter" Werte für EBIT und CE erhält man folgende Gleichung:

$$WB = \underbrace{(EBITDA - \frac{CE^w}{N}) * (1-s)}_{\text{normalisiertes EBIT}} - \underbrace{WACC * \frac{CE^w}{2}}_{\text{Kapitalkosten}}$$

Die hier dargestellte Berechnung des Wertbeitrages für eine einzelne Perioode vermeidet Schwächen, die viele derartige Ansätze haben.[95]. Einerseits wird nicht von einem durch bilanzielle Maßnahmen beeinflussbaren Gewinn ausgegangen. Der Ausgangspunkt der Wertbeitragsberechnung ist der weitgehend bewertungsunabhängige Cash-Flow (vor Zinsen), der EBITDA. Zudem wird nicht das „normale" stark bewertungs- und lebenszyklusabhängige Capital Employed gemäß Bilanz herangezogen, sondern eine durchschnittliche Kapitalbindung.

Das Wertbeitragskonzept ist keine Alternative, sondern eine Ergänzung zur Berechnung von Unternehmenswert und strategiebedingtem FutureValue, weil es – genau wie auch das EVA®-Konzept – lediglich eine einperiodige ex post-Betrachtung des Periodenerfolgs liefert. Dennoch ist es eine sinnvolle Ergänzung, weil es wesentlich einfacher im Unternehmen zu kommunizieren ist und so einen verständlichen Zugang in die Denkweise des wertorientierten Managements bietet. Außerdem wird dieser Ansatz bei wertorientierten Vergütungssystemen bevorzugt, weil er nicht auf (strittigen) Prognosewerten, sondern (primär) auf Ist-Werten des Rechnungswesens basiert.

---

[95] Ein ähnliches, interessantes Konzept – der „Added Value" – wird bei RÖTTGER, 1994, gut fundiert und detailliert beschrieben.

5.5 Bewertung strategischer Optionen

Wie schon in der Einführung zur FutureValue-Methodik ausgeführt, ist die Möglichkeit eines nachvollziehbaren Vergleichs strategischer Handlungsoptionen anhand eines einheitlichen Zielkriteriums eines der wesentlichen Vorteile des wertorientierten Managements. Die Implementierung eines einheitlichen, konsequent angewandten Verfahrens zur Bewertung (strategischer) Handlungsmöglichkeiten trägt besonders dazu bei, dass unter Abwägung aller relevanten Einflussfaktoren – im Besonderen der Rendite- und Risikoauswirkungen – die für die Zukunft des Unternehmens maßgeblichen Entscheidungen optimiert werden. Insbesondere lassen sich so risikobehaftete Entscheidungen, wie große Investitionsprojekte, Forschungs- und Entwicklungsvorhaben, die Übernahme anderer Unternehmen, aber auch Marketing- und Markenstrategien hinsichtlich ihres Beitrags zum Wert bzw. zum Erfolg des Unternehmens beurteilen. Ausgangspunkt für den Aufbau eines derartigen Systems zur Unterstützung der wichtigsten Entscheidungen im Unternehmen muss naheliegenderweise zunächst die Festlegung des Erfolgsmaßstabes sein. Im Rahmen des wertorientierten Managements ist hierbei der Unternehmenswert zu verwenden (vgl. den vorherigen Absatz).

Ein Ablaufplan für die Bewertung (strategischer) Handlungsoptionen hinsichtlich ihres Beitrags zum Unternehmenswert kann beispielsweise wie folgt gestaltet werden.

1. Verbale Beschreibung der Ausgangssituation und Handlungsmöglichkeiten
In einem ersten Schritt sollten die Ausgangssituation, die wesentlichen Annahmen sowie der hier bestehende Handlungsbedarf knapp aufgezeigt werden. Bei strategischen Entscheidungen können hierzu die Erkenntnisse aus der Markt- und Unternehmensanalyse und der Geschäftslogik zusammengefasst werden. Anschließend sollten die grundlegenden Handlungsalternativen kurz beschrieben werden, wobei insbesondere auf die Unterschiede explizit einzugehen ist.

2. Qualitative Vorauswahl
Vor der eigentlichen Bewertung der Handlungsalternativen anhand des Erfolgsmaßstabs „Unternehmenswert" (oder FutureValue) kann es sinnvoll sein, durch eine Art „Filter" bereits eine Vorauswahl zu treffen. Für einen derartigen Filter sollten klare, möglichst präzise operationalisierbare Kriterien festgehalten werden. Derartige Kriterien könnten sich beispielsweise auf die prinzipielle Verfügbarkeit der für die Handlungsalternative erforderlichen Ressourcen (Kapital, Zeit, Managementkapazität) sowie auf die Sinnhaftigkeit in Bezug auf anerkannte „strategische Grundsätze" beziehen. Eine derartige Vorabauswahl kann beispielsweise mit Hilfe einer Nutzwertanalyse durchgeführt werden. Ebenfalls denkbar ist, dass zunächst lediglich beurteilt wird, ob eine Handlungsalternative hinsichtlich der fixierten Kriterien die als sinnvoll erachteten „Mindestanforderungen" erfüllt.

3. Werttreiberanalyse

Danach werden die (strategischen) Handlungsoptionen in ihren Konsequenzen bezüglich der Werttreiber beurteilt. Für jede Handlungsalternative und den momentanen Status-quo als Referenzszenario wird also eine Werttreiberanalyse vorgenommen, wobei die jeweils angegebenen Schätzungen möglichst präzise und nachvollziehbar untermauert werden sollten. Bei einem einfachen Unternehmenswertmodell, wie dem statischen Ertragswertansatz, sind also die Konsequenzen einer Handlungsoption auf EBIT-Marge, Kapitalumschlag, Kapitalkostensatz, Umsatz und Eigenkapitalquote (bzw. Fremdkapital) abzuschätzen.

4. Bewertung der Handlungsoptionen

Nachdem die Werttreiber fixiert worden sind, lässt sich unmittelbar aus dem aktuellen Unternehmenswert auf die Veränderung des Unternehmenswerts nach der angenommenen Durchführung einer der strategischen Handlungsoptionen (vgl. Kapitel 6) schließen und damit auf deren absolute bzw. relative Vorteilhaftigkeit im Vergleich zum Status-quo oder den anderen betrachteten Alternativen (vgl. Abbildung 40).

Im Rahmen des FutureValue-Konzeptes beginnt die „Werttreiberanalyse" mit einer Einführung in die Denkweise des wertorientierten Managements (Grundidee, Logik). Darauf aufbauend werden grundlegende Möglichkeiten der Messung des unternehmerischen Erfolgs auf Grund des Unternehmenswerts dargestellt. Anschließend wird aufgezeigt, welche Informationen erforderlich sind, um eine Beurteilung des Unternehmens (bzw. der einzelnen Geschäftsfelder) anhand dieses Wertmaßstabes durchzuführen. Zu diesem Zweck werden die Vor- und Nachteile dieses Wertmaßstabs sowie jene Kriterien diskutiert, die das Unternehmenswertmodell aus Sicht des Unternehmens erfüllen muss. Nach Auswahl eines für das Unternehmen geeigneten Modells werden in einem weiteren Schritt die primären bzw. maßgeblichen Werttreiber (z. B. Umsatzwachstumsrate, EBIT-Marge, Kapitalumschlag) abgeleitet. Zudem sollte eine erste Abschätzung vorgenommen werden, die zeigt, ob das Unternehmen als Ganzes momentan Unternehmenswert schafft oder zerstört.

Nach der Bearbeitung dieses Moduls sollten folgende Ergebnisse vorliegen:

- Ein klar beschriebener Erfolgsmaßstab (Wertmaßstab) für die Beurteilung der Entwicklung des Unternehmens als Ganzes und den Vergleich strategischer Handlungsalternativen ist fixiert.
- Der Wert des Unternehmens als Ganzes ist abgeschätzt.
- Die für den Unternehmenswert maßgeblichen Werttreiber und ihre relative Bedeutung sind abgeleitet.
- Der Wertbeitrag der einzelnen Tätigkeitsfelder des Unternehmens ist bekannt.

128 Modul 5: Werttreiberanalyse

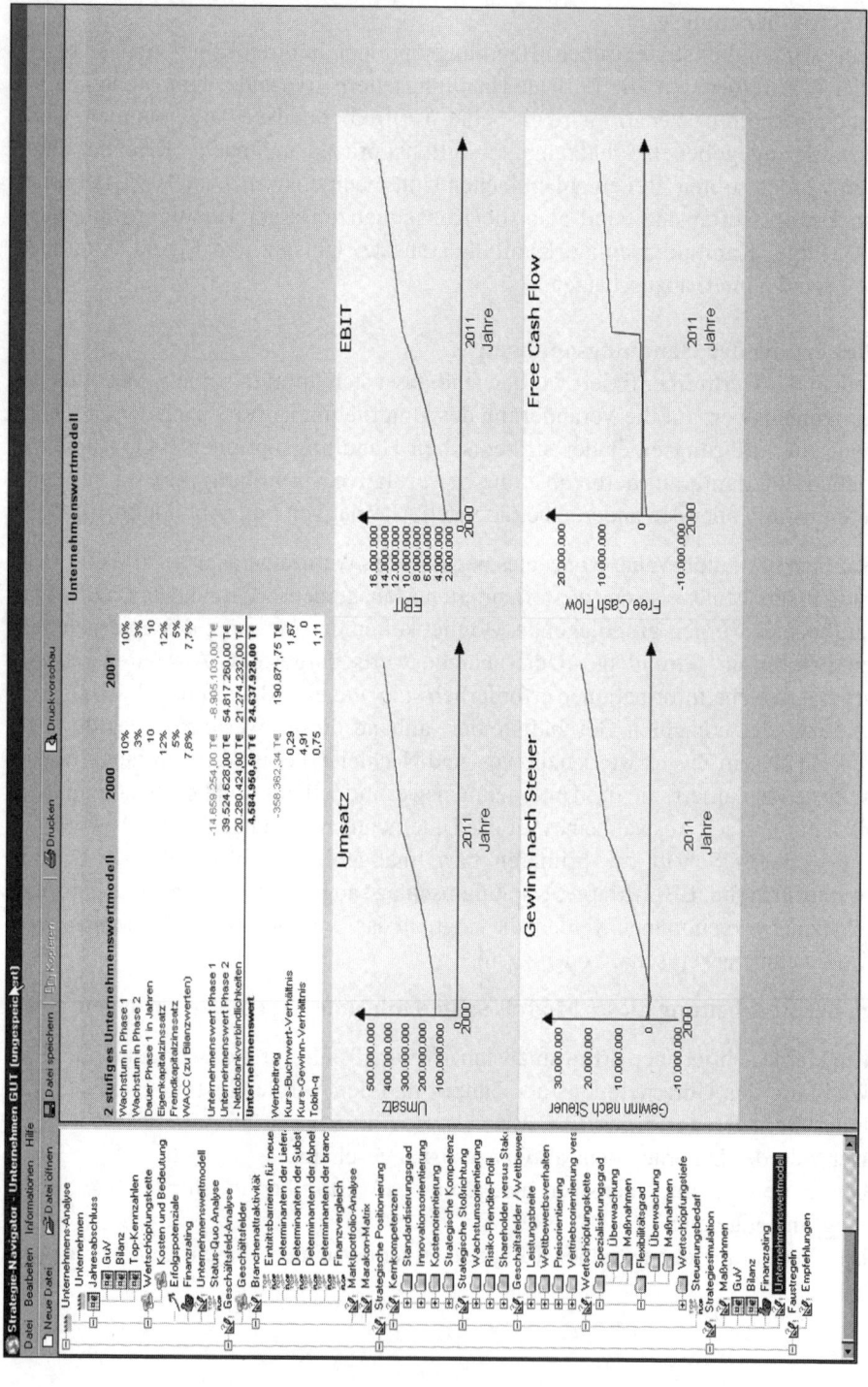

Abbildung 40: Screenshot Strategienavigator

Die Ergebnisse aus der Werttreiberanalyse werden in folgenden Modulen wieder aufgegriffen:

- Die Informationen über die relative Bedeutung der Werttreiber werden bei der Entwicklung der Strategie – insbesondere der strategischen Stoßrichtung – herangezogen (vgl. Modul 6).
- Der Erfolgsmaßstab (Wertmaßstab) wird für den Vergleich alternativer strategischer Handlungsmöglichkeiten herangezogen (vgl. Modul 6).
- Der Erfolgsmaßstab (Wertmaßstab) und die wichtigsten Werttreiber werden in die Balanced Scorecard (vgl. Modul 11) integriert.

6 Modul 6: Strategische Konzeption[96]

6.1 Grundgedanken der strategischen Planung

Jede längerfristige, am Unternehmenserfolg orientierte Planung wird als „strategische Planung" bezeichnet. Ihr zeitlicher Horizont beträgt meist drei bis zehn Jahre.

Die Aufgabe der Unternehmensstrategie ist es, eine Leitlinie für das operative Tagesgeschäft zu bieten. Erst eine fixierte Unternehmensstrategie erlaubt es, alle Maßnahmen koordiniert und vorausschauend auf das zentrale unternehmerische Ziel auszurichten: den langfristigen Erfolg, z. B. gemessen am Unternehmenswert.

Grundsätzlich bezeichnet man alle Regelungen, Maßnahmen und Aktivitäten eines Unternehmens, die langfristig eine erhebliche Auswirkung auf die Erfolgschancen haben, als *Unternehmensstrategie*. Jedes Unternehmen hat somit zwangsläufig eine Unternehmensstrategie, auch wenn sie oft nicht explizit formuliert ist.

Wichtigste Zielsetzung der Unternehmensstrategie ist es, attraktive Geschäftsfelder auszuwählen und „Erfolgspotenziale" aufzubauen und zu erhalten. Genau wie der Gewinn letztendlich eine notwendige (wenn auch nicht hinreichende) Bedingung für eine günstige Liquiditätsentwicklung ist, sind Erfolgspotenziale die Voraussetzung für zukünftige Gewinne. Diese Erfolgspotenziale können vom Kunden wahrnehmbare Wettbewerbsvorteile (z. B. guter Service oder eine bekannte Marke) oder besondere interne Stärken im Vergleich zu den Wettbewerbern (z. B. moderne Maschinen, effiziente Arbeitsprozesse) sein. Eine besondere Stellung unter den Erfolgspotenzialen haben langfristig wirksame Kernkompetenzen, mit deren Hilfe zukünftig Wettbewerbsvorteile oder interne Stärken generiert werden können.

Für alle Branchen gilt inzwischen mehr oder minder stark, dass die schneller werdenden technologischen Änderungen mit immer kürzeren Produktlebenszyklen einhergehen und immer höhere Anforderungen an die *Innovationsfähigkeit* bei Produkten und bei den Produktionsprozessen stellen. Schnelligkeit und Kreativität werden immer wichtiger, weil vorhandene Wettbewerbsvorteile, also Preis- oder Leistungsvorteile, aus Kundensicht immer kürzer erhalten bleiben.

Wenn sich Wettbewerbsvorteile aber schnell entwerten, sollte ein Unternehmen bevorzugt Kernkompetenzen aufbauen, die immer wieder – möglichst in verschiedenen Märkten – neue Wettbewerbsvorteile erzeugen. Als Kernkompetenz wird dabei eine Fähigkeit angesehen, die es erlaubt, bestimmte Wertschöpfungsaktivitäten deutlich

---
[96] Von Werner GLEIßNER.

besser zu erfüllen als andere, was Wettbewerbsvorteile entstehen lässt.[97] Eine Kernkompetenz muss drei Eigenschaften erfüllen:

- Sie muss einen erheblichen Beitrag zum Kundennutzen bieten.
- Sie sollte für eine Vielzahl von Märkten/Geschäftsfeldern bedeutsam sein.
- Sie ist sehr selten und von Wettbewerbern nur schwierig zu kopieren, was insbesondere impliziert, dass eine Kernkompetenz nicht (wie z. B. Maschinen) am Markt käuflich ist.

Während Wettbewerbsvorteile somit den heutigen Markterfolg eines Unternehmens erklären, sind Kernkompetenzen die Determinanten zukünftiger Erfolge. Häufig entstehen Kernkompetenzen aus der Verbindung von technologisch hoch stehenden, möglicherweise patentgeschütztem Wissen sowie den besonderen Fähigkeiten und Erfahrungen einer eingespielten Gruppe von Mitarbeitern des Unternehmens. Die Bindung wichtiger Mitarbeiter an ein Unternehmen und deren zielgerichtete Motivation hat somit auch aus Sicht der Kernkompetenzen eine hohe Bedeutung, weil ein solches Zusammenspiel nicht – wie Maschinen oder Lizenzen – am Markt erworben werden kann und sein Aufbau zudem viel Zeit erfordert.

Der ressourcenorientierte Ansatz ist das theoretische Fundament der Kernkompetenzen. Er geht im Grundsatz davon aus, dass unternehmerischer Erfolg die Verfügbarkeit von Ressourcen erfordert, die die Wettbewerber nicht haben, und die Fähigkeit, aus diesen Ressourcen einen Wettbewerbsvorteil zu generieren (vgl. Modul 2).

Die Sichtweise von HAMEL und PRAHALAD beendet damit die im strategischen Management bis dahin noch vielfach verankerte ausschließliche Fokussierung auf die Absatzmärkte und rückt die Kernkompetenzen in den Mittelpunkt des strategischen Denkens.

Zunächst gilt es Kernkompetenzen zu identifizieren und weiter zu entwickeln, die dann die Basis dafür sind, Märkte zu identifizieren, auf denen diese Kernkompetenzen von Kunden wahrnehmbare Wettbewerbsvorteile erzeugen. Gemäß HAMEL/PRAHALAD sollte daher ein Unternehmen weniger als Markt-Portfolio denn als Portfolio von Kernkompetenzen interpretiert werden.

Zusammenfassend kann man damit die wichtigsten Größen angeben, die in einem Unternehmen regelmäßig beurteilt und gezielt gesteuert werden sollen:

1) **Kernkompetenzen** als Determinanten zukünftiger Wettbewerbsvorteile und interner Stärken, **Wettbewerbsvorteile** *als Determinanten der Umsätze*,
2) **Interne Stärken** als Determinanten der Kosten,
3) **Umsätze** als Konsequenz von Wettbewerbsvorteilen und Leistungsfähigkeit von Marketing und Vertrieb,

---

[97] Vgl. HAMEL; PRAHALAD, 1995.

Grundgedanken der strategischen Planung 133

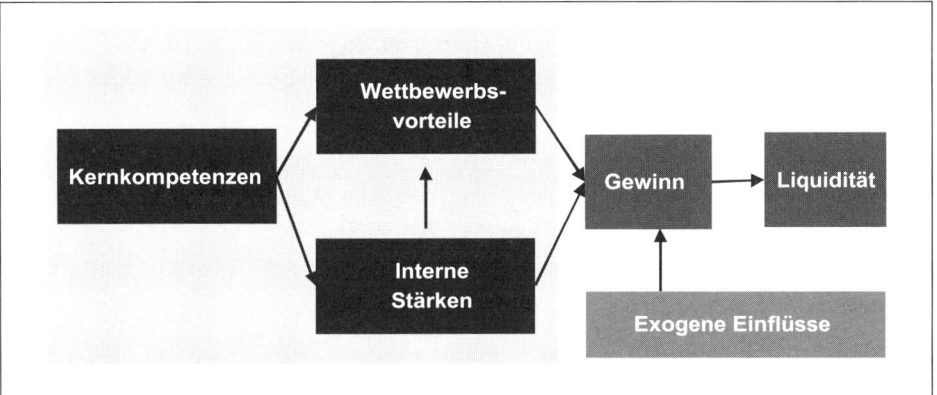

Abbildung 41: Kernkompetenzen als Erfolgspotenziale

4) **Kosten** als Spiegelbild der internen Effizienz (interne Stärken),
5) **Risiken** als Information über mögliche Planabweichungen durch die Unvorhersehbarkeit der Zukunft (z. B. durch exogene Einflüsse) und
6) **Liquidität** (freier Cash-Flow) als Resultat jeder unternehmerischen Tätigkeit.

Während sich die strategische Unternehmensplanung mit Kernkompetenzen, Wettbewerbsvorteilen, internen Stärken und Risiken befasst, konzentriert sich die kurzfristige ausgerichtete operative Unternehmensplanung auf Umsätze und Kosten (und damit den Gewinn) sowie Liquidität.

Im Zusammenhang mit dem Planungsverhalten vieler Unternehmen sei auf eine Besonderheit von Kernkompetenzen hingewiesen. Häufig ist in der unternehmerischen Praxis der Einwand zu hören, dass eine Planung nicht sinnvoll sei, weil die faktischen Entwicklungen die Planungen zu schnell überholten. Zudem entstünde auch kein Lerneffekt durch die Analyse der Planabweichungen, da die Abweichungsursachen sich nicht wiederholen würden.

Dazu lässt sich festhalten, dass ähnliche Umfeldsituationen durchaus häufiger – wenngleich in unterschiedlich intensiver Ausprägung – anzutreffen sind. Bei besonders hohen Unsicherheiten (Risiken) ist die strategische Ausrichtung auf eine möglichst große Flexibilität sinnvoll. Demnach müsste sich z. B. das Unternehmen darauf ausrichten, „schon morgen" in anderen Märkten als heute tätig zu sein, sich mit anderen Kundenwünschen auseinander zu setzen oder gar die Leistungserstellung innerhalb weniger Wochen an neue Anforderungen anzupassen. Eine solche Flexibilität steht oft im Widerspruch zu jeder langlebigen Investition (wie z. B. in Fabrikationsanlagen) und kann im Besonderen nur durch zwei Produktionsfaktoren erfüllt werden: liquide Mittel und Know-how. Neben einer guten Risikovorsorge (liquide Mittel; siehe auch Modul 7) steht also die Pflege der Kernkompetenzen (und damit in aller Regel der Mitarbeiter) im Zentrum der Planung eines solchen Unternehmens. Und beides – Kapital wie Mitarbeiter – dürften kaum dauerhaft an ein Unternehmen gebunden werden können, das seine Möglichkeiten der Zukunftsgestaltung nicht transparent darlegen kann – also nicht plant.

Die inhaltlichen Themenschwerpunkte, mit denen sich strategisches Management befasst, änderten sich im Verlauf der letzten Jahrzehnte, was in Anbetracht der Strömung der Managementtheorie nicht überrascht (vgl. Absatz II).

In dem Buch „Die strategiefokussierte Organisation" formulieren KAPLAN und NORTON[98] folgende fünf Grundsätze für das strategische Management, die heute die Entwicklung von Unternehmensstrategien prägen:

1) Operationalisierung der Strategie:
Damit ein Unternehmen strategiekonform gestaltet werden kann, ist es erforderlich, die Strategie klar zu operationalisieren, da dies Voraussetzung für jede Kommunikation ist. Als Hilfsmittel werden hierbei die „Strategy-Maps" (entspricht weitgehend der Geschäftslogik) und die Balanced Scorecard vorgeschlagen.

2) Ausrichtung der Organisation an der Strategie:
Die Organisation eines Unternehmens hat sich an den grundlegenden Vorgaben der Strategie zu orientieren und dabei insbesondere die Aufgabe, Synergien zwischen den einzelnen Geschäfts- und Funktionsbereichen zu nutzen.

3) Strategie als „Everyone's everyday job":
Sämtliche Mitarbeiter eines Unternehmens müssen die wesentlichen strategischen Vorgaben verinnerlichen, und die Strategie muss sich in der täglichen Arbeit widerspiegeln, was in der Regel geeignete Anreizsysteme für strategiekonformes Verhalten erfordert.

4) Strategie als kontinuierlicher Prozess:
Da Strategien kontinuierlich zu überarbeiten und an geänderte Rahmenbedingungen anzupassen sind, sollten die Strategie und ihre wesentlichen aktuellen Implikationen in den regelmäßigen Führungskräfte-Besprechungen diskutiert werden. Über die Balanced Scorecard werden die Vorgaben aus der Unternehmensstrategie in den Budgetierungsprozess des Unternehmens einbezogen.

5) Mobilisierung des Wandels durch die Führung:
Wenn die Neuausrichtung und Anpassung eines Unternehmens (seiner Strategie, der Organisation, aber auch der kulturellen Werte) den Erfolg maßgeblich bestimmen, ist

---

[98] KAPLAN; NORTON, 2001, S. 10-17.

es eine wesentliche Aufgabe der Unternehmensführung, Veränderungsprozesse zu initiieren und zu steuern. Dabei ist es erforderlich, für die Notwendigkeit eines Wandels zu sensibilisieren, die Widerstände gegen Veränderungen aufzuheben und schließlich das Unternehmen kontinuierlich in seinen Strukturen und Prozessen auf die neuen Anforderungen der Unternehmensstrategie hin auszurichten.

Wertorientiertes strategisches Management agiert dabei auf (mindestens) zwei Ebenen, die in folgenden Absätzen und erläutert werden:

- der **Portfolio-Ebene** (Holding Ebene): Entwicklung einer **Portfoliostrategie**[99] (Absatz 6.2),
- der **SGE-Ebene**: Entwicklung einer **Geschäftsstrategie** für jede strategische Geschäftseinheit (SGE) (Absatz 6.3).

Leider zeigt die betriebliche Praxis in vielen Unternehmen, dass eine Auseinandersetzung mit der Unternehmensstrategie – sofern überhaupt vorhanden – diese Unterscheidung nicht nachvollzieht. So werden gerade in mittelständischen Unternehmen meist Strategien für das gesamte Unternehmen formuliert, ohne zu beachten, dass es sich um mehrere strategische Einheiten handelt, die verschiedener Strategien bedürfen! Solche „Vereinfachungen" führen dann oft dazu, dass die Strategie nur teilweise umgesetzt werden kann, weil „die eine Strategie" sich einfach nicht über das ganze Unternehmen stülpen lassen will. Oft wird auch aus „Scheu" vor dem möglichen Aufwand darauf verzichtet, für jede strategische Einheit eine eigene Strategie zu formulieren. Dazu sei angemerkt, dass die Formulierung einer Strategie die zentrale Aufgabe der Unternehmensführung ist.

Nicht selten fehlt auch eine Grundvorstellung davon, ob sich die verschiedenen Aktivitäten des Unternehmens unter einer strategischen Einheit zusammenfassen lassen (also „nur" verschiedene Geschäftsfelder sind) oder ob es sich um strategische Einheiten handelt, die für sich einzelner Strategien bedürfen und zu deren Gesamtsteuerung Portfolioüberlegungen sinnvoll sind. Als Hilfestellung sei auf die vier Quadranten der strategischen Konzeption von FutureValue verwiesen (vgl. Absatz 6.3). Verschiedene strategische Geschäftseinheiten unterscheiden sich typischerweise in fast allen wesentlichen Punkten ihrer Geschäftsstrategien (sie haben unterschiedliche Kernkompetenzen, Ressourcen und Wertschöpfungsketten). Die verschiedenen Geschäftsfelder innerhalb einer strategischen Geschäftseinheit weisen dagegen wesentlich geringere Unterschiede auf (häufig z. B. bei verschiedenen Wettbewerbsvorteilen).

---

99 Auch „Corporate Strategy" genannt.

6.2 Portfoliostrategie: Die Wahl der strategischen Geschäftseinheiten

Betrachtet man nach diesen Grundgedanken zum strategischen Management die diesbezüglichen Aufgaben in der Unternehmenspraxis, so erkennt man hier zwei grundlegend unterschiedliche Planungsprozesse. Die Unternehmensführung hat die grundlegende Entscheidung zu treffen, welche Aktivitäten das Unternehmen überhaupt wahrnehmen soll. Damit wird der Gegenstandsbereich für eine weitergehende Strategieentwicklung definiert. Auch Unternehmen, die nur ein Geschäftsfeld betreiben, haben sich zumindest implizit auf eine bestimmte Art der Geschäftstätigkeit festgelegt. Innerhalb eines Unternehmens können dabei jedoch durchaus so unterschiedliche Tätigkeitsfelder zusammengefasst sein, dass diese sogar grundlegend unterschiedliche Strategien erfordern (man spricht hier von strategischen Geschäftseinheiten (SGEs)). Sämtliche Überlegungen zur grundlegenden Regelung des Tätigkeitsfeldes eines Unternehmens und der Verteilung des Kapitals werden als Portfoliostrategie bezeichnet und gehen den so genannten „Geschäftsstrategien" voran. Erst im Rahmen der „Geschäftsstrategien" wird unter Bezugnahme auf Kernkompetenzen, Wettbewerbsvorteile oder interne Stärken geregelt, wie der Erfolg in diesen Tätigkeitsbereichen tatsächlich erreicht werden soll.

Das Erfordernis, eine am Unternehmenswert orientierte Unternehmenspolitik zu betreiben, folgt auch aus der Konkurrenz der Unternehmen um die knappe Ressource „Kapital". Das verfügbare Eigenkapital sollte so aufgeteilt und Geschäftseinheiten zugeordnet werden, dass dadurch der Unternehmenswert maximiert wird. Diese Zuordnung des verfügbaren Eigenkapitals auf alternative Verwendungsmöglichkeiten wird als „Eigenkapitalallokation" bezeichnet.

Bei der Betrachtung der Eigenkapitalallokation im Unternehmen sind eine strategische und eine operative Dimension zu unterscheiden.

1) **Strategisch**: In welchen Geschäftseinheiten ist der Einsatz von Eigenkapital überhaupt sinnvoll?
2) **Operativ**: Wie viel Eigenkapital muss *aktuell* für eine bestehende Geschäftseinheit zur Risikodeckung vorgesehen werden?

6.2.1 Aufgabe des Portfoliomanagements

Primäre Aufgabe der Portfoliostrategie ist es, das im Unternehmen verfügbare Kapital so auf heutige und potenzielle zukünftige strategische Geschäftseinheiten (SGE) aufzuteilen, dass der Unternehmenswert damit maximiert wird.[100]

---

[100] Zu beachten ist, dass auf Grund der unterschiedlichen Risikohaltigkeit von SGEs sich aus der Zuordnung von Kapital zur Finanzierung der erforderlichen Aktiva (Capital employed) nicht unmittelbar auf den entsprechend zuzuordnenden Eigenkapitalbedarf schließen lässt. Je riskanter ein Geschäftsfeld ist, desto höher sein Eigenkapitalbedarf.

Eine Portfoliostrategie benötigen sämtliche Unternehmen, die unterschiedliche strategische Geschäftseinheiten aufweisen, die selbst wiederum jeweils eigenständige Strategien verfolgen.

Auf Ebene der Portfoliostrategie geht es darum zu entscheiden, welche strategischen Geschäftseinheiten

- gefördert bzw. ausgebaut werden sollen,
- bei welchen ein Abziehen von Finanzmittelüberschüssen (freier Cash-Flow) sinnvoll ist und
- welche durch Verkauf oder Schließung kurzfristig aus dem Portfolio eliminiert werden sollen.

Bei der Entwicklung einer Portfoliostrategie werden sämtliche SGEs zunächst als abstrakte Investitionen bewertet, d. h. die Details der jeweiligen Unternehmensstrategien sind hier nicht von Bedeutung. Es dominiert also die finanzielle Perspektive. Die einzelnen SGEs werden daher ausschließlich anhand der primären Werttreiber und der daraus abzuleitenden Unternehmenswerte betrachtet.

Von Bedeutung für die Portfoliostrategie sind daher:

- Kapitalrentabilität (ROCE),
- (Umsatz-)Wachstumsrate und
- Kapitalkostensatz (Risiko).

Ergänzend sei darauf hingewiesen, dass im Rahmen der Portfoliostrategie neben den oben angesprochenen Grundsatzentscheidungen auch Synergien zwischen den SGEs betrachtet werden müssen, sofern die einzelnen SGEs nicht völlig unabhängig voneinander sind. Auch die Entwicklung von strategischen Aktivitäten zur besseren Nutzung von Synergien ist dem Bereich der Portfoliostrategien zuzuordnen, weil dieser SGE-übergreifend Bedeutung hat und somit nicht im Rahmen der einzelnen Geschäftsstrategien geregelt werden kann.

Wie in der Kapitalmarkttheorie üblich, kann man aus einer sehr abstrakten Perspektive jede strategische Geschäftseinheit als Investment mit einem spezifischen Rendite-Risiko-Profil betrachten. Neben Rendite und Risiko gilt es bei der Portfolio-Entscheidung von Unternehmen jedoch noch eine dritte Entscheidungsdimension zu beachten, und zwar den Kapitalbedarf der einzelnen SGEs, der wiederum maßgeblich durch Kapitalintensität und zukünftig erwartetes Wachstum bestimmt wird. Würde man ausschließlich Rentabilitäts- und Risikogesichtspunkte betrachten, könnte es zu Situationen kommen, in denen an sich erforderliche Investitionen in eine SGE grundsätzlich nicht mehr möglich sind bzw. eine inakzeptable Verschlechterung des Rating ausgelöst werden würde.

Im Rahmen der FutureValue-Konzeption werden bei der Entscheidung über das optimale Portfolio eines Unternehmens folgende Instrumente eingesetzt:

1. **Markt-Portfolio:** Mit Hilfe des Marktattraktivitäts-Wettbewerbspositions-Portfolios und seiner eher qualitativen Kriterien kann mit einer Vorauswahl entschieden werden, welche strategischen Geschäftsfelder auf Grund der verfügbaren Kompetenzen und unter Berücksichtigung der Marktbedingungen prinzipiell erfolgsversprechend sind.
2. **Rendite-Risiko-Portfolio:** Mit Hilfe eines Rendite-Risiko-Portfolios werden die Rendite-Risiko-Profile aller SGEs aufgezeigt, und es können risikoreduzierende Diversifikationseffekte verdeutlicht werden.
3. **Marakon-Matrix:** Die Marakon-Matrix ergänzt das Markt-Portfolio durch eine quantitative Betrachtung, die aufzeigt, welcher Wert(-beitrag) und welcher Liquiditätsbedarf bei einer SGE zu erwarten ist.

Damit eine (neue) Geschäftseinheit oder eine Investition einen positiven Beitrag zum Unternehmenswert leistet, ist es erforderlich, dass die erzielte Rendite größer ist als der risikoabhängige Kapitalkostensatz, der dem Diskontierungsfaktor („Sollzins") entspricht.

Für eine präzisere Beurteilung der Zukunftsaussichten eines Geschäftsfeldes sind Prognosen und Planungsrechnungen erforderlich, die belegen müssen, dass das Geschäftsfeld langfristig eine Rendite erzielt, die über den risikoabhängigen Kapitalkosten liegt.

Für eine wertorientierte, strategische Kapitalallokation gelten zwei Entscheidungsregeln:

- Sofern „unbeschränkt" Eigenkapital zur Verfügung steht, sollten alle Unternehmensaktivitäten durchgeführt werden, die einen positiven Wertbeitrag erwarten lassen.

- Wenn das verfügbare Eigenkapital beschränkt ist, sollten genau diejenigen Unternehmensaktivitäten durchgeführt werden, die den höchsten **relativen Wertbeitrag** (Wertbeitrag pro Eigenkapitaleinheit)[101] erwarten lassen.

6.2.2 Die qualitative Betrachtung: Marktportfolio

6.2.2.1 Marktattraktivität- und Wettbewerbsposition-Portfolio

Aufgabe der Marktportfolio-Betrachtung ist, die grundsätzlichen Zukunftspotenziale bestehender oder zukünftig angedachter Beteiligungen anhand eines einheitlichen fundierten Kriterien-Systems zu beurteilen.

---

[101] Dieser lässt sich beispielsweise berechnen mit dem bereits erwähnten RORAC, also dem Verhältnis von erwarteten Gewinn zu Eigenkapitalbedarf (=Risiko).

Portfoliostrategie: Die Wahl der strategischen Geschäftseinheiten   **139**

Der Markterfolg eines Unternehmens hängt sowohl von der *Attraktivität des Marktes* (exogener Faktor, vgl. Absatz 3.4) als auch von der *Wettbewerbsposition des Unternehmens* im Vergleich zu den Konkurrenten ab. Beide Faktoren werden in einem „Marktportfolio-Diagramm" zusammengefasst (vgl. nachfolgende Abbildung 42). Ein Unternehmen sollte sich grundsätzlich auf Geschäfts- bzw. Tätigkeitsfelder konzentrieren, bei denen die vorhandenen Kernkompetenzen (und weitere Erfolgspotenziale) zum Tragen kommen und sich auch zukünftige Wettbewerbsvorteile entwickeln lassen.

Für eine fundierte Marktportfolio-Analyse ist es von entscheidender Bedeutung, dass beide Marktportfolio-Dimensionen durch ein verbindliches und aussagekräftiges Kriteriensystem eindeutig beschrieben werden.

Insbesondere sollten tendenziell Tätigkeitsfelder gemieden bzw. aufgegeben werden, die

- schrumpfendes Marktvolumen aufweisen,
- niedrige Markteintritts- und hohe Marktaustrittsschranken aufweisen,
- starke Abhängigkeiten von wenigen Kunden oder Lieferanten zeigen,
- hohe Fixkostenbelastung und starke konjunkturelle Nachfrageschwankungen verbinden,
- kaum Differenzierungsmöglichkeiten vorweisen und vom Kaufkriterium „Preis" dominiert werden.

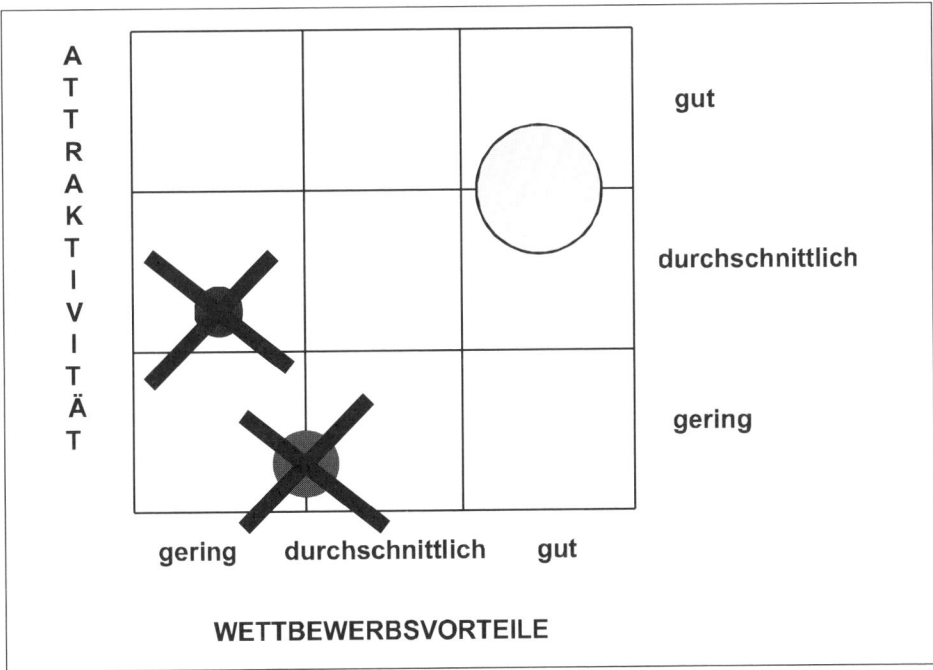

Abbildung 42: Marktattraktivitäts-Wettbewerbsposition-Portfolio

6.2.2.2 Einschub: Die Vier-Felder-Matrix der Boston Consulting Group

Mit einer Portfolioanalyse kann (vereinfachend) jedes Geschäftsfeld anhand je eines Indikators für Marktattraktivität (Marktwachstum) und Wettbewerbsposition (Marktanteil) bewertet werden. Zu beachten ist, dass der im Folgenden dargestellte Boston-Consulting-Portfolio-Ansatz nur dann sinnvoll angewendet werden kann, wenn der Marktanteil (insbesondere wegen Größendegressionsvorteilen bzw. Lernkurven-Effekten) tatsächlich ein maßgeblicher Erfolgsfaktor ist.

Vereinfachend kann man dann das Portfolio als Vier-Felder-Matrix angeben und die Geschäftsfelder in vier Gruppen einteilen:

- Stars (hohes Marktwachstum, hoher Marktanteil),
- Cash-Cows (hoher Marktanteil, niedriges Wachstum),
- Question-Marks (hohes Wachstum, niedriger Marktanteil),
- Poor-Dogs (niedriger Marktanteil, niedrigeres Wachstum).

Besondere Bedeutung hat die Analyse mit dem Marktanteil-Wachstums-Portfolio als Instrument zur Steuerung des Kapitalbedarfs im Unternehmen. Da die Kapitalbeschaffungsmöglichkeiten eines Unternehmens begrenzt sind, ist auf eine ausgewogene Struktur von Geschäftseinheiten, die zusätzlichen Kapitalbedarf haben (negativer freier Cash-Flow), und solchen, die Kapital freisetzen (positiver freier Cash-Flow), zu achten.

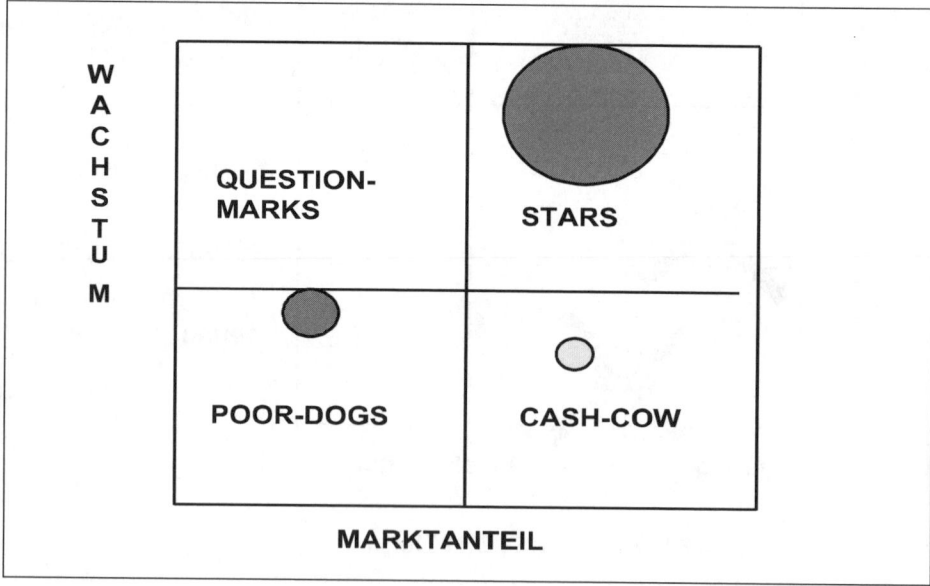

Abbildung 43: Vier-Felder-Matrix der Boston Consulting Group

Die Geschäftseinheiten in der Gruppe der Cash-Cows sind Kapitalfreisetzer (Cash-Erzeuger). Sie sind dadurch gekennzeichnet, dass ihre Kapitalrendite die Wachstumsrate übersteigt. Ihre Netto-Cash-Erzeugung kann zur Finanzierung des Kapitalbedarfs anderer Geschäftsfelder oder zur Tilgung von Fremdkapital eingesetzt werden.[102]

Den Marktführer in einem schnell wachsenden Markt bezeichnet man als „Star". Auch wenn diese Geschäftsfelder zum Teil durchaus rentabel sind, haben sie oft einen hohen Kapitalbedarf. Dies liegt daran, dass das hohe Umsatzwachstum eine Zunahme an Sachanlagen, Vorräten und Außenständen bewirkt. Sieht man vereinfachend von Größendegressionseffekten ab, so wächst der Kapitalbedarf einer Geschäftseinheit proportional zum Umsatz. Eine Star-Geschäftseinheit kann sich nur dann selbst finanzieren, wenn die Nachsteuerrendite auf das investierte Vermögen mindestens so groß ist wie die Wachstumsrate des Umsatzes. In der Regel ist eine Selbstfinanzierung der Stars nicht gegeben.

Da in der Wachstumsphase die freien Cash-Flows (Brutto-Cash-Flows abzüglich notwendiger Investitionen) bei Star-Geschäftseinheiten in der Regel negativ sind, ist ein Rückfluss dieser Investitionen meist erst in der Konsolidierungsphase des Marktes möglich. Die Cash-Rückflüsse liegen unter Umständen also weit in der Zukunft. Eine gute Chance auf Rückgewinnung des investierten Kapitals besteht oft nur dann, wenn vor Erreichen der Reifephase eines Marktes bereits eine marktführende Stellung erreicht wurde.

Für ein Geschäftsfeld, das in der Position eines „Fragezeichens" ist, ist es schwer, eine marktführende Stellung zu erreichen. In der Regel ist es ratsamer, ein Fragezeichen aufzugeben, wenn die Ressourcen des Unternehmens nicht ausreichen, das Wachstum so zu forcieren, dass eine marktführende Stellung erreicht wird oder eine Spezialisierung auf eine bestimmte Marktnische möglich ist, die der Marktführer optimal versorgen kann.

Zusammenfassend kann man folgende Regeln für den Kapitalbedarf von SGEs festhalten:

- Die Eigenkapitalrendite (nach Steuern) eines Unternehmens (die Wachstumsrate des Eigenkapitals) muss – um die Eigenkapitalquote konstant zu halten – mindestens so hoch sein wie die Wachstumsrate des Gesamtkapitals, welche bei konstantem Kapitalumschlag der Umsatzwachstumsrate entspricht!

- Die Gesamtkapitalrendite eines Unternehmens muss mindestens so hoch sein wie die Wachstumsrate, um Wachstum ohne zusätzliches Kapital „von außen" finanzieren zu können.

---

[102] Die zeitliche Verteilung der Cash-Flows lässt sich durch die Preispolitik steuern. So wird mit Hilfe einer Hoch-Preis-Politik erreicht, sodass sich Marktanteile sehr kurzfristig in Cash-Flows und Gewinn umsetzen lassen.

6.2.3 Die quantitative Betrachtung: Portfoliosteuerung mittels Marakon-Matrix

Das zweite Instrument des Portfoliomanagements ist eine modifizierte Marakon-Profitabilitäts-Matrix, die das Zusammenwirken von drei Werttreibern, nämlich Kapitalkostensatz (indirekt also Risikoumfang), Kapitalrendite (ROCE) sowie Umsatzwachstum darstellen kann.

Unmittelbar zu erkennen ist, ob eine strategische Geschäftseinheit (SGE) in der betrachteten Periode einen Wertbeitrag erwirtschaftet. Dies ist genau dann der Fall, wenn ihre Rendite höher als der Kapitalkostensatz ist.

Zumindest für all diejenigen Geschäftseinheiten, die positive Wertbeiträge erwirtschaften, wäre es offensichtlich wünschenswert, wenn sie wachsen. Um aufzuzeigen, ob ein Geschäftsfeld Marktanteile gewinnt, ist der Vergleich der Wachstumsrate des SGE mit der eingezeichneten Marktwachstumsrate sinnvoll. Marktanteilsgewinne führen nämlich tendenziell über steigende Einkaufsmacht und Größendegressionsvorteile zu einer Verbesserung der relativen Wettbewerbsposition.

Außer den beiden Achsen, die die Kapitalrendite und die Wachstumsrate beschreiben, enthält die Marakon-Matrix die so genannte „Cash-Linie". Alle Geschäftseinheiten mit einer Positionierung links oberhalb der Cash-Linie erwirtschaften positive freie Cash-Flows; alle unterhalb haben negative freie Cash-Flows.

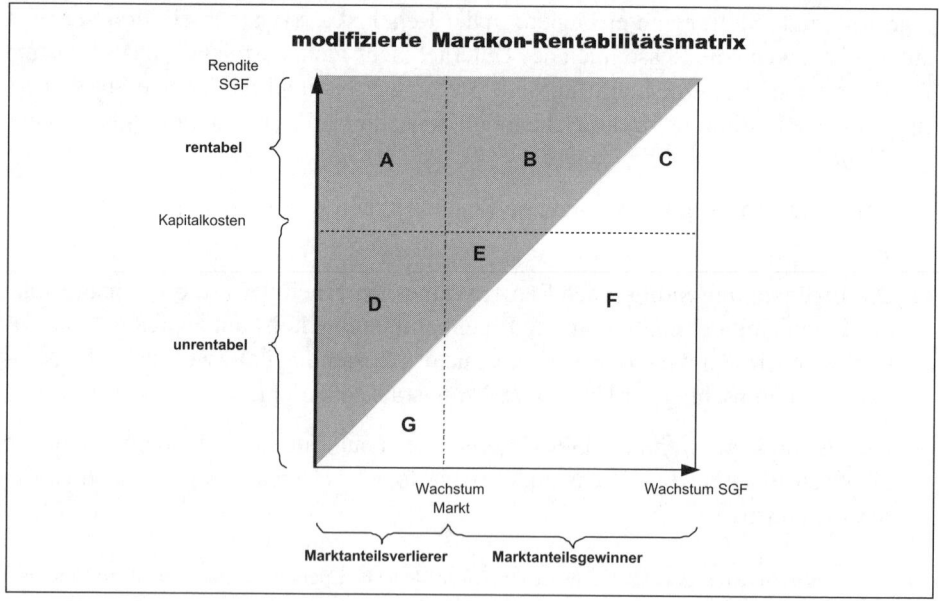

Abbildung 44: Marakon-Matrix

Die verschiedenen Felder der Marakon-Matrix lassen sich nun wie folgt interpretieren[103]

Feld A: *Das Unternehmen generiert einen positiven Wertbeitrag und erwirtschaftet Finanzmittelüberschüsse („Cash-Cow"). Auf Grund der Marktanteilsverluste scheint jedoch die Wettbewerbsposition bedroht und die relative Kostenposition könnte sich in Zukunft verschlechtern.*

Feld B: *Dies ist die Idealpositionierung. Das Geschäftsfeld erwirtschaftet einen aktuellen Wertbeitrag und Liquiditätsüberschüsse. Die Verbesserung des Marktanteils zeigt zudem eine hohe Wettbewerbsfähigkeit und bietet die Chancen für eine weitere Verbesserung der relativen Kostenposition (z. B. über den Erfahrungskurveneffekt).*

Feld C: *Dieses Segment bezeichnet man als Wachstumsfalle. Die Rentabilität übersteigt zwar die Kapitalkosten, und der Marktanteil verbessert sich, das Unternehmen erwirtschaftet jedoch auf Grund des hohen Wachstums negative freie Cash-Flows. Eine derartige Positionierung ist nur zeitweise akzeptabel, nämlich genau dann, wenn langfristig auf dann erhöhtem Niveau („Phase 2") – bei Absinken der Wachstumsrate – wieder klar positive freie Cash-Flows erwirtschaftet werden.*

Feld D: *Auf Grund der relativ niedrigen Wachstumsrate in Relation zur Rentabilität wird in Feld D ein Liquiditätsüberschuss generiert. Aber die Kapitalrentabilität ist unter den Kapitalkostensatz gesunken, was auf einen Wertverzehr hinweist. Die zusätzlich sinkenden Marktanteile deuten auf eine schwache Wettbewerbsposition, was wahrscheinlich in Zukunft zu einem weiteren Absinken der Rendite führt. Geschäftsfelder in diesem Segment erwirtschaften zwar noch Cash-Flow-Überschüsse sie können jedoch keine adäquate Verzinsung des Eigenkapitals mehr erreichen. Ein Fortführen eines solchen Geschäftsfeldes ist – falls die Positionierung nicht verändert werden kann – nur unter dem Gesichtspunkt des Liquiditätsflusses für eine gewisse Zeit sinnvoll.*

Feld E: *Diese Positionierung bezeichnet man als Gewinnfalle, weil bei in der Regel vorhandenen Gewinnen ein überdurchschnittliches Marktwachstum erreicht wird. Zudem wird ein Finanzmittel-Überschuss erwirtschaftet. Dennoch reichen die erzielten Erträge nicht aus, eine adäquate Verzinsung des Eigenkapitals zu erreichen. Falls sich also durch die Marktanteilsgewinne nicht zukünftig höhere Renditen erwirtschaften lassen, ist auch diese Positionierung nicht dauerhaft unter dem Gesichtspunkt der Wertgenerierung sinnvoll.*

Feld F: *In dieser Positionierung – mit einem hohen Wachstum bei einer niedrigen Rentabilität – zeigen sich sowohl ein negativer Wertbeitrag als auch negative freie*

---
[103] Vgl. GLEIßNER, 2001c, S. 84.

Cash-Flows. Auch diese Positionierung ist auf längere Sicht nicht akzeptabel. Sie ist nur als Zwischenstadium gerechtfertigt, wenn sich durch den Marktanteilsgewinn langfristig deutliche Verbesserungen der Rentabilität ergeben würden.

Feld G: *Zunehmender Marktanteilsverlust und die zu geringe Rendite sorgen dafür, dass negative freie Cash-Flows erwirtschaftet werden. Ein sofortiger Ausstieg aus dem Geschäftsfeld ist notwendig, falls diese Situation sich nicht schnell ändern lässt.*

Insgesamt zeigt sich, dass dauerhaft akzeptabel nur Positionierungen in den Feldern A und B sind, wobei das Feld A auf Grund der sinkenden Marktanteile die Tendenz hat, dass die Kapitalrendite langfristig unter den Kapitalkostensatz sinkt.

Mit Hilfe der Marakon-Matrix ist es somit insgesamt möglich, den Wertbeitrag, den Liquiditätszufluss und die Marktanteile der Entwicklung der Geschäftsfelder aufzuführen.

Sie ist daher als Bezugsbasis für eine wertorientierte Unternehmenssteuerung sehr gut geeignet, wobei jedoch ergänzend die in diesem Modell betrachteten maßgeblichen Größen wie Kapitalrendite und (Umsatz-)Wachstumsrate zu erklären und steuerbar zu machen sind.

6.2.4 Sind diversifizierte Unternehmen sinnvoll?

Momentan scheint es so, dass Diversifikation[104] keine akzeptable Unternehmensstrategie mehr ist. Vor allem an der Börse werden sämtliche Aktivitäten, den Diversifikationsgrad von Unternehmen zu reduzieren, honoriert. Diversifizierte Unternehmen werden häufig mit einem „Konglomeratsabschlag" gehandelt. Ist aber die Strategie der Diversifikation, die von vielen Unternehmen bis in die 70er Jahre massiv vorangetrieben wurde, tatsächlich aus Sicht eines wertorientierten Managements abzulehnen? Eine pauschale Verurteilung einer auf Diversifikation ausgerichteten Unternehmensstrategie ist sicherlich nicht richtig. Zum einen ist zu bedenken, dass Diversifikationen und die heute (aus gutem Grund) populäre Strategie der Konzentration auf Kernkompetenzen nicht in Widerspruch zueinander stehen müssen. Gescheitert sind in der Vergangenheit insbesondere Diversifikationsstrategien, bei denen sich Unternehmen auf Tätigkeitsfelder begeben haben, die nicht durch die eigenen Kernkompetenzen abgedeckt waren. Aus der strategischen Perspektive ist es jedoch durchaus möglich, dass sich ein Unternehmen in sämtlichen Tätigkeiten genau auf Wertschöpfungsaktivitäten konzentriert, die durch die eigenen Kernkompetenzen abgedeckt werden und zugleich ein breit diversifiziertes Produktspektrum anbietet. Bei einer derartigen Strategie wür-

---

[104] Zum Thema Diversifikation vgl. FUNK, 1999.

de eine Konzentration bezüglich Wertschöpfungsaktivitäten mit einer Diversifikation hinsichtlich Marktsegmenten, Regionen oder Produkten verbunden.

Aus theoretischer Sicht haben diversifizierte Unternehmen durchaus beachtenswerte Vorteile. Die Diversifikation führt zu einer Reduzierung des Gesamtunternehmensrisikos, weil die Abhängigkeit von einzelnen Märkten und Produkten vermieden wird. Bei Existenz von Konkurskosten kann eine derartige Risikoreduzierung nicht durch die Kombination unterschiedlicher Aktien in einem Portfolio durch einen Investor selbst nachgebildet werden. Auch bei nicht börsennotierten Gesellschaften – also dem größten Teil des Mittelstands – ist eine (risikoreduzierende) Diversifikation auf Unternehmensebene die einzige Möglichkeit, eine Risikoreduzierung zu erreichen. Eine derartige Risikoreduzierung durch Diversifikation wirkt sich auch günstig auf das Rating eines Unternehmens – mithin auf den verfügbaren Finanzierungsspielraum und die Kreditkonditionen – aus. Grundsätzlich gilt also, dass diversifizierte Unternehmen Wert schaffen, wenn sie über größere Fähigkeiten zu wertsteigernden Allokationen der finanziellen Ressourcen verfügen. Auch die Möglichkeit eines diversifizierten Unternehmens (beispielsweise einer Holding), finanzielle Reserven zu mobilisieren oder gezielt Finanzmittel auf die Unternehmensbereiche zu lenken, die ein besonderes Wertsteigerungspotenzial aufweisen, kann hierbei von Bedeutung sein. Durch ein gezieltes Portfolio-Management (einschließlich einer gezielten Akquisition neuer Geschäftsfelder sowie den Verkauf unattraktiver Beteiligungen) bestehen weitere Möglichkeiten, Wertsteigerungspotenziale in diversifizierten Unternehmen (und speziell Holding-Gesellschaften) zu eröffnen. Trägt die Diversifikation eines Unternehmens zur Risikoreduzierung bei, so kommen dem diversifizierten Unternehmen alle Vorteile des Risikomanagements wie beispielsweise die höhere Attraktivität für Mitarbeiter, Kunden und Lieferanten oder die günstigeren Finanzierungskonditionen zugute (vgl. dazu das Thema Risikomanagement in Kapitel 9).

Typische Aufgaben der Holding (Konzern-Dachgesellschaft) sind dabei Portfolio-Management, Finanzmanagement, Investor Relations und Public Relations. Die Holding-Gesellschaft ist, wie diese Aufgabenzuordnung demonstriert, hierbei nicht für die Gesamt-Unternehmensstrategie zuständig. Der von ihr verantwortete Teil der Unternehmensstrategie ist in erster Linie eine Portfoliostrategie sowie das Management der Synergien zwischen den strategischen Geschäftseinheiten. Die operativen Geschäftsstrategien obliegen dagegen dem Verantwortungsbereich der einzelnen strategischen Geschäftseinheiten (SGEs).

Die zentralen Funktionen der Holding können einen positiven Wertbeitrag erbringen, durch:

1) die Identifikation unterbewerteter Unternehmen und den Verkauf von Unternehmen, bei denen ein Verkaufserlös oberhalb des erwarteten Ertragswerts zu erreichen ist,

2) die Restrukturierung übernommener Unternehmen (SGEs),
3) die Reduzierung der (insbesondere risikobedingten) Kapitalkosten und somit günstigeren Finanzierungsmöglichkeiten,
4) die Optimierung der Ressourcen-Allokation zwischen den SGEs,
5) die Gestaltung von Marketingfähigkeiten, Marke und Vertriebsnetzen,
6) politischen Einfluss („Lobby") im Interesse der SGEs und
7) die Nutzung von Synergien zwischen SGEs des Portfolios.

Oft wird hierbei der Nutzung von Synergien eine herausragende Bedeutung zugeschrieben. REISSNER[105] nennt folgende Felder für die Suche nach Synergie zwischen SGEs eines diversifizierten Unternehmens:

- Potenziale durch Zentralisierung (bessere Kapazitätsauslastung, Nutzung von Größendegressionsvorteilen),
- Potenziale durch Transfers von Kompetenzen zwischen Geschäftseinheiten,
- Potenziale durch risikoreduzierende Ausgleichseffekte (interne Hedges),
- Potenziale durch gemeinsame Nutzung von Vertriebskanälen,
- Potenziale durch Restrukturierung, insbesondere eine Neukombination von Wertschöpfungsaktivitäten.

Nicht nur theoretische Überlegungen, sondern auch empirische Studien belegen, dass Diversifikation eine erfolgreiche Strategie darstellen kann, aber nicht zwingend erfolgreich sein muss. Die Studie von ROMENS[106] zeigt, dass der Erfolg von Diversifikationsstrategien von der Art der Diversifikation abhängt. Besonders erfolgreich sind Unternehmen, die eine horizontale Diversifikationsstrategie verfolgen und damit erreichen, dass in sämtlichen Tätigkeitsfeldern zumindest ähnliche Kompetenzen eingesetzt werden können.

Die Untersuchung einer Beratungsgesellschaft zeigt, dass Konglomerate – diverse börsennotierte Unternehmen – ähnlich erfolgreich sind, wie andere Unternehmen. Der Erfolg ist dabei vor allen Dingen darin begründet, dass Diversifikationsstrategien ursprünglich in den 60er und 70er Jahren besonders erfolgreich waren, wohingegen in den 80er Jahren dann Werte vernichtet wurden.[107] Eine Erklärung für dieses Phänomen bietet die Transaktionskostentheorie von Ronald COASE[108] (1937), derzufolge ein Unternehmen Aktivitäten intern erbringen sollte, die nicht kostengünstiger über den Markt zu beziehen sind. Da Märkte und andere ökonomische Institutionen heute effizienter arbeiten als in der Vergangenheit, sind die Transaktionskosten gesunken, was dazu führt, dass tendenziell mehr Aktivitäten zugekauft werden sollten. Dies führt zu einer niedrigeren Wertschöpfungstiefe in den Unternehmen (Outsourcing) und gerin-

---

105 Vgl. REISSNER, 1992.
106 Vgl. ROMENS, 1994.
107 Vgl. MORCK; YEUNG, 2001, S. 171-178.
108 Vgl. COASE, 1937.

geren Vorteilen durch die Diversifikation, sofern sie auf Synergien zwischen unterschiedlichen Geschäftsfeldern abzielen.

6.2.5 Sind besonders rentable Geschäftsfelder immer risikoreich?

Die Kapitalmarkttheorie geht davon aus, dass eine höhere erwartete Rendite immer mit einem höheren Risiko erkauft werden muss. Entsprechend müssten besonders riskante Unternehmen auch die höchsten erwarteten Renditen aufweisen. Schon 1980 hat jedoch BOWMAN[109] auf das so genannte „Risk-Return-Paradoxon" hingewiesen.[110] Häufig zeigen Unternehmen mit einer über dem Branchendurchschnitt liegenden Rendite zugleich ein unterdurchschnittliches Risiko. Für das wertorientierte Management hat diese Erkenntnis eine entscheidende Bedeutung: Offensichtlich ist es möglich, Maßnahmen zu finden, die zugleich renditesteigernd und risikomindernd wirken, was offensichtlich eine starke und eindeutig positive Wirkung auf den Unternehmenswert hat. Eine empirische Untersuchung von WIEMANN/MELLEWIGT[111] bestätigt das Rendite-Risiko-Paradoxon auch für deutsche Unternehmen. Die Rendite wurde in dieser Untersuchung, die sich auf den Zeitraum 1986 bis 1991 bezog, durch Umsatzrendite und Eigenkapitalrendite operationalisiert. Das jeweils zugehörige Risikomaß war die entsprechende Standardabweichung dieser Renditen.

Als wichtige weitere Ergebnisse halten die beiden Autoren folgende Erkenntnisse fest:[112]

- Das Risiko-Rendite-Paradoxon wird insgesamt bestätigt, wobei das Risiko mittels einer quadratischen Funktion zu einem sehr hohen Anteil in Abhängigkeit der Rendite erklärt werden kann ($R^2 = 0{,}53$ für die Eigenkapitalrendite nach Steuern; $R^2 = 0{,}75$ für die Umsatzrendite nach Steuern)[113],

- Diversifikation (gemessen an der Anzahl der Branchen, in denen ein Unternehmen tätig wird) ist eine erfolgreiche Strategie der Risikominderung,

- die Unternehmen verhalten sich unterhalb einer Referenzrendite (Durchschnittsrendite) risikofreudig und oberhalb dieses Wertes risikoscheu,

- die Konzerngröße hat ebenfalls einen risikosenkenden Einfluss und

- der Grad der Formalisierung und Zentralisierung von Entscheidungen sowie die Zentralisierung von Funktionen haben keinen wesentlichen Einfluss auf das Risiko.

---
109 Vgl. BOWMAN, 1980.
110 Zum Risiko-Rendite-Paradoxon vgl. auch WIEMANN; MELLEWIGT, 1998.
111 Vgl. WIEMANN; MELLEWIGT, 1998.
112 Vgl. WIEMANN; MELLEWIGT, 1998, S. 569-570.
113 Vgl. WIEMANN; MELLEWIGT, 1998, S. 565-566

Zum Aufdecken einer denkbaren Ursache für das Risiko-Rendite-Paradoxon wird auf die Prospect-Theorie von KAHNEMAN und TVERSKY verwiesen, derzufolge Entscheider sich in Verlustsituationen besonders risikofreudig und in Gewinnsituationen eher risikoscheu verhalten.[114] Aus industrieökonomischer Perspektive verweist beispielsweise BUDD (1993) darauf, dass es bestimmte Marktcharakteristika gibt, die – wie beispielsweise Markteintrittshemmnisse oder Differenzierungsmöglichkeiten – rentabilitätserhöhend und risikosenkend wirken.

Insgesamt ist somit bei der Entwicklung einer Unternehmensstrategie zu beachten, dass bei der Steigerung der Rendite des Unternehmens nicht zwangsläufig hohe strategische Risiken akzeptiert werden müssen.

6.2.6 Verfahren für die operative Eigenkapitalallokation im Portfolio[115]

Da sich auch nach der grundsätzlichen Entscheidung für Geschäftsfelder der Risikoumfang verändern kann, ist eine laufende Überwachung des daraus abzuleitenden Eigenkapitalbedarfs im Rahmen eines wertorientierten Controlling erforderlich. Deshalb betrachten wir nachfolgend die operative Eigenkapitalallokation bei bestehenden Geschäftsfeldern intensiver.

Ausgangslage für die Kapitalallokation im Unternehmen ist die Frage, welches Eigenkapital den strategischen Geschäftseinheiten (SGEs) ökonomisch sinnvoll zugeordnet werden soll.

Es ist wesentlich zu erkennen, dass der Bedarf einer SGE an Kapital und der Bedarf an Eigenkapital etwas grundlegend Verschiedenes darstellen. Wenn für eine SGE ermittelt wurde, wie viel Sachanlagevermögen und Umlaufvermögen bei den geplanten Kapazitäten und Umsätzen erforderlich sind, ergibt sich damit zwangsläufig auf Grund der Identität zwischen Aktiv- und Passivseite der Bilanz der Gesamtkapitalbedarf. Damit ist jedoch noch keineswegs entschieden, wie dieser Kapitalbedarf durch Eigen- und Fremdkapital zu decken ist. Insbesondere ist es sicherlich falsch, für alle SGEs eine gleiche Finanzierungsstruktur (Eigenkapitalquote) zugrunde zu legen. Für eine angemessene Zuordnung von Eigenkapital auf die SGEs muss man bedenken, dass das Eigenkapital das Risikodeckungspotenzial eines Unternehmens bzw. einer SGE darstellt, das erforderlich ist, um mögliche risikobedingte Verluste aufzufangen. Damit ergibt sich zwangsläufig, dass der Eigenkapitalbedarf (so genanntes „Risikokapital") einer risikobehafteten SGE relativ höher ist als bei einer risikoarmen SGE (vgl. auch die Ausführungen in Modul 7). Durch die Veränderung der Risikosituation in einzelnen SGEs kann es auch ohne Veränderung der grundlegenden strategischen Portfolio-

---

[114] Vgl. TVERSKY; KAHNEMANN, 1987
[115] Vgl. GLEIßNER; LIENHARD, 2001.

Portfoliostrategie: Die Wahl der strategischen Geschäftseinheiten 149

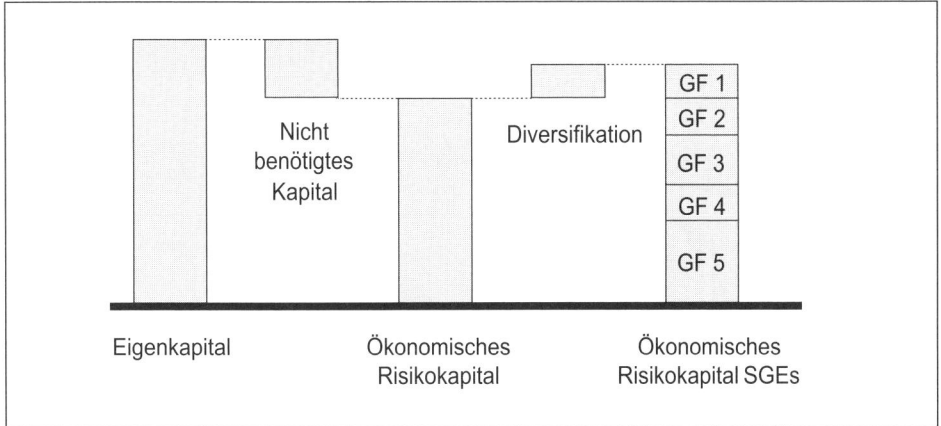

Abbildung 45: Zusammenhänge zwischen Eigen- und Risikokapital

Entscheidungen der Unternehmensführung dazu kommen, dass die in den SGEs gebundenen Eigenkapitalmengen sich absolut und in ihrer Relation zueinander verschieben, was regelmäßig im Rahmen des Risikomanagements zu überwachen ist.

Während sich der Gesamtkapitalbedarf eines Unternehmens durch die Addition der Kapitalbedarfe der einzelnen SGEs leicht bestimmen lässt, gilt dies für den Eigenkapitalbedarf im Sinne eines Risikodeckungspotenzials nicht. Im Allgemeinen gilt, dass der Eigenkapitalbedarf („ökonomisches Risikokapital) des Unternehmens als Ganzes niedriger ist als die Summe der Eigenkapitalbedarfe der einzelnen Geschäftseinheiten. Ursächlich für diese Reduzierung des Eigenkapitalbedarfs auf Gesamtunternehmensebene ist der so genannte Diversifikationseffekt.

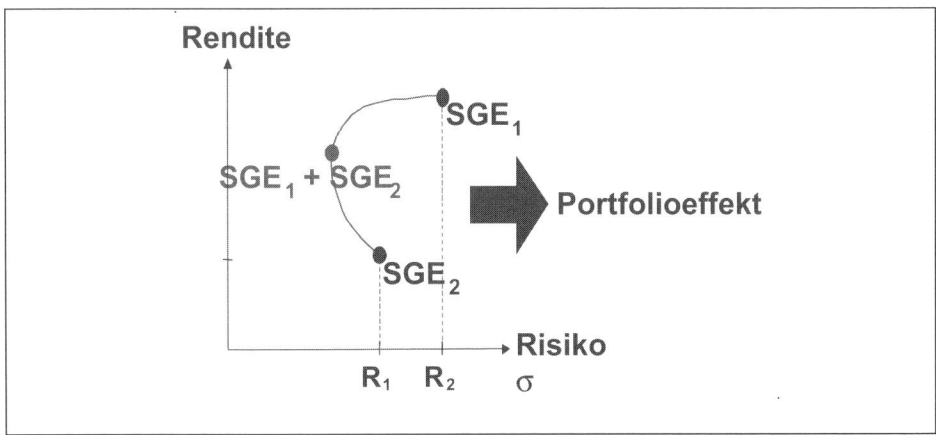

Abbildung 46: Rendite-Risiko-Portfolio

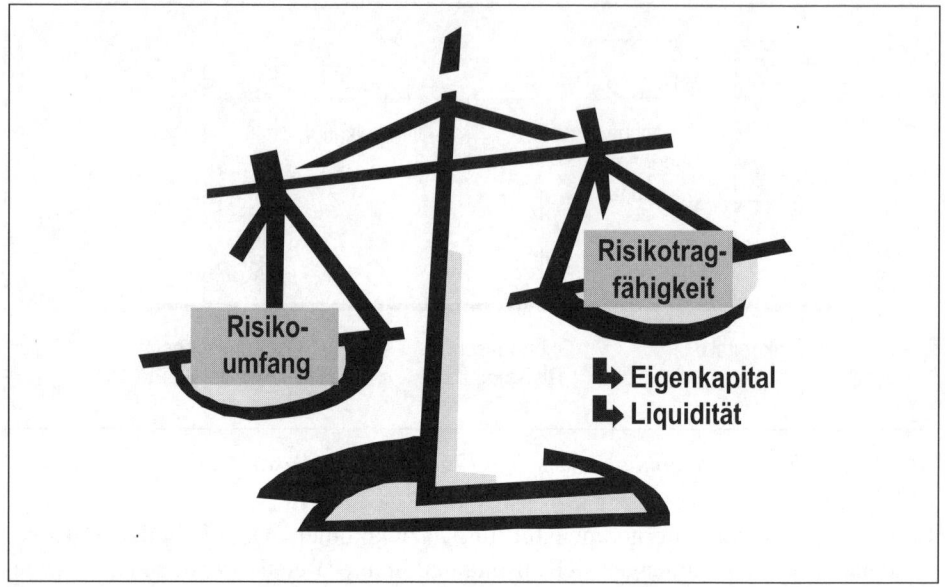

Abbildung 47: Balance zwischen Risiko und Risikotragfähigkeit

Der so genannte Diversifikationseffekt (auch Portfolioeffekt genannt) tritt immer dann auf, wenn die Risiken zweier Geschäftseinheiten nicht vollkommen korreliert sind. Er hat zur Konsequenz, dass die Risiken der Geschäftseinheiten (in unten stehender Grafik: SGE1 und SGE2) zusammen geringer sind als die Summe der Risiken. Da der Eigenkapitalbedarf vom Risikoumfang abhängt, sind somit auch die Kapitalkostensätze und der Wertbeitrag risikoabhängig.

Bei einem Unternehmen mit mehreren, unterschiedlich riskanten SGEs kann man also den Eigenkapitalbedarf jeder SGE mit dem Risikoumfang bestimmen und daraus deren Kapitalkosten und den Wertbeitrag ableiten. Die Basis für die Berechnung des Eigenkapitalbedarfs eine Geschäftseinheit bildet die Analyse der Unternehmensrisiken, die Erstellung eines Risikoinventars und schließlich die Aggregation der Risiken zur „Gesamtrisikoposition" (vgl. auch Absatz 9.3.3). Grundüberlegung ist immer, dass der Risikoumfang der Risikotragfähigkeit entspricht. Hohes Risiko bedingt einen hohen Bedarf an relativ teurem Eigenkapital und damit hohe Kapitalkosten sowie hohe Renditeanforderungen. Die „angemessenen" Eigenkapitalquoten der Geschäftseinheit eines Unternehmens differieren somit.

Die Abbildung 47 verdeutlicht die Aufgabenstellung einer angemessenen Eigenkapitalzuordnung: Eine gemessen am Risikoumfang zu großzügige Zuordnung von teurem Eigenkapital (niedriger Verschuldungsgrad) bedingt (scheinbar) zu hohe Kapitalkosten; eine zu geringe Eigenkapitalzuweisung führt dagegen zu (bonitätsbedingt) steigenden Fremdkapitalkosten und zunehmender Konkurswahrscheinlichkeit (Konkurskosten).

6.2.7 Vorgehen zur Erarbeitung einer Portfoliostrategie

Nachdem bisher die grundlegenden Anforderungen, Inhalte und Herausforderungen bei der Erarbeitung einer Portfoliostrategie vorgestellt wurden, soll im Folgenden eine praxisbewährte Vorgehensweise kurz zusammengefasst werden. Der nachfolgend dargestellte Ablaufplan unterstellt dabei, dass für die Entscheidung über die Struktur an strategischen Geschäftsfeldern sowohl das Marktportfolio (Marktattraktivität und Wettbewerbsposition) als auch die Marakon-Matrix herangezogen werden.

Bei der Erarbeitung einer Portfoliostrategie kann wie folgt vorgegangen werden:

1. Definition und Operationalisierung der Bewertungs-Dimensionen
Für die Anwendung der Instrumente zur Optimierung des Portfolios ist es erforderlich, die Begriffe „Marktattraktivität", „Wettbewerbsposition", „Risiko (Kapitalkosten)", „Rentabilität", „Wachstum", „Marktanteil" klar zu definieren und ggf. durch geeignete Indikatoren zu beschreiben.

2. Abgrenzung strategischer Geschäftseinheiten oder der Geschäftsfelder (GFs)
Zunächst gilt es genau festzulegen, welche strategischen Geschäftseinheiten das Unternehmen zurzeit im Portfolio hat und welche ggf. zukünftig aufzubauen sind. Hierbei ist insbesondere für jede Einheit zu prüfen, ob dieses tatsächlich eine eigenständige Strategie hat (d.h. zum Beispiel eigene Kernkompetenzen und eine eigene Wertschöpfungskette), also separiert von den anderen SGEs analysiert werden sollte.

Für eine Segmentierung potenzieller strategischer Geschäftseinheiten kann man sich an den folgenden sechs Abgrenzungskriterien orientieren[116]:

- Produkte: Welche Produkte und Dienstleistungen werden zusammengefasst?
- Kundennutzen: Welcher Nutzen soll potenziellen Kunden geboten werden?
- Zielgruppe: Durch welche gemeinsamen Kriterien lässt sich die Zielgruppe beschreiben?
- Technologien und Wertschöpfungskette: Welche grundsätzliche Gestaltung hat die Wertschöpfungskette und welche Technologien sollen schwerpunktmäßig eingesetzt werden?
- Region: Wie lässt sich die strategische Geschäftseinheit in ihren regionalen Absatzbereichen abgrenzen?

---
116 Vgl. MÜLLER-STEWENS; LECHNER, 2001, S. 115-116.

In der Regel bietet sich bei der Abgrenzung strategischer Geschäftseinheiten an, Produkt-Markt-Kombinationen zu bestimmen und diese zu strategischen Geschäftseinheiten zusammenzufassen, wobei die weiteren oben genannten Kriterien als Grundlage für diese Gruppierung herangezogen werden können (vgl. Kriterien 1 und 4).

Strategische Geschäftseinheiten müssen dabei klar voneinander abgrenzbar sein und insbesondere die Kompetenz für die Entwicklung und Umsetzung eigenständiger Strategien haben. Dies bedeutet, dass sie die Verantwortung für das gesamte operative Geschäft und damit auch den Geschäftserfolg haben.

3. Markt-Portfolio
Mit Hilfe des Markt-Portfolios wird ein erster „Grobfilter" durchgeführt, d. h. es werden strategische Geschäftseinheiten herausgefiltert, die auf Grund ihrer unbefriedigenden Marktposition oder der unattraktiven Branchen keinesfalls weiter verfolgt werden sollen (hierbei werden im Wesentlichen Ergebnisse aus Modul 3 herangezogen).

4. Synergien erfassen
In einer Übersicht werden Synergien zwischen den Geschäftseinheiten systematisch in einer Matrix zusammengefasst. In dieser Matrix werden folgende Synergien berücksichtigt:

- gemeinsame Nutzung von Ressourcen (z. B. zur Verbesserung der Auslastung von Maschinen oder Minderung der Kapitalintensität),
- gemeinsame Nutzung von Vertriebswegen (z. B. Zugang zu neuen Märkten, Cross-selling-Möglichkeiten),
- gemeinsame Nutzung von (sich ergänzendem) Know-how,
- Diversifikation von Risiken,
- Vorteile durch vertikale Integration (z. B. steigende Effizienz durch die Eliminierung von Schnittstellen in der Wertschöpfungskette),
- Größendegressionsvorteile (z. B. durch größere Einkaufsmacht) und
- sonstige (z. B. durch die Koordination von Strategien oder die Möglichkeit, gemeinsam neue Märkte zu erschließen).

5. Abschätzung des Eigenkapitalbedarfs und des Capital Employed
Mit Hilfe einer ersten Überschlagsrechnung gilt es aufzuzeigen, wie sich unter Berücksichtigung der Selbstfinanzierungsmöglichkeiten und der Wachstumseffekte Eigenkapital und Finanzierungsbedarf (Gesamtkapitalbedarf) entwickeln werden.

6. Quantitative Bewertung
Gestützt auf der Analyse der Jahresabschlussdaten und der Werttreiberanalyse werden die einzelnen Geschäftseinheiten nunmehr mittels Marakon-Matrix bewertet. Hierbei wird insbesondere aufgezeigt, welche der Geschäftseinheiten eine ausreichende Ren-

dite erzielen, sodass weitere Investitionen sinnvoll sind und welche Liquiditätsflüsse zu erwarten sind.

7. Erarbeitung strategischer Handlungsalternativen
Unter Auswertung sämtlicher vorliegender Informationen wird ein Vorschlag für die optimale Gestaltung des Portfolios des Unternehmens unter Berücksichtigung von Ertrags-, Risiko- und Wachstums-Aspekten abgeleitet.

Für die ausgewählten strategischen Geschäftseinheiten (SGE) wird insbesondere festgehalten, wie in den einzelnen Bereichen die strategische Stoßrichtung zu fixieren ist. Dies ist zugleich die „Übergangsstelle" für die Geschäftsfeld-Strategien innerhalb der einzelnen SGEs, wobei anzumerken ist, dass die Beurteilung einer SGE im Rahmen der Portfolio-Perspektive immer unter Annahme der bestehenden oder bereits fixierten Geschäftsstrategie zu treffen ist. Da die Geschäftsstrategien jedoch noch nicht in den Details geregelt sind (vgl. Abschnitt 6.3 zu Geschäftsstrategien) ergibt sich hier unter Umständen ein iterativer Prozess. Wenn sich im Rahmen der Geschäftsstrategie-Diskussion Erkenntnisse ergeben, die zu einer grundlegend anderen Einschätzung des Rendite-Risikoprofils einer Geschäftseinheit führen, kann es erforderlich werden, die Portfolio-Entscheidungen nochmals zu überdenken.

6.3 Entwicklung der Geschäftsstrategie einer strategischen Geschäftseinheit (SGE)

Nach der grundlegenden Entscheidung über das Portfolio eines Unternehmens und damit über die maßgeblichen strategischen Geschäftseinheiten befasst sich der nun folgende Schritt mit der Erarbeitung einer „Geschäftsstrategie" für jede SGE. Grundsätzlich kann jede strategische Geschäftseinheit eigene Kernkompetenzen, eigene Wettbewerbsvorteile und eine individuelle Gestaltung der Wertschöpfungskette aufweisen. Typischerweise verfügt eine solche strategische Geschäftseinheit nicht nur über eine eigene, von den anderen SGEs unabhängige, Unternehmensstrategie, sondern im Wesentlichen auch über eigene Ressourcen in Form von Anlagevermögen, Steuerungssystemen und Mitarbeitern.

In den darauf folgenden Absätzen werden anschließend einige Anregungen gegeben, wie man die „richtige", also unternehmenswertsteigernde Strategie findet – ein umfassendes System für eine Ableitung der besten Unternehmensstrategie auf Basis der Informationen aus Unternehmensanalyse und Umfeldbetrachtung wird es wohl jedoch nie geben.

Entgegen häufig zu hörender und zu lesender Befürchtungen ist eine Unternehmensstrategie, speziell eine Geschäftsstrategie, keineswegs zwangsläufig sehr umfangreich. Wesentliche Inhalte lassen sich ohne viel Aufwand in den Grundzügen leicht fixieren.

Anzumerken ist hierbei, dass die hier so genannten „Geschäftsfelder" (GFs) nicht mit den „strategischen Geschäftseinheiten" (SGEs) selbst verwechselt werden dürfen; „Geschäftsfelder" sind meist unterschiedliche Produkt-Markt-Kombinationen im Rahmen einer strategischen Geschäftseinheit. Von einem Geschäftsfeld spricht man im Gegensatz zu einer strategischen Geschäftseinheit beispielsweise dann, wenn auf Basis gleicher Kernkompetenzen und der grundsätzlich gleichen Gestaltung der Wertschöpfungskette (Ressourcen) lediglich (mit gegebenenfalls differierenden Produkten) unterschiedliche Zielgruppen (in z. B. unterschiedlichen Regionen) bedient werden.

Wenn man mit der Entwicklung der Inhalte einer Strategie für eine strategische Geschäftseinheit beginnt, kann es durchaus hilfreich sein, zunächst eine Vorstellung von dem Grad der Gemeinsamkeit innerhalb der Geschäftsführung bezüglich der Zukunftsvorstellungen zu erhalten. Dabei können beispielsweise folgende Orientierungsfragen hilfreich sein:

- An welchen Endproduktmärkten werden Sie in Zukunft teilnehmen?
- Welche Geschäftsfelder werden Sie in der Zukunft (in 5 bis 10 Jahren) bedienen?
- Was werden die entscheidenden Absatzkanäle in der Zukunft sein?
- Wer sind die wichtigsten Wettbewerber in 5 bis 10 Jahren?
- Was ist die Basis für Ihre Wettbewerbsvorteile in der Zukunft?
- Aus welchen Problemlösungen werden Sie in der Zukunft mögliche Erträge schöpfen?
- Welche Fähigkeiten oder Kompetenzen werden das Unternehmen in der Zukunft einzigartig machen?
- Welche Kooperationspartner werden für diese Problemlösungen gebraucht? (strategische Allianzen, Outsourcing)
- Welche Wertschöpfungsprozesse müssen dafür optimiert werden?

Eine derartige Diskussion sollte jedoch keinesfalls mit dem eigentlichen Prozess der Strategieentwicklung verwechselt werden. Die Entwicklung der Unternehmensstrategie sollte so weit wie möglich als ein Prozess verstanden werden, bei dem nachvollziehbare Schlussfolgerungen aus den bereits fixierten Annahmen aus Geschäftslogik, Marktbedingung, Zukunftstrends sowie den Stärken und Schwächen des Unternehmens gezogen werden. Auch wenn die Entwicklung einer solchen Unternehmensstrategie naheliegenderweise Kreativität erfordert, um mögliche strategische Handlungsalternativen überhaupt erst zu erkennen, sollte die Sinnhaftigkeit einer derartigen Handlungsalternative immer anhand der vorliegenden Daten untermauert werden. Konsens über die Sinnhaftigkeit einer bestimmten strategischen Ausrichtung des Unternehmens zu erreichen, ist im Wesentlichen mit dem Konsens über die zugrunde liegenden Annahmen gleichzusetzen.

Entwicklung der Geschäftsstrategie einer strategischen Geschäftseinheit   **155**

Wenngleich hier nicht der Versuch unternommen werden soll, den Prozess der Ableitung und Entwicklung einer Strategie auf Basis der grundlegenden Annahmen im Detail zu beschreiben, so lässt sich doch das Ergebnis eines solchen Prozesses in seinen tragenden inhaltlichen Komponenten leicht zusammenfassen.

6.3.1 Inhalte einer Unternehmensstrategie

Auf Basis der bisherigen Aussagen zu den Erfolgsfaktoren von Unternehmen lässt sich ein „Anforderungsprofil" für eine Unternehmensstrategie ableiten. Im Grundsatz gibt es vier Kernbereiche zu denen eine Unternehmensstrategie Aussagen treffen muss: Kernkompetenzen, strategische Stoßrichtung, Geschäftsfelder und Wettbewerbsvorteile sowie Gestaltung der Wertschöpfungskette. Diese Kernbereiche (Strategiefelder) sind im Folgenden als „Strategiequadranten" zusammengefasst:

Nachfolgende Kernaussagen einer Unternehmensstrategie sollten schriftlich festgelegt werden.[117]

Als Einführung zur eigentlichen Unternehmensstrategie ist es oft hilfreich, Unternehmensleitbild und Vision zusammenzufassen:

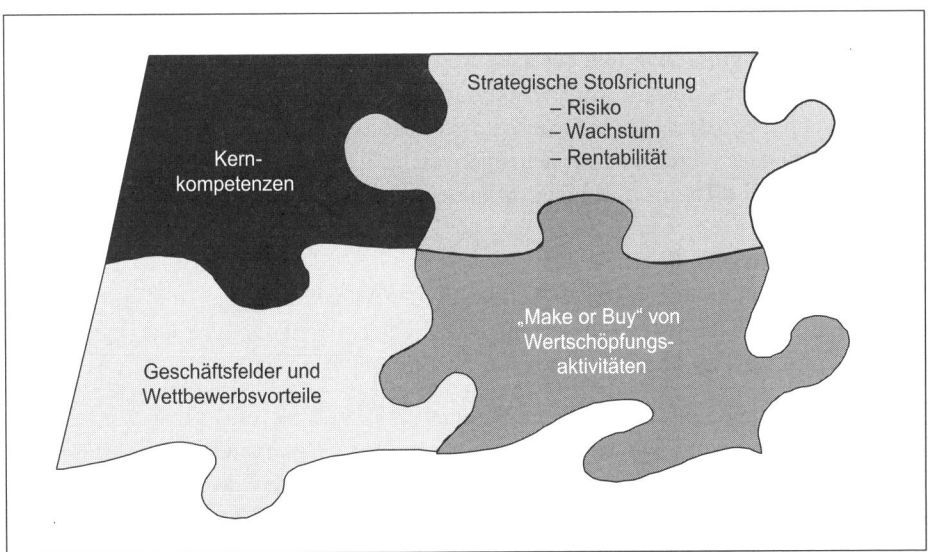

Abbildung 48: Kernbereiche der Unternehmensstrategie[118]

---
117 Quelle: GLEIßNER, 2000, S. 49.
118 Vgl. GLEIßNER, 2000, S. 46-52.

Wie sieht sich das Unternehmen? Was ist sein Zweck und seine zukünftige Rolle (Vision)? Welche Grundwerte der Unternehmensführung sowie Verhaltens- und Führungsgrundsätze gelten (Unternehmensphilosophie und Leitbild)? Welche Beziehung will es zu Mitarbeitern, Kapitalgebern, Kunden, Lieferanten und der Öffentlichkeit? Wie will das Unternehmen sein Umfeld beeinflussen?

6.3.1.1 Kernkompetenzen

Was war für den Erfolg des Unternehmens in der Vergangenheit besonders wichtig? Welche kausalen Abhängigkeiten bestehen zwischen den Erfolgsfaktoren der Branche („Geschäftslogik")? Welches sind die entscheidenden Fähigkeiten („Kernkompetenzen"), mit denen Wettbewerbsvorteile bzw. interne Stärken aufgebaut und somit der Unternehmenserfolg langfristig gesichert werden kann?

6.3.1.2 Geschäftsfelder und Wettbewerbsvorteile

1. Geschäftsfelder

In welchen Tätigkeitsfeldern – mit ausreichender Marktattraktivität und Wettbewerbsvorteilen – soll das Unternehmen in Zukunft tätig sein? Welche Leistungen sollen für welche Abnehmer (Zielgruppen/Käufer) angeboten werden? Welche Produktionsverfahren sollen bei der Erstellung der Produkte/Leistungen zum Einsatz kommen?

2. Umfeldbedingungen in den einzelnen Geschäftsfeldern

Wie sind die konjunkturelle Abhängigkeit, die Wettbewerbsstruktur und die Wachstumsaussichten der Branche? Wie sind die Wettbewerbskräfte einzuschätzen? Welche Kundenprobleme sollen gelöst werden, und welche Kaufkriterien der Kunden sind entscheidend? Welche Trends in Kundenverhalten und Technologie werden relevant?

3. Wettbewerbsvorteile

Wie kann das Unternehmen seinen Kunden den größten Nutzen bieten? Wie profiliert (differenziert) sich das Unternehmen längerfristig gegenüber den Wettbewerbern (*über Produktqualität/Design/Service/Image/Marke/Beziehung/Preis*)?

Im Kontext von „Geschäftsfeldern und Wettbewerbsvorteilen" gilt es insbesondere das „Wertangebot", das der Kunde erhält, und damit die zu lösenden Probleme des Kunden klar zu umschreiben. KAPLAN und NORTON unterscheiden drei etwas andere erfolgsversprechende Strategievarianten:[119]

- **Produktführerschaft:** Produktinnovationen erschließen neue Märkte, schaffen neue Nachfrage und verdrängen traditionelle Lösungen,

---

[119] Vgl. KAPLAN; NORTON, 2001, S 79-87.

- **Kundenvertrautheit**: Kundenvertraute Unternehmen kennen ihre Kunden und richten ihr Leistungsangebot präzise an deren Wünschen aus und

- **Operative Exzellenz:** Operativ exzellente Unternehmen schaffen eine optimale Kombination aus Produktqualität, Kaufeinfachheit und Preis, was in der Regel intern mit einer günstigen relativen Kostenposition und effizienten Prozessen einhergeht.

Die Strategie der Kundenvertrautheit erfordert eine leistungsfähige Marktforschung, konsequentes Beziehungsmanagement (CRM) sowie die Entwicklung problem- und kundenorientierter Lösungen. Operative Exzellenz erfordert eine Strategie (und entsprechende Kennzahlen in der Balanced Scorecard), die sich mit Kosten, Qualität, Zulieferbeziehungen, Geschwindigkeit und Effizienz der Herstell- und Distributionsprozesse befassen. Kernthemen der Strategie bei Produktführerschaft sind Innovationsfähigkeit, Patente, Fach-Know-how und „First-Mover"-Wettbewerbsvorteile. Eine erhebliche Gefahr für Strategien, die auf technologische Führung und Innovation ausgerichtet sind, besteht darin, dass man sich zu stark an den Wünschen der durchaus profitablen „High-End"-Kunden orientiert. Dadurch werden Leistungen erbracht, die „der durchschnittliche Kunde" überhaupt nicht zu schätzen weiß und dementsprechend auch nicht bereit ist, zu bezahlen. Innovative Unternehmen riskieren damit, Nischenanbieter zu werden.

6.3.1.3 Gestaltung der Wertschöpfungskette

Welche Aktivitäten der Wertschöpfungskette bauen auf den Kernkompetenzen auf und dienen dem Aufbau von Wettbewerbsvorteilen? Welche anderen Aktivitäten können an Fremdunternehmen abgegeben werden (Outsourcing, Reduzierung der Fertigungstiefe)? Wie sollten die (begrenzten) betrieblichen Ressourcen – insbesondere Kapital und qualifizierte Mitarbeiter – auf die einzelnen Schritte der Wertschöpfungskette (z. B. Entwicklung, Akquisition, Auftragsannahme, Einkauf, Fertigung, Service und Auftragsabwicklung) aufgeteilt werden („Ressourcenallokation")? Bei welchen Aktivitäten sind Kooperationen sinnvoll? Wo muss besonders investiert werden?

Grundvoraussetzung für den Erfolg jeder Vorwärts- oder Rückwärtsintegration ist die Existenz ausreichender Synergien. Die Vorteile durch die Synergien müssen die erwarteten Integrationskosten und die ggf. langfristig höheren Kosten für eine Koordination überkompensieren. Eine Integrations-Strategie ist im Allgemeinen dann von Interesse, wenn sie zu spezifischen Gütern führt, die sonst nicht aufgebaut werden könnten.

6.3.1.4 Strategische Stoßrichtung (strategische Hauptziele bzgl. Werttreiber)

Welche strategische Stoßrichtung zur Steigerung des Unternehmenswertes hat Priorität? Durch welche vom Unternehmen beeinflussbaren Faktoren („Werttreiber") lässt sich der Unternehmenswert über Wachstum, Risikoreduzierung oder Rentabilitätssteigerung am stärksten beeinflussen?

- Wachstum: Steigerung der Gewinne/Cash-Flows durch eine Steigerung des Umsatzvolumens.
- Rentabilität: Steigerung der Gewinne durch bessere Nutzung des bisherigen Umsatzpotenzials sowie Optimierung des Kapitaleinsatzes.
- Risikoreduzierung: Weniger Risiko (besseres Rating) bei gleichen Gewinnen.

Ausgehend von den Werttreibern des Unternehmens kann man drei strategische Stoßrichtungen als Hauptvarianten von Strategien unterscheiden:

1. Wachstums-Strategien
Folgende prinzipielle Möglichkeiten für die Realisierung einer Wachstums-Strategie bestehen:

- Wachstum über Marktdurchdringung (mit vorhandenen Produkten in bisherigen Regionen) durch:
  - Ausbau der Vertriebstärke,
  - aggressive Preispolitik,
  - Differenzierung durch neue Produktmerkmale,
  - Differenzierung durch Service, Lieferzuverlässigkeit etc.,
  - Differenzierung auf emotionaler Basis (Marke, persönliche Kontakte etc.)
- Entwicklung grundlegend neuer Produkte
- Erschließung neuer Regionen
- Wachstum durch Vorwärts- oder Rückwärts-Integration von Aktivitäten entlang der Wertschöpfungskette
- Diversifikation: Eintritt in neue Geschäftsfelder
- externes Wachstum durch Übernahmen

2. Rentabilitätsorientierte Strategien (Produktions- bzw. kostenorientierte Strategien)
- Reduzierung der Herstellkosten
- Reduzierung der Verwaltungskosten
- Reduzierung der Vertriebskosten
- Reduzierung der Entwicklungskosten
- Verbesserung der Auslastung
- Reduzierung der Kapitalbindung in Anlage- und Umlaufvermögen

3. Risikoorientierte Strategien
- Reduzierung von Risiken (Vermeidung, Verminderung oder Transfer auf Dritte)
- Steigerung des Risikodeckungspotenzials (Eigenkapitalausstattung, Liquiditätsreserve)

Entwicklung der Geschäftsstrategie einer strategischen Geschäftseinheit

Typische strategische Unterzielsetzungen	Wachstum	Rentabilität		Risikooptimierung
		Kapitalumschlag	Umsatzrendite	
Ausweitung der Tätigkeitsfelder	+		+	
Aufgabe unrentabler Tätigkeitsfelder			+	+
effizientere Aufbauorganisation		+	+	
effizientere Ablauforganisation (Prozesse)		+	+	
Verbesserung der Kapitalstruktur				+
Reduzierung der Kapitalbindung (z. B. Vorräte)		+		+
Verbesserung von Produktionstechnologie		+	+	
Preissicherung durch Differenzierung			+	
intensive Werbung, Verkaufsförderung	+			
intensiver Preiswettbewerb, Kostenführerschaft	+			
Reduzierung der Fertigungstiefe, Outsourcing				+
Kooperationen, strategische Allianzen	+		+	+
Verbesserung von Planung und Informationsversorgung		+	+	+

Abbildung 49: Strategische Unterziele

Ein „+" bedeutet, dass das strategische Unterziel meist in einem starken positiven Zusammenhang mit dem übergeordneten Ziel – Wachstum, Rentabilität oder Risikoreduzierung – steht.

Als allgemeine Faustregeln zu den drei strategischen Stoßrichtungen kann man Folgendes festhalten:

- Wachstums-Strategien weisen eine relativ lange Umsetzungszeit aus, stellen dabei jedoch den potenziell größten Werthebel dar.
- Rentabilitätsstrategien zeigen meist kurzfristig die höchste Wirkung.
- Bei einem sehr ungünstigen Verhältnis von Risiko zu Risikodeckungspotenzial und entsprechend schlechtem Rating, sind die auf die Überlebensfähigkeit des Unternehmens ausgerichteten risikoorientierten Strategien der größte Wertsteigerungshebel.

Aus den oben genannten übergeordneten Unternehmenszielen – Wachstum, Rentabilität und Risikooptimierung – lassen sich typische strategische Unterziele ableiten, aus denen sich in einem weiteren Schritt schließlich konkrete Maßnahmen zur Umsetzung der Unternehmensstrategie bestimmen lassen.

Schließlich sind die den Unterzielen zuzuordnenden Maßnahmen festzulegen: Was wird getan? Bis wann? Wer ist verantwortlich? Wie kann die Zielerreichung operationalisiert und geprüft werden (Balanced Scorecard)? Welche Anreize können geschaffen werden, damit sich alle Mitarbeiter im Sinne der Strategie verhalten? Wie können alle Mitarbeiter über die Strategie informiert und in die Detailplanung eingebunden werden?

6.3.1.5 Erfolgreiche und revolutionäre Strategien

Bisher wurde nur ausgeführt, welche Fragen eine Unternehmensstrategie beantworten muss. Was sind aber die richtigen Antworten? Hierfür gibt es kein Patentrezept, wenngleich einige allgemeine strategische Grundsätze aus der empirischen Erfolgsfaktorenforschung ableitbar sind (vgl. 6.4). Besonders interessant sind revolutionäre strategische Veränderungen, die den Wert eines Unternehmers vervielfachen können.

HAMEL schlägt folgende Ansatzpunkte für revolutionäre Veränderungen von Unternehmensstrategien, also für die Neudefinition von Geschäftslogiken, vor, die interessante Anregungen für die Strategieentwicklung liefern:[120]

1) massive Verbesserung des Preis-Leistungs-Verhältnisses des Produkts,
2) separate Betrachtung der gewünschten „Funktion" und des bisher dafür genutzten „Mediums",
3) Schaffen von Vergnügen an der Nutzung eines Produkts,
4) Erweiterung des Einsatzspektrums eines Produktes durch eine größere Universalität,
5) kundenspezifische Individualisierung von Produkten,
6) Erweiterung der zeitlichen und örtlichen Verfügbarkeit von Produkten,
7) Konzentration in der Branche zur Nutzung von Größendegressions- und Verbundvorteilen,
8) Eliminierung ganzer Abschnitte der Wertschöpfungskette und
9) Verschmelzen der eigenen Branche mit „Nachbar-Branchen", die ähnliche Fähigkeiten erfordern.

Leider sind revolutionäre neue Strategien in der Praxis eher selten realisierbar. Oft bleibt nur das Abstellen erkannter Schwächen und das „strategisches Fine-Tuning"

Anhand welcher (qualitativer) Kriterien lässt sich zumindest eine Vorauswahl aussichtsreicher strategischer Handlungs-Alternativen bestimmen? Sicherlich sollten zumindest folgende Kriterien erfüllt sein:

---

[120] Vgl. HAMEL, 1996, S. 69-82.

- Das Unternehmen muss über die erforderlichen Ressourcen für die Durchführung der Strategie verfügen („potenzielle Restriktionen/Friktionen in der Umsetzung")
- Die Strategie muss geeignet sein, Erfolgspotenziale aufzubauen, die in der jeweiligen Umfeldsituation wichtig sind („strategisches Fitting").
- Die Strategie muss durch die abgeschätzten Wirkungen auf Risiko, Rentabilität und Umsatzwachstum belegbar zu einer Steigerung des Unternehmenswerts führen („plausibles Wertsteigerungspotenzial").

Außerdem sollte berücksichtigt werden, dass eine Strategie nur dann erfolgreich sein kann, wenn sie auch zur Umsetzung bzw. Anwendung kommt. Die Umsetzungskraft des Unternehmens – und hier vor allem die der maßgeblichen Führungs- und Entscheidungsträger („kulturelles Fitting" – ist daher für den Erfolg wesentlich.

6.3.2 Strategische Spezialprobleme

6.3.2.1 Strategische Spezialprobleme: Spieltheorie und Reaktion der Wettbewerber

In oligopolistischen Märkten haben spieltheoretische Überlegungen auch im Kontext der Unternehmensstrategie eine erhebliche Bedeutung. Mit Hilfe spieltheoretischer Verfahren sollen die Reaktionen von Wettbewerbern auf die eigenen Aktivitäten abgeschätzt und in den eigenen Entscheidungen berücksichtigt werden. Auch wenn bisher die Spieltheorie durch ihre restriktiven Annahmen und die relativ hohe mathematische Komplexität in der Regel nicht in der Lage ist, detaillierte und quantifizierte Strategievorschläge abzuleiten, ist sie jedoch als Denkrahmen in allen Situationen zu empfehlen, in denen sich Unternehmen mit einer überschaubaren Anzahl von Wettbewerbern auseinander setzen. Aus Sicht der Spieltheorie sollte eine strategische Entscheidung ein so genanntes „Nash-Gleichgewicht" anstreben, das dadurch gekennzeichnet ist, dass keiner der Konkurrenten seinen Erfolg durch die einseitige Änderung der Strategie verbessern kann. Bei einem derartigen Nash-Gleichgewicht haben also alle Wettbewerber die jeweils bestmögliche Reaktion auf die Strategie der anderen gewählt. Schon sehr einfache Erkenntnisse der Spieltheorie helfen, unternehmerische Entscheidungen zu verbessern[121]. Eine wichtige Erkenntnis der Spieltheorie ist beispielsweise, dass unumkehrbare Entscheidungen trotz ihrer offensichtlichen Einschränkung der Flexibilität durchaus unternehmerisch sinnvoll sein können. Unumkehrbare Entscheidungen sind sehr starke Signale für die Wettbewerber mit der Konsequenz, dass das Verhalten der Wettbewerber beeinflusst wird. Beispielsweise sind hohe Investitionen (in Marke oder Produktionskapazität) für die Wettbewerber so zu interpretieren, dass das Unternehmen auch langfristig im Markt bleiben möchte und auf Grund der aufgebauten Kapazitäten und der Marke bereit ist, auch den Preiswett-

---
[121] Vgl. als Zusammenfassung einige Ratschläge der Spieltheorie, GLEIẞNER, 2000, S. 207-215.

bewerb zu akzeptieren. Dies wirkt als Markteintrittshemmnis für neue potenzielle Wettbewerber und hat somit eine rentabilitätssteigernde Wirkung.

Grundsätzliche Erfordernis für eine spieltheoretisch angelegte Betrachtung einzelner Konkurrenten und ihrer Reaktion ist – wie auch in der traditionellen Marketingpolitik – eine möglichst präzise Analyse dieser Unternehmen. Folgende Orientierungsfragen sind geeignet, die Wettbewerber besser einzuschätzen:

- Welches sind die zentralen Erfolgsfaktoren des Wettbewerbers – insbesondere seine Kernkompetenzen und Wettbewerbsvorteile?
- Welche Geschäftslogik unterstellt der Wettbewerber für die Branche?
- Welche Ziele verfolgt der Wettbewerber (insbesondere hinsichtlich Rentabilität, Risiko und Wachstum)?
- Wie ist die momentane strategische Ausrichtung des Wettbewerbers zu beschreiben, und welche strategischen Handlungsalternativen besitzt er?

Gerade die Überlegungen der Spieltheorie verdeutlichen zudem nachdrücklich, dass bei strategischen Entscheidungen zwei grundlegend verschiedene Arten von Unsicherheit zu berücksichtigen sind:

- Unsicherheit über die Entwicklung exogener Umfeldfaktoren (Trends) und
- Unsicherheit über die Strategien von Wettbewerbern, Kunden oder Lieferanten, die wiederum von den eigenen Entscheidungen abhängen.

6.3.2.2 Strategische Spezialprobleme: Risikopolitik[122]

Risikomanagement wurde in der Vergangenheit primär dem operativen Management zugeordnet. Bei der Betrachtung des Risikomanagements dominierten auch eher operative Themen, wie die Optimierung des Versicherungsschutzes unter Kostengesichtspunkten, Notfallpläne für den Fall eines Brandes oder interne Kontrollsysteme zum Schutz vor Untreue.

Durch das Kontroll- und Transparenzgesetz (KonTraG) von 1998 und die zunehmende Etablierung einer wertorientierten Unternehmensführung gewinnt die strategische Dimension des Risikomanagements an Bedeutung. Wertorientierte Unternehmenssteuerungssysteme zeigen, dass Risiken – über den Diskontierungsfaktor der zukünftigen freien Cash-Flows – den Unternehmenswert und damit die primäre Zielgröße der strategischen Planung maßgeblich mitbestimmen. Das KonTraG fordert zudem die Früherkennung von bestandsgefährdenden Risiken, und das sind häufig diejenigen, die den Erfolg der Unternehmensstrategie als Ganzes – speziell die Erfolgspotenziale des Unternehmens – bedrohen.

---

122 Vgl. GLEIßNER, 2000c.

Strategisches Risikomanagement umfasst alle unternehmerischen Maßnahmen des Umgangs mit Risiken, die auf eine nachhaltige Steigerung des Unternehmenswertes (Erfolg) abzielen. Damit ist das strategische Risikomanagement Bestandteil der strategischen Unternehmensführung.

Im Kontext eines strategischen Risikomanagements sind insbesondere die folgenden vier Fragen zu beantworten (vgl. vertiefend Absatz 9.2):

- Welche Faktoren bedrohen Erfolg und Erfolgspotenziale?
- Welche Kernrisiken soll das Unternehmen selbst tragen?
- Welche Eigenkapitalausstattung ist als „Risikodeckungspotenzial" nötig?
- Welches (risikoorientierte) Performancemaß ist Basis der Unternehmenssteuerung?

Die Risikopolitik ist der Teil der Unternehmensstrategie, der explizit Aussagen zum Umgang mit Risiken trifft und setzt damit auch die Rahmenbedingungen für den Aufbau von Risikomanagement-Systemen. Die Formulierung von risikopolitischen Grundsätzen, die in der Risikopolitik zusammengefasst werden, gehört auf Grund ihrer strategischen Bedeutung zu den Aufgaben der Unternehmensführung.

Die Risikopolitik muss dabei insbesondere folgende Aufgaben erfüllen:

- Sie muss ein Entscheidungskriterium (Erfolgsmaßstab) benennen, das ein Abwägen von Rendite und Risiko ermöglicht (z. B. Unternehmenswert).

- Sie muss Obergrenzen (Limit) für den Gesamtrisikoumfang des Unternehmens, das angestrebte Rating und die daraus abgeleitete Relation von Risikodeckungspotenzial (Eigenkapital und Liquiditätsreserven) zum Risikoumfang benennen.

- Schließlich sollte in der Risikopolitik fixiert sein, welche Risiken die Unternehmensführung als strategiebedingt unvermeidlich akzeptiert („Kernrisiken") und welche Risiken tendenziell (unter Berücksichtigung der Kosten) sinnvoll auf Dritte überwälzt werden sollen („Randrisiken").

Eine beispielhafte Formulierung für eine Risikopolitik ist nachfolgend aufgeführt:

Risikopolitik der Cash & Value AG

1. *Die Strategie der Cash & Value AG ist konsequent wertorientiert; der Unternehmenswert ist also das primäre Unternehmensziel. Das Unternehmen ist bereit, unternehmerische Risiken einzugehen, sofern die aus den Geschäftsaktivitäten erwarteten Renditen über den risikoabhängigen Kapitalkostensätzen liegen.*

2. *Das Risikomanagement-System soll Chancen und Gefahren (Risiken) gemeinsam betrachten und diese gegeneinander abwägen.*

3. *Die Risikopolitik der Cash & Value AG geht von der Grundposition aus, dass das dem Unternehmen zur Verfügung stehende Risikodeckungspotenzial – insbesondere also das Eigenkapital und die Liquiditätsreserve – mindestens dem vorhandenen aggregierten Risikoumfang entspricht. Dabei wird ein externes Rating von A angestrebt.*

4. *Als wesentlicher Werttreiber zur Steigerung des Unternehmenswertes in den nächsten fünf Jahren ist die Umsatzsteigerung durch (a) die Einführung unser neuen Produktlinie und (b) die Erschließung des amerikanischen Marktes anzusehen. Die Möglichkeiten einer Erhöhung der Rentabilität bzw. der gezielten Reduzierung des Unternehmensrisikos werden dagegen als relativ beschränkt eingeschätzt. Im Grundsatz zielt die Risikopolitik darauf ab, die Erhöhung der Risikoposition durch den Eintritt in den amerikanischen Markt durch risikosenkende Maßnahmen an anderen Stellen (z. B. Transfer von Währungsrisiken und Substitution von fixen durch variable Kosten) konstant zu halten.*

5. *Unternehmerische Kernrisiken, insbesondere also die Risiken von Seiten des Marktes (z. B. Nachfrageschwankungen) und die Forschungs- und Entwicklungsrisiken, wird das Unternehmen selbst tragen. Alle nicht zu diesen Kerntätigkeitsfeldern des Unternehmens gehörenden Risiken, die Randrisiken wie z. B. Währungs-, Haftpflicht- oder Sachschadensrisiken, will das Unternehmen auf Dritte übertragen.*

6. *Im Rahmen der Risikopolitik definiert der Vorstand folgende Limite als Obergrenzen für einzelne Risiken:*
   - *Derivate werden grundsätzlich nur eingesetzt, um Absicherungen (z. B. bzgl. Wechselkurs- und Rohstoffpreisschwankung) vorzunehmen.*
   - *Bürgschaften zugunsten Dritter sind unzulässig.*
   - *Nicht abgesicherte Währungspositionen dürfen 10 % des budgetierten Jahresumsatzes nicht überschreiten.*
   - *Die Abhängigkeit von einem einzelnen Kunden soll 10 % des Gesamtumsatzes nicht überschreiten.*
   - *Die Eigenkapitalquote des Unternehmens soll mindestens 40 % der Bilanzsumme betragen. Die erwartete Zinsdeckungsquote soll mindestens 400 % betragen. Außerdem soll das Eigenkapital mindestens das Achtfache des Value-at-Risk (95-Prozent-Niveau) des EBIT betragen.*

6.3.2.3 Strategische Spezialprobleme: Netzwerkeffekte

In manchen Branchen gewinnen Netzwerkeffekte strategische Bedeutung. Von einem Netzwerkeffekt spricht man dann, wenn der Wert für einen einzelnen Nutzer mit der Gesamtzahl der Nutzer wächst.[123] In der Volkswirtschaft spricht man hier von einem

---

[123] Vgl. GOOLSBEE, 2001.

„positiven externen Effekt". Netzwerkeffekte führen zu einer positiven Rückkopplungsschleife, weil mit jeder Zunahme der Anzahl der Nutzer eines Produkts der potenzielle Nutzen steigt, was wiederum zu einer Zunahme der Anzahl der Produktnutzer führt. Wenn mehrere Produkte mit Netzwerkeffekten konkurrieren, hat dies wesentliche strategische Implikationen:

- Es gilt in einer Branche mit Netzwerkeffekten möglichst als Pionier in den Markt einzutreten, um eine große Anzahl von Nutzern auf sich zu konzentrieren („First mover advantage").

- Zudem sollten die Erwartungen potenzieller Kunden dahingehend beeinflusst werden, dass sich das eigene Produkt letztlich durchsetzen wird, und diese Aussage ist durch geeignete Signale (z. B. Investitionen in die Marke, frühzeitige Ankündigung weiterer Entwicklungen) zu untermauern.

- Um möglichst schnell viele Nutzer für das eigene Produkt zu gewinnen, sollten die Eintritts- bzw. Kaufhürden möglichst niedrig, die Wechselkosten aber relativ hoch sein.

- Schließlich sollten Markteintrittshemmnisse für neue Anbieter ausgebaut werden.

Eng mit der Netzwerkthematik verbunden ist das Konzept der kritischen Masse.[124] Netzwerkeffekte führen dazu, dass das Produkt, das bereits die meisten Nutzer/Käufer hat, seinen Vorsprung immer weiter ausbauen wird. Maßgeblich hierfür ist neben objektiven Nutzenvorteilen häufig auch die Weiterempfehlung und die Risikoaversion der Menschen: Menschen verhalten sich so, wie sie dies von anderen sehen oder erwarten. Gerade risikoscheue Menschen neigen zu diesem Verhalten, weil sie davon ausgehen, dass das Produkt, das die anderen kaufen, sich besonders bewährt hat. COOL nennt folgende Kriterien, die Hinweise darauf geben, ob der Wettbewerb eines Marktes (Erfolg) vom Erreichen einer kritischen Masse maßgeblich bestimmt wird:

- Eine Beurteilung des Produkts vor dem Kauf ist nicht möglich, sodass sich potenzielle Kunden an Empfehlungen, Reputation oder Marktanteilen der Anbieter orientieren.

- Das Produkt ist langlebig, was dazu führt, dass potenzielle Käufer sich eher risikoavers verhalten und bewährte Produkte nutzen.

- Das Vorliegen von Netzwerkeffekten führt dazu, dass das meistgenutzte Produkt einen objektiven Mehrnutzen bietet.

- Hohe Erprobungskosten und die Irreversibilität eines Kaufs führen ebenfalls zu einem eher risikoaversen Verhalten der Bevorzugung der marktführenden Produkte.

- Größendegressionseffekte führen zu Kosten- und damit Preisvorteilen.

---

124 Vgl. COOL, 2001.

Da Unternehmen, die die kritische Masse nicht erreichen – und in manchen Märkten wird nur ein Unternehmen diese kritische Masse erreichen –, einen Werteverzehr erleiden, gilt es Strategien zu entwickeln, die hier zu einem Erfolg führen. Relativ einfach ist in einer derartigen Situation die Herausforderung für den Marktführer. So lange seine Wettbewerber nicht durch eine grundlegende Innovation die Gesetzmäßigkeiten des Marktes völlig verändern, wird der Marktführer weiter erfolgreich bleiben, solange er sich nur genauso verhält wie seine Wettbewerber. Besonders absichern kann sich der Marktführer dann, wenn es ihm gelingt, sein eigenes Produkt als Standard zu etablieren. Entsprechend schwierig ist in einem derartigen Markt die Lage für alle anderen Wettbewerber. Offensichtlich muss jedes Unternehmen zumindest versuchen, möglichst schnell neue Kunden für sein Produkt (sein Netz) zu gewinnen und die Treue der vorhandenen Kunden zu steigern. Hier kann es sehr hilfreich sein, wichtige Referenzkunden zu gewinnen. Auch die Reduzierung des Risikos für einen potenziellen Neukunden (z. B. durch niedrige Einstiegskosten) ist ein wesentlicher Aspekt der Strategie in einem vom kritischen Masseeffekt dominierten Markt. Um den Kunden zu signalisieren, dass das eigene Produkt auch langfristig erfolgreich sein wird, gilt es, die diesbezüglichen Erwartungen der Kunden zu stärken – dies gelingt beispielsweise durch hohe Werbeausgaben in den Aufbau einer Marke, hohe Investitionen in Produktentwicklungen und die frühzeitige Ankündigung neuer Produktvarianten.

6.4 Umsetzung: Orientierungsfragen einer Unternehmensstrategie

Zusammenfassend lässt sich sagen, dass sich erfolgreiche Unternehmensstrategien in ihrem Kern sehr häufig durch vier wesentliche Charakteristika auszeichnen:

1) Sie konzentrieren sich in attraktiven Tätigkeitsfeldern auf zentrale Kundenprobleme und schaffen hier eine klare **Differenzierung** von den Wettbewerbern.
2) Sie bauen **Kernkompetenzen** auf, die langfristig wertvoll sind.
3) Sie vermeiden unnötige **Risiken**.
4) Sie gestalten die Prozesse der **Wertschöpfungskette** unter Beachtung strategischer Vorgaben möglichst einfach und effizient.

Erster Schritt bei der Entwicklung einer „strategischen Konzeption" ist die Entwicklung der Portfoliostrategie, also die Auswahl der grundsätzlich relevanten strategischen Geschäftseinheiten (oder Geschäftsfelder innerhalb einer SGE). Es empfiehlt sich hierzu, zunächst alle tatsächlich vorhandenen strategischen Geschäftseinheiten (und gegebenenfalls konkret geplante) mittels Marakon-Matrix und Markt-Portfolio-Analyse zu bewerten. Diejenigen strategischen Geschäftseinheiten, die so eine günstige Zukunftsprognose erhalten, werden ausgewählt. Für sie wird im zweiten Schritt eine detaillierte Geschäftsstrategie entwickelt und in allen wesentlichen Kernpunkten fixiert.

Dies sind auf der Ebene der grundlegenden Annahmen insbesondere:

- Annahmen über die Erfolgsfaktoren und ihre Zusammenhänge (Geschäftslogik),
- Zukunftstrends und ihre Konsequenzen für das Unternehmen,
- Positionierung der Geschäftsfelder im Marktportfolio,
- strategische Bilanz (Stärken – Schwächen – Profil) und
- aktuelle Ausprägung der Werttreiber und Hypothesen über mögliche Wertsteigerungspotenziale.

Aus diesen Erkenntnissen wird hergeleitet, wie die Unternehmensstrategie zukünftig aussieht. Dabei sollte man sich bezüglich der Inhalte am Strategiequadraten orientieren. Das bedeutet, dass vor allem Aussagen zu treffen sind über

- Kernkompetenzen,
- Geschäftsfelder und Wettbewerbsvorteile,
- Gestaltung der Wertschöpfungskette und
- strategische Stoßrichtung (Optimierung der Werttreiber).

Für die Herleitung der Unternehmensstrategie kann es sinnvoll sein, sich an folgenden Fragen zu orientieren:

1) **Kernkompetenzen**: Welche Kernkompetenzen hat das Unternehmen bereits, und welche vorhandenen Stärken könnten zu Kernkompetenzen ausgebaut werden? Welche Kernkompetenzen sind auf Grund der identifizierten Trends im Umfeld des Unternehmens zukünftig maßgeblich?

2) **Geschäftsfelder und Wettbewerbsvorteile:** Auf welchen Geschäftsfeldern zahlen sich die (Kern-)Kompetenzen und sonstigen Erfolgspotenziale des Unternehmens besonders aus? Welche sind auf Grund der Umfeldbedingung (Wettbewerbskräfte, Strategien und Positionierung der Wettbewerber) auch ausreichend attraktiv? Welches sind die zentralen Probleme oder Wünsche der Kunden? Bezüglich welcher für die Kunden maßgeblichen Kaufkriterien können prinzipiell Wettbewerbsvorteile aufgebaut werden? Welche dieser potenziellen Wettbewerbsvorteile sind in Anbetracht der Erfolgspotenziale und insbesondere der Kernkompetenzen des Unternehmens realistisch und nachhaltig verteidigbar?

3) **Wertschöpfungskette:** Welche Wertschöpfungsaktivitäten sind in Anbetracht der Geschäftsfelderwahl prinzipiell erforderlich? Welche sind in Anbetracht der angestrebten Wettbewerbsvorteile (vgl. Punkt 2) wichtig und zugleich durch die eigenen (Kern-) Kompetenzen überdurchschnittlich gut abzudecken? Bezüglich welcher Wertschöpfungs-aktivitäten bestehen so gravierende Schwächen, dass hierfür geeignete Kooperationspartner gesucht werden müssen?

4) **Strategische Stoßrichtung:** Durch welche Veränderung der Werttreiber (Umsatzwachstum, Risiko, Kapitalumschlag, EBIT-Marge) ist die größte Wirkung auf

den Unternehmenswert zu erwarten? Welche Veränderungen dieser Werttreiber sind realistisch, und welche Maßnahmen sind dafür erforderlich?

Nachdem die Strategie fixiert ist, sollte sie anhand von „strategischen Grundsätzen", die als Zusammenfassung der wichtigsten Erkenntnisse der Erfolgsfaktorenforschung aufzufassen sind, überprüft werden. Die Konsequenzen der Strategie für die primären Werttreiber sind abzuschätzen, um daraus den „FutureValue" oder Wertbetrag der Strategie abschätzen zu können.

Entscheidend für die Dokumentation der Strategie ist, dass nachvollziehbar wird, wie aus den grundlegenden Annahmen (z. B. Annahmen über Zukunftstrends, Stärken und Schwächen des Unternehmens) auf bestimmte Eckpunkte der Unternehmensstrategie geschlossen wird. Zudem ist darauf zu achten, dass alle zentralen Aspekte der Unternehmensstrategie diskutiert werden. Eine detaillierte Planung der Umsetzung der Unternehmensstrategie erfolgt später.

Ein häufiges Problem bei der Weiterentwicklung einer bestehenden Unternehmensstrategie ist darin zu sehen, dass grundsätzlich nicht ausreichend transparent ist, welche Veränderungsdimensionen überhaupt bestehen. Einen Ansatz, um dieses Problem zu lösen, stellt die Methodik der strategischen Positionierung dar[125]. Die Operationalisierung einer Unternehmensstrategie anhand klar umrissener Strategiedimensionen ermöglicht es, eine Unternehmensstrategie zu beschreiben und Ähnlichkeiten zwischen Strategien zu messen. Die Charakterisierung einer Unternehmensstrategie anhand eines solchen Bewertungsrasters ist zwingende Voraussetzung, um unterschiedliche Strategien miteinander vergleichen zu können. Das von GLEIßNER (2003) entwickelte Messsystem für strategische Dimensionen bewertet die gegenwärtige Ausprägung (Ist) und die geplante Ausprägung der Unternehmensstrategie (Soll) anhand der folgenden 14 Dimensionen:

a) **Kernkompetenzen:**
- Standardisierungsgrad: Standardisierung versus Individualität,
- Innovationsorientierung: Imitation versus Innovation,
- Kostenorientierung: Kostenorientierung versus Qualitätsorientierung,
- Fokus: strategische Kompetenz versus operative Kompetenz.

b) **Geschäftsfelder und Wettbewerbsvorteile:**
- Leistungsbreite: Konzentration versus Diversifikation,
- Wettbewerbsverhalten: defensiv versus offensiv,
- Preisorientierung: Preisführerschaft versus Differenzierung,
- Marketingschwerpunkt: Vertriebsorientierung versus Produktorientierung.

c) **Strategische Stoßrichtung:**
- Wachstumsorientierung: Wachstum versus Konsolidierung,

---

[125] Vgl. GLEIßNER, 2003.

- Risiko-Rendite-Profil: risikovermindernd versus renditesteigernd,
- Shareholder- versus Stakeholderorientierung.

d) **Wertschöpfungskette:**
- Spezialisierungsgrad: spezialisierte Ressourcen versus universelle Ressourcen,
- Flexibilitätsgrad: Starre Auslastung versus Flexible Auslastung,
- Wertschöpfungstiefe: Wertschöpfungsautarkie versus Wertschöpfungsverbund.

Auf Basis dieser 14 Strategiedimensionen ist es möglich, die heutige und die zukünftig angestrebte strategische Ausrichtung des Unternehmens zu beschreiben. Ein derartiger Ansatz ist auch eine sinnvolle Vorbereitung bei der Entwicklung einer Balanced Scorecard. Es ist vergleichsweise einfach, Kennzahlen zu definieren, um die Positionierung des Unternehmens zwischen den gegensätzlichen Polen einer Strategiedimension zu bestimmen. Auch für den Vergleich der eigenen Unternehmensstrategie mit derjenigen von Wettbewerbern kann dieses Instrument einer strategischen Positionierung genutzt werden. Insgesamt ist der Ansatz der strategischen Positionierung anhand standardisierter Dimensionen ein relativ einfach einsetzbares Hilfsmittel, um Strategien zu strukturieren und insgesamt „greifbarer" zu machen (vgl. für eine Softwareumsetzung: www.strategie-navigator.de).

Nach der Bearbeitung dieses Moduls sollten folgende Ergebnisse vorliegen:

- Die vorhandenen Kernkompetenzen und die geplante Weiterentwicklung des Kompetenzprofils des Unternehmens sind fixiert.
- Die zukünftigen Tätigkeitsfelder (Geschäftsfelder) des Unternehmens sind abgeleitet.
- Die in jedem Geschäftsfeld angestrebten Wettbewerbsvorteile sind fixiert.
- Die grundlegende Gestaltung der Wertschöpfungskette ist beschrieben.
- Die strategische Stoßrichtung – also die Priorisierung des Handlungsbedarfs bezüglich der Werttreiber – ist fixiert.
- Die wichtigsten strategischen Maßnahmen sind skizziert.
- Die Strategie als Ganzes ist im Hinblick auf ihren Beitrag zum Unternehmenswert (bzw. dem FutureValue) bewertet.
- Die Unternehmensstrategie ist im Hinblick auf ihre Konsistenz und ihre Durchführbarkeit überprüft.

Die Ergebnisse aus der strategischen Konzeption werden in folgenden Modulen wieder aufgegriffen:

Sämtliche grundlegenden Aussagen zur Unternehmensstrategie dienen als Grundlage für die detaillierte Ausarbeitung von Kompetenzen, Organisation, Finanz- und Risikopolitik sowie Marketing und Vertrieb (vgl. Module 7, 8, 9, 10).

Modul 6: Strategische Konzeption

Nachdem in diesem 6. Modul die Entwicklung einer strategischen Konzeption nach dem FutureValue-Ansatz beschrieben wurde, befassen sich die folgenden vier Kapitel (Module 7-10 des FutureValue-Ansatzes) mit Vertiefungen bzw. Präzisierungen zu den vier Hauptthemenfeldern (Strategiequadranten) (vgl. Abbildung 48). Dabei wird zunächst (Modul 7) die Operationalisierung und Entwicklung des Kompetenzprofils betrachtet. Anschließend wird in Modul 8 die Vorgaben der Strategie (Gestaltung der Wertschöpfungskette) hinsichtlich ihrer Konsequenzen für die Aufbau- und Ablauforganisation eines Unternehmens beleuchtet. Basierend auf der Aussage der Unternehmensstrategie hinsichtlich des Werttreibers „Risiko" (strategische Stoßrichtung) beschäftigt sich das Modul 9 „Finanz- und Risikomanagement" mit Risikomanagement, Finanzierung und Rating. Im Modul 10 „Kunden und Markt" werden die bereits im Kontext von „Geschäftsfeldern und Wettbewerbsvorteilen" angesprochenen Aspekte bezüglich der Entwicklung von Marketing und Vertriebsstrategien vertieft.

Modul 7: Kompetenzentwicklung[126]

7.1 Kernkompetenzen operationalisieren

7.1.1 Kompetenzprofile von Unternehmen

Schon im Kontext des Moduls zur strategischen Konzeption wurde deutlich, dass die Kernkompetenzen quasi als Seele und Eckpfeiler der Unternehmensstrategie (Modul 6) angesehen werden müssen. In dem im Folgenden beschriebenen 7. Modul des Future-Value-Ansatzes werden Grundlagen für die Operationalisierung und Beschreibung von Kompetenzen vorgestellt. Darauf aufbauend wird mit dem so genannten „Kompetenzmodell" ein praxisbewährtes Verfahren erläutert, welches für eine gezielte Weiterentwicklung der Kompetenzen des Unternehmens genutzt werden kann. Das Kompetenzmodell stellt dabei die Verbindung zwischen dem Kompetenzprofil des Unternehmens als Ganzes und den Kompetenzprofilen jedes einzelnen Mitarbeiters her.

Der Auf- und Ausbau von *Kernkompetenzen* ist eine zentrale Aufgabe der strategischen Unternehmensführung. Daher ist es zunächst erforderlich, die vorhandenen oder angestrebten Kompetenzen möglichst präzise zu beschreiben und so ein „Kompetenzprofil" des Unternehmens zu erstellen, aus dem eine (selten mehrere) Kernkompetenz abgeleitet werden kann. Dabei ist zu beachten, dass eine Kernkompetenz nicht das ist, was das Unternehmen am Besten kann, sondern folgende Anforderungen erfüllen muss:

- Nutzenbeitrag
- Seltenheit und Verteidigungsfähigkeit
- Übertragbarkeit

Wir unterstellen drei Aspekte des Kompetenzprofils:

- Kompetenztyp,
- Kompetenzstruktur und
- Kompetenzschwerpunkt.

7.1.2 Kompetenztyp

Im Allgemeinen ist es für Unternehmen auf Grund der deutlich differierenden Anforderungen an die Kompetenzen sinnvoll, konsequent eine von zwei möglichen strategi-

---
126 Von Werner GLEIßNER.

schen Alternativen bei der Gestaltung der Wertschöpfungskette zu wählen: Entweder sie konzentrieren sich selbst auf die eigenständige Produktion bestimmter Produkte oder Leistungen („Teile-Fertiger"), oder sie kombinieren, koordinieren bzw. montieren die zugekauften Leistungen hochspezialisierter Zulieferer („Kombinierer"). Außerdem ist es meist zweckmäßig, die Wertschöpfungskette entweder auf die Erstellung von Individuallösungen oder von Serien- bzw. Massenprodukten auszurichten. Beispielsweise erfordert der Anbieter von Individuallösungen hohe Kompetenz bei der ständig neuen Umsetzung von individuellen Kundenwünschen. Dagegen ist es bei Massenproduktion wichtig, einmalig ein Produktionssystem optimal zu konzipieren und aufbauen zu können, um möglichst hohe Effizienz zu erreichen.

Man kann vier typische **Kompetenztypen** von Unternehmen unterscheiden[127]:

Kompetenztypen	„Kombinierer"	„Teile-Fertiger"
Individuallösungen	„Individual-Kombinierer"	„Individual-Fertiger"
Serien- und Massenprodukte	„Serien-Kombinierer"	„Serien-Fertiger"

Abbildung 50: Kompetenztypen

7.1.3 Kompetenzstruktur

Neben der Beurteilung des grundlegenden Kompetenztyps des Unternehmens, bietet sich für eine umfassende Beurteilung ergänzend eine Bewertung der einzelnen Abschnitte der Wertschöpfungskette hinsichtlich Erfolgsrelevanz (Wichtigkeit) sowie Stärken bzw. Schwächen an (Kompetenzstruktur). Da Unternehmen ausreichende Leistungsfähigkeit bei Entwicklung, Herstellung und Vertrieb benötigen, müssen in allen drei Bereichen der Wertschöpfungskette wenigstens Mindestanforderungen erfüllt werden. Schon eine besondere Stärke in einem oben genannten Abschnitt der Wertschöpfungskette kann dagegen ausreichend sein.

Bei dem Unternehmen, dessen Wertschöpfungskette in obiger Tabelle beschrieben ist, erkennt man eine zentrale Kompetenz, die auch die Anforderungen an eine Kernkompetenz erfüllt. Von den beiden Schwächen muss eine – nämlich die bezüglich der Kundenansprache – wegen der hohen Erfolgsrelevanz als gravierend angesehen werden. Hier besteht Handlungsbedarf.

---

127 Vgl. vertiefend GLEIßNER, 2000, S. 43-44.

… Kernkompetenzen operationalisieren 173

Wertschöpfungsaktivität	Erfolgsrelevanz	Stärke – Schwäche	Kernkompetenz
Forschung & Entwicklung	■■	0	
Kundenidentifikation	■	0	
Kundenansprache	■■■	–	
Auftragsaquisition	■	–	
Einkauf, Eingangslogistik	■	0	
Fertigung – Stufe 1	■■■	++	ja!
Fertigung – Stufe 2	■	+	
Ausgangslogistik	■	0	
Service, Kundendienst	■	0	
Faktura, Mahnwesen	■	0	
Allgemeine Verwaltung	■	0	

gering / mittel / stark
– – sehr schwach / – schwach / 0 mittel / + stark / ++ sehr stark

Abbildung 51: Kompetenzstruktur der Wertschöpfungskette (Beispiel)

Unter Risikogesichtspunkten kann man dann von einer stabilen Kompetenzstruktur der Wertschöpfungskette ausgehen, wenn sie in möglichst mehr als einem Bereich erfolgsrelevante Kompetenzen aufweist, also beispielsweise sowohl im Bereich „Marketing und Vertrieb" wie auch im Bereich „Forschung und Entwicklung". Bei solchen „mehrgipfligen" Kompetenzprofilen kann man davon ausgehen, dass gleichzeitige Bedrohungen mehrerer unterschiedlicher Kompetenzbereiche eher unwahrscheinlich sind.

Analog eines üblichen Marktportfolios kann man mit einem „Wertschöpfungsportfolio" (Kompetenzportfolio) arbeiten, auf das die Dimensionen „relative Kompetenz" und „strategische Bedeutung" der Wertschöpfungsaktivität aufbauen, und so entscheiden, auf welche Wertschöpfungsaktivitäten sich ein Unternehmen konzentrieren sollte.

Bestehende Kompetenzlücken können durch Kooperationen abgedeckt werden. Entscheidet sich ein Unternehmen im Rahmen der „Make or buy-Entscheidung" bei der Gestaltung der Wertschöpfungskette hinsichtlich einer bestimmten Wertschöpfungsaktivität für das Outsourcing, weil beispielsweise die eigene Kompetenz in diesem Bereich als unbefriedigend eingeschätzt wird, führt dies nicht zwangsläufig zu einer reinen Marktlösung, also dem Zukauf entsprechender Produkte und Dienstleistungen auf einem anonymen Markt. Eine Zwischenstufe zwischen dem Zukauf auf dem anonymen Markt und dem Selbsterbringen einer bestimmten Wertschöpfungsaktivität stellt eine Kooperation mit anderen Unternehmen dar. Eine derartige Kooperation ermöglicht es, ergänzende Fähigkeiten von Partnern zu nutzen und zugleich relativ stabile Bindungen aufzubauen. Die Stabilität einer Kooperation sollte jedoch auch nicht überschätzt werden, da sie wesentlich davon abhängt, inwieweit die wirtschaftlichen Eigeninteressen der weiterhin selbständigen Kooperationspartner für beide Seiten die Kooperation ausreichend attraktiv erscheinen lässt. Durch eine Kooperation gelingt es, Defizite eines Unternehmens bei den eigenen Kompetenzen auszugleichen, vergleichsweise schnell notwendige Kompetenzen und Ressourcen für die eigene Wertschöpfung zu erhalten und die Kosten bzw. Kapitalbindung zu reduzieren.

Sonderformen der Kooperationen sind strategische Allianzen oder strategische Netzwerke, bei denen zwei oder mehrere Unternehmen einen Teil ihrer individuellen Entscheidungskompetenz auf ein gemeinsames Koordinationskremium übertragen.

7.1.4 Kompetenzschwerpunkte

Bezüglich der inhaltlichen Aspekte der Unternehmenskompetenzen kann man verschiedene Kompetenzschwerpunkte von Unternehmen ermitteln. Es zeigt sich in empirischen Untersuchungen, dass unterschiedliche Schwerpunkte in unterschiedlicher Art und Umfang zum Unternehmenserfolg beitragen[128]. Aufbauend auf der Strukturierung von JENNER kann man die folgenden Kompetenzschwerpunkte unterscheiden:[129]

1. Vertriebskompetenz
Das Unternehmen verfügt über spezifische Vermarktungsfähigkeiten, z. B. bei der Kundenkommunikation, außerdem besteht sehr guter Zugang zu Distributionswegen, und es gibt einen leistungsfähigen Vertrieb, der in der Lage ist, potenzielle Kunden zu identifizieren, gezielt anzusprechen und von der Leistungsfähigkeit des eigenen Unternehmens und seiner Produkte zu überzeugen.

2. Kundennähe
Das Unternehmen pflegt enge Kundenkontakte und stellt eine laufende – auch emotional geprägte – Betreuung des Kunden sicher. Es differenziert sich in wesentlichen Punkten von den Wettbewerbern, insbesondere auch auf der Beziehungsebene. Das Unternehmen ist in der Lage und Willens, Kundenwünsche präzise und schnell zu analysieren und darauf Lösungsvorschläge auszuarbeiten.

---

[128] Vgl. JENNER, 1999.
[129] GLEIßNER, 2003a.

3. Flexibilität

Das Unternehmen ist in der Lage, auf unvorhergesehene Markt- und sonstige Veränderungen des Umfeldes schnell zu reagieren und sich anzupassen. Insbesondere gibt es sehr kurze Entwicklungszeiten (time to market). Auf Kundenanfragen kann schnell reagiert werden; die Lieferzeiten und die Lieferzuverlässigkeit sind hoch. Die Organisation unterstützt schnelle Entscheidungen. Außerdem hat das Unternehmen die Fähigkeit, unterschiedliche Leistungen und Anforderungen zu erfüllen, weil ein breites Fähigkeiten- und Kompetenzenbündel verfügbar ist.

4. Innovations- und Lernfähigkeit

Das Unternehmen hat sehr gute Frühaufklärungssysteme, die Veränderungen am Markt oder bei der Technologie schnell anzeigen. Es gibt im Unternehmen Systeme, die auf einen ständigen Auf- und Ausbau der Wissensbasis der Mitarbeiter ausgerichtet sind. Durch regelmäßige Produkt-Verfahrens- aber auch Sozialinnovationen ist das Unternehmen in der Lage, – zumindest temporär – eine Monopolstellung zu erreichen. Ein überlegenes Fach-Know-how, das beispielsweise auch durch wissenschaftlich orientierte Grundlagenforschung und Partnerschaft zur Wissenschaft abgesichert ist, ist ein wesentliches Merkmal. Auf Grund der Produktinnovation ist ein Unternehmen als Technologieführer jedoch nicht zwingend als Marktführer einzuschätzen. Typische Charakteristika solcher Kompetenzprofile sind zudem lernfähige Organisationsstrukturen, hohe Fachkompetenz sowie der Zugriff auf leistungsfähige Wissensmanagementsysteme. Eine Aufgeschlossenheit gegenüber Veränderungen und die Bereitschaft, neue Dinge auszuprobieren, sind zudem selbstverständlich.

5. Produktionskompetenz

Das Unternehmen verfügt über Fertigungssysteme, die entweder eine außergewöhnlich hohe Flexibilität oder eine außergewöhnlich hohe Effizienz aufweisen. Charakteristisch für Unternehmen mit hoher Produktionskompetenz sind hohe Integrationsgrade, hoher Automatisierungsgrad, geringe Rüstzeiten und Rüstkosten sowie technologisch führende Maschinenausstattung.

6. Qualitätskompetenz

Unternehmen mit einer hohen Qualitätskompetenz gehen davon aus, dass die Kundenzufriedenheit letztendlich von der Erfüllung von Kundenwünschen – also der Qualität im weiteren Sinne – abhängt. Eine hohe Qualitätskompetenz ist daran erkennbar, dass spezifizierte Vorgaben des Kunden mit sehr hoher Wahrscheinlichkeit erfüllt werden. Es gibt umfangreiche und wirksame Systeme der Qualitätssicherung (TQM-Gedanke, ISO9000 Zertifizierung). Auch gemäß objektiver Kriterien ist die Qualität (z. B. Zuverlässigkeit, Haltbarkeit) der erstellten Produkte und Leistung deutlich höher als die der Wettbewerber.

7. Strategische Kompetenz

Bei diesen Unternehmen existieren ausgefeilte Prozesse der Analyse von Markt, Umfeld und Unternehmen, sowie daraus abgeleitete Verfahren zur Entwicklung leistungsfähiger Unternehmensstrategien. Zentral ist die Fähigkeit, die gesetzten langfristigen Ziele auch konsequent zu verfolgen. Das Unternehmen hat also eine fundierte Strategie, die auch zielstrebig im Tagesgeschäft umgesetzt wird. Zukunftschancen werden regelmäßig analysiert und konsequent genutzt. Es gibt strategische Steuerungssysteme wie eine Balanced Scorecard, die die Umsetzung der Strategie unterstützen.

8. Kosteneffizienz

Das Unternehmen verfügt über leistungsfähige Verfahren der Budgetierung, Kalkulation und des Kostenmanagements. Diese Kompetenz ist besonders entscheidend, wenn auf Grund der hohen Austauschbarkeit von Wettbewerbsprodukten eine Differenzierung nur noch über Preise möglich ist. Unternehmen mit hoher Kosteneffizienz haben die Produktion unter Kostengesichtspunkten optimiert und zudem in den „Overhead-Bereichen" eine sehr hohe Effizienz (z. B. niedriger Anteil des Verwaltungspersonals an der Gesamtmitarbeiterzahl). Großer Wert wird beispielsweise darauf gelegt, dass die Einkaufskonditionen auf bezogenes Material und Leistungen möglichst günstig sind. Die wichtigsten Kostentreiber werden regelmäßig analysiert, um Kostensenkungspotenziale ausfindig zu machen. Auf nicht zwingend betriebsnotwendige Kosten (z. B. Präsentationen) wird verzichtet. Ebenfalls in diese Kategorie von Fähigkeiten fällt diejenige, einen kontinuierlichen Verbesserungsprozess in die Wege zu leiten und das Unternehmen regelmäßig nach Effizienzsteigerungspotenzialen zu durchsuchen.

9. Netzwerkkompetenz

Das Unternehmen verfügt über ein ausgebautes Netz von Beziehungen zu wichtigen Marktteilnehmern und anderen relevanten Stellen in der Gesellschaft. Beispielsweise gibt es hervorragende Kontakte zu Kreditinstituten oder Forschungseinrichtungen. Auch politische Kontakte haben hier eine nicht geringe Bedeutung. Ebenfalls ist die Existenz von erfolgsrelevanten Verträgen wichtig. Vorteile für das Unternehmen bestehen dadurch, dass viele Leistungen dem Unternehmen zugute kommen, ohne dass diese wirklich am Markt gekauft werden müssen. Außerdem entstehen Synergievorteile durch Kooperationen mit Partnern.

10. Markenkompetenz

Das Unternehmen verfügt über eine bekannte mit positiven Imagewerten besetzte Marke und hat die Fähigkeit, diese Marke zu pflegen und auszubauen. Diese Marke trägt zu einer erkennbaren Differenzierung gegenüber den Wettbewerbern bei und sichert einen Preissetzungsspielraum. Entscheidend hierfür sind die Fähigkeiten zur Marktforschung, zur Messung des Markenimage und zur Ableitung gezielter Kommunikationsstrategien. Insgesamt haben solche Unternehmen deutlich überdurchschnittliche Fähigkeiten im Bereich der Marktforschung und der Kommunikationspolitik.

11. Kompetenz in Finanz- und Portfoliomanagement
Unternehmen mit Kernkompetenzen im Finanz- und Portfoliomanagement generieren den Unternehmenswert durch eine Optimierung der Struktur der Aktiv- und Passivseite der Bilanz. Wichtigster Spezialfall ist die Fähigkeit, interessante potenzielle Beteiligungen zu identifizieren, den Wert zu steigern und ggf. mit hohem Gewinn wieder zu verkaufen.

12. Sachmittel- und Rechtekompetenz
Dieser Spezialfall von Kompetenzen deckt die Fälle ab, in denen ein Unternehmen durch die alleinige Verfügbarkeit bestimmter Rechte oder Sachmittel wesentliche Vorteile erwirtschaftet. Hierbei ist beispielsweise die alleinige Verfügbarkeit von Patenten ebenso denkbar wie die Verfügbarkeit von strategisch wichtigen Standorten.

Auf Grundlage der Fixierung eines angestrebten Kompetenzschwerpunktes muss in einem weiteren Schritt eine inhaltliche Präzisierung vorgenommen werden, wie am Beispiel der „Innovationsfähigkeit" erläutert wird.

Unternehmensstrategien, die auf eine technologische Führerschaft setzen und insbesondere durch Innovationen getrieben sind, findet man in fünf Varianten, die nach der Fixierung des Kompetenzschwerpunktes detailliert auszuweisen sind:

- Sicherung eines technologischen Vorsprungs durch innovative Grundlagenforschung und schnelle Produktentwicklung,
- Absicherung einer technologischen Führungsposition durch das Blockieren der Kopierbarkeit (z. B. mittels Patenten),
- Zukauf von Basis-Know-how (z. B. von Hochschulen oder anderen Unternehmen) und schnelle Umsetzung in eigene Produkte,
- Absicherung der technologischen Führerschaft durch das Setzen von Standards, an die sich alle Wettbewerber anpassen müssen,
- Öffnung der eigenen Technologie für Zusammenarbeit und Nutzung von Forschungs- und Entwicklungs-Synergien.

7.2 Unternehmenskompetenz und Mitarbeiterkompetenz – das Kompetenzmodell

Nach der Fixierung der Kompetenzschwerpunkte ist es notwendig, aus der Unternehmensstrategie, die relevanten Kompetenzen für die Mitarbeiter abzuleiten. Die hier erläuterten Kompetenzschwerpunkte helfen, eine Kompetenzentwicklungsstrategie für das Unternehmen als Ganzes festzulegen.

Bekanntermaßen basieren Kompetenzen eines Unternehmens im Wesentlichen auf den Kompetenzen einzelner Mitarbeiter und deren Zusammenspiel. Möchte man Kompetenzschwerpunkte ausbauen, gegebenenfalls gar zu Kernkompetenzen entwickeln, die ein Alleinstellungsmerkmal des Unternehmens darstellen, ist folglich eine Weiterentwicklung der Kompetenzen der einzelnen Mitarbeiter erforderlich. So genannte „Kompetenzmodelle" stellen ein bewährtes Instrument dar, um ausgehend von den Vorgaben und Anforderungen der Kompetenzentwicklungsstrategie des Unternehmens konkrete Planungen für die Weiterbildung einzelner Mitarbeiter abzuleiten.

Dabei werden die Vorgaben der Kompetenzstrategie des Unternehmens zunächst auf die einzelnen Abteilungen oder Funktionsbereiche und schließlich auf die einzelnen Mitarbeiter heruntergebrochen. Es stellt sich mithin die Frage, welche konkreten Anforderungen an einzelne Mitarbeiter zu stellen sind, wenn die vom Unternehmen angestrebte Kernkompetenz tatsächlich realisiert werden soll. Auf Grundlage des so abgeleiteten Anforderungsprofils an die Kompetenzen der einzelnen Mitarbeiter wird in einem weiteren Schritt ein Plan erstellt, der – versehen mit Terminen und Prioritäten – anzeigt, welcher persönliche Weiterbildungs- und Weiterentwicklungsbedarf bei den Mitarbeitern besteht. Betrachten wir diese Vorgehensweise im Folgenden noch etwas näher.

Im ersten Schritt sind jetzt für jeden Bereich (z. B. Abteilungen oder Stellen) des Unternehmens (personenunabhängig) Beschreibungen über die ideale Kompetenzstruktur anzulegen (so genannte Deskriptoren). Im zweiten Schritt werden dann die Fähigkeiten/Kompetenzen nach drei (oder auch mehr) Kompetenzkategorien (Qualifikationsstufen) unterteilt.

Man unterscheidet hier üblicherweise die folgenden Kategorien:

- Beginner/Einsteiger,
- Anwender,
- Könner/Experten.

Die Beginner kennen die jeweiligen Anforderungen und Inhalte, dies allerdings überwiegend theoretisch. Die Anwender haben bereits erste oder auch weitgehende Erfahrungen im jeweiligen Kompetenzfeld gemacht, während die Experten dieses Kompetenzfeld auf höchstem Niveau beherrschen und gegebenenfalls sogar weiterentwickeln können.

Die nachfolgende Kompetenzmatrix soll diese Zusammenhänge verdeutlichen:

		Einsteiger	Anwender	Experte
Output	Fachliches Wissen/Können			
	Organisatorisches Wissen/Können			
	Soziale Kompetenz			
Processing	Denkrahmen			
	Schwierigkeitsgrad			
Input	Entscheidungsrahmen			
	Wirkungsbereich			
	Wirkungsgrad			

Abbildung 52: Kompetenzmatrix (Auszug)

Hinter dem Kompetenzmodell steht also eine einfache Überlegung. Der Hebel für den zukünftigen Unternehmenserfolg hängt entscheidend von der Kompetenz der Mitarbeiter ab.

7.3 Umsetzung

Zielsetzung des Moduls ist es, die wesentlichen Kompetenzen zunächst möglichst genau zu beschreiben, um die in der Strategie grob umrissenen Fähigkeitsanforderungen und (Kern-)Kompetenzherausforderungen zu präzisieren. Auf Unternehmensebene wird die Kompetenzentwicklung beschrieben durch:

- den generellen Kompetenztyp,
- die Struktur der Kompetenzen (Zuordnung zu Wertschöpfungsschritten),
- die inhaltliche Beschreibung von einzelnen Kompetenzschwerpunkten.

Der sich daraus ergebende Entwicklungsbedarf wird auf Abteilung und Mitarbeiter heruntergebrochen. Auf Mitarbeiterebene können mittels Kompetenzmodell Beschreibungs- und Ausprägungsgrade für konkrete Fähigkeiten ausgearbeitet werden.

8 Modul 8: Strategische Organisationsgestaltung und Prozessoptimierung[130]

8.1 Strategie und Organisation

Der FutureValue-Ansatz geht im Grundsatz von einer „Structur-Follows-Strategie"-Hypothese aus, wenngleich die Interdependenz beider Aspekte nicht ignoriert wird. In dem 8. Modul werden die Grundaussage zur Wertschöpfungskette aus der strategischen Konzeption in ihren organisatorischen Konsequenzen beleuchtet. Ausgangspunkte für die Überlegungen zur strategischen Organisationsentwicklung sind somit zwangsläufig die Fixierung der Geschäftsfelder und die in ihnen jeweils angestrebten Wettbewerbsvorteile sowie die Aussagen über die grundsätzliche Gestaltung der Wertschöpfungskette der betrachteten strategischen Geschäftseinheit.

Nachfolgend wird nach einer kurzen Einführung über die Grundprinzipien der Betriebsorganisation ein Verfahren vorgestellt, welches geeignet ist, aus grundlegenden strategischen Zielen und angestrebten Wettbewerbsvorteilen auf organisatorische Entwicklungspotenziale zu schließen. Dieses Vorgehen – „Unternehmensgestaltung" genannt – verdeutlicht besonders die Durchgängigkeit der Gestaltung und Weiterentwicklung eines Unternehmens, die ausgehend von grundlegenden strategischen Themen bis in die feinsten Arbeitsabläufe einzelner Mitarbeiter reicht. Strategische Vorgaben können nur umgesetzt werden, wenn sie in der Organisation eines Unternehmens verankert werden und das tatsächliche Arbeitsverhalten der Mitarbeiter bestimmen.

8.2 Strategische Organisationsentwicklung

8.2.1 Organisation im unternehmerischen Kontext

„Organisation" ist heute nicht nur im normalen Sprachgebrauch, sondern insbesondere in der Unternehmens- und Geschäftswelt einer der meistgebrauchten und zugleich unklarsten Begriffe überhaupt. Reduziert man diese Begriffsvielfalt auf das Wesentliche, so lässt sich eine Organisation auffassen als eine *geregelte Struktur* und der Vorgang des Organisierens als das *Realisierbar- und Kontrollierbarmachen eines Ablaufs*.

Die Bedeutung der Organisation resultiert aus der immer stärkeren Arbeitsteilung. Arbeitsteilung hat zur Folge, dass die einzelnen Beschäftigten zunehmend spezialisiert

---

130 Von Werner GLEIßNER, Bernd P. MOTT, Arnold WEISSMAN.

werden und nur noch mit Teilaufgaben zur Gesamtaufgabe bzw. dem Gesamtziel der Unternehmung, z. B. der Herstellung und dem Verkauf von Autos, beitragen. Um das gemeinsame Unternehmensziel zu erreichen, ist es erforderlich, dass alle Beschäftigten mit ihren jeweiligen Teilaufgaben wirksam zusammenarbeiten. Diese Zusammenarbeit ist jedoch nicht zwangsläufig erfolgreich. Wegen der unter Umständen hohen Komplexität der Gesamtaufgabe und der folglich großen Anzahl unterschiedlicher Teilaufgaben muss diese Zusammenarbeit systematisch **organisiert** werden. Nur so kann eine erfolgreiche Zusammenarbeit sichergestellt werden.

Allein durch eine weitgehende Aufgabenteilung und eine exakte Beschreibung der Arbeitsabläufe kann eine erfolgversprechende Zusammenarbeit der Beschäftigten eines Unternehmens nicht gewährleistet werden. Das Arbeiten an einer gemeinsamen Aufgabe macht es erforderlich, Informationen zwischen Beschäftigten auszutauschen. Außerdem müssen Entscheidungen getroffen werden, die unter Umständen sehr viele Personen betreffen, und es muss die Erfüllung der jeweiligen Aufgaben durch einzelne Beschäftigte kontrolliert werden. Daher ist es notwendig, dass einige Beschäftigte – Vorgesetzte – benannt werden, denen eindeutig beschriebene Entscheidungs- und Kontrollrechte zugewiesen werden. Es kommt zum Aufbau einer **Hierarchie**, einem System von Unterstellungsverhältnissen, in dem die Vorgesetzten gegenüber ihren Untergebenen über Weisungsbefugnisse verfügen. Der Aufbau dieses hierarchischen Systems muss durch organisatorische Planung der Betriebsgegebenheiten entsprechend festgelegt werden.

Da die Planung der Organisation derart zentralen Charakter hat, ist es selbstverständlich, dass sie Bestandteil der gesamten, insbesondere der strategischen Unternehmensplanung, sein muss. Was ist aber nun der Kern der organisatorischen Planung? Die Planung der Organisation muss sich immer an zwei Hauptfragen orientieren:

- Was soll getan werden?
- Wie soll es getan werden?

Eingerahmt werden diese Fragen durch das „Wer", „Wann", „Womit" usw. Entscheidend ist jedoch immer das Ziel, also das „Produkt" und der genaue Weg dahin.

Die bewusste und gewissenhafte Planung von Organisation erscheint gerade deshalb so wichtig, weil eine gute und geplante Organisation meist wegen vermeintlich wichtigerer Betriebsnotwendigkeit (z. B. Neuinvestitionen, Auftragsabwicklung etc.) vernachlässigt wird, oft aber der Hauptfaktor für Probleme im Unternehmen und somit auch für schwindenden Erfolg ist.

So ist z. B. ein zurückgehender Gewinn nur Ausdruck einer Schwäche im Unternehmen, nie aber die Ursache selbst. Hierfür können organisatorische Mängel mit nachfolgenden Zeitverzögerungen und entsprechenden höheren Personalkosten genauso der Grund sein wie für dauernd unzufriedene Mitarbeiter, die wegen permanenter

Kompetenzstreitigkeiten an Motivation und damit an Arbeitsleistung verlieren. Der **Erfolgsfaktor Organisation** ist so zentral, dass er ein bewusstes Auseinandersetzen mit dieser oft nüchternen Materie rechtfertigt.

Von den Aufgaben der Organisation fasst man nun die zuerst angeführten, also den Aufbau einer angemessenen Hierarchie, die Aufgabenzuteilung und -abgrenzung sowie die Schnittstellenregelung zur so genannten **Aufbauorganisation** (Gestaltung von Strukturen; aufgabenbezogen) zusammen, während die Planung und Gestaltung von reibungslosen Abläufen (Gestaltung von Prozessen; ausführungsbezogen) als **Ablauforganisation** bezeichnet wird.

8.2.2 Aufbauorganisation

Eine grundlegende Aufgabe bei der Entwicklung der Aufbauorganisation ist die so genannte **Stellenbildung** durch Spezialisierung. Sie erfolgt durch eine Zusammenfassung verschiedener Aufgaben, die dann einer Person zugeordnet werden. Dabei müssen dieser Stelle alle zur Erfüllung ihrer Aufgaben benötigten Informationen und Befugnisse zugeordnet werden. Diese Übertragung von Befugnissen, die oft umfassender auch als **Kompetenz** bezeichnet wird, ist grundlegendste Voraussetzung für die Zuweisung der **Verantwortlichkeit** für die korrekte Erfüllung der Aufgaben.

Noch immer ist es oft sehr hilfreich die Dokumentation der verschiedenen Stellen in so genannten **Stellenbeschreibungen** festzulegen, um alle Regelungen (Aufgaben, Kompetenzen, Verantwortlichkeiten) auch schriftlich zu bestätigen und sie nachvollziehbar und kontrollierbar zu machen.

Sind Stellen falsch konstruiert, falsch oder gar nicht dokumentiert oder falsch besetzt, können folgende typische Fehler auftreten:

- unklare Aufgabenverteilung auf die Beschäftigten wegen fehlender Stellenbeschreibung,
- Überbelastung oder Unterbelastung bestimmter Personen oder Abteilungen durch eine falsche Einschätzung des zugeteilten Arbeitsaufwands,
- Ablauffehler durch fehlende, falsche oder verspätete Information,
- mangelnde oder falsche Qualifikation der Mitarbeiter,
- mangelnde Motivation der Mitarbeiter.

Die Zusammenfassung der Stellen zu Abteilungen muss nicht unbedingt immer nach demselben Prinzip erfolgen. Man unterscheidet hierbei nach dem **Verrichtungsmodell** (Abteilungen umfassen bestimmte Tätigkeitsgruppen, z. B. „Produktion" oder „Verkauf"), dem **Objektmodell** (Abteilungen umfassen alle Aufgaben für ein bestimmtes Objekt, z. B. das Produkt „Stuhl") und dem **Regionalmodell** (Abteilungen sind wie Filialen nach Orten getrennt). Entsprechend bezeichnet man eine daraus entstandene Aufbauorganisation auch als **funktionale Gliederung, divisionale Gliederung** oder **regionale Gliederung**. Diese Gliederungsprinzipien können sich durchaus überlagern, d. h., in oberster Ebene kann die Unternehmung funktional, in zweiter Ebene divisional gegliedert sein.

Die Aufbauorganisation eines Unternehmers kann nun parallel zu obiger Aufteilung noch durch ein so genanntes Linien-, Stablinien- oder Matrixorganisationssystem charakterisiert sein. Dies ist keine alternative Gliederungsmöglichkeit zur obigen Abteilungstrennung, sondern vielmehr Art der jeweiligen Hierarchieeingliederung der Individuen und Gruppen (Mitarbeiter und Abteilungen) in obige Aufbaugliederung.[131]

Hierarchie (Unterstellung) ist notwendig, um Befugnisse (insbesondere Weisungsbefugnisse) eindeutig zu regeln, damit die einzelnen Mitarbeiter wissen, wessen Weisungen sie zu folgen haben und wem sie umgekehrt Weisungen geben können.

An dieser Stelle muss noch einmal das Prinzip der Übereinstimmung von Kompetenz und Verantwortung hervorgehoben werden. Bei der heute auf Grund der Aufgabenvielfalt immer wichtiger werdenden **Delegation** von Aufgaben ist dies die zentralste Voraussetzung für den Erfolg. Kein Betrieb kann es sich auf Dauer leisten, bei der Führung mittels Delegation das Prinzip der Übereinstimmung von Kompetenz und Verantwortung zu durchbrechen. Die Folge wäre nämlich eine Entscheidungsunwilligkeit und Demotivation auf allen Ebenen, da Mitarbeiter für Versäumnisse oder Fehler zur Rechenschaft gezogen werden könnten, die sie auf Grund mangelnder Befugnisse nicht verhindern konnten.

8.2.3 Ablauforganisation

Die zentrale Aufgabe der Ablauforganisation, die Koordination, ist unverzichtbar für die Abstimmung der Stellen untereinander. Ohne Koordination wären Prozesse, die mehrere Stellen betreffen, nicht durchführbar. Wenn die eine Hand nicht weiß, was die andere tut und ebenso nicht, was sie füreinander tun sollen, dann ist es nur schwer vorstellbar, dass sie am gleichen Strang ziehen und gemeinsam einen Beitrag zur Erreichung des Gesamtziels leisten.

■ **Koordination durch Regeln und Programme**
Regeln legen gewisse Abläufe von Aufgaben definitiv fest. Sie sind somit exakt formulierte Handlungsvorschriften. Man könnte unter einer Regel eine Detailanweisung verstehen, die bindenden „Wenn-Dann-Charakter" hat, ohne einen Spielraum zu lassen.

---

[131] Vgl. STAEHLE, 1991, S. 654-672.

▪ **Koordination durch Hierarchie**
Die Abstimmung erfolgt hierbei einerseits durch die vorgegebene Hierarchie (z. B. vorgegebene Reporting-Wege) und andererseits durch das Ausüben von Leitungsbefugnis.

Der Unterschied zwischen Koordination durch Hierarchie und Koordination durch Regeln besteht vor allem darin, dass mittels Hierarchie selten auftretende Entscheidungssituationen gelöst werden.

▪ **Koordination durch Planung**
Während Regeln und Programme und auch Hierarchie darauf angelegt sind, personales sowie organisatorisches Verhalten zeitlich unbegrenzt (bis auf Widerruf) festzulegen, sind Pläne als Koordinationsmechanismen bedeutend flexibler, da sie immer auf einen bestimmten Zeitraum bezogen sind. Pläne als gedankliche Vorwegnahme von Handlungen können Regeln und Programme enthalten.

▪ **Koordination durch Selbstabstimmung**
Dieser Koordinationsmechanismus, der oft auch als Teamorganisation bezeichnet wird, überträgt nun gewisse Entscheidungsbefugnisse auf ganze Gruppen oder Teams im Gegensatz zu einzelnen Stellen oder Personen. Solche Teams können z. B. Gremien (Komitees oder Kommissionen) oder Projektteams sein.

Der Koordination durch Selbstabstimmung kommt im heutigen Tagesablauf und insbesondere bei kleinen Unternehmen selbstverständlich die größte Bedeutung zu. Hierunter fallen auch alle spontanen Abstimmungen durch Zurufen, Zettelschreiben, Bescheidsagen usw.

8.3 Strategische Organisationsgestaltung: Unternehmensgestaltung[132]

Damit ein Unternehmen erfolgreich ist, muss es in möglichst optimaler Weise auf die Herausforderungen der Märkte reagieren, auf denen es aktiv wird. Dazu ist es gerade beim Absatz nötig, sich auf möglichst „sinnvolle" Märkte zu konzentrieren. Dies sind jene Märkte, für die das Unternehmen über besondere Wettbewerbsvorteilen (mit dahinter liegenden Kernkompetenzen) verfügt und die gleichzeitig eine hohe Marktattraktivität besitzen.

Die Gründe dafür, warum ein Kunde bei einem bestimmten Unternehmen kauft (oder auch nicht kauft), können sehr vielschichtig sein. Meist sind es jedoch nur einige wenige wirklich wesentliche Faktoren, die die Kaufentscheidung maßgeblich beeinflussen.

---
132 Vgl. Gleißner; Mott, 1998.

Modul 8: Strategische Organisationsgestaltung und Prozessoptimierung

Die wichtigsten kaufentscheidenden Faktoren aus Kundensicht zeigen auf, auf welche Leistungen bzw. Aufgaben das Unternehmen seine Ressourcen konzentrieren sollte. Je bedeutsamer ein betrieblicher Bereich für die Erfüllung der kaufentscheidenden Faktoren ist, desto besser sollte dieser Bereich mit Ressourcen ausgestattet sein. Ist beispielsweise die Schnelligkeit und Freundlichkeit der telefonischen Auftragsannahme ein entscheidendes Kaufkriterium, so sollten hier ausreichend viele, adäquat ausgebildete Mitarbeiter eingesetzt werden.

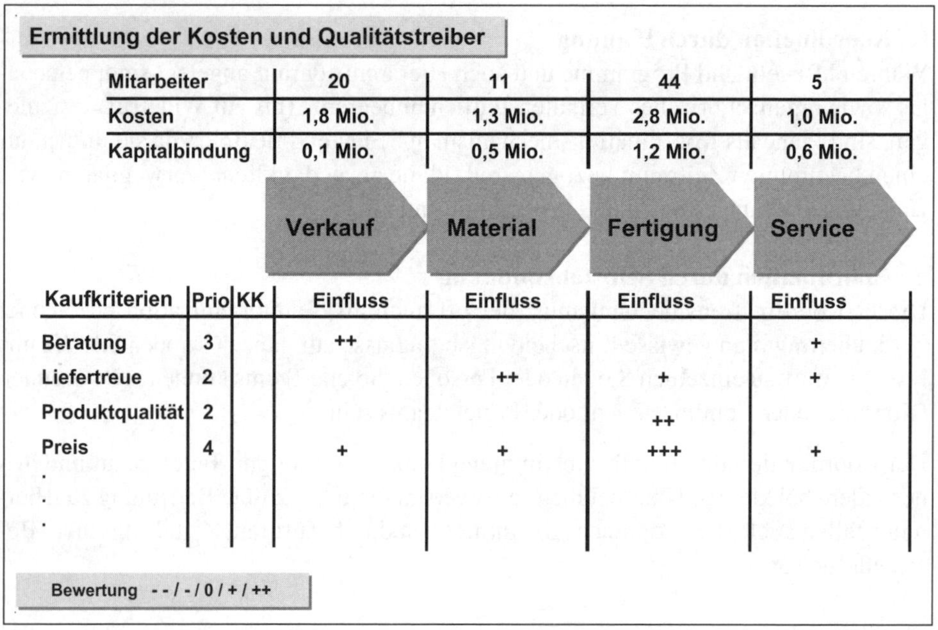

Ermittlung der Kosten und Qualitätstreiber				
Mitarbeiter	20	11	44	5
Kosten	1,8 Mio.	1,3 Mio.	2,8 Mio.	1,0 Mio.
Kapitalbindung	0,1 Mio.	0,5 Mio.	1,2 Mio.	0,6 Mio.
	Verkauf	Material	Fertigung	Service
Kaufkriterien	Prio	KK	Einfluss	Einfluss	Einfluss	Einfluss
Beratung	3		++			+
Liefertreue	2			++	+	+
Produktqualität	2				++	
Preis	4		+	+	+++	+

Bewertung -- / - / 0 / + / ++

Abbildung 53: Prozessanalyse als Basis der Ressourcenplanung[133]

Die Gestaltung der innerbetrieblichen Arbeitsabläufe beeinflusst erheblich die Effizienz der Leistungserbringung und ist unabhängig von Unternehmensform, Betriebsgröße und Branche ein zentraler Erfolgsfaktor. Arbeitsabläufe dürfen jedoch nicht einseitig unter Kosteneinsparungsgesichtspunkten gestaltet werden. Wichtig ist der zielorientierte (in Bezug auf die kaufentscheidenden Faktoren) Einklang zwischen Qualität, Geschwindigkeit, Kosten und Flexibilität der Leistungserbringung.

Bei der Gestaltung von Arbeitsabläufen sollte ein Unternehmen versuchen, von anderen Unternehmen zu lernen. Im Rahmen eines so genannten Prozess-Benchmarking wird nicht kopiert, wie die Konkurrenz arbeitet, sondern vielmehr untersucht, wie Unterneh-

---

[133] Die Anzahl der „+" stellt die Bedeutung eines Prozessschrittes für ein Kaufkriterium dar.

Einige Grundprinzipien der Organisationsgestaltung 187

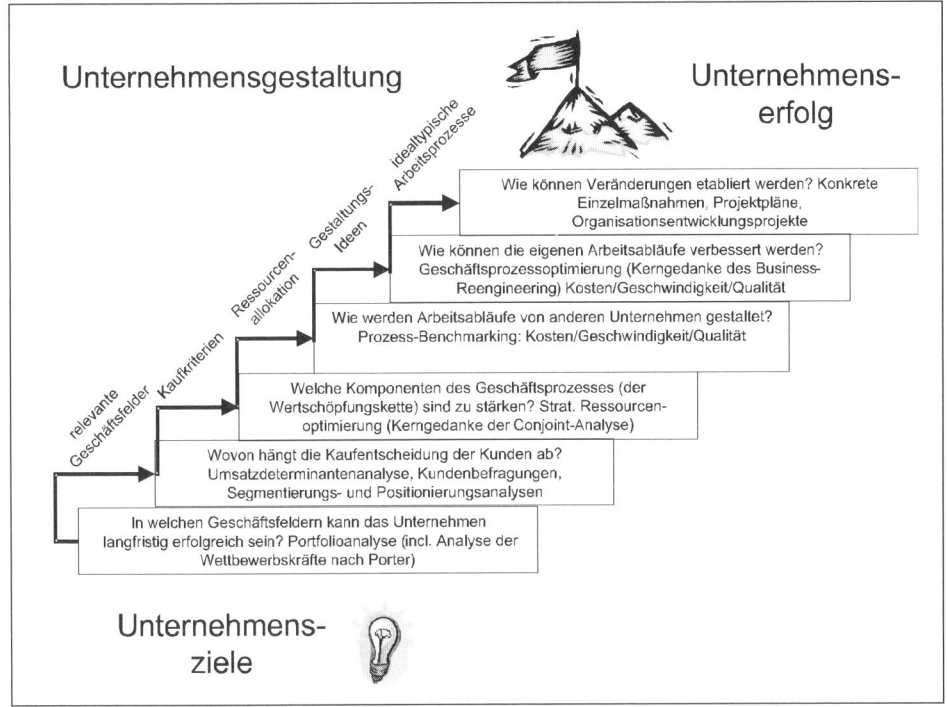

Abbildung 54: Ablauf der Organisationsgestaltung

men arbeiten, die in dem zu vergleichenden Arbeitsbereich einen ihrer Kernkompetenzbereiche sehen (also wird z. B. das Ersatzteilelager anhand des Know-how eines Logistikunternehmens organisiert). Als „Vergleichsunternehmen" kann bei der Gestaltung der Arbeitsabläufe auch ein statistisch konstruiertes Referenzunternehmen herangezogen werden, wie dies bei der Benchmarkingkonzeption von WIMA üblich ist.[134] Der vorstehend beschriebene Ablauf der strategischen Gestaltung eines Unternehmens ist in obiger Graphik in übersichtlicher Form dargestellt; auf die Details der Gestaltung von Geschäftsprozessen wird später noch vertiefend eingegangen (vgl. Absatz 8.6.)

8.4 Einige Grundprinzipien der Organisationsgestaltung

Wie in anderen Feldern der Unternehmensführung gibt es auch für die Organisationsgestaltung keine Patentrezepte. Nach der bisherigen Darstellung des Ablaufs der strategischen Organisationsgestaltung sollen aber im Folgenden einige inhaltliche Anre-

---
134 Vgl. GLEIßNER; KINTZ, 2002.

gungen zusammengefasst werden. Meist muss man die gewählte Organisationsstruktur als Kompromiss zwischen unterschiedlichsten Anforderungen ansehen. Bei der Etablierung von Arbeitsabläufen wurde durch KNEZ[135] betont, dass ein Unternehmen beim Aufbau seiner Organisationsstruktur abwägen muss zwischen:

1. **Spezialisierung** (bezüglich Funktion, Produkt oder Marktsegment) und **Koordination** sowie zwischen
2. **Zuverlässigkeit** und **Flexibilität**.

Dabei gewährleisten formelle Strukturen – insbesondere also Stellenbeschreibungen, Prozessbeschreibungen, Informationsflussregelungen – ein relativ hohes Maß an Zuverlässigkeit, wohingegen informelle Strukturen – also das Beziehungsnetz und die Unternehmenskultur – eine höhere Flexibilität bedingen. Tendenziell kann man davon ausgehen, dass bei hohen Anforderungen an die Zuverlässigkeit der Produkte und vergleichsweise hoher Stabilität der Umfeldbedingungen formelle Strukturen vorzuziehen sind. Umgekehrt begünstigen ein hohes Maß an Instabilität des Umfelds und niedrige Anforderungen an die Zuverlässigkeit die informellen Strukturen in Unternehmen.

Da Veränderungen einer Organisation in aller Regel mit erheblichem Aufwand verbunden sind, sollte die Notwendigkeit einer Änderung transparent und für die Beteiligten nachvollziehbar sein. So sollte beispielsweise jede Strategie zum Ausbau der vertikalen Integration die erwarteten Synergien belegen und insbesondere aufzeigen, weshalb die zukünftig intern erbrachten Wertschöpfungsaktivitäten nicht besser am Markt zugekauft werden können. Zur Beurteilung der Konsequenzen einer derartigen Integrationsstrategie gilt es den Umfang der Unsicherheiten, die Transaktionskosten sowie den Umfang von spezifischen Investitionen zu untersuchen.

Eine empirische Untersuchung bei europäischen Unternehmen zeigt dabei, dass Änderungen von Unternehmensstrategie, organisatorischer Strukturen und Arbeitsprozessen möglichst synchron durchgeführt werden sollten, was jedoch in vielen Fällen unterbleibt.[136]

Die Untersuchung belegt dabei durch die Auswertung von Veränderungen bei 450 europäischen Unternehmen im Zeitraum 1992 bis 1996 folgende Schwerpunkte in der Neuausrichtung von Unternehmen:

- **Strategischer Wandel:** Es dominieren Strategien mit einer verstärkten Konzentration auf Kernkompetenzen und einer Reduzierung von Diversifikationen.

- **Strukturelle Veränderungen:** Unternehmen bauen Hierarchien ab und stärken die Reaktionsfähigkeit durch Dezentralisierung.

---
135 Vgl. KNEZ, 2001, S. 179-184.
136 Vgl. WHITTINGTON; PETTIGTON; RUIGROCK, 2001, S. 201-208.

- **Prozessveränderungen:** Prozesse werden stärker mittels Informationstechnologie unterstützt, was in diesem Feld hohe Investitionen mit sich bringt.

Wie bereits eingangs erwähnt, folgt im Grundverständnis von FutureValue die Organisationsgestaltung der Strategie. Grundaussagen zu den Anforderungen wie beispielsweise die notwendige Veränderungsfähigkeit an die Organisation sollten daher im Rahmen der Strategie präzisiert sein.

Anregungen zur organisatorischen Gestaltung der Wertschöpfungskette finden sich u. a. bei MÜLLER-STEWENS; LECHNER[137], welche dazu folgende Orientierungsfragen formulieren:

- Wie ist die Wertschöpfungskette momentan aufgebaut?
- Welches sind die Schlüssel-Erfolgsfaktoren in den einzelnen Aktivitäten und welche wirken übergreifend?
- Welche Fähigkeiten sind dort jeweils gefordert?
- Wo liegen Schwächen, wo Stärken?
- Welche Kostenblöcke fallen in den einzelnen Aktivitäten an? Wo ist die Wertschöpfung am höchsten, wo am geringsten? Wie stehen hier die Konkurrenten im Vergleich?

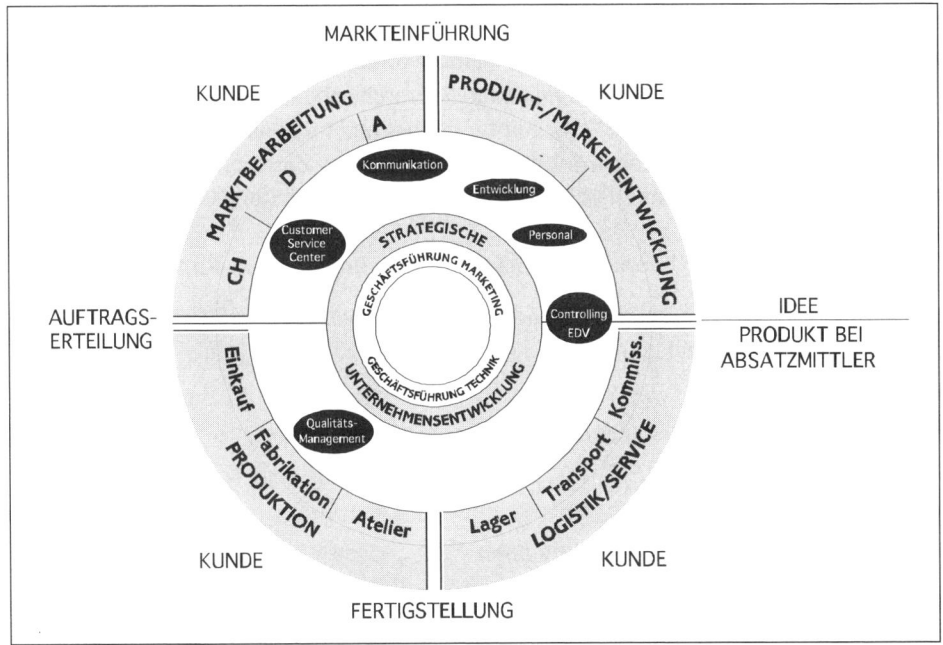

Abbildung 55: Das Unternehmen mit prozessorientierter Struktur

[137] Vgl. MÜLLER-STEWENS; LECHNER, 2001, S. 291.

- Welche Stellhebel gibt es, um die bestehende Wertschöpfung zu verändern?
- Wo gibt es Schnittstellenprobleme zwischen den Aktivitäten?

In vielen Unternehmen wird bei der Organisationsgestaltung momentan versucht, traditionelle funktionale Strukturen durch neue prozess- und kundenorientierte Strukturen zu ersetzen, die strategischen Vorgaben eher gerecht werden.

Betrachten wir das Beispiel eines Unternehmens. In diesem Beispiel besteht das Unternehmen im Kern aus 4 Hauptprozessen, die von Prozessverantwortlichen gesteuert werden, die eigene Prozessziele und Leistungskennzahlen definieren und sich immer an der Wertschöpfung für externe oder interne Kunden ausrichten. Diese Hauptprozesse sind miteinander vernetzt und haben klare Übergabepunkte zu den Anschlussprozessen, im Sinne von definierten Kunden-/Lieferantenbeziehungen. Unterstützt werden diese Hauptprozesse von internen Dienstleistungsprozessen wie z. B. Controlling, Personalentwicklung, EDV etc., die wiederum von einem Verantwortlichen und einem Team abgewickelt werden und auf klar definierten Kunden-/Lieferantenverträgen intern wie extern basieren. Koordiniert werden diese Haupt- und Dienstleistungsprozesse durch eine Geschäftsleitung, die in regelmäßigen Sitzungen die Prozesse, Zielvorgaben und Soll-/Ist-Abweichungen steuert, Ressourcen zuweist und eventuelle Strittigkeiten im Dialog mit den jeweiligen Verantwortlichen löst.

Die Vorteile einer solchen Organisationsform liegen auf der Hand:

- die eindeutige Zuordnung von Prozessverantwortlichen, Prozessteams und Prozessmitarbeitern, Prozesszielen und eine klare hierarchische Unterstellung,
- die Organisation nach dem Wertschöpfungsfluss und nicht nach Funktionen,
- das Prinzip der Selbstverantwortung und Führen durch Zielvereinbarungen,
- die Vernetzung unterschiedlicher Teams in der Geschäftsleitungssitzung und insbesondere
- die Ausrichtung des Unternehmens nach externen und internen Kundenwünschen.

KAPLAN und NORTON[138] ziehen folgenden Vergleich zwischen traditionellen funktionalen Organisationen und neuen prozessorientierten und kundenfokussierte Organisationsformen:

Traditionelle funktionale Organisation:

- Entscheidungsfindung an der Unternehmensspitze
- Bürokratisch
- Erhebung der Aufgaben und Aktivitäten
- Geringer Anteil variabler Vergütung

---

138 Vgl. KAPLAN; NORTON, 2001, S. 225.

Neue kundenfokussierte Organisation:

- Prozessorientiert
- Dezentrale Entscheidungsfindung
- Flexibel
- Erhebung des Outputs und der Vergütung nach Ergebnissen

Die Liste der Vorteile ließe sich noch erweitern, aber an dieser Stelle soll nur verdeutlicht werden, wie eine Organisation real aussehen und funktionieren kann. Daneben ist noch darauf hinzuweisen, dass der wesentliche Effekt des oben dargestellten Organisationsleitbildes im Unternehmen ein bestimmtes Bewusstsein für Organisation fördert: weg von Funktionen, hin zum prozessorientierten Kreislaufmodell, das sich an Wertschöpfung für interne oder externe Partner orientiert und an alle richtet, die an der Leistungserstellung beteiligt sind.

Die dem Beispiel zugrunde liegende Idee der prozessorientierten Organisation hat nach ihren Anfängen in den letzten Jahren einen neuerlichen Schub erhalten: In zunehmend mehr Branchen ist zu beobachten, dass die innerbetrieblichen Prozesse „ausgereizt" sind und kaum noch Potenziale für „Quantensprünge" in der Steigerung von Produktivität bieten. Indes werden Versuche intensiviert, die bisher oft nachrangig behandelten Entwicklungspotenziale der interorganisatorischen Prozesse auszuschöpfen. Zusammengefasst werden diese Aktivitäten unter dem Begriff des Supply-Chain-Management.

Obiges Beispiel dient aber auch der Veranschaulichung eines weiteren wesentlichen Aspekts der Gestaltung von Organisationen. Die Planung eines Unternehmens und damit auch die der Organisation findet ihren Ausgangspunkt in der Planung des zentralen Engpassfaktors. Es ist sicherlich keine realitätsferne Annahme hierfür zu unterstellen, dass in den meisten Unternehmen dies der Absatz ist (immerhin finden sich allerdings auch in Zeiten gesättigter Märkte Unternehmen, die ihre Planung an der Verfügbarkeit adäquat qualifizierter Mitarbeiter ausrichten müssen!).

Dabei ist insbesondere auf den für die Gestaltung des Unternehmens so wichtigen (organisatorischen) Zielkonflikt im „magischen Viereck" der wichtigsten Wettbewerbsvorteile einzugehen:

- Wettbewerbsvorteil Zeit/Geschwindigkeit,
- Wettbewerbsvorteil Kosten/Preis
- Wettbewerbsvorteil Qualität und
- Wettbewerbsvorteil Individualität bzw. Flexibilität.

Wie dabei beispielsweise die Studien von MCKINSEY & COMPANY ergeben haben, leiden viele Unternehmen an einer zu großen „Komplexität" ihrer Aktivitäten[139]. Gerade Unternehmen, denen es gelingt, durch Einfachheit schlanke Strukturen und schnelle

---
139 Vgl. ROMMEL u. a., 1993.

Prozesse zu erreichen, haben tendenziell Wettbewerbsvorteile hinsichtlich Geschwindigkeit, Kosten und Qualität, und sind damit in der Regel auch rentabler. Die Idee der Vereinfachung von Unternehmen wird auch unter dem Schlagwort des „Lean Management" propagiert.

Mögliche *Ansatzpunkte zu einer Vereinfachung* von Geschäftsfunktionen sind beispielsweise:[140]

- Konzentration auf die Belieferung wichtiger Kunden,
- Verwendung möglichst vieler „Standardteile" in der Fertigung und Vermeidung von Spezialentwicklungen,
- Delegation von Aufgaben und Verantwortlichkeiten auf eigenständige Mitarbeiter,
- Reduzierung der Anzahl von Schnittstellen in den Geschäftsprozessen,
- Aufdecken und Vermeiden aller unnötigen Tätigkeiten,
- dezentrale, produktbezogene (divisionale) Organisation.

Allen genannten Ansatzpunkten zur Vereinfachung ist gemeinsam, dass sie auf einen Abbau bzw. eine Vereinfachung von Schnittstellen sowie auf eine Konzentration auf das Wesentliche abzielen.

8.5 Kostenmanagement im Kontext der Organisationsgestaltung

Ein eng mit der Organisationsgestaltung von Unternehmen verbundenes Thema ist das Kostenmanagement. Durch die Zuweisung von Ressourcen (Personal und Kapital), aber auch die Gestaltung der Prozesse wird das Kostengerüst der Wertschöpfungskette und damit des Unternehmens wesentlich bestimmt. In diesem Buch sollen die verschiedenen Methoden des Kostenmanagements nicht näher erläutert werden. Aus der strategischen Perspektive ist jedoch zu erwähnen, dass die relative Kostenposition naheliegenderweise den Spielraum der Preispolitik des Unternehmens und mithin einen potenziellen Wettbewerbsvorteil maßgeblich bestimmt. Außerdem ist zu beachten, dass bei der Gestaltung der Geschäftsprozesse (also der Details der Wertschöpfungskette) Kostenaspekte – neben Kriterien wie Qualität, Geschwindigkeit und Flexibilität – einen wesentlichen Entscheidungsparameter darstellen. Je stärker jedoch das Unternehmen einem Preiswettbewerb ausgesetzt ist (die Preise also ein entscheidendes Kaufkriterium sind), desto höher die Bedeutung der Kosten bei der Gestaltung von Geschäftsprozessen.

Strategisches Ziel des Kostenmanagements ist neben der selbstverständlichen Kostenreduzierung die Veränderung der Kostenstruktur. Im Vordergrund steht dabei zunächst die Spaltung der Kosten in ihren variablen und in ihren fixen Bestandteil. Diese

---

[140] Vgl. Checklisten, in: GLEIßNER, 2000, S. 240-244.

Kostenspaltung lässt eine Aussage darüber zu, wie stark der Gewinn des Unternehmens auf Umsatzschwankungen reagieren wird. Je höher der Fixkostenanteil, desto schwerfälliger wird das Unternehmen kostenseitig und desto höher ist sein Unternehmensrisiko. Die Steuerung des Fixkostenanteils eines Unternehmens ist meist verbunden mit der Frage nach der Wertschöpfungstiefe und damit mit einer weiteren Grundfrage, aus der die strategische Konzeption des Unternehmens eine Antwort liefern muss, bevor die Organisation des Unternehmens strategisch adäquat gestaltet werden kann.

Eine weitere wichtige Aufgabe des Kostenmanagements dient der Erhöhung der Transparenz der innerbetrieblichen Kosten und damit deren Beeinflussbarkeit. Im Vordergrund stehen dabei die so genannten Gemeinkosten, die oftmals Fixkostencharakter haben, und die auf Grund ihrer nicht möglichen Zurechenbarkeit zu Kostenträgern oftmals schwer durchschaubar und damit wenig steuerbar sind. Gerade diese Transparenz der Kosten ist jedoch erforderlich, um der strategischen Frage nach der Kosten-Nutzen-Relation der Wertschöpfungsaktivitäten im Unternehmen eine Grundlage zu geben. Darüber hinaus zeigt sich in vielen Projekten der FutureValue Group zum Aufbau strategischer Steuerstände (Balanced Scorecard), dass zentrale strategische Entwicklungen im Prozessbereich nicht anhand von treffenden Kennzahlen beobachtet werden können, weil beim Aufbau des betrieblichen Kostenmanagements „vergessen" wurde, danach zu fragen, welche Kosteninformation denn für die Steuerung des Unternehmens relevant ist.

Höhere Qualität bedeutet höhere Kosten und damit auch höhere Verkaufspreise. Dieser Zusammenhang scheint unausweichlich und wird daher oft als gegeben hingenommen. Dabei bedeutet Qualität zunächst nur, dass ein Produkt oder eine Leistung den Kundenwünschen entspricht. Eingeengt auf den Kundenwunsch „nur vom Besten" lässt sich Qualität sicherlich nur zu hohen Kosten realisieren.

Andererseits ist sicherlich ebenso unbestritten, dass die Wünsche der Kunden einem steten – in machen Branchen sogar einem schnellen – Wandel unterliegen, und dass der Kunde letztendlich eher ein ausgewogenes Preis-Leistungs-Verhältnis sucht als rein auf das Leistungsniveau zu fokussieren. Um diesen Anforderungen gerecht zu werden, müssen Unternehmen die Wünsche ihrer Kunden relativ genau kennen und in der Lage sein, diese Kundenwünsche in ein „gewünschtes" Produkt umzusetzen und dieses letztlich auch zu angemessenen Kosten zu erstellen.

Unmittelbar folgt also, dass Qualität und Kosten keine konträren Zielsetzungen sind, sondern dass beides Blickrichtungen sind, bei deren simultaner Betrachtung die Zielsetzung einer stärkeren Kundenorientierung der Unternehmensorganisation näher rückt.

8.6 Optimierung von Geschäftsprozessen

8.6.1 Geschäftsprozesse

Die Leistungserstellung in einem Unternehmen verläuft in so genannten Geschäftsprozessen, die die Wertschöpfungskette im Detail beschreiben. Zur besseren Strukturierung sollte unterschieden werden in den primären Geschäftsprozess der Leistungserstellung und in die sekundären Geschäftsprozesse. Sekundäre Geschäftsprozesse dienen der Unterstützung der Aufgaben des primären Geschäftsprozesses. Der primäre Geschäftsprozess lässt sich beispielhaft wie folgt darstellen:

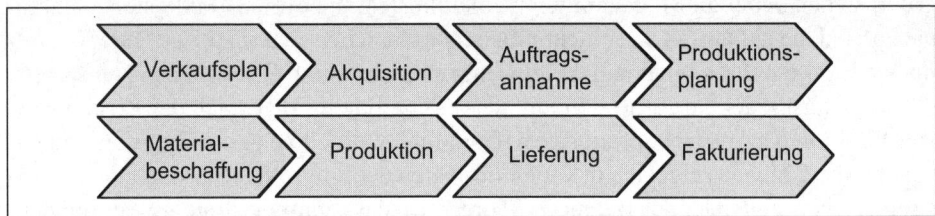

Abbildung 56: Geschäftsprozess

Beispiele für sekundäre Geschäftsprozesse sind viele der Verwaltungsaufgaben wie z. B. IT-Unterstützung, Personalaufgaben, aber auch Buchhaltung, Rechnungswesen, Controlling, Revision etc.

8.6.2 Ablauf für ein betriebliches Effizienzsteigerungsprogramm

Ein „echtes" Effizienzsteigerungsprogramm zur Optimierung der Geschäftsprozesse sollte dem Prinzip folgen, dass das Unternehmen neu geplant wird. Man folgt also dem Ansatz eines Zero-Base-Planing[141]. Nur von diesem Grundprinzip ausgehend kann die Fortschreibung nicht sinnvoller Abläufe vermieden werden.

Die Hauptziele, die mit einem solchen Effizienzsteigerungsprogramm verfolgt werden, sind folgende:

- Reduzierung der Gemeinkosten durch die Beseitigung von unnötigen bzw. die Einschränkung von nicht wichtigen Arbeiten.
- Die Erhöhung der Effizienz der Geschäftsprozesse unter Flexibilitäts-, Kosten-, Geschwindigkeits- und Qualitätsaspekten.
- Verstärkung strategisch bedeutsamer Funktionen.

---

[141] Vgl. MEYER-PLIENING, 1990.

Dazu gehört insbesondere die Ausrichtung der betrieblichen Funktionen an der Strategie des Unternehmens und den entscheidenden Kaufkriterien in den einzelnen Geschäftsfeldern.

8.6.3 Modellierung und Verbesserung der Geschäftsprozesse

Um die Geschäftsprozesse strategiekonform planen zu können, ist es erforderlich, dass Zusammenspiel der Abteilungen und Stellen darzustellen und die bisherigen Prozesse zu beschreiben. Bei der optimalen Gestaltung von Geschäftsprozessen sollten typische Prozessfehler vermieden werden. Beispiele für solche typischen Fehler sind:

- aus „Tradition" sind Prozesse zu kompliziert,
- schlechte Dokumentation führt zu Schnittstellenproblemen und mangelhafter Aufgabenausführung,
- zu viele Schnittstellen, zu lange Liegezeiten,
- Unterscheidung von Routine- und Spezialfällen fehlt,
- Outsourcing wird nicht genutzt,
- Abstimmung von Geschäftsprozess und Informationsfluss ist nicht sinnvoll,
- keine Konzentration auf Kernkompetenzen und
- nicht notwendige Hierachieebenen.

Ausgehend von bestehenden Geschäftsprozessen ergeben sich aus den oben genannten Punkten auch eine Reihe von Vorschlägen für mögliche Änderungen.

Was muss nun bei der Gestaltung der Geschäftsprozesse konkret getan werden? Üblich sind folgende Ablaufschritte der operativen Geschäftsprozessplanung:

Schritt 1: Zu bewältigende Aufgaben schriftlich erfassen.
Schritt 2: Aufgaben in Teilaufgaben zerlegen.
Schritt 3: Ablaufpläne zur sinnvollen Durchführung und Bewältigung aller Teilaufgaben entwerfen und schriftlich formulieren.
Schritt 4: Teilaufgaben sinnvoll zu Aufgabenbündeln zusammenfassen und Stellen zuordnen.
Schritt 5: Stellen sinnvoll gruppieren (größere organisatorische Einheiten bilden; z. B. Stellen mit ähnlichen Aufgaben).
Schritt 6: Gegebenenfalls Abteilungen bilden.
Schritt 7: Hierarchie aufbauen (Unter- und Überstellungsverhältnisse regeln) und eventuelle Koordinationsmechanismen schriftlich fixieren.
Schritt 8: Alle Ergebnisse schriftlich dokumentieren (zusammenfassendes Werk).

Das zusammenfassende Werk (vgl. Schritt 8) nennt man das **Organisationshandbuch**. Es sollte neben den oben angeführten Beschreibungen auch einen allgemeinen Rahmen

(z. B. Führungsanweisungen, Firmenphilosophie usw.) und ein Organigramm enthalten.

Das oben vorgestellte Verfahren kann auch zur Gestaltung von Strukturen und Prozessen zur Bewältigung von kleineren Aufgaben genutzt werden. Es ist selbstverständlich nicht auf die Strukturierung einer gesamten Unternehmung beschränkt. Man kann mit diesem Verfahren neue Abteilungen generieren, Projektgruppen zusammenstellen, Großaufträge vorplanen oder auch neu hinzugekommene Standardaufgaben strukturieren.

Weitergehende Verbesserungspotenziale lassen sich oftmals nicht mehr rein durch systematisch-analytische Vorgehensweisen ableiten. Daher ist durchaus auch an den Einsatz von Kreativitätstechniken zu denken. Ansatzpunkte für kreative Verbesserungsmöglichkeiten ergeben sich mittels der Berücksichtigung der folgenden Grundfragen:

1. Ist diese Aufgabe überhaupt notwendig?
2. In welchem Umfang muss diese Aufgabe mindestens erfüllt werden, ohne die Existenz des Unternehmens unmittelbar zu gefährden?
3. Muss die Aufgabe aus strategischen Gesichtspunkten ausgebaut werden, und welcher Ausbau wäre möglich?
4. Kann das gewünschte Resultat der Aufgabe durch ein anderes Verfahren effizienter erbracht werden?
5. Kann die Qualität der Aufgabenresultate durch ein anderes Verfahren verbessert werden?
6. Kann die Geschwindigkeit des Geschäftsprozesses bei dieser Aufgabe erhöht werden?
7. Besteht eine Möglichkeit, fixe durch variable Kosten zu ersetzen?

Darüber hinaus können Verbesserungen in der Effektivität oder Effizienz von Arbeitsabläufen oft auch dadurch erreicht werden, dass die Änderung des Umfanges der Arbeitsergebnisse diskutiert werden. Möglich ist z. B. die Reduzierung der Häufigkeit der Ausführung, die Output-Menge könnte möglicherweise gesenkt werden, die Termintreue könnte geringer sein oder auch die Qualität der Ergebnisse könnte sich vielleicht vermindern lassen, ohne dass der gewünschte Nutzen des Outputs darunter leidet.

8.6.4 Maßnahmenkonkretisierung, Umsetzung und Kontrolle

Als oberster Grundsatz jeder organisatorischen Veränderung gilt: Jeder einzelne Beschäftigte muss wissen, was er zu tun hat. Deshalb ist es in der Regel unvermeidlich, für die Umsetzung einen Projektplan schriftlich zu fixieren, damit Ziel, Verantwortlichkeiten, Termine etc. für jeden transparent werden.

Die integrierte strategisch orientierte Organisationsentwicklung betrachtet parallel die organisatorischen Optimierungsansätze aus Kostenmanagement, Qualitätsmanagement und Business-Reengineering (Geschäftsprozessoptimierung). Dadurch werden Informationen mehrfach ausgewertet und Suboptima vermieden.

Die Gestaltung der Geschäftsprozesse unter Einbeziehung der strategischen Aspekte und unter Berücksichtigung der Vorgaben aus dem Kosten- und Qualitätsmanagement erlauben eine an den Marktanforderungen ausgerichtete Unternehmensgestaltung. Dies ist eine Kernidee des FutureValue-Ansatzes.

8.7 Umsetzung: Gestaltung der Unternehmensorganisation

Die Bearbeitung des Moduls des FutureValue-Ansatzes sollte in zwei Schritten erfolgen. Dabei werden zuerst die Gestaltungsfragen der Aufbauorganisation fokussiert und anschließend Maßnahmen zur Verbesserung der Prozesse abgeleitet.

Das Themenfeld bei der Behandlung der „Aufbauorganisation" ist insbesondere die strategiekonforme Zuordnung der Unternehmensressourcen auf die einzelnen Abschnitte der Wertschöpfungskette. Hierbei sollte die Wertschöpfungskette des Unternehmens zunächst ausreichend detailliert dargestellt werden. Durch eine Gegenüberstellung der Anforderungen aus der Unternehmensstrategie (z. B. angestrebte Wettbewerbsvorteile) mit der Wertschöpfungskette wird aufgezeigt, welche Abschnitte der Wertschöpfungskette für das Unternehmen besonders wesentlich sind. In dieser Hinsicht wird der entsprechende Bereich der Unternehmensstrategie (Gestaltung der Wertschöpfungskette) vertiefend betrachtet.

Ergänzend wird über die grundsätzlichen organisatorischen Strukturen, wie Abteilungsbindung, Aufteilung von Aktivitäten, sowie Standort und Aufbauorganisation diskutiert, um Ansatzpunkte für Verbesserungen festzuhalten.

Durch die Darstellung der strategischen Ziele und ihrer Implikationen für die Wertschöpfungsschritte wird jedoch auch systematischer Input für die Fragestellung der Optimierung der Geschäftsprozesse geliefert. Dadurch wird vermieden, dass Prozessoptimierung zum Selbstzweck wird und durch die Überbetonung von Teilaspekten der Prozessgestaltung („20 % Kostenreduktion geht immer") strategisch relevante Erfolgspotenziale „verspielt" werden (oder die Prozessoptimierungsprojekte sich schneller ablösen als ihre Ergebnisse Früchte tragen können). Grundsätzlich wird über die Konsequenzen für das Zielsystems von Kosten, Geschwindigkeit, Qualität und Flexibilität diskutiert.

Nach der Bearbeitung dieses Moduls sollten folgende Ergebnisse vorliegen:

- Die Anforderungen von Seiten der Zielkunden (der angestrebten Wettbewerbsvorteile) für die organisatorische Gestaltung des Unternehmens sind geklärt.
- Die strategiekonforme Zuordnung von Ressourcen (Mitarbeiter und Kapital) auf die einzelnen Abschnitte der Wertschöpfungskette ist ausgearbeitet.
- Der organisatorische Aufbau des Unternehmens ist beschrieben.
- Die wichtigsten Geschäftsprozesse – und der bestehende Optimierungsbedarf – sind geklärt.
- Die erforderlichen Maßnahmen für die Verbesserung von Aufbau- und Ablauforganisation sind ausgearbeitet.
- Die erforderlichen Maßnahmen für die Verbesserung von Informationsfluss und Planungssystemen sind ausgearbeitet.

Modul 9: Finanz- und Risikomanagement[142]

9.1 Grundlagen des Finanz- und Risikomanagements

9.1.1 Finanz- und Risikomanagement: Einführender Überblick

Das Finanz- und Risikomanagement befasst sich mit den Aktivitäten, durch eine Optimierung der Finanzierungsstruktur (Passiva) sowie einer Optimierung von Umfang und Struktur der zu tragenden Risiken Unternehmenswert zu schaffen. Da Finanzierungsbedarf und Finanzierungsstruktur vom Kapitalbedarf und daher von Investitionen und dem Vermögensmanagement (Aktiva) abhängen, sind auch diese Themen im Kontext dieses Moduls einzuordnen. Finanz- und Risikomanagement stehen dabei in engem Zusammenhang. Die grundlegendste Entscheidung der Finanzplanung, die über den Verschuldungsgrad (Verhältnis von Eigen- zu Fremdkapital), ist immer eine Entscheidung über die Risikotragfähigkeit des Unternehmens. Finanzierungspolitische Entscheidungen bestimmen daher „das Angebot an Risikotragfähigkeit", während das Risikomanagement den „Bedarf (die Nachfrage) an Risikotragfähigkeit" steuert.

Das FutureValue-Modul Finanz- und Risikomanagement befasst sich daher insbesondere mit folgenden Themenfeldern:

- Ausschüttungspolitik (vgl. Abschnitt 9.1.2),
- Festlegung eines optimalen Verschuldungsgrads (vgl. Abschnitt 9.1.2),
- Optimierung der Kosten für Eigen- und Fremdfinanzierung einschließlich Rating (vgl. Abschnitt 9.1.2 sowie 9.4),
- Bestimmung des Finanzbedarfs sowie die Kapitalbindung (vgl. Abschnitt 9.2),
- Risikobewältigung, vor allem Risikotransfer (vgl. Abschnitt 9.3) und
- Financial Engineering.

Im Themenfeld Financial Engineering wird auf die vielfältigen Möglichkeiten der in diesem Buch eingesetzten derivativen Instrumente, für eine Gestaltung der Finanzflüsse des Unternehmens und des Transfers von Risiken auf Dritte, hier nicht eingegangen. Instrumente wie nachrangige Anleihen, Optionen und Futures, Zins- und Währungsmanagement sowie Compound-Options und ART-Lösungen[143] werden in der Fachliteratur eingehend beschrieben.

---

142 Von Werner GLEIßNER.
143 ART = Alternativer Risikotransfer; Vgl. Ohne Verfasser in sigma, 1999 und 2003.

9.1.2 Kapitalmarkttheoretische Grundlagen des Finanz- und Risikomanagements

Im Folgenden werden zunächst einige für das strategische Management wichtige Überlegungen der Kapitalmarkttheorie – insbesondere zu Verschuldungsgrad, Risikobewältigung und Ausschüttungspolitik – zusammengefasst, weil diese das theoretische Fundament für das Finanz- und Risikomanagement bilden.

Von Interesse ist zunächst die mögliche Bedeutung des Finanz- und Risikomanagement für den Unternehmenswert. Besondere Beachtung erlangt hier das Modigliani-Miller-Theorem.[144] Der später mit dem Nobelpreis ausgezeichneten Überlegung von MODIGLIANI und MILLER zufolge ist sowohl die Kapitalstruktur (Verschuldungsgrad) als auch die Ausschüttungspolitik für den Unternehmenswert irrelevant. Durch Veränderungen des Verschuldungsgrads wäre demnach kein Mehrwert für die Eigentümer zu erzielen. Dementsprechend wäre die von Banken – z. B. beim Rating – beachtete Eigenkapitalquote für die Eigentümer eines Unternehmens ohne Bedeutung. Die Überlegungen von MODIGLIANI und MILLER basieren auf Arbitrage-Überlegungen: Weil jeder Aktionär die Möglichkeit hat, Aktien auf Kredit zu kaufen, kann er den Verschuldungsgrad seines Investments selbst bestimmen. Würde durch eine derartige Veränderung des Verschuldungsgrads ein Aktienmehrwert zu erzielen sein, würden hierdurch risikolose Gewinnmöglichkeiten (Arbitrage) entstehen.

Die praktische Bedeutung des MODIGLIANI-MILLER-Theorems ist jedoch durch die zugrunde liegenden restriktiven Annahmen erheblich eingeschränkt. Sowohl Konkurskosten als auch die steuerlichen Vorteile des Fremdkapitals gegenüber dem Eigenkapital bewirken, dass der Verschuldungsgrad eines Unternehmens nicht irrelevant ist. Die steuerliche Abzugsfähigkeit von Fremdkapitalzinsen bei der Ermittlung des zu versteuernden Gewinns führt dazu, dass Unternehmen tendenziell Eigenkapital durch Fremdkapital ersetzen. Diesem Effekt laufen die mit steigendem Verschuldungsgrad an Bedeutung gewinnenden Konkurskosten entgegen. Mit zunehmendem Verschuldungsgrad steigt die Wahrscheinlichkeit einer Insolvenz, und damit der Erwartungswert, der mit einer solchen Insolvenz verbundenen Kosten (z. B. Entwertung spezifischer Sachanlagen, Verlust mitarbeiterbezogener Kompetenzen, Reputationsverlust etc.). Durch diese beiden gegenläufigen Tendenzen (sowie einiger weiterer Aspekte) ergibt sich ein hinsichtlich des Unternehmenswertes optimaler Verschuldungsgrad, der insbesondere von der Höhe der Konkurskosten und der Wahrscheinlichkeit einer Insolvenz abhängt, die wiederum durch die Risiken bestimmt wird.

Als Faustregel kann hierbei festgehalten werden, dass der Verschuldungsgrad, und damit die Eigenkapitalausstattung, eines Unternehmens so zu wählen ist, dass die Wahr-

---
144 Vgl. MILLER; MODIGLIANI, 1958/1961.

scheinlichkeit einer Insolvenz (und damit das Rating) bei gegebenem Risikoumfang auf einen auch für Banken akzeptablen Wert beschränkt bleibt.

Auch die Bestimmung einer bezogen auf das jeweilige Risiko angemessenen Rendite ist eine Zielsetzung der Kapitalmarkttheorie. Auf die verschiedenen Möglichkeiten der Ableitung einer angemessenen (bzw. erwarteten) Rendite in Abhängigkeit des systematischen und/oder unsystematischen Risikos wurde bereits in Absatz 5.3 eingegangen, wobei der Kapitalmarkttheorie bezüglich dieser Fragestellung insbesondere das Capital-Asset-Pricing-Modell (CAPM) zu verdanken ist.

Die unternehmensspezifischen („unsystematischen") Risiken spielen für die Bewertung von Unternehmen gemäß der üblichen Kapitalmarkttheorie auf Grundlage der Hypothese vollkommener Märkte keine Rolle, weil sie bedeutungslos werden, wenn man – was sinnvoll ist – sein verfügbares Kapital auf viele Einzelanlagemöglichkeiten aufteilt (Diversifikationseffekt eines Portfolios). Gemäß dieser Argumentation wäre es einfacher und billiger, wenn die Anteilseigner solche Risiken eliminieren, als wenn dies die Unternehmensführung selbst machen würde.

Es lässt sich jedoch empirisch belegen, dass niedrigere Risiken (beispielsweise wegen niedrigerer Kosten durch bessere Planbarkeit der Produktion) auch zu einer Steigerung der Cash-Flows beitragen können.[145] Zumindest über diesen „Umweg" ist die Reduzierung von systematischen und unsystematischen Risiken – also Risikomanagement – sinnvoll. Auch die Existenz von Konkurskosten, progressiven Steuertarifen und der beschränkte Zugang vieler Unternehmen zu den Kapitalmärkten sprechen für eine Relevanz auch der unsystematischen Risiken.[146]

Einen wichtigen Beitrag für das wertorientierte, strategische Management hat die Kapitalmarkttheorie zudem durch die Betrachtung des Begriffes „Unternehmenswert" aus einer etwas anderen, optionstheoretischen Perspektive geleistet – mit vielfältigsten interessanten Implikationen. Die Interpretation des Unternehmenswerts (Wert des Eigenkapitals) als Call-Option verdeutlichen die folgenden Überlegungen: Wenn der Gesamtunternehmenswert[147] (Enterprise Value) über dem Nennwert des Fremdkapitals liegt, so steht dieser Überschuss in vollem Umfang den Eigenkapitalgebern zu. Liegt der Gesamtunternehmenswert dagegen unter dem Nennwert des Fremdkapitals, so tritt eine Insolvenz ein, und die Gläubiger erhalten den verbliebenen Wert komplett. Die Eigenkapitalgeber haben dagegen ihr gesamtes Vermögen verloren. Die Auszahlungs-Charakteristik der Eigenkapitalgeber entspricht genau der einer Call-Option, wobei der Ausübungspreis dem Nennwert des Fremdkapitals entspricht.

---

145 Vgl. AMIT; WERNERFELT, 1990.
146 Vgl. DIGGELMANN; LABHARDT; SUTER; VOLKART, 1999.
147 Also der Gegenwert des Freien Cash-Flows – ohne Berücksichtigung der Verschuldung.

Aus dieser optionstheoretischen Betrachtung des Eigenkapitals lässt sich einerseits ein Unternehmensbewertungsverfahren auf Basis der Optionspreis-Theorie (BLACK/SCHOLS) ableiten. Andererseits ergeben sich durch diese Betrachtung auch wesentliche strategische Implikationen, weil sie insbesondere Interessenkonflikten zwischen Eigentümern und Fremdkapitalgebern zeigen. Beispielsweise erkennt man sehr deutlich, dass die Fremdkapitalgeber grundsätzlich an möglichst geringen Ausschüttungen interessiert sind, weil hohe Ausschüttungen die Kapitaldienstfähigkeit des Unternehmens reduzieren. Die Aktionäre dagegen müssten hohe Ausschüttungen präferieren, weil der Wert einer Aktie bei Ausschüttung eines Euros um weniger als einen Euro (1 Euro multipliziert mit Options-Delta) fällt.[148] Da der Wert einer Option – zumindest solange Konkurskosten vernachlässigbar bleiben – mit zunehmendem Risiko steigt, haben Eigenkapitalgeber im Vergleich zu Fremdkapitalgebern auch ein ausgeprägtes Bestreben, risikobehaftete Investitionsprojekte zu realisieren. Im Falle des Scheiterns eines solchen Projekts ist der Verlust der Eigenkapitalgeber immer beschränkt, während die Gewinnchancen prinzipiell unbegrenzt sind. Bei Vernachlässigung von Konkurskosten führt die Zunahme des Unternehmensrisikos also zu einer Umverteilung dieses Wertes zugunsten der Eigentümer und zu Lasten der Fremdkapitalgeber.

Auch mit dem im strategischen Management immer wieder diskutierten Thema des Umfangs einer angemessenen Ausschüttung (Dividende) für die Gesellschafter befasst sich die Kapitalmarkttheorie. Die Höhe der Ausschüttungen am Gesamtgewinn (Ausschüttungsquote) wird dabei sowohl hinsichtlich ihrer Implikationen für das Rating eines Unternehmens als auch in seiner Konsequenz für den Unternehmenswert betrachtet.

Im Grundsatz ist die für den Unternehmenswert optimale Dividendenpolitik eine sehr einfache Regel: Gewinne werden solange komplett im Unternehmen reinvestiert, wie die mit diesen Investitionen verbundenen erwarteten Renditen über den risikoadjustierten Kapitalkostensätzen liegen. Mit diesem Ansatz lässt sich die empirisch feststellbare Dividendenpolitik der Unternehmen jedoch offenkundig nicht erklären. Ein wichtiger Grund für relativ kontinuierliche Dividenden dürfte darin zu sehen sein, dass viele Aktionäre ein Interesse daran haben, ihre laufenden Konsumausgaben mit Dividenden finanzieren zu können, weil eine (psychologische) Abneigung gegen den Verkauf der Vermögensgegenstände an sich besteht. Zudem haben Dividenden eine erhebliche Bedeutung als Signal für eine hohe Ertragskraft des Unternehmens.

Gemäß dem so genannten LINTNER-Ansatz[149] ist die Unternehmensleitung bei ihrer Dividendenpolitik bestrebt, langfristig ein bestimmtes Verhältnis zwischen ausgeschütteten Dividenden und Jahresgewinn zu erreichen. Dabei orientieren sich Unternehmen bei der aktuellen Dividendenzahlung aber an einem nachhaltig erwarteten Ge-

---

148 Vgl. ZIMMERMANN, 1995, S. 428.
149 Vgl. LINTNER, 1965.

winnniveau. Um keine negativen Signale zu setzen, versuchen Unternehmen, eine Reduzierung von Dividenden zu vermeiden.

Bei einer von BEHM und ZIMMERMANN durchgeführten Untersuchung über 27 große deutsche Industrie- und Dienstleistungs-Unternehmen für den Zeitraum 1962 bis 1988 wurde folgende Gleichung geschätzt, die rund 50 % der Varianz der tatsächlichen Dividendenzahlungen erklärt:[150]

$$\widetilde{D}_t^e = D_{t-1} + 0.155 \times (0.52 \times G_t^* - D_{t-1})$$

Man erkennt, dass die Gesellschaften im Mittel rund die Hälfte (52 %) ihrer Gewinne (G_t) als Dividende (D_t) ausschütten möchten, aber Anpassungen der Dividende gegenüber dem Vorjahreswert (D_{t-1}) auf 15,5 % des Umfangs der aktuellen Abweichung von diesen Zielwerten beschränken.

Nach diesen theoretischen Vorüberlegungen befassen sich die folgenden Teile dieses Kapitels mit der Planung von Kapitalbedarf und Finanzierung sowie den Themen Risikomanagement und Rating.

9.2 Kapitalbedarf und Finanzierung

Eine wesentliche Aufgabe der Unternehmensplanung ist die Bestimmung des Kapitalbedarfs (Capital Employed), der maßgeblich von der Produktionskapazität und dem tatsächlich erzielten Umsatz abhängt. Mit der Produktionskapazität, die wiederum aus dem erwarteten Umsatzpotenzial resultiert, wird der Bedarf an Gegenständen des Anlagevermögens (Immobilien, Anlagen und Maschinen) festgelegt. Der Kapitalbedarf im Umlaufvermögen (insbesondere also für Forderungen aus Lieferungen und Leistungen und Vorräten) hängt dagegen weitgehend proportional vom tatsächlichen Umsatz ab. Aus Sicht des wertorientierten Managements ist es hier beabsichtigt, eine hohe Kapitaleffizienz – also einen hohen Kapitalumschlag – zu erreichen. Das Verhältnis von Kapitalbedarf zu Umsatz sollte also verbessert werden, was sich ceteris paribus wertsteigernd auswirkt. Bedeutsam sind hier Verfahren zur optimalen Planung der Produktionskapazität (z. B. Fabrikplanung), zur richtigen Abschätzung der erforderlichen Produktionskapazität, zur Optimierung des Lagermanagements (Logistik, Lagerhaltungsplanung) sowie das Forderungsmanagement (Mahnwesen). Neben der Optimierung des Kapitalbedarfs besteht die zweite Teilaufgabe darin, die Kosten für die Finanzierung des erforderlichen Kapitals zu reduzieren. Dabei muss im ersten Schritt entschieden werden, wie viel Eigenkapital zur Risikodeckung nötig ist (vgl. 9.3). Der restliche Kapitalbedarf wird fremdfinanziert, wobei hier unter dem Gesichtspunkt der

---

[150] Vgl. BEHM; ZIMMERMANN, 1993.

Kapitalkosten zwischen vielen Finanzierungsformen (Bankkredit, Leasing, Lieferantenverbindlichkeiten etc.) zu wählen ist.

Aktivitäten im Finanzmanagement, die unmittelbare Auswirkungen auf die Kapitalkostensätze haben, sind beispielsweise die folgenden:

- Vereinbarung von Zinskonditionen und Zinsfestschreibungsdauer für Bankkredite
- Nutzung von Leasing
- Nutzung von Factoring und Forfaitierung
- Optimierung des Rating (vgl. 9.4)
- Optimierung des Treasury (z. B. Cash-pooling, Kontenausgleich).

Alle hier erwähnten Aktivitäten haben unmittelbare Auswirkungen auf die Kosten und unter Umständen auch auf die Risiken des Unternehmens und sind folglich im Hinblick auf ihre Konsequenzen für den Unternehmenswert zu beurteilen.

Bei der Wahl der Finanzierungsformen eines Unternehmens fällt auf, dass es hier immer eine typische Abfolge gibt: Man spricht von der „Packing order theory".[151] Unternehmen neigen dazu, für die Finanzierung zunächst sämtliche internen Finanzquellen (Eigenfinanzierung) zu nutzen. Wenn diese nicht ausreichen und eine externe Finanzierung erforderlich wird, werden zunächst die Möglichkeiten einer Fremdfinanzierung ausgeschöpft. Erst als letztes werden externe Möglichkeiten der Eigenfinanzierung (z. B. Kapitalerhöhung) genutzt. Diese Rangfolge der Finanzierungs-Aktivitäten ergibt sich, weil die externe Finanzierung – insbesondere die externe Finanzierung mit Eigenkapital – teurer und vor allen Dingen meist auch erheblich langsamer zu realisieren ist. Gerade weil dies so ist, wird eine Eigenkapitalerhöhung in einem ungünstigen Marktumfeld an den Börsen als ausgesprochen negatives Signal interpretiert. Es verdeutlicht, dass dem Unternehmen offensichtlich keine anderen Finanzierungsmöglichkeiten mehr zur Verfügung stehen. Um einerseits derartige Signale an den Börsen oder auch gegenüber den finanzierenden Kreditinstituten zu vermeiden und andererseits auch kurzfristig den erforderlichen Finanzierungsspielraum für interessante Opportunitäten zu haben, benötigt ein Unternehmen eine adäquate Liquiditätsreserve. Zu dieser Liquiditätsreserve gehören neben Kontoguthaben auch kurzfristig verkäufliche Wertpapiere sowie der fest vereinbarte Kreditrahmen. Eine Liquiditätsreserve, die meist relativ niedrig verzinst wird, ist daher im Sinne eines wertorientierten Managements durchaus sinnvoll und hat eine strategische Bedeutung.

9.3 Risikomanagement

9.3.1 Wertorientierte Unternehmensführung: Chancen und Gefahren managen

Jedes zukunftsbezogene Management muss sich der Unvorhersehbarkeit der Zukunft bewusst sein. Jeder Chance, die ein Unternehmen realisieren möchte, stehen Gefahren gegenüber. Alle Aktivitäten in einem Unternehmen zur Abschätzung und besseren Beherrschung von Chancen und Gefahren sind dem Risikomanagement zuzuordnen. Obwohl der Umgang mit Risiken – also Chancen und Gefahren – von so grundlegender Bedeutung im unternehmerischen Erfolg ist, sind gerade die Fähigkeiten und Systeme des Risikomanagements in den Unternehmen bisher vergleichsweise wenig entwickelt.

Nachfolgend sollen die oft vernachlässigten Risiken, ihre Messung und Aggregation sowie ihre Bedeutung für den Unternehmenswert näher betrachtet werden. Zudem werden grundlegende Verfahren der Risikobewältigung sowie die organisatorische Gestaltung von Risikomanagement-Systemen vorgestellt.

Risiken sind die aus der Ungewissheit der Zukunft resultierenden, durch „zufällige" Störungen verursachten Möglichkeiten, geplante Ziele zu verfehlen. Risiken entsprechen somit mathematisch weitgehend der Streuung um den Erwartungswert der betrachteten Zielvariable (z. B. der Eigen- oder Gesamtkapitalrendite). Alternativ oder zumindest ergänzend kann man Risiken auch als so genannten Value-at-Risk – eine Art „wahrscheinlicher Höchstschaden" – messen. Der Value-at-Risk (VaR) ist dabei definiert als Schadenshöhe, die in einem bestimmten Zeitraum („Halteperiode", z. B. ein Jahr) mit einer festgelegten Wahrscheinlichkeit (z. B. 99 %) nicht überschritten wird.

Hohe Risiken eines Unternehmens zeigen sich dabei in erheblichen Schwankungsbreiten der zukünftigen freien Cash-Flows. Während beispielsweise Kostensenkungsmaßnahmen auf eine Steigerung der (Erwartungswerte) der freien Cash-Flows abzielen, ist es eine Aufgabe des Risikomanagements, die Streuung bzw. die Schwankungsbreite der freien Cash-Flows zu reduzieren und so einen Beitrag zur Steigerung des Unternehmenswertes zu leisten.

Wichtige Gründe für eine Absicherung von Risiken auf Ebene eines Unternehmens sind die folgenden:

- Eine stabile Gewinnentwicklung reduziert die Wahrscheinlichkeit eines Konkurses und damit die erwarteten Konkurskosten.

- Die Reduzierung der Schwankungen erhöht die Planbarkeit und Steuerbarkeit eines Unternehmens, was einen positiven Nebeneffekt auf das erwartete Ertragsniveau hat.

- Eine stabile Gewinnentwicklung mit einer hohen Wahrscheinlichkeit für eine Kapitaldienstfähigkeit ist im Interesse der Fremdkapitalgeber, was sich in einem guten Rating, vergleichsweise hohen Finanzierungsrahmen und günstigen Kreditkonditionen widerspiegelt.

- Eine stabile Gewinnentwicklung und niedrigere Insolvenzwahrscheinlichkeit ist im Interesse von Arbeitnehmern, Kunden und Lieferanten, was es erleichtert, qualifizierte Mitarbeiter zu gewinnen und langfristige Beziehungen zu Kunden und Lieferanten aufzubauen.

- Bei einem progressiven Steuertarif haben zudem Unternehmen mit schwankenden Gewinnen Nachteile gegenüber Unternehmen mit kontinuierlicher Gewinnentwicklung.

- Eine prognostizierbare Entwicklung des Cash-Flow reduziert die Wahrscheinlichkeit, unerwartet auf teure externe Finanzierungsquellen zurückgreifen zu müssen.

9.3.2 Kernfragen des strategischen Risikomanagements[152]

Um ein wertorientiertes strategisches Management zu unterstützen, muss das Risikomanagement ein Abwägen von Chancen und Gefahren (Risiken) unterstützen. Um diesen Anforderungen zu genügen, sollte ein Risikomanagement-System bestimmte Grundanforderungen erfüllen. Insbesondere sollte jedes Risikomanagement die folgenden vier Kernfragen beantworten können. Probleme bei der Beantwortung dieser Fragen weisen auf grundlegenden Weiterentwicklungsbedarf des bestehenden Risikomanagement-Systems hin.

- **Welche Faktoren bedrohen Erfolg und Erfolgspotenziale?**
  Wenn bekannt ist, welche Faktoren für den Unternehmenserfolg maßgeblich sind, kann man in einem weiteren Schritt die „strategischen Risiken" ermitteln, die zu einer wesentlichen Beeinträchtigung der Erfolgspotenziale des Unternehmens führen können.

- **Welche Kernrisiken soll das Unternehmen selbst tragen?**
  Ein konsequenter Transfer von „peripheren Risiken", die nicht zwingend für den Erfolg des Unternehmens eingegangen werden müssen, bietet den Vorteil, dass mehr Risiken beim Aufbau von Erfolgspotenzialen akzeptiert werden können, ohne das Risikodeckungspotenzial des Unternehmens zu überfordern.

---

[152] Vgl. GLEIBNER, 2000c, GLEIBNER, 2001d.

▪ **Welche Eigenkapital- und Liquiditätsausstattung ist als „Risikodeckungspotenzial" nötig?**
Das Eigenkapital (und die Liquiditätsreserve) ist letztlich das Risikodeckungspotenzial eines Unternehmens, das die (aggregierten) Wirkungen aller Risiken zu tragen hat.

▪ **Welcher risikoadjustierte Erfolgsmaßstab ist Zielgröße der Unternehmenssteuerung?**
Damit eine Risikobewältigungsmaßnahme (z. B. Versicherung) oder eine Investition einen positiven Beitrag zum Unternehmenswert leistet, ist es erforderlich, dass die Rendite über dem risikoabhängigen Kapitalkostensatz liegt:

Wertbeitrag = Kapitalbindung x (Gesamtkapitalrendite − Kapitalkostensatz)

Der Wertbeitrag ist ein Beispiel für einen Erfolgsmaßstab, der Rendite und Risiko berücksichtigt.

9.3.3 Identifikation, Messung und Aggregation von Risiken

Die Risikosituation eines Unternehmens verändert sich ständig. Ein „Risikomanagement-System", wie es seit 1998 durch das KonTraG (Kontroll- und Transparenzgesetz) für Aktiengesellschaften vorgeschrieben ist, zielt darauf ab, durch dokumentierte organisatorische Regelungen sicherzustellen, dass in regelmäßigen Abständen die Risikosituation neu bewertet, die Ergebnisse der Unternehmensführung kommuniziert und rechtzeitig adäquate Risikobewältigungsmaßnahmen eingeleitet werden.

Dem Risikomanagement obliegt die Handhabung aller Risiken, denen ein Unternehmen ausgesetzt sein kann. Durch eine Reduzierung der risikobedingten Streuung (bzw. der Schwankungsbreite) der zukünftigen Erträge und der Cash-Flows eines Unternehmens trägt es zur Steigerung des Unternehmenswertes bei. Grundsätzlich kann in die in den folgenden Absätzen 9.3.3.1 bis 9.3.3.3 dargestellten Teilaufgaben eines Risikomanagement-Systems unterschieden werden:

9.3.3.1 Risikoanalyse

Bei der Risikoanalyse werden alle wesentlichen auf das Unternehmen einwirkenden Einzelrisiken systematisch identifiziert und anschließend hinsichtlich Eintrittswahrscheinlichkeit und quantitative Auswirkung bewertet.

Dabei können folgende Risikofelder unterschieden werden:

- strategische Risiken, z. B. akute Gefährdung wichtiger Wettbewerbsvorteile,
- Marktrisiken, z. B. konjunkturelle Absatzmengenschwankungen,

- Finanzmarktrisiken, z. B. Zins- und Währungsveränderungen,
- rechtliche und politische Risiken, z. B. Änderungen der Steuergesetze,
- Risiken aus Corporate Governance, z. B. unklare Aufgaben- und Kompetenzregelungen und
- Leistungsrisiken der primären Wertschöpfungskette und der Unterstützungsfunktionen, z. B. Kalkulationsfehler oder Ausfall der EDV.

Bei der Erstellung eines Risikoinventars kann auf das im Rahmen einer „üblichen" Unternehmensanalyse (vgl. Modul 4) erstellte „vorläufige Risikoinventar" zurückgegriffen werden, das bereits die wichtigsten Risiken umfassen sollte.

Da sich Risiken auf das mögliche Verfehlen unternehmerischer Ziele beziehen, sollte die Festlegung der maßgeblichen unternehmerischen Ziele Startpunkt einer detaillierten Risikoanalyse sein. Besonders relevante strategische Risiken lassen sich identifizieren, wenn man analysiert, durch welche Faktoren die strategischen Ziele oder die Erfolgsfaktoren des Unternehmens besonders maßgeblich gefährdet wären. Beispiele für oft besonders gravierende Risiken sind die Substitution des eigenen Produktes durch technologische Innovationen, der Markteintritt neuer Wettbewerber oder massive Veränderungen von Zinsen und Währungskursen. Wie man sieht, sind dies gerade Risiken, die traditionell nicht versicherbar sind.

Die wesentlichen Einzelrisiken werden in einem Risikoinventar zusammengefasst und zunächst nach Relevanz bewertet (vgl. Abbildung 57).

Risiko	Risikofeld	Wirkung	Bewältigung	Relevanz
Neuer Wettbewerber	S/M	U/EP	weitere Intensivierung des Vertriebs	4
Absatzmenge	L	U	Frühwarn- und Prognosesystem für Umsatz	4
Zinsänderungen	F	FBE	Vereinbarung Zins-Cap, geringere Duration im Portfolio	3
Personalkosten	M	Kfix	Selbst tragen	3
Maschinenschaden	L	U	Redundante Auslegung	3
Absatzpreisschwankung	M	U	Selbst tragen	3
Abhängigkeit von XYZ AG	M	U	Vertragsgestaltung, Intensivierung des Vertriebs	2
Kalkulationsfehler	L	U/K	Organisatorische Maßnahmen	2
Haftpflichtschäden b. Kunden	L	AoE	Optimierung des Versicherungsschutzes	2
wachstumsbed. Eigenkapitalmangel	S	EP	Thesaurierung von Gewinnen	2
Übernahme Muster GmbH	F	FBE	Due Diligence	2
Fehlende Kompetenz in Ungarn	S	EP	Verkauf des Geschäftsfeldes	2
Motivationsprobleme im Vertrieb	G	EP/U	stärker erfolgsabhängige Entlohnung	1

Risikofelder:			
S	Strategisches R.	L	Leistungsr.
M	Marktr.	G	R. aus Corporate Governance
F	Finanzmarktr.	R	Rechtl./gesellschaftl./polit. R.

Wirkung:			
EP	Erfolgspotential	Kfix	Fixe Kosten
U	Umsatz	FBE	Finanz- u. Beteiligungsergebnis
Kvar	Variable Kosten	AoE	Außerordentliches Ergebnis

Abbildung 57: Beispiel für ein Risikoinventar

Die Relevanz ist ein erster grober Schätzer für die Bedeutung des Risikos (z. B. Auswirkung auf den Unternehmenswert, vgl auch Absatz 9.3.3.2).

Die folgende Übersicht[153] zeigt die für die meisten Unternehmen wichtigsten Risiken. Diese Checkliste basiert auf einer Auswertung der Beratungsgesellschaft RMCE RiskCon GmbH & Co. KG, welche die Risikoinventare einer großen Anzahl von Unternehmen unterschiedlichster Branchen ausgewertet hat.

Liste der 15 Top-Risiken von Unternehmen:

1. Bedrohung von Kernkompetenzen oder Wettbewerbsvorteilen
2. Marktstrategische Risiken, z. B. Markteintritt neuer Wettbewerber
3. Abhängigkeit von wenigen Kunden oder wenigen Lieferanten
4. Konjunkturelle Umsatzschwankungen (Preis oder Menge)
5. Zinsänderungs- und Währungsrisiken
6. Adressausfallrisiken (z. B. Forderungsverlust)
7. Beschaffungsmarktrisiken (Preis, Qualität, Verfügbarkeit)
8. Risiken aus dem Einsatz von Derivaten
9. Organisatorische Risiken (z. B. Fehlen von Kontrollmechanismen)
10. Risiken durch den Ausfall von Schlüsselpersonen
11. Produkthaftpflichtrisiken und allgemeine Haftpflicht
12. Technische Risiken (Verfügbarkeitsrisiken)
13. Sachanlageschäden durch exogene Einflüsse (z. B. Feuer)
14. Vertrags- und Kalkulationsrisiken
15. Risiken durch unzureichende Frühaufklärung

Wie man anhand der Liste erkennt, sind aus betriebswirtschaftlicher Sichtweise sehr unterschiedliche Arten von Risiken geeignet, eine Verfehlung der betriebswirtschaftlichen Ziele (z. B. den geplanten Gewinn) zu verursachen. Gravierende Risiken in den genannten 15 Kategorien können bei Unternehmen existenzbedrohende Krisen auslösen. Im Rahmen einer fundierten Identifikation der maßgeblichen Risiken kann man sich keinesfalls auf die Analyse technischer Risiken im Sinne eines „technischen Sicherheitschecks" beschränken. Eine solche Analyse hat sicherlich auch ihre Bedeutung. Eine umfassende Risikoidentifikation erfordert jedoch zwingend auch die Analyse strategischer Risiken, Beschaffungs- und Absatzmarktrisiken sowie finanzieller Risiken.

Basierend auf der Identifikation maßgeblicher Risiken ergeben sich weiterführende Aufgaben des Risikomanagements. Zu nennen ist hier zunächst die quantitative Bewertung aller wichtigen Risiken und die Aggregation – also zusammenfassende Beurteilung – der Risiken zur Ermittlung des gesamten Risikoumfangs eines Unternehmens.

---

153 Vgl. GLEIßNER, 2001h.

9.3.3.2 Risikoaggregation

Zielsetzung der Risikoaggregation ist die Bestimmung der Gesamtrisikoposition der Unternehmung sowie der relativen Bedeutung der Einzelrisiken. Dabei sind Wechselwirkungen der Risiken (Korrelation oder kausale Abhängigkeit) durch Risikosimulationsverfahren explizit zu berücksichtigen. Zur Aggregation der Risiken werden die Wirkungen der Einzelrisiken im Kontext der im Unternehmen genutzten Planungsmodelle (z. B. Plan-Erfolgsrechnung) integriert, was die Verbindung zwischen Risikomanagement und „traditioneller" Unternehmensplanung ermöglicht. So werden die beispielsweise durch Risiken verursachten „Streuungsbänder" der zukünftigen Cash-Flows ermittelt, was auch zu einer fundierten Beurteilung der Zuverlässigkeit der unternehmerischen Planungen beiträgt. Erst eine solche Beurteilung des Gesamtrisikoumfangs ermöglicht es, in einem weiteren Schritt zu beurteilen, ob die im Unternehmen vorhandene Risikotragfähigkeit (das verfügbare Eigenkapital und die Liquiditätsreserven) ausreichend ist, um den Risikoumfang des Unternehmens tatsächlich zu tragen, und so den Bestand des Unternehmens langfristig zu sichern. Zumindest in Situationen, in denen der vorhandene Risikoumfang eines Unternehmens gemessen am Eigenkapital zu hoch ist, werden zusätzliche Maßnahmen der Risikobewältigung erforderlich.

Die Aggregation der einzelnen Unternehmensrisiken und damit die Bestimmung des Gesamtrisikoumfangs kann in der Regel nur mit Hilfe von Simulationsverfahren (insbesondere der so genannten „Monte-Carlo-Simulation" siehe Abbildung 58: Risikoag-

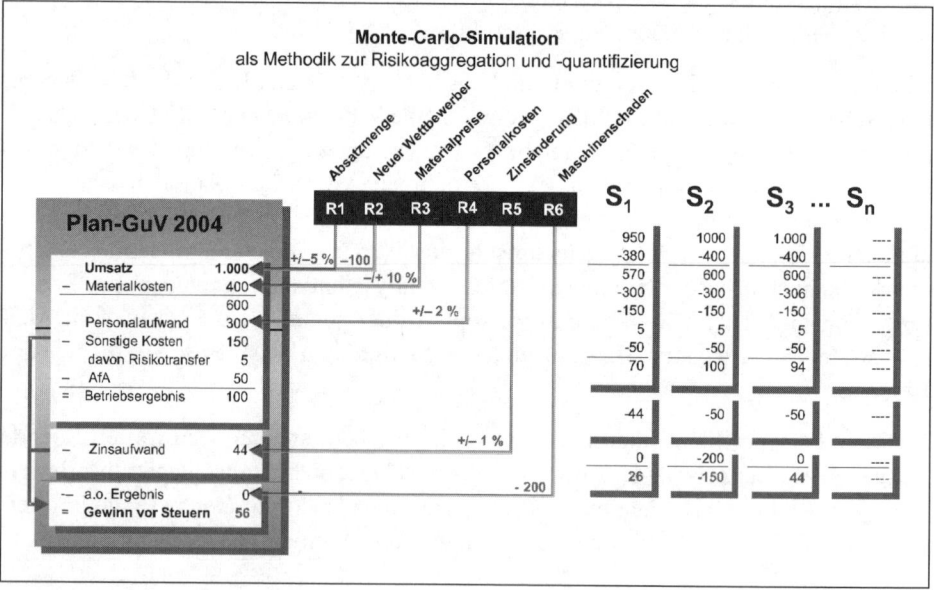

Abbildung 58: Risikoaggregation

gregation) durchgeführt werden. Um derartige Simulationsverfahren anwenden zu können, müssen zunächst die Risiken denjenigen Positionen der Unternehmensplanung (Erfolgsrechnung oder Bilanz) zugeordnet werden, bei denen sie Planabweichungen verursachen könnten. Jedes Risiko wird dabei durch eine geeignete Wahrscheinlichkeitsverteilungs-Funktion beschrieben; im einfachsten Fall durch „Schadenshöhe und Eintrittswahrscheinlichkeit" (Binomialverteilung). Gerade wenn Planabweichungen durch eine Vielzahl kleiner Abweichungsursachen ausgelöst werden können, entstehen „Abweichungsbandbreiten" um den Planwert, die am besten durch eine Normalverteilung zu beschreiben sind. Nachdem die einzelnen Risiken beschrieben und den jeweiligen Positionen der Unternehmensplanung zugeordnet wurden, wird computergestützt die eigentliche Simulation durchgeführt. Dabei wird eine repräsentative, große Anzahl möglicher Zukunftsszenarien berechnet und analysiert. In jedem Zukunftsszenario wird dabei für eine konkrete Realisierung der Risikofaktoren (z. B. Zinsen oder Konjunkturszenarien) die sich daraus ergebende Ausprägung sämtlicher Werte der Unternehmensplanung (z. B. also die Gewinn- und Verlustrechnung sowie den daraus resultierenden Gewinns) berechnet. Durch die große Anzahl der berechneten risikobedingten Zukunftsszenarien liefert die Simulation realistische „Bandbreiten" für die interessierenden Größen und Kennzahlen der Unternehmensplanung. Die Risikoaggregation führt damit zwangsläufig immer auch zu einer fundierten Beurteilung der Planungssicherheit.

Aus den ermittelten Realisationen der Zielgrößen ergeben sich aggregierte Wahrscheinlichkeitsverteilungen (vgl. Abbildung 59). Aus diesen kann dann der Value-at-

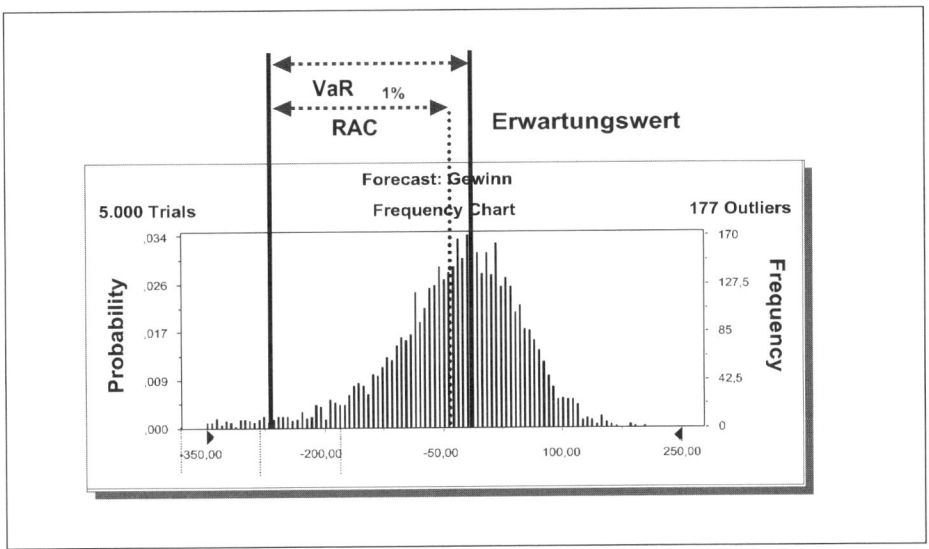

Abbildung 59: Verteilungsfunktion des Gewinns

Risk (VaR) als der Höchstschaden, der mit beispielsweise 95-prozentiger oder 99-prozentiger Wahrscheinlichkeit nicht überschritten wird, abgelesen werden.

Durch Sensitivitätsanalysen ist es weiterhin möglich, die wesentlichen Einflussfaktoren (Einzelrisiken) auf die Streuung der Zielvariablen zu bestimmen.

Die folgende Grafik zeigt die Verteilungsfunktion der Eigenkapitalquote (EKQ), die sich durch die Verrechnung von Gewinnen und Verlusten mit dem Eigenkapital ergibt. Mit dieser Verteilungsfunktion ist es unmittelbar möglich, die Angemessenheit der Eigenkapitalausstattung eines Unternehmens bei gegebenem Risiko zu beurteilen. In diesem Beispiel ergibt sich, dass das Eigenkapital in 3,2 % aller Fälle negativ wird; das Unternehmen wäre also überschuldet.

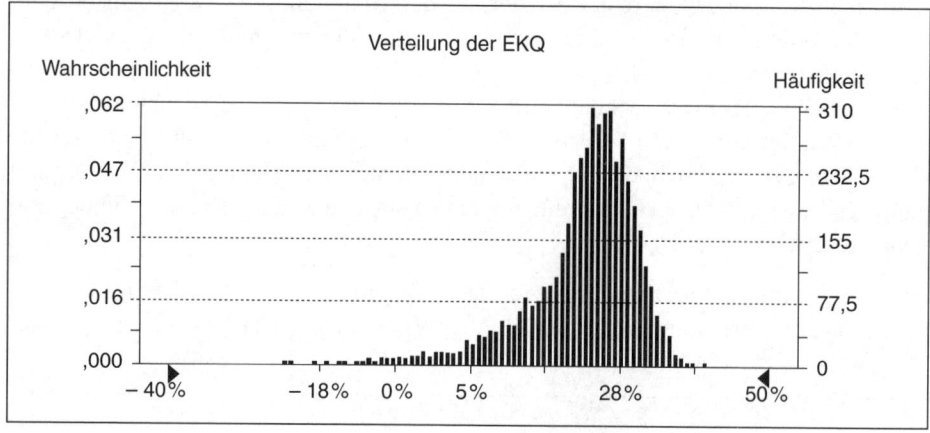

Abbildung 60: Verteilungsfunktion der Eigenkapitalquote

Falls diese „Ausfallwahrscheinlichkeit" bei der Risikopräferenz des Unternehmens – oder dem angestrebten Rating – zu hoch ist, gibt es die Möglichkeit,

- entweder die Eigenkapitalausstattung zu verbessern oder
- durch geeignete Risikobewältigungsmaßnahmen den Risikoumfang zu senken. (vgl. Absatz 9.3.3.3)

9.3.3.3 Risikobewältigung und Risikokosten

Risiken beeinflussen die Kapitalkostensätze und damit den Unternehmenswert. Genau wie die Optimierung der Umsätze und das Kostenmanagement gehört damit die Risikobewältigung zu denjenigen Aktivitäten, die zu einer Steigerung des Unternehmenswertes und damit zum Unternehmenserfolg maßgeblich beitragen.

Durch geeignete Risikobewältigungsmaßnahmen lassen sich Unternehmensrisiken reduzieren, die Erfolgswahrscheinlichkeit erhöhen und der Unternehmenswert steigern. Es genügt also nicht, Risiken nur zu analysieren. Es müssen auch geeignete Maßnahmen getroffen werden, die Risikoposition des Unternehmens zu optimieren. Zuerst ist hier natürlich an traditionelle Versicherungslösungen zu denken, bei denen bestimmte unternehmerische Risiken aus dem Unternehmen heraus auf Dritte (Versicherung) transferiert werden. Risikobewältigung wird jedoch weitere Maßnahmen umfassen, z. B. organisatorische Veränderungen, die Reduzierung der Fertigungstiefe (erhöht die Stabilität gegenüber Nachfrageschwankungen) oder die langfristige Absicherung von Wechselkursen über Derivate.

Grundsätzlich gibt es dabei mehrere Strategien zum Umgang mit Risiken (Risikobewältigung):

- Risikovermeidung (z. B. Ausstieg aus „gefährlichem" Geschäftsfeld),
- Risikoreduzierung durch:
  - ursachenorientierte Minderung der Eintrittswahrscheinlichkeit (z. B. redundante Auslegung wichtiger Maschinen) oder eine
  - wirkungsorientierte Minderung der Schadenshöhe (z. B. Substitution fixer durch variable Kosten; Outsourcing),
- Überwälzen von Risiken (z. B. durch Versicherungen, geeignete Verträge mit Lieferanten, Absicherung von Währungsrisiken durch Derivate),
- Risiko selbst tragen (und Schaffung eines adäquaten Risikodeckungspotenzials, in Form von Eigenkapital- und Liquiditätsreserven).

Die Kategorisierung von Risikobewältigungsstrategien zeigt jedoch nur ein grobes Raster.[154] Risiken lassen sich beispielsweise reduzieren, indem die Prognostizierbarkeit der Zukunft durch geeignete Verfahren verbessert wird und das Unternehmen auf eine vorhergesagte Störung durch gezielte Gegenmaßnahmen reagiert („technokratischer Ansatz"). Anders als mit einer gezielten Reaktion auf prognostizierte Störungen könnte man die Struktur eines Unternehmens oder Unternehmensteils auch so ändern, dass eine beliebige, nicht vorhergesehene Störung ohne schwerwiegende Folgen bleibt („flexibler Ansatz"). Wenn man im genannten Beispiel den Ausfall einer Maschine nicht vorhersagen kann, könnte man einfach eine zweite Maschine (redundantes System) dazustellen, die im Störungsfall aktiviert wird.

Für die Optimierung der Risikoposition des Unternehmens sind folgende Grundanforderungen zu beachten:

- Basis aller Optimierungsüberlegungen muss eine umfassende, fundierte Identifikation sowie eine nachvollziehbare Bewertung aller Risiken sein.

---

154 Vgl. GLEIßNER, 2001d.

- Die Risikobewältigung basiert auf einem ganzheitlichen Ansatz, d. h. grundsätzlich sind alle Arten von Risiken, aber auch alle Arten von Risikobewältigungsinstrumenten mit einzubeziehen, um Diversifikationseffekte zwischen den Risken zu nutzen und suboptimale Lösungen zu vermeiden.

- Eine erste Strukturierung der Risiken hat unter Bezugnahme auf die Unternehmensstrategie zu erfolgen. Dabei sind zunächst diejenigen „Kernrisiken" abzugrenzen, die in unmittelbarem Bezug zu den Kernkompetenzen und Kernaktivitäten des Unternehmens stehen und daher vom Unternehmen selbst zu tragen sind. Alle anderen Risiken, die „Randrisiken" (periphere Risiken), sind im Grundsatz geeignet, auf Dritte übertragen zu werden.

Nach der Bestimmung einer Risikobewältigungsstrategie muss abschließend überprüft werden, ob das vorhandene Eigenkapital – das Risikodeckungspotenzial des Unternehmens – ausreicht, um die verbliebenen Restrisiken zu tragen.

Beim Vergleich alternativer Risikobewältigungsverfahren werden aber bisher häufig in erster Linie nur die direkten Kosten, also beispielsweise die Versicherungsprämien, verglichen. Um zu entscheiden, welche mögliche Risikobewältigungsmaßnahme besser ist, benötigt man einen Maßstab, der die direkte Wirkung auf die Kosten einerseits und auf den Eigenkapitalbedarf (und damit die Kapitalkosten) andererseits erfasst. Die entsprechende Zielgröße, die beide Aspekte umfasst, ist der Unternehmenswert.

Vor dem Hintergrund einer zunehmend größeren Bedeutung eines adäquaten Risikomanagements für die nachhaltige Erfolgssicherung von Unternehmen gewinnen die „Risikokosten" immer mehr Beachtung. Das Risikokostenmanagement – der Totalcost-of-risk-Ansatz (TCR) – hat die Aufgabe, die Kosten von Risiken und Risikobewältigungsmaßnahmen transparent und damit steuerbar zu machen. Auf diese Weise verbinden sich Risiko- und Kostenmanagement. Die Optimierung der Risikokosten verbessert somit die Rentabilität und die Wettbewerbsfähigkeit des Unternehmens.

Das Spektrum der Risikokosten ist dabei sehr groß: Die Risikoprämien in den Kreditzinsen, die Versicherungsprämien, die selbst zu tragenden Schäden sowie die Arbeitszeit für Risikobewältigung und interne Revision gehören ebenso zu den Risikokosten wie die Kosten der risikobedingten Vorhaltung von Vorräten oder Liquidität und die gesamten Eigenkapitalkosten. Die Optimierung der Gesamtrisikokosten eines Unternehmens hat damit einen sehr hohen Stellenwert. Vermutlich ist primär die geringe Transparenz und die weite Verteilung der Risikokosten auf „traditionelle" Kostenarten dafür verantwortlich, dass sich bisher mit diesem Thema noch nicht adäquat auseinander gesetzt wurde.

Man kann dabei leicht zeigen, dass die so verstandenen Risikokosten, die die Kosten des Eigenkapitals zur Abdeckung möglicher risikobedingter Verluste einschließen, letztlich nichts anderes sind, als ein Maß für den (negativen) Wertbeitrag durch die Risiken.

Will man die Risikokosten senken, wird zunächst entschieden, welche Risikoarten in die Optimierung der Risikokosten mit einbezogen und welche mit diesem Risiko verbundenen Kosten berücksichtigt werden sollen. Für alle somit definierten Risiken werden nun – zunächst separat – die relevanten Kosten erfasst. Dabei sind die Kosten von Risikotransfers, die Schadenskosten, risikobezogene (Arbeits-)Prozesskosten, aber auch die kalkulatorischen Kosten für das zur Risikodeckung erforderliche Eigenkapital mit einzubeziehen. Mit Hilfe der Risikoaggregation („Monte-Carlo-Simulation") wird nach der partiellen Betrachtung einzelner Risiken unter Berücksichtigung von Wechselwirkungen (Korrelationen) die Gesamtrisikoposition aus sämtlichen in die Analyse einbezogenen Risiken bestimmt, wobei die definierten Risikobewältigungsmaßnahmen und die Diversifikationseffekte zwischen Risiken berücksichtigt werden. Nach der Status-quo-Betrachtung der Risikokosten gilt es unter Einbeziehung von Fachexperten, Handlungsalternativen, die eine Reduzierung der Risikokosten erwarten lassen, auszuarbeiten und – mittels einer speziellen Simulationssoftware für die Risikoaggregation, wie z. B. dem *„RMCE-Transfer-Simulator"* – zu bewerten.

Mit Hilfe (heuristischer) Vorentscheidungsverfahren wird die Anzahl der Handlungsalternativen auf eine überschaubare Anzahl von präferierten Optionen reduziert. Diese werden schließlich anhand des gewählten Erfolgsmaßstabs, also der Risikokosten (Total cost of risk) systematisch miteinander verglichen. Schließlich ist die ausgewählte Handlungsalternative – unter Einbeziehung der erforderlichen Fachexperten – im Detail zu planen und umzusetzen.

Eine Optimierung der Risikokosten hat neben den offensichtlichen Vorteilen einer Kosteneinsparung auch auf der strategischen Seite nicht unerhebliche Bedeutung. Eine Optimierung des Eigenkapitalbedarfs bei den operativen Risiken schafft für das Unternehmen die Möglichkeit, bei konstantem Eigenkapital mehr Risiken in strategisch wichtigen Feldern – beispielsweise bei Forschungsprojekten oder der Ausweitung der Märkte – einzugehen.

9.3.4 Organisatorische Gestaltung von Risikomanagement-Systemen

Wirksames Risikomanagement erfordert die Einbeziehung aller Mitarbeiter und die Verankerung in den Geschäftsprozessen des Unternehmens. Durch die sich ständig ändernden Umweltbedingungen verändert sich auch die Risikosituation des Unternehmens. Das Risikomanagement-System hat daher durch organisatorische Regelungen – insbesondere eine klare Verantwortungszuordnung – sicherzustellen, dass Risiken frühzeitig identifiziert und regelmäßig überwacht und bewertet werden. Außerdem sind für ein KonTraG-konformes Risikomanagement-System die Berichtswege zu Vorstand und Aufsichtsrat festzulegen.

Die Elemente eines Risikomanagement-Systems werden in einem „Risikohandbuch" zusammengefasst, das beispielsweise folgende Teile umfasst:

- Die Risikopolitik (vgl. Absatz 6.3.2.2) und Limits werden fixiert,
- die Verantwortlichkeiten im Risikomanagement werden festgelegt, insbesondere wird geregelt, wer sich mit den einzelnen Risiken zu befassen hat,
- der Prozess der Risikoidentifikation wird beschrieben,
- der Prozess der Risikoüberwachung wird beschrieben und
- ein Berichtswesen mit den Kommunikationswegen wird ausgearbeitet.

Dem KonTraG kann dabei als Mindestzielsetzung für Risikomangement-Systeme entnommen werden, dass diese Systeme geeignet sein müssen, um damit für ein Unternehmen bestandsgefährdende Risiken früh zu erkennen. Erheblich konkretisiert wurden die Anforderungen an ein KonTraG-konformes Risikomanagement-System durch das Institut der Wirtschaftprüfer (IDW), das einen Prüfungsstandard für die Wirtschaftprüfer ausarbeitete[155].

Ebenso wichtig wie die rechtlichen Anforderungen an das Risikomanagement ist die Berücksichtigung der bestehenden Organisation des Unternehmens. Das Risikomanagement sollte in jedem Fall an die bestehenden organisatorischen Regelungen angepasst werden. Vorhandene Systeme (z. B. im Treasury oder im Qualitätsmanagement) sollten möglichst im Risikomanagement mit einbezogen werden, wenn dort bereits geeignete Regelungen bestehen. Zur Vermeidung einer unnötigen Bürokratie sollte das Risikomanagement-System insbesondere einen Beitrag zur Vervollständigung, Integration und Systematisierung bestehender Methoden des Umgangs und der Überwachung von Risiken leisten (vgl. weiterführend MOTT, 2001).

Bei allen Anstrengungen zum Ausbau des Risikomanagements, insbesondere in mittelständischen Unternehmen, darf eines nicht vergessen werden: Risikomanagement kann und soll Unternehmertum nicht ersetzen. Unternehmen ohne Risiken sind schlicht undenkbar. Das Risikomanagement hat daher niemals die Aufgabe, die Risiken eines Unternehmens zu minimieren, weil dies zugleich eine unangemessene Reduzierung von Ertragschancen bewirken würde. Primäre Zielsetzung des Risikomanagements ist es immer, Transparenz über die Risikosituation des Unternehmens zu schaffen und die Risikoposition zu optimieren: Das Eingehen von Risiken ist sinnvoll, wenn ihnen adäquate Ertragschancen gegenüberstehen und der Gesamtumfang der Risiken nicht zu einer gravierenden Bestandsgefährdung des Unternehmens führt.

---

155 Zu den Anforderungen dieses Prüfungsstandards vgl. IDW PS 340 vom 25.06.1999.

9.4 Risikomanagement und Rating[156]

9.4.1 Einleitung

Ein eng mit dem Risikomanagement verwandtes Thema ist das „Rating". Während sich das Risikomanagement aus Perspektive der Eigentümer mit den Risiken eines Unternehmens auseinander setzt, stellt das Rating die Beurteilung der Risikohaltigkeit eines Unternehmens aus Sicht der Gläubiger dar. Ziel eines Rating ist es damit, die Bonität (Kreditwürdigkeit) eines Unternehmens – insbesondere also die Insolvenzwahrscheinlichkeit – zu bewerten.

Durch den so genannten Basel II-Akkord der Kreditinstitute gewinnt das Rating gerade für mittelständische Unternehmen eine zunehmend größere Bedeutung. Im Basel II-Abkommen wird geregelt, dass die Kreditinstitute zukünftig möglichst objektive Ratings zu erstellen haben. Je schlechter das Rating eines Unternehmens, desto mehr Eigenkapital des Kreditinstituts wird für dieses Engagement gebunden. Deshalb werden Banken und Sparkassen zukünftig von Unternehmen mit schlechterem Rating auch höhere Kreditzinsen abverlangen und möglicherweise sogar den Kreditrahmen einschränken. Ein gutes Rating ist umgekehrt die beste Voraussetzung, um auch zukünftig den nötigen Spielraum für die Finanzierung von Wachstum oder wichtigen Investitionsprojekten zu sichern. Sehr schlechte Ratings führen umgekehrt durch eine Einschränkung der verfügbaren Kreditrahmen eventuell sogar zu existenzbedrohenden Liquiditätsrisiken.

Gerade durch das Basel II-Abkommen, das eigentlich erst 2006/2007 in Kraft treten soll, wurde bereits jetzt ein Prozess in den Kreditinstituten angestoßen, der die „Wettbewerbsfähigkeit auf dem Kapitalmarkt" zu einem gerade für mittelständische Unternehmen immer wichtigeren Erfolgsfaktor macht. Nicht mehr nur durch den Erfolg auf dem Absatzmarkt (oder in manchen Branchen auch auf dem Personalmarkt), sondern auch der Erfolg beim Wettbewerb um das knappe Kapital, müssen sich die Unternehmen behaupten.

Dabei ist jedoch nicht zwangsläufig das beste Rating (ein „AAA") anzustreben. Ein derartiges Rating muss gerade bei mittelständischen Unternehmen mit einer so massiven Reduzierung von Risiken erkauft werden, dass damit auch viele unternehmerische Chancen zunichte gemacht würden. Bei der Entwicklung einer so genannten „Rating-Strategie", die als Baustein der Gesamtunternehmensstrategie das Unternehmen auf die Rating durch die Kreditinstitute vorbereitet, sollte daher auf eine „angemessene" Ratingtufe abgezielt werden, die ausreicht, Kreditlinien und akzeptable Kreditkonditionen zu gewährleisten. Gerade mittelständische Unternehmen werden mit einer mittleren Ratingtufe („BBB" oder „BB"), denen Ausfallwahrscheinlichkeiten von etwa

---
[156] Von Werner GLEIßNER.

0,5 % bis 2 % pro Jahr entsprechen, meist durchaus zufrieden sein können. Schlechte Ratings („CCC"), die eine Insolvenzwahrscheinlichkeit von deutlich über 10 pro Jahr anzeigen, stehen jedoch für eine so hohe Risikoposition, dass von einer gesicherten Finanzierung nicht ausgegangen werden kann. In diesen Fällen besteht akuter Handlungsbedarf.

9.4.2 Rating-Kriterien – eine Übersicht

Um ein „gutes" Rating zu erreichen, müssen bestimmte Kriterien erfüllt werden, die zwischen einzelnen Banken und Rating-Agenturen durchaus etwas variieren können.

Grundsätzlich müssen beim Rating aber – bei allen Unterschieden im Detail – mindestens die folgenden Kriterien für die Risikoeinschätzung eines Kreditnehmers berücksichtigt werden:[157]

1. *Vergangene und prognostizierte Fähigkeit, Erträge zu erwirtschaften, um Kredite zurückzuzahlen und anderen Finanzbedarf zu decken, wie zum Beispiel Kapitalaufwand für das laufende Geschäft und zur Erhaltung des Cash-Flows,*

2. *Kapitalstruktur und die Wahrscheinlichkeit, dass unvorhergesehene Umstände die Kapitaldecke aufzehren könnten und dies zur Zahlungsunfähigkeit führt,*

3. *finanzielle Flexibilität in Abhängigkeit vom Zugang zu Fremd- und Eigenkapitalmärkten, um zusätzliche Mittel erlangen zu können,*

4. *Grad der Fremdfinanzierung und die Auswirkungen von Nachfrageschwankungen auf Rentabilität und Cash-Flow,*

5. *Qualität der Einkünfte, d. h. der Grad, zu dem die Einkünfte und der Cash-Flow des Kreditnehmers aus dem Kerngeschäft und nicht aus einmaligen, nicht wiederkehrenden Quellen stammen,*

6. *Position innerhalb der Industrie und zukünftige Aussichten,*

7. *Risikocharakteristik des Landes, in dem ein Unternehmen seine Geschäfte betreibt, deren Auswirkungen auf die Schuldendienstfähigkeit des Kreditnehmers einschließlich des Transfer-Risikos, wenn sich der Sitz des Kreditnehmers in einem anderen Land befindet und er eventuell keine Fremdwährung zur Bedienung seiner Verbindlichkeiten beschaffen kann,*

8. *Qualität und rechtzeitige Verfügbarkeit von Informationen über den Kreditnehmer, einschließlich Verfügbarkeit testierter Jahresabschlüsse, die anzuwendenden Rechnungslegungsstandards und Einhaltung dieser Standards und*

---

157 Die neue Basler Eigenkapitalvereinbarung, Übersetzung der Deutschen Bundesbank, Januar 2001.

9. *Stärke und Fähigkeit des Managements, auf veränderte Bedingungen effektiv zu reagieren und Ressourcen einzusetzen, sowie Grad der Risikobereitschaft versus Konservativität.*

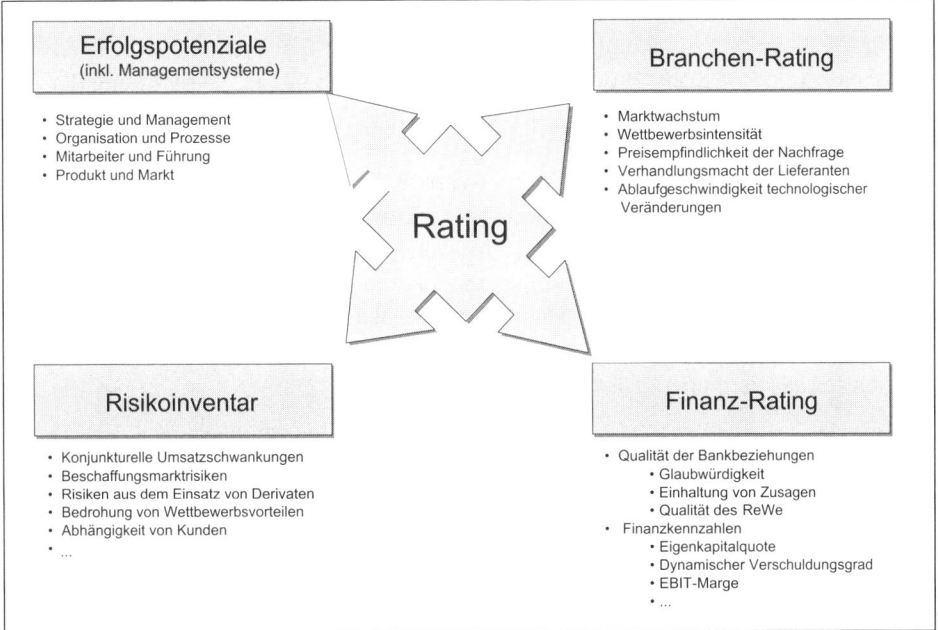

Abbildung 61: Rating-Kriterien[158]

Die Kenntnis der maßgeblichen Rating-Kriterien ist Grundvoraussetzung für eine gezielte Politik des Unternehmens zur Optimierung des Rating und damit der Finanzierungskosten.

Um eine Vorstellung von den grundsätzlich maßgeblichen Rating-Kriterien zu gewinnen, ist es sinnvoll zu verstehen, von welchen ursächlichen Determinanten ein Rating beeinflusst wird. Es gibt primär vier derartige Rating-Determinanten:[159] Abbildung 61 gibt eine Übersicht über die typischen Elemente eines Rating.

1) **Erwartetes Ertragsniveau**
   Das momentane und zukünftig erwartete Ertragsniveau des Unternehmens ist maßgeblich dafür, ob im Mittel davon auszugehen ist, dass das Unternehmen seinen Verpflichtungen für Zinszahlungen und Tilgungen nachkommen kann. Die Beurteilung des jetzigen und die Prognose des zukünftigen Ertragsniveaus (bzw. der

---
158 Vgl. GLEIßNER; FÜSER, 2002, S. 83.
159 Vgl. GLEIßNER, 2002a

freien Cash-Flows) stützt sich dabei im Wesentlichen auf die Jahresabschlussanalyse (z. B. Eigenkapitalquote, Umsatzrendite und Gesamtkapitalrendite) sowie langfristig eine Beurteilung der Erfolgspotenziale (z. B. Wettbewerbsvorteile).

2) **Risiken des Unternehmens**
Als Risiken bezeichnet man die Möglichkeiten einer Abweichung von den Erwartungswerten. Im Kontext des Rating interessiert dabei genau der Umfang der Abweichung um das erwartete Ertragsniveau (vgl. (1)), der sich beispielsweise als „Schwankungsbreite" interpretieren lässt. Für die Berechnung der einzuplanenden Schwankungen um das zukünftig erwartete Ertragsniveau ist es erforderlich, zunächst die wesentlichen Risiken zu identifizieren und zu bewerten und anschließend zu aggregieren. Die Kenntnis des Gesamtrisikoumfangs eines Unternehmens ist notwendig, um abschätzen zu können, wie groß die Wahrscheinlichkeit dafür ist, dass das tatsächliche Ertragsniveau des Unternehmens so deutlich das erwartete Niveau unterschreitet, dass keine adäquate Bedienung des Kapitaldienstes aus dem operativen Geschäft möglich ist.

3) **Finanzierungsstruktur und Risikodeckungspotenzial**
Die Finanzierungsstruktur – insbesondere das Verhältnis von Eigenkapital zu Fremdkapital – ist maßgeblich dafür, in welcher Höhe ein Unternehmen Kapitaldienst zu leisten hat und welches Risikodeckungspotenzial zur Verfügung steht. Das Risikodeckungspotenzial eines Unternehmens ist dabei einerseits abhängig von der Eigenkapitalausstattung (Abdecken möglicher Verluste) und dem verfügbaren Liquiditätsspielraum (Abdecken risikobedingter Liquiditätsabflüsse). Der Umfang des Risikodeckungspotenzials hat immer dann eine große Bedeutung, wenn bei gegebenem erwarteten Ertragsniveau und gegebener Risikosituation die Wahrscheinlichkeit für Verluste bzw. Liquiditätsunterdeckung besonders hoch ist.

4) **Transparenz und Glaubwürdigkeit des Unternehmens**
Bei Kenntnis des erwarteten Ertragsniveaus, der damit verbundenen Risiken und des Risikodeckungspotenzials wäre es grundsätzlich möglich, die Ausfallwahrscheinlichkeit eines Unternehmens zu bestimmen und daraus eine adäquate Rating-Stufe abzuleiten. Leider sind die hierfür erforderlichen Daten in der Praxis nie vollkommen vorhanden, sodass teilweise glaubwürdige Schätzer erforderlich sind. Da Kreditinstitute bei sehr unsicheren Daten im Zweifel von einer schlechteren Ausprägung des Kriteriums ausgehen, ist es im Interesse des Unternehmens, durch leistungsfähige Systeme (z. B. Controlling, Risikomanagement oder Balanced Scorecard) eine zuverlässige Datengrundlage zu schaffen und mittels einer offenen Kommunikationspolitik gegenüber der Hausbank die eigene Glaubwürdigkeit zu fördern.

9.4.3 Entwicklung einer Rating-Strategie

Es gibt zahlreiche Ansatzpunkte, das Rating eines Unternehmens zu verbessern. Um ausreichend Zeit für die Einleitung von Maßnahmen zu haben und ihnen Zeit zu lassen, wirksam zu werden, sollte eine Rating-Strategie rechtzeitig entwickelt werden. Zielsetzung einer solchen Strategie ist es, eine objektive Verbesserung der maßgeblichen Rating-Kriterien zu erreichen und die Informationsasymmetrie zwischen Unternehmen und Banken zu gestalten.

Ein Vorgehensplan zur Erstellung einer eigenen Rating-Strategie könnte wie folgt aussehen:[160]

1) Fixierung der Aufgabenstellung:
   - Welchen Nutzen erwartet das Unternehmen von einem Rating?
   - Welche Adressaten (Kreditinstitut, Kunde) sollen angesprochen werden?
2) Erarbeitung eines typischen „Rasters" von Rating-Kriterien und kritische Beurteilung des eigenen Unternehmens mit diesen Kriterien.[161]
3) Eine Ersteinschätzung (indikatives Rating): Welches Rating wäre bei der momentanen Ausprägung der Rating-Kriterien zu erwarten?
4) Bewertung der Konsequenzen: Welche Konsequenzen hätte ein derartiges Rating für das eigene Unternehmen, etwa für den verfügbaren Kreditrahmen oder die Kreditkonditionen?
5) Identifikation „kritischer Rating-Kriterien", die das Rating-Urteil besonders maßgeblich (negativ) beeinflussen.
6) Entwicklung einer Rating-Strategie auf Grundlage der vier Säulen, die Ansatzpunkte für eine Verbesserung des eigenen Rating zusammenfasst:

Säule I: Wertorientierte Stärkung des Unternehmens
Diese Maßnahmen dienen dazu, das erwartete Ertragsniveau und somit den Wert des Unternehmens zu fördern. Bedeutsam sind hier Maßnahmen zur Stärkung des Vertriebs, Aktivitäten des Kostenmanagements, aber auch die Verbesserung der strategischen Ausrichtung, z. B. durch eine präzisere Ausrichtung des Unternehmens auf attraktive Geschäftsfelder.

Besonders wichtig ist eine stimmige, fundierte und umsetzbare Strategie (vgl. Modul 6). Sie zeigt konkret, wie durch einen Aufbau von Kernkompetenzen und für den Kunden wahrnehmbare Wettbewerbsvorteile, zukünftige Gewinne und Liquidität (freier Cash-Flow) generiert werden, die die Kapitaldienstfähigkeit und damit das Rating – und zugleich auch den Unternehmenswert – bestimmen.

---

[160] Vgl. GLEIßNER; FÜSER, 2003.
[161] Ein Ratingverfahren für die Beurteilung des eigenen Unternehmens findet man bei GLEIßNER; FÜSER, 2003

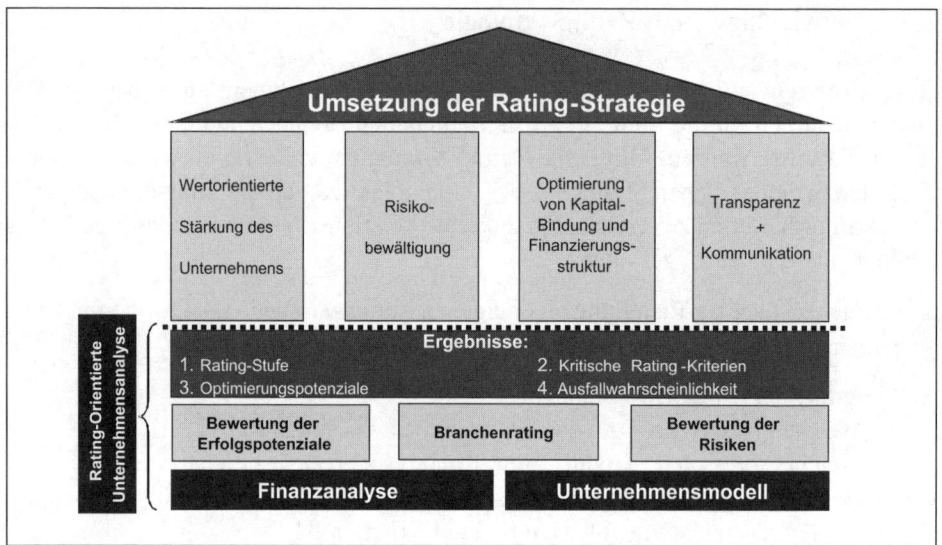

Abbildung 62: Rating-Check und Rating-Advisory

Säule II: Risikobewältigung
Bereits der Aufbau eines Risikomangement-Systems ist eine Maßnahme, die zu einer Verbesserung des Rating führt. Die Banken können dann (relativ) sicher davon ausgehen, dass sich die Unternehmensführung mit der Thematik Risiko auseinander setzt und regelmäßig über den Umfang der Risiken des eigenen Unternehmens informiert wird. Darüber hinaus ist die Kenntnis der Risikosituation erforderlich, um vorab die Qualität von Planzahlen, die der Hausbank mitgeteilt werden, beurteilen zu können. Zudem sollte ermittelt werden, welche Risiken zu einer wesentlichen Beeinträchtigung des Unternehmens führen können. Besonders gravierende Risiken sollten dahingehend überprüft werden, ob sie durch geeignete Bewältigungsmaßnahmen in ihrer Eintrittswahrscheinlichkeit oder Schadensauswirkung gemildert werden können.

Säule III: Optimierung von Kapitalbindung und Finanzierungsstruktur
Vor der eigentlichen Optimierung der Finanzierung sollte untersucht werden, ob eine Reduzierung der Kapitalbindung im Anlagevermögen und Working Capital möglich ist. Ansatzpunkte sind beispielsweise die folgenden:

- der Abbau der Lagerbestände (Vorräte) durch eine bessere Lagerhaltungs- und Bestellmengenplanung,
- der Abbau der Lagerbestände durch eine Reduzierung der Lieferbereitschaft,
- der Verkauf nicht betriebsnotwendiger Teile des Anlagevermögens (z. B. Immobilien),
- die Intensivierung des Mahnwesens oder Einräumen von Skonto zur Reduzierung der Forderungen aus Lieferungen und Leistungen sowie

- die Verschiebung von Investitionen durch die Erhöhung der wirtschaftlichen Nutzungsdauer von Maschinen, Anlagen und Fahrzeugen.

Neben der Kreditfinanzierung ist zur Optimierung der Finanzierungsstruktur die Einbeziehung alternativer Finanzierungsquellen zu überlegen, die sich etwa durch den Abschluss von Leasing-Verträgen realisieren lässt. Eine weitere interessante Alternative ist das Factoring, bei dem die offenen Forderungen an eine Factoringgesellschaft verkauft werden. Durch das Factoring stehen dem Unternehmen früher liquide Mittel zur Verfügung, da es den Rechnungsbetrag unter Abzug von banküblichen Zinsen innerhalb weniger Tage von der Factoringgesellschaft erhält. Zudem wird das Risiko des Forderungsausfalls von dieser getragen. Auch öffentliche Fördermittel oder Private Equity (Venture Capital) sind in Betracht zu ziehen.

Säule IV: Transparenz und Kommunikation
Die letzte Option zur Verbesserung des eigenen Rating resultiert aus der Informationsasymmetrie zwischen dem kreditbeanspruchenden Unternehmen und der kreditgewährenden Bank. Es muss überprüft werden, inwieweit die heute im Unternehmen implementierten Steuerungs- und Controllingsysteme geeignet sind, Transparenz über die gegenwärtige Situation und die erwartete Zukunftsentwicklung des Unternehmens zu gewährleisten. Bei der Analyse bestehender Schwachpunkte werden die vorhandenen Führungssysteme (z. B. Rechnungswesen und Controlling) nötigenfalls verstärkt und neue Steuerungssysteme (z. B. Risikomanagement oder Balanced Scorecard) ergänzt. Der Ausbau derartiger Systeme fördert die Steuerungsfähigkeit des Unternehmens und wird von den finanzierenden Banken deshalb per se als vorteilhaft angesehen.

Falls der Bank z. B. keine Informationen zu einem bestimmten Rating-Kriterium vorliegen, welches ihr Rating-Verfahren verarbeitet, wird sie im Zweifelsfall von der ungünstigsten Konstellation ausgehen. Da Banken nur die Informationen bewerten können, die das kreditanfragende Unternehmen liefert, gilt es seitens der Unternehmen die angeforderten Unterlagen vollständig zur Verfügung zu stellen, um das durch die Informationsasymmetrie bestehende Risiko der Banken zu mindern.

Zum Schluss sollte eine Kommunikations-Strategie erarbeitet werden, die insbesondere regelt, welche Informationen der Hausbank zu welchem Termin zur Verfügung gestellt werden. Es gilt dabei vor allem die Zuverlässigkeit und Glaubwürdigkeit des eigenen Unternehmens zu untermauern und Kreditverhandlungen präzise vorzubereiten. Beispielsweise hat hier die Übermittlung der eigenen Unternehmensstrategie nicht nur vertrauensbildenden Charakter, sondern ermöglicht es einem Kreditinstitut überhaupt erst, die Zukunftsperspektiven eines Unternehmens fundiert einschätzen zu können.

Der bereits erwähnte Wettbewerb auf den Kapitalmärkten lässt sich zu einem ganz erheblichen Teil als ein Wettbewerb um ein gutes Rating beschreiben. Ausreichende Finanzierungsspielräume, beispielsweise für zukünftige Investitionen, und attraktive

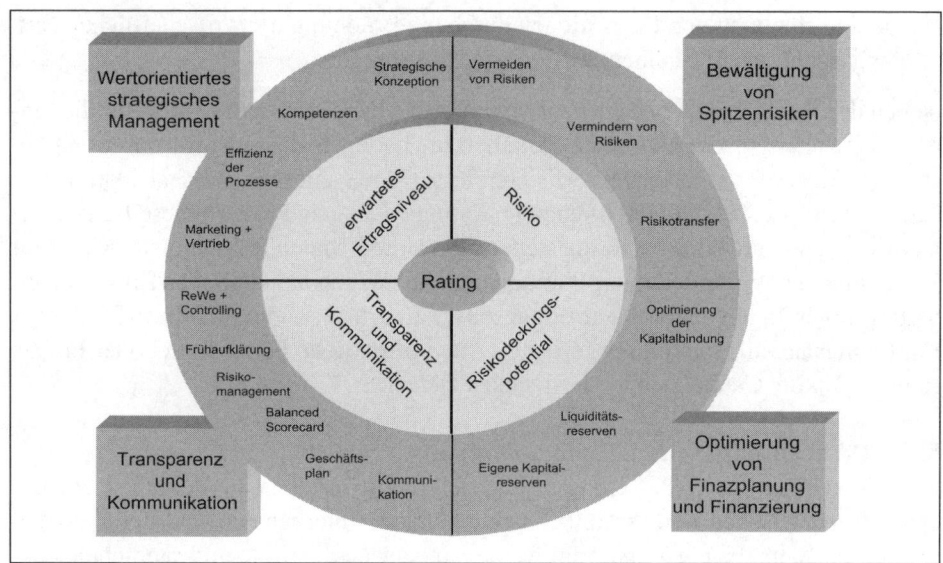

Abbildung 63: Instrumente zur Optimierung des Rating[162]

Kreditzinsen erfordern zukünftig zwingend, dass ein Unternehmen eine Strategie entwickelt, die ein günstiges Rating ermöglicht.

Wenn ein Unternehmen eine Rating-Strategie entwickeln möchte, ist es aufgefordert, über Ansatzpunkte nachzudenken, die die oben beschriebenen Determinanten des Rating günstig zu beeinflussen. Folglich haben Aktivitäten zur Verbesserung der Kommunikation mit der Hausbank, zur Stärkung des Vertriebs oder des Transfers gravierender Risiken auf eine Versicherungsgesellschaft ebenso Bedeutung für das Rating wie der Aufbau eines Risikomangement-Systems oder die Reduzierung der Abhängigkeit von Schlüsselpersonen. Bei dieser Betrachtung wird insbesondere deutlich, dass eine breite Palette unternehmerischer Maßnahmen prinzipiell geeignet ist, das Rating des Unternehmens zu verbessern. Fast alle dieser Maßnahmen zu Verbesserung eines Rating sind aus unternehmerischer Sicht auf jeden Fall sinnvoll und wirken sich für das Unternehmen wertsteigernd aus. Aus dieser Perspektive ist die Entwicklung einer Rating-Strategie keinesfalls eine überflüssige, bürokratische Pflichtübung. Sinnvollerweise sollte man daher das aktuelle Thema „Basel II und Rating" insbesondere auch als Anlass ansehen, sich mit an sich sowieso sinnvollen Maßnahmen zur Stärkung des Unternehmens auseinander zu setzen und diese insbesondere vor dem Hintergrund der Konsequenzen für die Verbesserung des Rating zu priorisieren.

---

162 Quelle: GLEIßNER; FÜSER, 2002, S. 337.

9.4.4 Checkliste – Optimierung des Rating[163]

	Handlungs-bedarf?
1. Jahresabschlussanalyse, insbesondere kritische Bewertung von Eigenkapitalquote, dynamischer Verschuldungsgrad und Zinsdeckung („finanzielle Rating-Kriterien")	
2. Analyse der Marktattraktivität der Branche („Branchenrating")	
3. Bewertung der Megatrends für die Zukunftsaussichten des Unternehmens	
4. Bewertung der Erfolgspotenziale des Unternehmens (Stärken und Schwächen)	
5. Erstellung eines Inventars der wichtigsten Risiken	
6. Berechnung der aggregierten Gesamtrisikoposition	
7. Einschätzung der eigenen „Rating-Stufe" und Identifikation „kritischer Rating-Kriterien"	
8. Entwicklung oder Präzisierung der (wertorientierten) Unternehmensstrategie	
9. Aufbau einer Balanced Scorecard zur Strategieumsetzung	
10. Entwicklung einer operativen Unternehmensplanung (Geschäftsplan)	
11. Auf- bzw. Ausbau eines Controlling-Systems (inkl. Budgets und Abweichungsanalysen)	
12. Aufbau einer Finanz- bzw. Liquiditätsplanung	
13. Aufbau eines Risikomangement-Systems	
14. Aufbau eines Frühaufklärungssystems (Umsatzprognosesystem)	
15. Erarbeitung einer Risikopolitik mit Limits für Risiken	
16. Erarbeitung eines Maßnahmenplans mit Risikobewältigungsmaßnahmen	
17. Transfer von „Randrisiken" auf Dritte (z. B. Versicherungen oder Kapitalmarkt)	
18. Bewertung/Verstärkung der Managementkompetenz	
19. Bewertung/Verstärkung der Wettbewerbsvorteile (Qualität, Service, Vertrieb) des Unternehmens	
20. konsequentes Kostenmanagement und Effizienzsteigerung der Arbeitsprozesse	
21. Reduzierung der Kapitalbindung in Vorräten und Forderungen	
22. Kapitalerhöhung, z. B. Aufnahme eines Venture Capital-Unternehmens als Gesellschafter	
23. Bereitstellen von Sicherheiten für die Bank	
24. persönliche Bürgschaften (falls unvermeidlich!)	
25. Entwicklung einer Kommunikationsstrategie mit der Hausbank	
26. rechtzeitige Bereitstellung des Jahresabschlusses und des Geschäftsplans an die Hausbank	
27. unterjährige Berichte über die Entwicklung der Ertrags- und Liquiditätssituation an die Hausbank	
28. Information der Hausbank über die Unternehmensstrategie und deren Umsetzung (mittels Balanced Scorecard-Kennzahlen)	
29. rechtzeitige Information der Hausbank über zusätzlichen Kapitalbedarf	
30. konsequente Einhaltung der von der Bank zugesagten Kreditrahmen	

Abbildung 64: Checkliste – Optimierung des Rating

[163] Vgl. GLEIßNER; FÜSER, 2003, S. 340-341.

9.5 Risiko-Kompass: IT-Instrument für Risikomanagement und Rating

Risikomanagement und Rating erfordern effiziente Hilfsmittel, die gerade in mittelständischen Unternehmen bisher oft fehlen.

Der „Risiko-Kompass" (www.risiko-kompass.de) ist ein solches Software-basiertes Hilfsmittel, das die Unternehmensführung bei der Krisenprävention und Zukunftssicherung unterstützt. Durch ein Checklisten-gestütztes Verfahren zur Identifikation der maßgeblichen Risiken eines Unternehmens schafft der Risiko-Kompass zunächst Transparenz hinsichtlich der Risikosituation (Risikoinventar). Alle für das Unternehmen maßgeblichen Risiken können dabei (auch unterschieden in einzelne Szenarien) hinsichtlich Schadenshöhe und Eintrittswahrscheinlichkeit quantitativ bewertet werden. Da sich die Risikosituation eines Unternehmens im Zeitverlauf ändert, unterstützt der Risiko-Kompass den Aufbau eines Risikomangement-Systems, das orientiert an den Vorgaben des Kontroll- und Transparent-Gesetzes (KonTraG) für jedes Risiko erfasst, in welcher Weise dieses laufend zu überwachen ist. Dabei wird beispielsweise jedem Risiko zugeordnet, wer für die Überwachung verantwortlich ist, in welchem Turnus das Risiko zu überwachen ist und welche Frühwarnindikatoren kritische Entwicklungen bezüglich eines Risikos anzeigen. Um den Umgang mit einem Risiko zu unterstützen und auf eine Optimierung der Risikoposition hinzuwirken, wird zudem ein Controlling von präventiven und reaktiven Maßnahmen hinsichtlich jeden Risikos angeboten.

Neben der Unterstützung und organisatorischen Verankerung des Risikomanagements bietet der Risiko-Kompass jedoch eine Vielzahl weiterer Funktionalitäten, die für die Zukunftssicherung eines Unternehmens wesentlich sind, wie eine Jahresabschlussanalyse und eine Checklisten-geführte Analyse der Stärken und Schwächen bezüglich der Erfolgsfaktoren.

Eine besondere Fähigkeit des Risiko-Kompasses besteht darin, die Unsicherheiten jeder Zukunftsplanung explizit aufzuzeigen. So sind wichtige Plangrößen – beispielsweise dem erwarteten Umsatz des nächsten Jahres – explizit Risiken zugeordnet. Auf dieser Grundlage erfolgt die Aggregation der betrachteten Risiken im Kontext der Unternehmensplanung. Dies ermöglicht z. B. die Ableitung des Eigenkapitalbedarfs.

Auch für die Vorbereitung auf das Rating gemäß Basel II bietet der Risiko-Kompass eine wertvolle Hilfe. So fasst der Risiko-Kompass die Bewertung der Erfolgspotenziale (ähnlich der Kriterien in Modul 4), das Risikoinventar und die Rating-relevanten Finanzkennzahlen der Jahresabschlussanalyse mit einer Bewertung der Branchenattraktivität zusammen, um so eine Abschätzung der Ratingtufe des Unternehmens (indikatives Rating) zu erreichen.

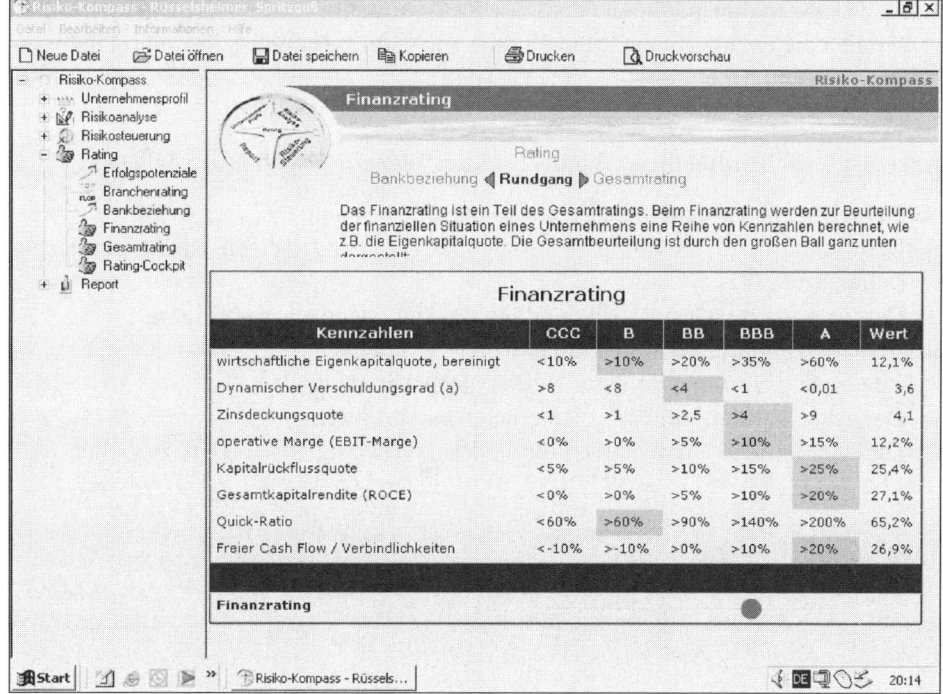

Abbildung 65: Auszug aus dem Risiko-Kompass

9.6 Umsetzung: Finanzierung sichern und Risikomanagement etablieren

Erster Schritt bei der Umsetzung von Maßnahmen im Bereich Risikomanagement und Rating ist eine Identifikation und Bewertung aller maßgeblichen Risiken, die über die meist nur kursorische Einschätzung im Kontext der „Stärken-Schwächen-Analyse" (vgl. Modul 4) hinausgeht.

Zusätzlich sollten die heute bereits vorhandenen Risikobewältigungsmaßnahmen erfasst und kritisch geprüft werden. Basierend auf diese Risikoeinschätzung und den sonstigen Basisdaten des Unternehmens (aus der Jahresabschlussanalyse) sollte eine Rating-Einschätzung erfolgen, die den Umfang des Handlungsbedarfs zur Sicherung der Finanzierung aufzeigt. Aus dem Kapitalbedarf einerseits und der Höhe der zu tragenden unternehmerischen Risiken andererseits kann auf die Gesamthöhe und die angemessene Strukturierung der Finanzierung (Passiv-Seite der Bilanz) geschlossen werden.

Auf Basis einer transparenten Sicht der Risikosituation des Unternehmens sollten schließlich die erforderlichen Maßnahmen zur Verbesserung des Rating (Gläubigerperspektive) und der Optimierung der Gesamtrisikoposition (Eigentümersicht) initiiert werden.

Nach der Bearbeitung dieses Moduls sollten folgende Ergebnisse vorliegen:

- Der Kapitalbedarf und seine Finanzierung sind bekannt.
- Die wichtigsten Risiken sind identifiziert, bewertet und in einem Risikoinventar zusammengefasst.
- Der (aggregierte) Gesamtrisikoumfang des Unternehmens ist bekannt.
- Eine Risikopolitik für das Unternehmen ist erarbeitet.
- Eine Rating-Strategie für das Unternehmen ist erarbeitet.
- Die Ausschüttungspolitik des Unternehmens ist fixiert.
- Die erforderlichen Maßnahmen für die Risikobewältigung sind ausgearbeitet.

10 Modul 10: Markt und Kunde

10.1 Die Marketingstrategie

Traditionell ist die Marketing-Strategie Kernstück einer Unternehmensstrategie. Auch wenn heute zunehmend erkannt wird, dass beispielsweise Strategien für die Wettbewerbsfähigkeit auf den Kapitalmärkten (Rating) und den Arbeitsmärkten (Kompetenzentwicklung, Humankapital) den unternehmerischen Erfolg maßgeblich mitbestimmen, werden die Marketing-Strategien auch zukünftig ihre große Bedeutung behalten. Dies liegt nicht zuletzt daran, dass bei den meisten Unternehmen die erzielbaren Umsätze bzw. Absatzvolumina der restringierende Engpassfaktor sind und die Wettbewerbsintensität gerade auf den Absatzmärkten hoch ist. Schon im Kontext der strategischen Konzeption (Modul 6) wurde die hohe Erfolgsrelevanz einer konsequenten Konzentration auf Geschäftsfelder aufgezeigt, die auf Grund ihrer Umfeldbedingungen attraktiv sind und zugleich durch die vorhandenen Kernkompetenzen des Unternehmens gut abgedeckt werden können. Im Folgenden sollen die Verfahren bei der Entwicklung einer Marketing- und Vertriebsstrategie im Kontext des FutureValue-Ansatzes etwas näher beleuchtet werden. Dazu werden Verfahren der Segmentierung und Positionierung von Märkten, die Messung und das Management der Kundenzufriedenheit ebenso beleuchtet wie ein konkreter Vorschlag für den schrittweisen Aufbau einer Marketing-Strategie.

10.2 Segmentierung und Positionierung[164]

Ziel der meisten Marketing-Strategien ist ein überdurchschnittliches Umsatzwachstum. Zahlreiche empirische Studien belegen nämlich, eine langfristige, überdurchschnittliche Unternehmenswertentwicklung ist fast immer mit Wachstum verbunden. Allerdings ist auf Dauer ein (gleich bleibendes) Wachstum innerhalb eines bestehenden Marktes in der Regel nicht möglich. Trotzdem zeigen erfolgreiche Unternehmen immer wieder, dass ein kontinuierliches Wachstum realisierbar ist.

Deshalb ist eine der entscheidenden Kernfragen: Wie müssen sich Unternehmen am Markt aufstellen (positionieren), um überdurchschnittliches, profitables Wachstum und somit eine überdurchschnittliche Wertentwicklung zu generieren?

Im Allgemeinen sind für das Wachstum zunächst die gleichen Faktoren maßgeblich wie für eine hohe Umsatzrendite: die Wettbewerbsvorteile und damit eng verbunden

---
[164] Von Arnold WEISSMAN und Alexander ARTMANN.

Modul 10: Markt und Kunde

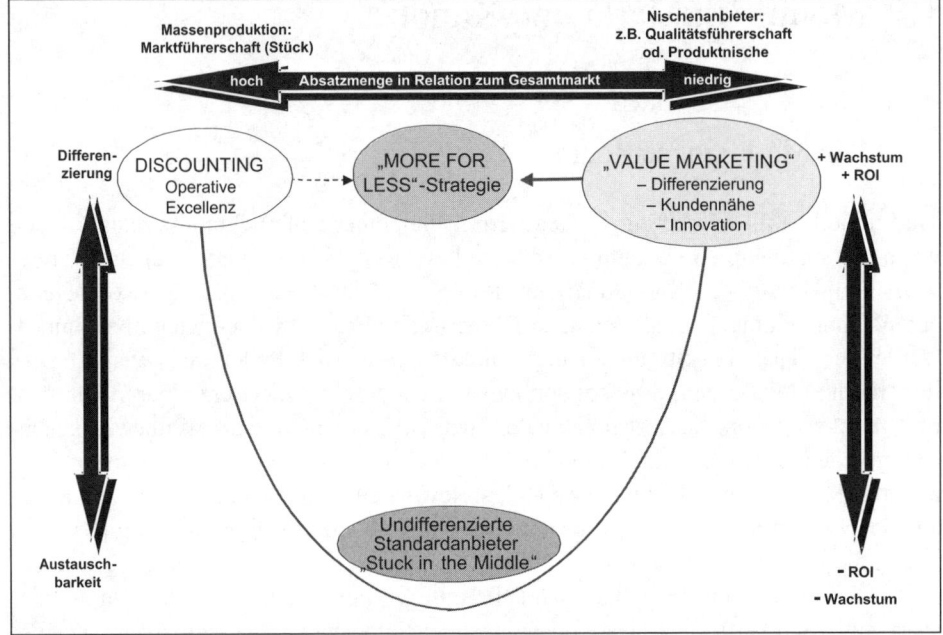

Abbildung 66: Basiserfolgsstrategien in stagnierenden Märkten

die Positionierung am Markt. Entscheidend für den Erfolg eines jeden Unternehmens – und hier für Rendite und Wachstum – ist es, gestützt auf seine Kernkompetenzen eine Differenzierungsstrategie im Markt zu realisieren, die dem Unternehmen die Chance gibt, in seinem Marktsegment eine Art Alleinstellung zu erzielen. Die Austauschbarkeit aus Kundensicht ist ein Hauptproblem vieler Unternehmen. Nachfolgend werden die verschiedenen Basis-Positionierungs-Strategien erläutert und die Möglichkeiten für Unternehmen zu wachsen vollkommen dargestellt.

Grundsätzlich können Unternehmen eine von drei Basis-Positionierungen im Absatzmarkt anstreben, „Discounting", „More for Less" oder „Value Marketing". Alle Positionierungsansätze verfolgen das Ziel, sich aus der Austauschbarkeitsfalle zu entziehen. Dabei zeichnet sich Discounting durch die Attribute billiger Preis *und* gute Qualität aus, „More for Less" wird durch die Eigenschaften günstiger Preis, gute Qualität *und* einen Zusatznutzen/Mehrwert geprägt. Der Bereich „Value Marketing" wird durch die Charakteristika sehr edle Marke, sehr gute Qualität und sehr hoher Preis geprägt.

In diesem Zusammenhang wird unter Qualität nicht die Erfüllung technischer Eigenschaften wie DIN- oder ISO- Normen verstanden, sondern ausschließlich die Anforderungen an Qualität aus Kundensicht. Der Kunde definiert die von ihm empfundene Qualität.

In jedem dieser Positionierungs-Bereiche sind andere Fähigkeiten erforderlich, aber in allen drei Bereichen kann eine nachhaltige, überdurchschnittliche Wertsteigerung erzielt werden.

Die meisten Unternehmen finden sich jedoch in der Position „Stuck in the Middle", also in der aus Kundensicht absoluten Austauschbarkeit, wieder. Wenn diese Unternehmen nicht in der Lage sind, sich gegenüber den Wettbewerbern zu unterscheiden und sich dadurch der Austauschbarkeit zu entziehen, so werden sie in stagnierenden (oder rückläufigen) Märkten aus dem Markt ausscheiden, denn in stagnierenden Märkten führen austauschbare Leistungen zu einer negativen Rendite.

1) Discounting:
Die Unternehmen mit dieser Positionierung differenzieren sich dadurch, dass Leistungen zum optimalen Preis-Leistungs-Verhältnis auf der Grundlage operativer Exzellenz angeboten werden. Das Preis-Leistungs-Verhältnis steht somit im Mittelpunkt dieses Differenzierungsansatzes. Diese Unternehmen bieten gute Leistungen zu billigen Preisen. Sie bieten einen Qualitätsstandard, der den Wettbewerbern innerhalb des Niedrig-Preissegments überlegen ist.

Discounter sind Unternehmen, die innerhalb einer Branche die günstigsten Kostenstrukturen aufweisen und die daraus resultierenden günstigen Preise an ihre Kunden weitergeben. Um die Position als Kostenführer zu erreichen, streben Unternehmen in der Regel eine geringe Produktspezifizierung an, d. h. sie verzichten auf eine breitvariierte Produktpalette und damit auf die Bearbeitung von speziellen, marginalen Marktsegmenten. Ihr Ziel ist die Ansprache einer breiten Kundengruppe, um die auf Skaleneffekten – mit zunehmender Stückzahl fallende Stückkosten – beruhenden Kosteneinsparungen zu realisieren. Das bedeutet, Discounter streben zwangsläufig eine gute Position oder sogar die führende Rolle in ihrem Markt an. Die laufende Optimierung und Straffung der Prozesse ist bei der Positionierung als „Discounter" einer der wichtigsten Hebel, um die Stellung als Kostenführer zu bewahren. Diese Unternehmen sind fortlaufend bestrebt, Gemeinkosten zu senken oder ganze Stufen der Wertschöpfungskette zu eliminieren, Transaktionskosten zu verringern und die betrieblichen Abläufe über Abteilungs- und Betriebsgrenzen hinweg zu optimieren. Deshalb sind Kernkompetenzen dieser Unternehmen im Planen, Organisieren und Überwachen zu finden. Um dies zu gewährleisten, muss für eine rigorose Kostenkontrolle, die alle Aktivitäten der Wertkette einschließt, und für hohes Kostenbewusstsein gesorgt werden.

Firmen wie McDonald's und Federal Express, die sich auf operative Exzellenz fokussieren, betreiben höchst effiziente Systeme, die nur schwer geändert werden können. Ihre Stärke liegt in der hohen Standardisierung von Produkten und Abläufen. So können Kunden, die ihren „Hamburger" eine Minute länger oder kürzer gebraten haben möchten, eine Verlangsamung des kompletten Systems verursachen. Allerdings ermöglicht diese hohe Standardisierung Kostenvorteile, die an die Kunden weitergegeben werden können und gewährleistet einen auf der ganzen Welt gleich guten Qualitätsstandard.

Das beste Beispiel aus Deutschland für ein Unternehmen im Bereich „Discounting" ist „Aldi". Die entscheidenden Wettbewerbsvorteile bei Aldi sind hochstandardisierte Prozesse und ein sehr enges Produktsortiment (ca. 600 Artikel). Aldi hat es geschafft, durch das weltweit „limitierte" Sortiment und eine weltweit einheitliche Gestaltung der Prozesse eines der erfolgreichsten deutschen Unternehmen aufzubauen. Trotz der niedrigen Preise realisiert Aldi-Süd eine Umsatzrendite vor Steuern von mehr als 6 %[165], während die „normalen" Discounter im Lebensmittelbereich die 1,5 Prozent-Grenze nur in Ausnahmefällen überschreiten. Dass Aldi nicht nur billig ist, sondern auch über eine gute Qualität verfügt, ist offensichtlich.

Die Differenzierung über die Kostenführerschaft ist verschiedenen Risiken ausgesetzt. Zum einen besteht die Gefahr, dass ein Unternehmen die Stellung als Kostenführer durch mangelnde Qualität erkauft. Diese Kostenführer handeln sich einen Differenzierungsnachteil ein, der den Kostenvorteil zunichte macht. Auch Substitutionsprodukte oder technologische Durchbrüche können Konkurrenten Kosteneinsparungen verschaffen, welche die momentane Position des Kostenführers bedrohen.

2) More for Less:
Die „More for Less"-Strategie zeichnet sich dadurch aus, dass preisgünstige Angebote mit einem zusätzlichen Nutzen gepaart werden, dem so genannten „Added Value".[166] Dieser zusätzliche Nutzen differenziert sie vom Standardangebot der Discounter und rechtfertigt einen höheren Preis am Markt. Die gebotene Qualität der „More for Less"-Anbieter ist vergleichbar mit der der Kostenführer, sofern die Qualitätseigenschaften nicht den Zusatznutzen definieren. Der AddedValue ist nicht auf die Produkteigenschaft beschränkt, sondern kann auf jeder Differenzierungsebene (also Produkt, Service und/oder Beziehung) liegen.

Eines der bekanntesten und auch erfolgreichsten Unternehmen, an dem die „More For Less"-Position erklärt werden kann, ist das Textilunternehmen „H & M". Das Modeunternehmen hat seiner relativ preisgünstigen Angebotsstruktur den Zusatzwert „modisch" verliehen. Während die anderen Hersteller drei- bis viermal pro Jahr Mode produziert haben, wechselt H & M seine Kollektion monatlich. H & M wurde durch diese Veränderung des bisherigen Geschäftsmodells der Wettbewerber zum erfolgreichsten Textilunternehmen der Welt.

Ein weiteres Beispiel aus diesem Bereich ist „Swatch", die relativ günstige Uhren mit guter Qualität und dem Zusatznutzen durch das „Design" anbieten. Denn auch schon

---
165 Quelle: Zeitschrift Wirtschaftswoche Heft 19, 01.05.03.
166 Vgl. GLEIßNER; WEISSMAN 2001, S. 86.

vor Swatch gab es Uhren von hoher Qualität (z. B. Rolex) oder zu günstigen Preisen (z. B. Casio). Allerdings gab es keine Uhr, welche die Eigenschaften modisch, qualitativ gut und relativ günstiger Preis vereint. Durch diesen „kleinen Logikbruch" im Vergleich zu den üblichen Geschäftsmodellen wurde die Swatch zur erfolgreichsten Uhr aller Zeiten.

Die Gefahr der Verzettelung birgt ein Risiko bei der Positionierung im „More for Less"-Bereich. So können „More for Less"-Anbieter durch den Ausbau der Differenzierung die vorhanden Kostenvorteile verlieren und trotz der stärkeren Differenzierung keine höheren Preise am Markt realisieren. Weiteres Gefahrenpotenzial in dieser Position ist darin zu sehen, dass ein Wettbewerber mit einer günstigen Kostenstruktur ebenfalls diesen Zusatznutzen anbietet und dem „More for Less"-Anbieter dadurch die Differenzierungsgrundlage entzieht.

3) Value-Marketing:
Premiumanbieter differenzieren sich gegenüber ihren Wettbewerbern über die Marke. Die angestrebte Positionierung im Premiumbereich (Value Marke) zeichnet sich dadurch aus, dass durch die Marke und meist auch durch die außergewöhnliche Service- und/oder Produktqualität eine solche Überlegenheit angestrebt wird, dass der Markt Spitzenpreise akzeptiert.[167] Unternehmen, die diese Position besetzen, erzielen die höchsten Preise der Branche.

Die Produkte im Value-Bereich sind gezeichnet durch einen sehr hohen Qualitätsstandard, der meist durch Innovationen unterstützt wird. Diesem hohen Preis stehen – hervorgerufen durch die Differenzierung – höhere Kosten gegenüber als bei den Kostenführern. Die Premiumanbieter haben alle eines gemeinsam: Ihre Produkte sind nicht nur hochwertige Artikel, sondern verhelfen ihrem Käufer zu Prestige.

Alle Premiumanbieter vereint die Fähigkeit zum Aufbau einer starken, hochwertigen Marke (Value-Marke). Das Zusammenspiel aus Marke und Spitzenleistung auf Produkt- und/oder Serviceebene bildet die Differenzierung und somit die Grundlage zur Realisierung von Spitzenpreisen am Markt. Der häufig vermittelte Eindruck, Premiumanbieter unterscheiden sich von Konkurrenten nur durch ihre Marke, ist falsch! Die „Value-Marke" ist das Ergebnis ihrer starken Differenzierung auf Produkt- und/oder Serviceebene.

Eine solche Differenzierungsstrategie verlangt die Aufteilung des Marktes in Segmente. Solch eine Segmentierung wird von den Premiumunternehmen zwingend herbeigeführt, da nicht alle potenziellen Kunden fähig und/oder willens sind, die geforderten Spitzenpreise zu bezahlen. Premiumanbieter müssen die Fähigkeit besitzen, Bedürfnisse ihrer Zielgruppe genau zu erfassen und darauf ihr Leistungsangebot abstimmen.

---
167 Vgl. GLEIßNER; WEISSMAN 2001, S. 86.

Premiumanbieter sind angreifbar, wenn Konkurrenten auftreten, die das gleiche Qualitätsniveau zu günstigeren Preisen bieten. Dies führt zum Abwandern der Kunden, wenn ihrer subjektiven Meinung nach der Preisaufschlag für den Prestigegewinn nicht mehr gerechtfertigt ist.

Auch in Zeiten wirtschaftlicher Krisen sind Premiumanbieter stark gefährdet, da Verbraucher gezwungen sind, ihre Ausgaben einzuschränken. Dies konnte sehr gut nach dem Anschlag auf das World-Trade-Center beobachtet werden. So mussten Hersteller von Luxusmarken zum Teil höhere Aktienabschläge in Kauf nehmen als der Branchendurchschnitt.

Beispiele aus dem Positionierungs-Bereich „Value-Marketing" lassen sich in allen Branchen finden. So differenziert sich die Firma „Bang & Olufsen" durch das außergewöhnliche Design und durch die aufgebaute Marke. Bang & Olufsen hat erkannt, dass auch Elektrogeräte des täglichen Gebrauchs schick sein können. Bang & Olufsen produzierte schon Designartikel, während alle anderen Hersteller der Branche noch Stereoanlagen mit überwiegend technischen Eigenschaften wie z. B. ausgefeilten Sinuskurven verkauften. Auf diesen „Logikbruch" des außergewöhnlichen Designs gründet der Erfolg von Bang & Olufsen.

4) Zusammenfassung

Insgesamt kann festgestellt werden, dass sowohl im Bereich „Discounting", „More for Less" als auch im Bereich „Premium" überdurchschnittliche Renditen erzielt werden können. Für diese Basis-Positionierungsstrategien ist heute und auch zukünftig ein Markt vorhanden. Die Ursache für eine erfolgreiche Positionierung liegt in der Differenzierung. Denn in stagnierenden oder rückläufigen Märkten können sich Unternehmen nur durch Differenzierung dem Preiswettkampf (zu mindest in Teilen) entziehen. Leider ist heute allerdings festzustellen, dass die meisten Unternehmen undifferenzierte Standardanbieter sind und sich im Bereich „Stuck in the middle" wiederfinden. Diese Position führt in stagnierenden oder rückläufigen Märkten langfristig zu einer negativen Rendite.Jedoch müssen auch die heute gut aufgestellten Unternehmen ihre Positionen durch eine gezielte Weiterentwicklung ihres Geschäftsmodells ausbauen, denn die offensichtlich erfolgreichen Modelle werden natürlich von Wettbewerbern kopiert. Diese Kopie sorgt dafür, dass ohne eine Weiterentwicklung die erarbeitete differenzierte Position verloren geht und sich die Unternehmen in der Austauschbarkeit wiederfinden.

Die Differenzierung bildet auch die Basis für renditebewahrendes Wachstum. So sichert die Differenzierungsstrategie eine überdurchschnittliche Rendite und legt zudem die Basis für ein renditebewahrendes Wachstum. Über welchen Weg das Wachstum tatsächlich realisiert werden soll, entscheidet das Unternehmen im Rahmen der Wachstums-Strategie.

Differenzierung und Wachstum	Produkt	Service und Dienstleistung	Marke und Beziehung
Verdrängung			
Innovation			
Kooperation			
Zukauf			

Abbildung 67: Differenzierungs-/Wachstumsmatrix

Strebt ein Unternehmen überdurchschnittliches Wachstum an, so kann dies über die folgenden vier Wachstums-Strategien erreicht werden:[168]

- Wachstum durch Verdrängung von Wettbewerbern
- Wachstum durch Innovation (sowohl auf der Produkt- als auch auf der Marktseite)
- Wachstum durch Kooperation oder
- Wachstum durch Zukauf.

Verbindet man die drei grundsätzlichen Differenzierungsmöglichkeiten (auf der Produkt-, Service- und emotionalen Ebene) mit den vier Wachstumspotenzialen eines Unternehmens, so entsteht die Differenzierungs-Wachstums-Matrix, die ein Kernelement jeder Unternehmensstrategie sein sollte.

10.3 Entwicklung einer Marketingstrategie[169]

10.3.1 Von der Kundenbefragung zur Marketingstrategie

In der Situation der stetigen Marktveränderungen kann eine Unternehmung langfristig nur erfolgreich sein, wenn es ihr gelingt, die jeweiligen Kundenwünsche festzustellen und diese Wünsche besser zu erfüllen als die Wettbewerber. Für ein Unternehmen ist

---
168 Vgl. GLEIßNER; WEISSMAN, 2001.
169 Von Werner GLEIßNER.

es deshalb wesentlich zu wissen, welche Kriterien für die Zufriedenheit des Kunden ausschlaggebend sind und welche Faktoren damit deren Qualitätsurteil bestimmen.

Nach den grundlegenden Ausführungen zur Basispositionierung wird im Folgenden die konkrete Entwicklung einer Marketingstrategie erläutert. Dabei werden drei aufeinander folgende Teilaufgaben unterschieden:

- Wünsche des Kunden und dessen Kaufkriterien ermitteln,
- Segmentierung der Kundengruppen,
- Produktpositionierung und Differenzierung.

10.3.2 Wünsche des Kunden und dessen Kaufkriterien ermitteln

Kundenbefragungen dienen zur Feststellung der Bedeutung einzelner Kaufkriterien und der diesbezüglichen Stärken und Schwächen des eigenen Unternehmens. Regelmäßig durchgeführt zeigen sie rechtzeitig (d.h. vor Umsatzeinbußen) Änderungen der Kundenwünsche und des Unternehmensimage. Da letztendlich nicht die Meinung des Anbieters, sondern die seiner Kunden über den Markterfolg eines Unternehmens entscheidet, ist es überraschend, wie selten Kundenbefragungen durchgeführt werden. Allein die Tatsache, dass gut 80 % der Unternehmen glauben, sie hätten eine überdurchschnittliche Qualität, zeigt eine tendenzielle Selbstüberschätzung.

Ohne ausreichende, befragungsgestützte Ergebnisse werden die Bedeutung und das Gewicht verschiedener Kaufkriterien vielfach falsch eingeschätzt oder wichtige Entscheidungsdimensionen der Käufer einfach übersehen. Dabei lassen sich in einer Kundenbefragung nicht nur die tatsächlich relevanten Kriterien erkunden, sondern auch die Entscheidungsregeln entdecken, an denen sich der Käufer orientiert, und zwar auch dann, wenn sie einer komplexen Logik folgen und (scheinbar) „Irrationalitäten" enthalten, die erst bei genauer Analyse verständlich werden.

Im Vorfeld der Kundenbefragung werden die Kaufkriterien hinsichtlich ihrer Bedeutung für das Unternehmen gewichtet und die Stärken und Schwächen des eigenen Unternehmens im Vergleich zur Konkurrenz bewertet. Die möglichen Kaufkriterien in einer Übersicht:

Kaufkriterien	Bedeutung	Schwäche	Stärke
Preis	■■	■	
Qualität	■■■		■■■
Lieferbereitschaft	■	■	
Zuverlässigkeit	■■	■■	
Beratungsservice	■■		■
Persönliche Kontakte	■		■■
Erklärung: ■ klein ■■ mittel ■■■ groß			

Abbildung 68: Auszug der Kaufkriterien[170]

Eine Befragung schließt im Übrigen auch die Bereiche der Kundenmeinung ein, die ansonsten nur schwer einschätzbar sind, da sie nahezu ausschließlich dem subjektiven Urteil des Konsumenten unterliegen: Wie sehr z. B. das Unternehmensimage, Prestigefaktoren, die aktuellen Mode- und Kauftrends, die Einschätzung der Umweltfreundlichkeit des Produktes etc. die Kaufentscheidung beeinflussen, lässt sich kaum vom grünen Tisch aus feststellen; dazu muss man die Meinung des Kunden erfassen.

Je nach Thema stehen bei der Kundenbefragung unterschiedliche methodische Verfahren zur Verfügung: Sie reichen von der breit gestreuten, schriftlichen Erhebung über mündliche Befragungen, bis hin zur Gruppendiskussion, die rasche und kostengünstige Überblicksinformationen bietet. Die Befragungsergebnisse werden dann mit Hilfe statistischer Methoden ausgewertet.

Im Allgemeinen ist eine Kundenbefragung zugleich auch eine der besten und am wenigsten aufdringlichen Werbemaßnahmen, weil sie den Kunden demonstriert, wie sehr das Unternehmen daran interessiert ist, den Kundenwünschen zu entsprechen. So gewinnt man zufriedene Kunden.

Ein zufriedener Kunde kauft wieder, empfiehlt das Unternehmen weiter, beachtet andere Marken und die Werbung der Wettbewerber weniger und kauft darüber hinaus auch andere Produkte und Dienstleistungen des Unternehmens. Ein Unternehmen sollte daher bestrebt sein, die Marketing-Maßnahmen daraufhin auszurichten, die Kundenzufriedenheit zu steigern.

Dabei lässt sich der Begriff „Kundenzufriedenheit" definieren als die Übereinstimmung der vom Kunden erwarteten Leistungen mit den tatsächlich wahrgenommen Leistungen. Kundenzufriedenheit ist das Ergebnis eines subjektiven Vergleichsprozesses des

---

[170] Die Anzahl der ■ beschreibt die Intensität von „Bedeutung", „Stärke" und „Schwäche".

Kunden zwischen seinen Erwartungen und den wahrgenommenen Leistungen. Die Zufriedenheit der Kunden gehört zu den wichtigsten Erfolgsfaktoren eines Unternehmens. Dienstleistungsunternehmen haben hier das Problem, die Qualität der Dienstleistung insbesondere einem Neukunden gegenüber transparent und glaubhaft zu machen. Das Firmenimage (Glaubwürdigkeit, Kompetenz etc.) eines Dienstleistungsunternehmens ist dabei oftmals eine der wenigen Entscheidungsgrundlagen, die beim Kauf einer Dienstleistung vom Kunden wahrgenommen werden.

Für Messungen der Kundenzufriedenheit stehen den Unternehmen verschiedene Datenquellen zur Verfügung:

- Meinung der Geschäftsleitung,
- Meinung der Mitarbeiter mit intensivem Kundenkontakt (Verkäufer, Kundendienst),
- Statistiken über Kundenreklamationen oder
- Kundenbefragungen.

Neben den eher unternehmensinternen Datenquellen (Punkte eins bis drei) ist meist eine Kundenbefragung sinnvoll. Sie liefert fundiertere Informationen aus Sicht des Kunden und ist damit in der Regel objektiver als die Meinung der eigenen Mitarbeiter.

Demnach lassen sich die Messverfahren der Kundenzufriedenheit in objektive und subjektive Ansätze unterteilen.[171] Objektive Verfahren stützen sich dabei auf Größen wie Umsatz, Marktanteil oder Wiederkaufrate. Da diese Größen aber nicht nur von der Kundenzufriedenheit, sondern auch von anderen Faktoren abhängen, gilt die alleinige Aussagekraft objektiver Verfahren als eher fraglich. Bei den subjektiven Verfahren werden dagegen keine in Unternehmen direkt erfassbaren Größen, sondern die vom Kunden subjektiv wahrgenommenen „Zufriedenheitswerte" ermittelt.

Die subjektiven Verfahren wiederum lassen sich in merkmalsorientierte und ereignisorientierte Verfahren unterscheiden. Die ereignisorientierten Verfahren (wie z. B. die Critical-Incident-Methode (CIM)) zerlegen den Kunden-Anbieter-Kontakt in einzelne Schritte und analysieren diese bezüglich der Probleme. Die merkmalsgestützten Verfahren werden in implizite und explizite Methoden unterteilt. Zu den impliziten Methoden gehören insbesondere Beschwerdeanalysen, die jedoch ein aktives Beschwerdeverhalten des Kunden voraussetzen, was in der Praxis eher selten vorkommt. Die expliziten Methoden dagegen ermitteln die Zufriedenheit durch Messung des Erfüllungsgrades der Kundenerwartungen oder durch die direkte Erfragung der vom Kunden empfundenen Zufriedenheit (z. B. SERVQUAL-Ansatz in Dienstleistungsunternehmen).

Welches Erhebungsverfahren eingesetzt wird, ist von den individuellen Zielsetzungen des Unternehmens abhängig. Möchte das Unternehmen eher etwas über das Image und

---

171 In Anlehnung an SIMON; HOMBURG, 1998.

die Einstellung gegenüber dem Unternehmen erfahren, dann wird es z. B. den SERV-QUAL-Ansatz auswählen, möchte es dagegen die Einzelärgernisse, die wesentlich das Qualitätsempfinden der Kunden beeinflussen, ermitteln, dann wird es die Critical-Incident-Methode durchführen.

Beispielhaft sei der SERVQUAL-Ansatz[172] für Dienstleistungsunternehmen kurz erläutert. Der SERVQUAL-Denkansatz ist ein Instrument zur Messung der wahrgenommen Dienstleistungsqualität des Kunden: Mittels einer Doppelskala werden die Erwartungen sowie die erlebte Leistung hinsichtlich fünf Dimensionen der Dienstleistungsqualität erfasst. Die wahrgenommene Dienstleistungsqualität entspricht dann der Differenz der Ausprägungen beider Skalen.

Die fünf Dimensionen der Dienstleistungsqualität des SERVQUAL-Ansatzes lassen sich wie folgt beschreiben:

1) Annehmlichkeit des tangiblen Umfelds (tangibles)
   Umfasst die Gesamtheit des physischen Umfelds einer Dienstleistung, einschließlich der Räumlichkeiten, der Einrichtung und des Erscheinungsbildes des Personals.

2) Verlässlichkeit (reliability)
   Beschreibt die Fähigkeit des Unternehmens, die versprochene Leistung zuverlässig und akkurat auszuführen.

3) Reagibilität (responsiveness)
   Beschreibt die Gewilltheit und Schnelligkeit des Unternehmens, dem Kunden bei der Lösung eines Problems zu helfen.

4) Leistungskompetenz (assurance)
   Beschreibt das Wissen, die Höflichkeit und die Vertrauenswürdigkeit der Angestellten.

5) Einfühlungsvermögen (empathy)
   Beschreibt die Bereitschaft des Unternehmens und seiner Mitarbeiter, sich um individuelle Wünsche einzelner Kunden zu kümmern.

Im Rahmen des SERVQUAL-Ansatzes lässt sich dann mit Hilfe eines standardisierten Fragebogens zur Ermittlung der Dienstleistungsqualität die Unzufriedenheit bzw. die Zufriedenheit der Kunden messen.

---

[172] Vgl. STRAUSS; HENTSCHEL, 1990 u. 1991.

10.3.3 Segmentierung der Kundengruppen

Mit Hilfe der Kundenbefragungen ist es auch möglich, die potenziellen Kunden eines Unternehmens in verschiedene, in sich relativ homogene Zielgruppen (zum Beispiel mittels Clusteranalyse) aufzuteilen (Segmentierung). So sind z. B. in Abbildung 69 im vierten Quadranten alle Kunden zusammengefasst, die insbesondere moderne niedrigpreisige Produkte des Unternehmens nachfragen.

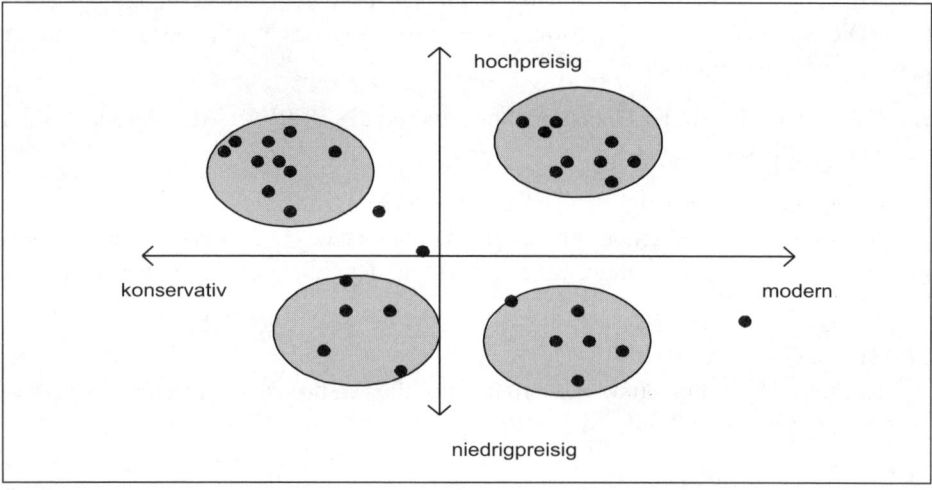

Abbildung 69: Kundensegmente[173]

Für jede so bestimmte Zielgruppe kann nun eine den jeweiligen Kundenwünschen speziell angepasste und damit wesentlich erfolgversprechendere Marketingstrategie erarbeitet werden.

10.3.4 Produktpositionierung und Differenzierung

Im dritten Schritt werden die vom Unternehmen angebotenen und vom Kunden bewerteten Produkte im Rahmen eines Produktpositionierungs-Diagramms dargestellt.

Dabei zeigen sich die Positionierung und die Differenzierung des Unternehmens gegenüber seinen Wettbewerbern. Außerdem zeigt sich, dass das Unternehmen im Marktsegment „modern und niedrigpreisig" kaum vertreten ist, derartige Leistungen aber von den Kunden erwartet bzw. nachgefragt werden (vgl. Abbildung 69: Kundensegmente).

---

[173] Vgl. GLEIẞNER, 2000, S. 93.

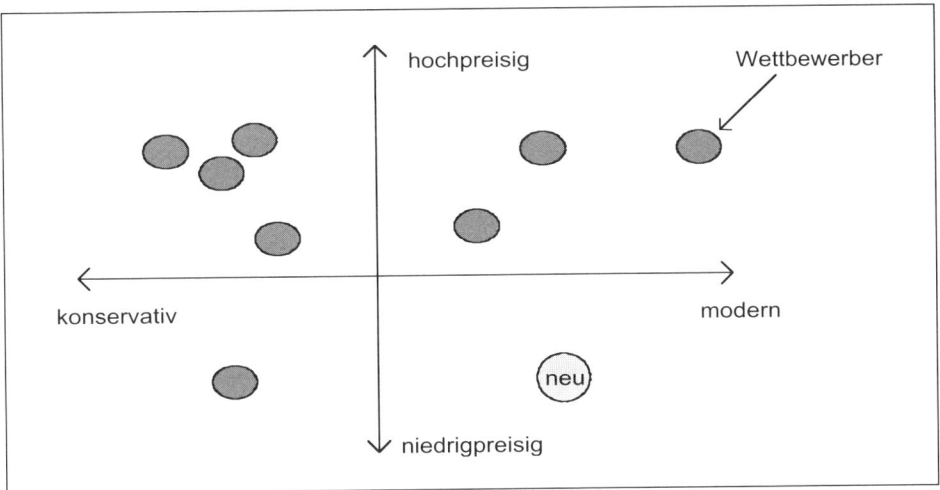

Abbildung 70: Produktpositionierungs-Diagramm[174]

Daraus abgeleitet ergibt sich für das Unternehmen die marketing-strategische Konsequenz: eine Kombination von Leistungen anzubieten, die den Kunden möglichst großen Nutzen bringt und von den Wettbewerbern so nicht angeboten wird. Dabei sollte das Unternehmen versuchen, sich von den Wettbewerbern zu differenzieren und sich auf bestimmte Marktsegmente, in denen ein ausgeprägter Wettbewerbsvorteil vorhanden ist, zu konzentrieren. Ein Preiswettbewerb mit den Konkurrenten sollte vermieden werden.

10.4 Marketing-Mix

10.4.1 Grundlagen

Der Marketing-Mix ist die Kombination aus den Marketinginstrumenten, die das Unternehmen zur Erreichung seiner Marktingziele auf dem Zielmarkt einsetzt. Der Marketing-Mix wird oft separat für jedes Kundensegment (vgl. 10.3.3) geplant, weil diese sich insbesondere in den maßgeblichen relevanten Kaufkriterien unterscheiden. Es hat sich weitgehend die vom amerikanischen Ökonomen MCCARTHY popularisierte Einteilung der Instrumente in vier Gruppen in der betriebswirtschaftlichen Praxis durchgesetzt. Die so genannten vier „Ps": product, price, place und promotion (also Produkt, Preis, Distribution und Absatzförderung (Kommunikation)) werden nachfolgend kurz dargestellt.

---

[174] Vgl. GLEIßNER, 2000, S. 89.

10.4.2 Produktpolitik

Die Produktpolitik umfasst alle Maßnahmen, die der marktgerechten Ausgestaltung des Leistungsangebots eines Unternehmens dienen. Sie muss dabei folgende Fragen beantworten:

- Welches Produkt/welche Leistung soll angeboten werden?
- Welche einmalige Besonderheit hat das Produkt?
- Welche grundlegenden Eigenschaften soll das Produkt aufweisen?
- Welche Zielgruppe soll durch das Produkt bzw. die Dienstleistung angesprochen werden?
- Welchen Nutzen kann das Produkt bzw. die Dienstleistung bei der Zielgruppe bewirken?
- Wie kann das Produkt Änderungen der Einstellungen der Zielgruppe ausnutzen (z. B. steigendes Gesundheitsbewusstsein)?
- Welche Qualität hat das Produkt/Leistung?
- Welchen Zusatznutzen bietet das Produkt/Leistung?
- Welches Design wird das Produkt haben?
- Wie viel Beratung vor dem Kauf soll angeboten werden?
- Welche Kundendienstleistungen sollen angeboten werden?

10.4.3 Preispolitik

Die Preispolitik befasst sich mit allen Maßnahmen, die den Verkaufspreis und die Verkaufskonditionen (Rabatte, Boni, Zahlungsbedingungen etc.) des angebotenen Produkts betreffen. Während sich für den Kunden in dem von ihm akzeptierten Verkaufspreis seine subjektive Wertschätzung (Präferenz) für das Produkt widerspiegelt, gilt es für den Unternehmer, mit dem Verkaufspreis mindestens seine (objektiven) Stückkosten zu decken und einen angemessenen Stückgewinn zu erzielen. Dabei hat der Unternehmer die Möglichkeit, sich an verschiedenen Preisstragegien zu orientieren.

- Nachfragerpreisstrategie
  Dabei wird versucht, den gesamten zu erzielenden Deckungsbeitrag zu optimieren. Dies geschieht unter Berücksichtigung der Preis-Absatz-Funktion, die den Zusammenhang zwischen Verkaufspreis und Absatzmenge darstellt. Gesucht wird also derjenige Verkaufspreis, zudem sich aus der Multiplikation mit der Verkaufsmenge der größt mögliche Deckungsbeitrag ergibt.

- Kostenspreisstrategie
  Bei der Kostenpreisstrategie orientiert sich das Unternehmen an den Stückkosten für das Produkt. Die Stückkosten (einschließlich einem Gewinnzuschlag) entsprechen dann dem Verkaufspreis.

- Konkurrenzpreisstrategie
  Bei der Konkurrenzpreisstrategie sind die am Markt üblichen Verkaufspreise der Konkurrenten Entscheidungskriterium für die eigene Preissetzung. Denkbar ist z. B. ein durchschnittlicher Konkurrenzpreis.

Die Schärfe des Wettbewerbs (Preiswettbewerbs) wird entscheidend dadurch bestimmt, ob die Unternehmen eher kooperative oder eher aggressive Preisstrategien verfolgen. Kooperative Strategien und damit tendenziell höhere Preise und höhere Renditen sind in Branchen zu erwarten mit stark differenzierten Produkten, kontinuierlich steigender Nachfrage, hoher Preis-intransparenz und vor allen Dingen einer geringen Anzahl von Unternehmen.

Auf Grund des Verständnisses von Wettbewerbsprozessen sollte jedes Unternehmen untersuchen, welche Art von Wettbewerb im betrachteten Markt dominiert. Die Volkswirtschaftslehre zeigt, dass insbesondere zwei Haupttypen des Wettbewerbs zu unterscheiden sind[175]:

- Der Bertrand'sche Preiswettbewerb: Die Unternehmen legen die Preise fest, und aus den so festgesetzten Preisen resultiert eine bestimmte Nachfrage.
- Der Cournot'sche Mengenwettbewerb: Das Unternehmen legt die Absatzmenge fest und passt den Preis so an, dass diese Menge am Markt realisiert werden kann.

In der Praxis ist der Preiswettbewerb häufiger anzutreffen. Zu beachten ist jedoch, dass Unternehmen auf das Verhalten der Konkurrenten je nach Art des Wettbewerbs unterschiedlich reagieren sollten. Beim Preiswettbewerb ist die hinsichtlich des Gewinns beste Reaktion, Preisänderungen durch die Wettbewerber nachzuvollziehen. Im Gegensatz dazu sollte beim Mengenwettbewerb mit einer genau gegenteiligen Reaktion auf eine Aktivität des Wettbewerbers reagiert werden. Bei einer Erhöhung der Absatzmenge der Wettbewerber sollte also beispielsweise mit einer Reduzierung des eigenen Angebots reagiert werden.

Wichtige Orientierungsfragen für die Gestaltung der Preispolitik sind die folgenden:

- Welches Preisniveau soll das Produkt haben?
- Welche Zahlungsbedingungen sollen dem Kunden eingeräumt werden?
- Welche Mengenrabatte soll es geben?
- Welche Boni soll es geben?
- Sind Sonderangebote (Verkaufsförderung) geplant?
- Soll es Verkauf auf Kredit oder Leasing geben?

---

175 Vgl. BLUM, 2000, S. 163 ff.

10.4.4 Kommunikationspolitik

Die Kommunikationspolitik umfasst die einzelnen Maßnahmen des Unternehmens, um dem Markt die Vorzüge seiner Produkte oder Dienstleistungen zu vermitteln und die Zielgruppe zum Kauf zu bewegen. Zu den Bestandteilen der Kommunikationspolitik eines Unternehmens gehören u. a.:

- Werbung (und Markenpolitik; vgl. 10.5)
- Verkaufsförderung (Sales Promotion),
- Öffentlichkeitsarbeit (Public Relations) und
- Sponsoring.

Grundsätzlich lässt sich Werbung definieren als die verkaufspolitischen Zwecken dienende absichtliche, zwangfreie Einwirkung auf Menschen mit Hilfe spezieller Kommunikationsmittel. Dabei vollzieht sich die Wirkung der Werbung auf den Konsumenten in einem Prozess mehrerer aufeinander folgender Stufen. Diese so genannte AIDA-Regel unterscheidet folgende vier Stufen:[176]

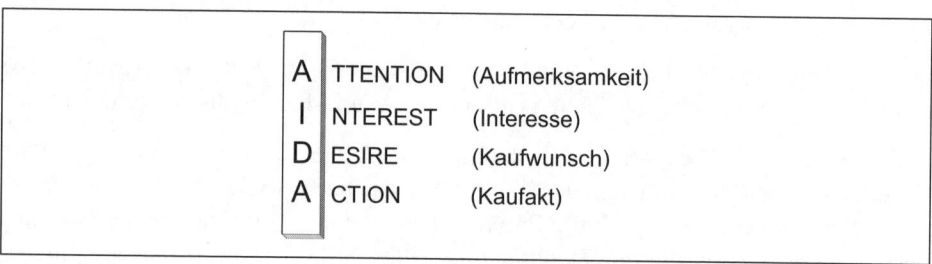

Abbildung 71: AIDA-Regel

Werbung muss zunächst Aufmerksamkeit auslösen. Hat der Konsument die Werbebotschaft aufgenommen, so soll diese ihn motivieren, d. h. Interesse hervorrufen. Auf der nächsten Stufe soll der Umworbene den Wunsch verspüren, das Produkt oder die Leistung zu kaufen. Dieser Kaufwunsch muss später in der Kaufsituation zum Kauf führen.

Bevor ein Unternehmen jedoch Werbemaßnahmen durchführt, sollte geprüft und festgelegt werden, was der Zielgruppe in der Werbebotschaft übermittelt werden soll (Inhalt der Werbebotschaft) und wie die Botschaft übermittelt werden soll (Form der Werbebotschaft). Die Botschaft muss so formuliert werden, dass sie die Aufmerksamkeit der Zielgruppe auf das Produkt lenkt und Interesse für das Produkt weckt. Dazu müssen dem Verfasser der Werbebotschaft die Motive und die Verhaltensweisen der Zielgruppe bekannt sein.

---

[176] Vgl. NIESCHLAG, DICHTL, HÖRSCHGEN, 1990, S. 506.

Weitere Orientierungsfragen zur Kommunikationspolitik sind:

- Soll die Werbung überwiegend informativ sein?
- Soll die Werbung überwiegend emotional sein?
- Welche Werbeträger sollen verwendet werden?
- Welche Werbebotschaft soll benutzt werden?
- Mit welcher Intensität soll Werbung betrieben werden?
- Soll ein Markenartikelimage aufgebaut werden?
- Soll es PR-Maßnahmen geben?
- Soll mit dem Produkt gesponsert werden?
- Soll es eine Verkaufsförderung geben?

10.4.5 Distributionspolitik und Vertriebspolitik

Die Distributionspolitik legt die Absatzwege vom Hersteller zum Verbraucher fest, über die die Produkte mit Hilfe der Absatzorgane verteilt werden. Dabei umfasst die Distribution die einzelnen Maßnahmen des Unternehmens, um das Produkt für die Zielgruppe leicht zugänglich und verfügbar zu machen. Wesentliche Orientierungsfragen zur Gestaltung der Distributionspolitik sind beispielsweise die folgenden:

- Soll das Produkt direkt vertrieben werden?
- Soll das Produkt über den Großhandel vertrieben werden?
- Soll das Produkt über den Einzelhandel vertrieben werden?
- Soll das Produkt durch den Versandhandel vertrieben werden?
- Soll es eine hohe Lieferbereitschaft geben?

Ein immer wichtigerer Teil der allgemeinen Marketingstrategie ist die Vertriebsstrategie. Die Abgrenzung zwischen Marketing und Vertrieb (Verkauf) ist oft nicht präzise möglich. Meist spricht man dann von „Vertrieb", wenn es sich um Aktivitäten handelt, die den konkreten Vertragsabschluss über die angebotene Leistung mit einem bestimmten Abnehmer herbeiführen sollen. Bei der Entwicklung der Vertriebspolitik kann man sich an folgenden Phasen eines Vertriebsprozesses orientieren:

1. Identifikation der Kunden

In dieser ersten Phase, ausgehend von der Zielgruppendefinition des Marketing, wird hier eine präzise Operationalisierung der Charakteristika potenzieller Kunden vorgenommen. Zudem werden diejenigen Informationsquellen und Arbeitsprozesse beschrieben, die eine Auswahl interessanter Kunden ermöglichen. Die so identifizierten Kunden sind für das eigene Unternehmen „attraktiv", d. h. sie haben Bedarf nach der angebotenen Leistung, und es erscheint grundsätzlich wahrscheinlich, sie von der Überlegenheit des eigenen Angebots im Vergleich zu denjenigen der Wettbewerber zu überzeugen. Im Prinzip ist die Identifikation von Kunden ein strategiegeleiteter Prozess, der den potenziellen Wertbeitrag (zumindest Gewinnbeitrag) eines Kunden ebenso bewertet wie die Wahrscheinlichkeit, dass ein Vertriebsprozess erfolgreich abgeschlossen wird.

2. Kundenansprache

anach ist zu entscheiden, wie jeder der identifizierten potenziellen Kunden durch das Unternehmen anzusprechen ist. Die grundsätzlichen Vorgaben aus der Marketingpolitik (speziell Kommunikationspolitik) sind dabei heranzuziehen und gegebenenfalls kundenspezifisch anzupassen. Die Vertriebsaktivitäten befassen sich dabei mit konkreten potenziellen Kunden, während im Rahmen der Marketingpolitik zunächst die grundlegenden Regelungen für sämtliche Kunden bzw. Kundensegmente fixiert werden.

3. Kundendialog

Nachdem ein potenzieller Kunde erstmalig angesprochen wurde, entwickelt sich – hoffentlich – ein „Kundendialog". Hierbei ist zu regeln, welche Reaktionen des Kunden eine bestimmte Aktion im Unternehmen auslösen. Insbesondere muss man planen, welche Informationen dem Kunden zur Verfügung gestellt werden können, um ihn beispielsweise von der Überlegenheit des eigenen Leistungsangebotes zu überzeugen. Entscheidend ist es, während des Kundendialogs (insbesondere bei persönlichen Gesprächen mit potenziellen Kunden) die konkreten Wünsche und Anforderungen des Kunden zu verstehen, um das Leistungsangebot (im Rahmen der definierten eigenen Angebotspalette) möglichst präzise auf den Kunden abstimmen zu können. Das Verständnis der grundlegenden Probleme des Kunden ist die Basis für den Erfolg des Verkaufsprozesses.

4. Kundengewinnung

Der Kundendialog schließt mit der eigentlichen Kundengewinnung ab. In dieser Phase muss aus einer grundsätzlichen Kaufbereitschaft des Kunden ein verbindlicher Kaufvertrag werden. Man spricht hier auch vom so genannten „Closing".

5. After sales

Auch nach Auftragsunterzeichnung ist der Vertriebsprozess noch nicht beendet. Begleitend zur Leistungserstellung bzw. der Auslieferung der Produkte und vor allem nach Ende der eigentlichen Leistungserstellung sind die Mitarbeiter des Vertriebs wiederum gefordert. Es muss einerseits versucht werden, die in dieser Phase möglicherweise auftretenden Unzufriedenheiten des Kunden ernst zu nehmen, und eine für die Kunden akzeptable Lösung zu erreichen. Zudem ist es in vielen Wirtschaftszweigen notwendig für einen nachhaltigen Erfolg, dass in dieser Phase eine dauerhafte (z. B. auch persönliche) Beziehung zum Kunden aufgebaut wird, um die Wahrscheinlichkeit für weitere Kundenaufträge zu erhöhen. In dieser Phase entscheidet es sich, ob aus einem Neukunden ein Stammkunde wird.

Mit der zunehmenden Individualität der Anforderungen von Kunden in vielen Branchen wird der konkrete Umgang mit einzelnen Kunden – und damit der Vertriebsprozess und die Vertriebsmitarbeiter – zunehmend erfolgsrelevant. Die Vertriebspolitik ergibt sich dabei in ihren wesentlichen Eckpunkten unmittelbar aus den Gesamtvorgaben der Strategie. Die Geschäftsstrategie des Unternehmens mit ihren Entscheidungen über Geschäftsfelder und Wettbewerbsvorteile definiert den Rahmen für die Marketingpolitik. Die Marketingpolitik beschreibt die allgemeinen Regeln zum Umgang mit Kunden oder Kundensegmenten. Die Vertriebspolitik schließlich entwickelt auf diesen Vorgaben konkrete Arbeitsprozesse für den Umgang mit spezifischen einzelnen Kunden und setzt die dafür erforderlichen Hilfsmittel (z. B. IT-gestützte Vertriebssteuerungssysteme) ein.

10.5 Wertorientierte Markenführung[177]

10.5.1 Die Bedeutung der Marke für Unternehmen

In zukunftsorientierten Marketing-Strategien gewinnt der Aufbau von Marken zunehmend an Bedeutung. Unter der Marke wird ein Zeichen verstanden, das der Markierung sowie der Differenzierung von Gütern und Dienstleistungen dient. Da der Wert von Produkten und Dienstleistungen durch Marken erhöht wird und Marken von Wettbewerbern schwierig zu kopieren sind, stellen sie für den Markeneigentümer einen Wettbewerbsvorteil dar.

Unternehmen benötigen Marken, um sich dadurch bei den Abnehmern Vorteile gegenüber Wettbewerbern zu verschaffen, die mit Kundentreue oder Preisprämien seitens der Abnehmer honoriert werden.[178]

Der Wert der Marke für ihren Inhaber besteht in dem zusätzlichen Betriebsergebnis, das durch die Marke erwirtschaftet wird und das ihm ohne die Markierung entgangen wäre. Dadurch, dass Marken für den Verbraucher eine Reihe von Funktionen erfüllen (wie Orientierungsfunktion, Informationsfunktion, soziologische Funktion) und somit für ihn einen Wert darstellen, beeinflussen sie die Erträge und folglich den Wert eines Unternehmens.

---

[177] Von Werner GLEIßNER und Sven HANSEN.
[178] Vgl. AAKER, 1991.

Es ist unbestritten, dass Marken eine erhebliche Bedeutung für den Wert eines Unternehmens haben. Der Wettbewerbsfaktor Marke beeinflusst die Erlöse eines Unternehmens, deren Ursache wiederum in qualitativen Faktoren, wie dem Markenimage und der vom Kunden wahrgenommenen Qualität liegt.

Marken reduzieren das wahrgenommene Kaufrisiko für den Konsumenten, wodurch sich Kundentreue und stabilere Umsätze einstellen, die wiederum dadurch das Unternehmensrisiko (Schwankung der Umsätze) reduzieren. Viele Investitionen in die Marke stellen „sunk costs" dar und führen somit für Unternehmen zu einem Risiko, da diese Investitionen die Anpassungsflexibilität eines Unternehmens verringern. Andererseits haben sie eine hohe Abwehrwirkung (Markteintrittshemmnis) und senken so das Risiko des Unternehmens, das auf Grund des Absatzrückgangs durch den Eintritt neuer Wettbewerber entstehen kann.

Über die erzielbare Preisprämie wirken Marken positiv, über die Kosten (die sie z. B. auf Grund der mit dem Markenversprechen verbundenen hohen Produktqualität verursachen) negativ auf die Rendite.

Wenn das Oberziel eines Unternehmens die nachhaltige Steigerung seines Unternehmenswertes ist, so hat dies auch Auswirkungen auf die Markenführung im Unternehmen und die Zielsetzung der Steigerung des Markenwertes.

Die Vernachlässigung des Markenwertes im Rahmen eines wertorientierten Managements führt zwangsläufig dazu, dass

- der Unternehmenswert unterschätzt und
- die ökonomische Kapitalrendite überschätzt wird.

Wenn die Marke als immaterieller Vermögensgegenstand häufig einen erheblichen Anteil am Unternehmenswert ausmacht, gilt es im Rahmen des wertorientierten Managements auch diesen gezielt zu steuern. Dies ist jedoch konzeptionell durchaus nicht einfach. Es ist offensichtlich nicht sinnvoll, den – beispielsweise mit Discounted-Cash-Flow-Verfahren – ermitteln Unternehmenswert einfach um den (wie auch immer berechneten) Wert der Marke zu erhöhen, da die Ergebniswirkungen der Marke in den Cash-Flows bereits enthalten sind. Auch die Abgrenzung von Erträgen, die aus der Existenz der Marke resultieren, von solchen, die aus qualitativen Vorteilen (Wettbewerbsvorteilen) der damit verbundenen Produkte resultieren, verdeutlichen das Problem. Denn während markeninduzierte Kosten (Aufwendungen für Werbung und höherwertige Materialien, Steigerung der variablen Kosten durch eine erhöhte Absatzmenge etc.) noch – wenn auch schwierig – zu bestimmen sind, kann der Mehr-Umsatz durch die Marke auf Grund der Einheit von Produkt und Marke oft nicht sinnvoll ermittelt werden.

Viele Ansätze, die den Wert einer Marke bestimmen wollen, widmen sich einem absoluten Markenwert, der sich analog zum Unternehmenswert als der Wert des Anteils an den zukünftig erzielbaren Finanzüberschüssen, der auf die Marke zurückzuführen ist, versteht. Die Bestimmung des Kapitalwertes einer Marke eignet sich für Anwendungsbereiche, wie die Veräußerung von Marken und Unternehmenstransaktionen, bei denen das Hauptinteresse den Marken zukommt. Für die Markenführung ist diese Größe als Erfolgsmaßstab an sich weniger relevant als die Kenntnis der Ursachen und Determinanten des Marktwertes und der Entwicklung dieser Größen im Zeitablauf.

Darüber hinaus tauchen bei der Betrachtung von absoluten Markenwerten zwangsläufig folgende Schwierigkeiten auf: Der Umsatz, die Kosten und somit der Wert der Marke als die auf die Marke entfallenden Cash-Flows können nicht vom eigentlichen physischen Produkt isoliert werden. Mit dieser Vorgehensweise ergibt sich beispielsweise folgende Problematik: Eine Verbesserung der Einkaufskonditionen beeinflusst den Gewinn des Markenproduktes und damit den Markenwert in den üblichen Markenbewertungsmodellen. Dieser müsste jedoch unverändert bleiben, wenn die markenbezogenen Faktoren konstant bleiben.

Insofern ist es fraglich, ob Ansätze zur Bestimmung des absoluten Wertes einer Marke, z. B. mittels auf das Markenprodukt entfallender Cash-Flows oder mittels Multiplikatormodellen, überhaupt geeignet sind, um der Markenführung als Steuerungsinstrument zu dienen.

Um dieses Problem von vornherein auszuschließen, wird die Bewertung von Marken in dem folgenden Ansatz unter einem anderen Blickwinkel betrachtet: Die Marke(nführung) ist kein Selbstzweck, sondern dient letztendlich dem Oberziel jedes Unternehmens, der nachhaltigen Steigerung des Unternehmenswertes. Nimmt man diese Sicht ein, wird der Beitrag, den die Marke zur Steigerung des Unternehmenswertes leistet, zur Größe, die bewertet werden muss.

Grundidee des von FutureValue Group AG entwickelten wertorientierten Markenführungsansatzes ist es, die Konsequenzen von markenpolitischen Maßnahmen auf den Unternehmenswert abzubilden. Offensichtlich entsprechen Veränderungen des Unternehmenswertes, die ausschließlich auf eine veränderte Markenpolitik zurückzuführen sind, genau den Veränderungen des Markenwerts. Für ein gezieltes wertorientiertes Marken-Management ist es nicht erforderlich, den Absolutwert der Marke zu bestimmen und den Markenwert von anderen Komponenten des Unternehmenswerts zu trennen. Erforderlich ist lediglich, Veränderungen des Markenwerts in Folge der Markenpolitik zu bestimmen und so den Erfolg der Markenpolitik zu beurteilen.

10.5.2 Wertorientierte Markenführung mit FutureValue

In einer wertorientierten Unternehmensführung muss die Marke(-nführung) den Unternehmenswert positiv beeinflussen. Die Unternehmensführung benötigt folglich Informationen darüber, ob sich die Marke im Zeitablauf positiv oder negativ auf den Wert des Unternehmens auswirkt und welche – vom Unternehmen beeinflussbaren – Determinanten der Marke ausschlaggebend für die Entwicklung waren.

Wertorientiertes Marken-Management dient somit der Steuerung von Marken(-investitionen), nicht primär der Bewertung einer absoluten Größe im Sinne eines Ertragswertmodells, für welche die Erträge der Marke separiert werden müssten.

Im Folgenden wird ein Bewertungsansatz beschrieben, der das Problem der Trennung der Marke vom Produkt auflöst. Ausgangspunkt ist ein Standard-Unternehmenswert-Modell auf Gesamt-Unternehmensebene (beschrieben durch die primären Werttreiber Umsatzwachstum, Rendite und Risiko).

Eine Möglichkeit, das genannte Problem zu umgehen, und z. B. Aussagen über den Einfluss von Markendeterminanten (wie die Bekanntheit), auf den Unternehmenswert zu treffen, stellt die isolierte Betrachtung der Veränderung dieser Determinanten in einem Unternehmensbewertungsmodell dar. Von Relevanz sind dann nur die Veränderungen der „Markengrößen", bei Konstanz der sonstigen Einflussfaktoren auf den Unternehmenswert. Ergibt sich bei Veränderung der sonstige Determinanten ceteris paribus keine Veränderung des Unternehmenswertes, so hat die Determinante keinen Einfluss auf den Unternehmenswert und kann aus dem Modell entfernt werden. Im Modell finden sich somit die Faktoren wieder, die markenseitig auf die Werttreiber Rendite, Wachstum und Risiko wirken. Entscheidend ist der Bezug zum Unterneh-

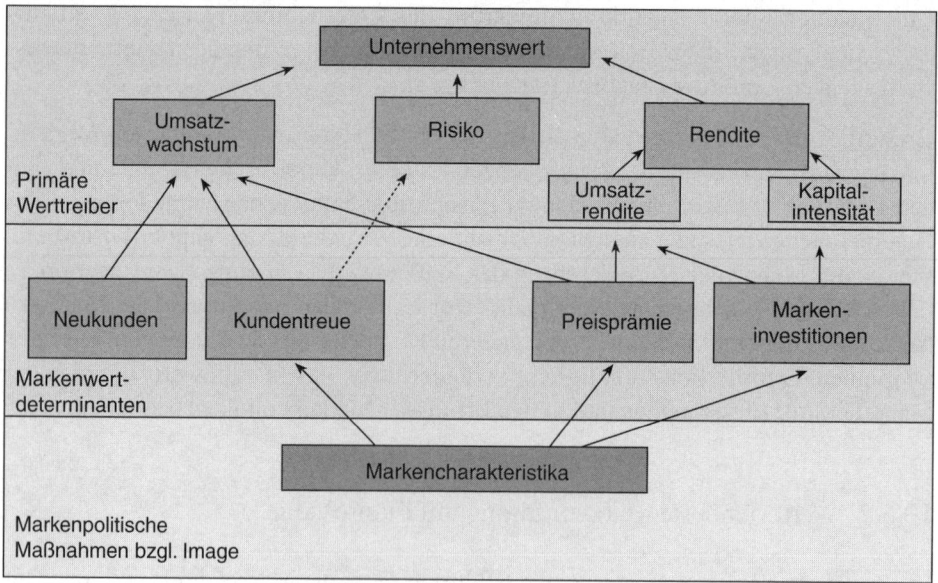

Abbildung 72: Die Marke als Determinante des Unternehmenswertes: Werttreiber

menswert (also zu Rendite, Wachstum oder Risiko) und die verlässliche und nachprüfbare Messung der Faktoren mit entsprechenden Marktforschungsindikatoren.

Beispielsweise wird die Umsatzentwicklung eines Unternehmens maßgeblich von der Kundentreue und den Neukunden bestimmt, die wiederum von der Kundenzufriedenheit bestimmt werden. Die Ursachen für die Entwicklung dieser Größen sind zum Teil auf die Marke zurückzuführen. Folglich müssten die Charakteristika der Marke, die auf diese, den Umsatz beeinflussende Größe wirken, erklärt und operationalisiert werden. Hier findet der Übergang in den qualitativen Bereich statt, denn an dieser Stelle fließen qualitative Faktoren in das Unternehmensmodell ein, die gemessen werden müssen (vgl. Abbildung 72).

Es ist festzuhalten, dass sich die Veränderung des Markenwertes in der Veränderung des Unternehmenswertes abbilden lässt. Der Markenwert ist direkt in den Komponenten des Unternehmenswertes enthalten. Markenpolitik ist dann erfolgreich, wenn sie den Unternehmenswert erhöht. Die Bedeutung der Marke für den Unternehmenswert hängt davon ab, wie stark sie auf die primären Werttreiber Umsatz, Rendite und Risiko wirkt.

Die Aufgaben des Markenmanagements und der Wert der Marke hängen von dem Evolutionsstatus der Marke (Markenebene) ab (vgl. Abbildung 73).

Auf der ersten Markenebene geht es um die Schaffung von Bekanntheit und Verfügbarkeit der Marke bzw. der Produkte. Sind Aktivitäten im Bereich der Marke geplant,

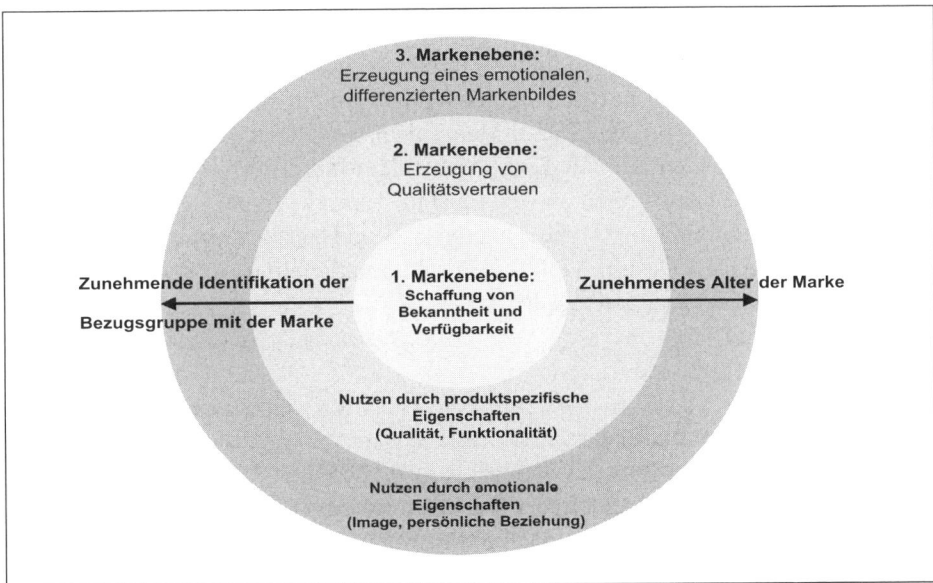

Abbildung 73: Evolutionsebenen der Marke

betreffen diese auf der ersten Markenebene die Erhöhung der Bekanntheit und Verfügbarkeit der Marke. Die Zielgruppe wird durch entsprechende Marketingaktivitäten auf die Marke aufmerksam.

Aktivitäten auf der zweiten Markenebene betreffen die Erzeugung von Qualitätsvertrauen, was dazu führt, dass positive Erwartungen mit der Marke bzw. mit dem Markenprodukt verbunden werden. Die zweite Ebene ist Voraussetzung dafür, dass eine Markenpositionierung und Belegung mit Assoziationen und Werten (dritte Ebene) sinnvoll angegangen werden kann. Voraussetzung für den Markenaufbau ist – zusätzlich zu Investitionsbereitschaft und Zeit – ein gutes Produkt, das die Kunden nicht enttäuscht und dessen Leistungen mit dem Markenimage konsistent sind. Die Produktleistung und der Produktnutzen müssen mit dem Markenimage, welches die dritte Markenebene betrifft, konsistent sein. Die Zielgruppe ist vom produktspezifischen Nutzen des Markenproduktes (z. B. Qualität, Funktionalität) überzeugt, hat aber noch keine emotionale Beziehung zu der Marke.

Die dritte, am weitesten entwickelte Markenebene, ist die des emotionalen, differenzierten Markenbildes. Auf dieser Ebene beschäftigt sich das Marken-Management mit dem langfristigen Erhalt der Marke. Dazu müssen die Markeneigenschaften und die Markenidentität permanent überprüft werden. Die sichtbaren und unsichtbaren Werte der Marke sind auf die relevante Zielgruppe, die sich mit der Marke identifiziert und verbunden fühlt, abzustimmen und dieser entsprechend visuell und verbal zu kommunizieren. Der Erfolg der Investition hängt von dem stimmigen Gesamtkonzept ab (Erreichung der Zielgruppen, Wecken der Aufmerksamkeit potenzieller Kunden, korrekte Ermittlung der wichtigsten Kernbotschaften, Einhaltung des Produktversprechens). Letztendlich muss das eigene Produkt im Vergleich zur Konkurrenz so viele Vorzüge zeigen, dass dem Kunden der (Mehr-)Nutzengewinn durch den Kauf höher erscheint als der geforderte (Mehr-)Preis. Dieser Mehrnutzen bezieht sich auf dieser Markenebene vor allem auf die emotionale Komponente der Marke, die Werte und Interessen darstellt, welche den Konsumenten wichtig sind. Typische Aspekte von Marken, die Begeisterung und Faszination für diese hervorrufen sind beispielsweise Qualität, Technik/Fortschritt, Erfolg, Design, Vielfältigkeit, Internationalität, Sicherheit/Zuverlässigkeit, Tradition, Eleganz, geringes Risiko.

10.6 Ablaufplan für die Umsetzung

Das Marketing dient der Abstimmung der Leistungen des Unternehmens auf die Wünsche der Kunden. Die dazu eingesetzten Marketinginstrumente müssen einer Vielzahl von Anforderungen gerecht werden.

Die Abstimmung der Leistungen des Unternehmens auf die Wünsche der Kunden dient der Erreichung einer hohen Kundenzufriedenheit. Diese wiederum ermöglicht es dem Unternehmen, langfristig eine hohe Profitabiliät zu erzielen. Die Zufriedenheit der Kunden und ihre Ursachen zu kennen, ist also zu wichtig, um sie nur mittels unternehmensinterner subjektiver Quellen abzuschätzen. Erforderlich ist eine Befragung der Kunden.

Ausgehend von den Ergebnissen der Kundenbefragung kann eine gezielte Marketing-Strategie ausgearbeitet werden. Dabei werden kaufentscheidende Kriterien berücksichtigt, um die Kunden zu segmentieren und das eigene Unternehmen zu positionieren.

In einem ersten Arbeitsblock zu diesem Modul sollte die Produktpolitik des Unternehmens diskutiert werden. Für jedes der maßgeblichen Produkte sollte schließlich über die zentralen Kaufkriterien nachgedacht werden. Die anzustrebenden Kaufkriterien sind explizit zu fixieren und es sollte zudem aufgezeigt werden, ob bezüglich dieser Kaufkriterien Wettbewerbsvorteile bestehen bzw. zukünftig angestrebt werden. Grundsätzlich sollte dabei mittels Segmentierung möglichst homogene (speziell bezüglich Kaufkriterien) Kundengruppen separat betrachtet werden, um den differierenden Anforderungen gerecht werden zu können. Für jeden der existierenden bzw. angestrebten Wettbewerbsvorteile sollte zudem festgehalten werden, wie diese gegenüber dem Kunden „bewiesen" werden können. Auf dieser Grundlage ist zu prüfen, ob mit den angestrebten, beweisbaren Wettbewerbsvorteilen eine wirksame Differenzierung tatsächlich erreicht werden kann (Produktpositionierung).

Auf Grundlage des fixierten Produktprogramms und der zugehörigen Wettbewerbsvorteile sollten die anderen Aspekte der Marketingpolitik zusammengefasst werden.

Nach der Bearbeitung dieses Moduls sollten folgende Ergebnisse vorliegen:

- Das angebotene Produktspektrum ist beschrieben und die Differenzierungsmöglichkeit gegenüber der Wettbewerber sind präzisiert.
- Die Zielgruppen sind präzise beschrieben (Segmentierung).
- Die Marketingpolitik des Unternehmens mit Aussagen zu Preisen, Kommunikation (inklusive Marke), Vertriebswegen etc. ist ausgearbeitet.
- Die Vertriebsprozesse sind geklärt.

11 Modul 11: FutureValue Scorecard[179]

11.1 Von der Strategieentwicklung zu Umsetzung und Steuerung

In den letzten vier Modulen wurde aufgezeigt, wie die grundlegenden Vorgaben der Unternehmensstrategie präzisiert und in konkretere Maßnahmenvorschläge umgesetzt werden können. Bei diesen vertiefenden Betrachtungen der einzelnen Themenfelder kann es vorkommen, dass auf Grund neuer Erkenntnisse die ursprünglichen Vorgaben aus der strategischen Konzeption angepasst werden müssen. In dieser Hinsicht besteht, wie eigentlich bei den meisten Aspekten der Unternehmensführung, eine Rückkopplungsschleife. Veränderungen der Umfeldbedingungen oder neue Informationen aus dem Unternehmen können nicht nur bei der erstmaligen Entwicklung einer Unternehmensstrategie, sondern zu jedem beliebigen Zeitpunkt Veränderungen der strategischen Ausrichtung erforderlich machen. Unternehmensstrategien, die langfristig angelegt sein müssen, sind somit einem kontinuierlichen Anpassungsdruck unterworfen.

Es ist eine grundlegende Aufgabe des Controlling, die für die Unternehmensführung relevanten Informationen zu erfassen, auszuwerten und so Entscheidungen vorzubereiten. Was für das operative Controlling gilt, gilt analog auch für das strategische Controlling, das sich insbesondere mit dem Prämissen der Unternehmensstrategie auseinander setzt. Gerade weil neue Informationen eine Anpassung von Strategien erforderlich machen, hat das in diesem Modul betrachtete strategische Controlling eine grundlegende Bedeutung für ein erfolgreiches strategisches Management. Nach der eigentlichen Entwicklung und Präzisierung der Unternehmensstrategie ist es für ein stetiges strategisches Lernen zwingend erforderlich, im Unternehmen Systeme zu verankern, die den Fortschritt bei der Realisierung der Unternehmensstrategie anzeigen, kritische Abweichungen aufdecken und unbefriedigend umgesetzte Maßnahmen melden. Ein derartiges strategisches Steuerungssystem wird heute häufig als „Balanced Scorecard" bezeichnet.[180]

Im Folgenden wird nach einer kleinen Einführung über Grundsätze des Controlling die Methodik der Balanced Scorecard als strategisches Steuerungssystem vorgestellt. Darauf aufbauend erläutern wir den darauf basierenden Ansatz der FutureValue Scorecard, die eine konsequent wertorientierte Variante der Balanced Scorecard darstellt und häufig anzutreffende Schwächen traditioneller Scorecard-Systeme vermeidet.

---

[179] Von Werner GLEIßNER.
[180] Vgl. KAPLAN; NORTON, 1997

11.2 Einführung: Funktion und Aufbau von Controllingsystemen

Controlling lässt sich definieren als funktionsübergreifendes Steuerungsinstrument mit der Aufgabe der Koordination von Planung, Kontrolle und Informationsversorgung.

Das Controlling befasst sich mit der Aufbereitung aller wesentlichen Informationen, die für die Entscheidungsfindung im Unternehmen maßgeblich sind. Insofern ist die primäre Controlling-Aufgabe die Entscheidungsvorbereitung. Aus der offensichtlichen Tatsache, dass die Qualität unternehmerischer Entscheidungen im Wesentlichen von der Qualität der zugrunde liegenden Daten und der auf diese angewandten Methoden der Datenauswertung basiert, zeigt sich die strategische Bedeutung des Controlling.

Das Controlling umfasst die in der Abbildung zusammengefassten Teilgebiete.

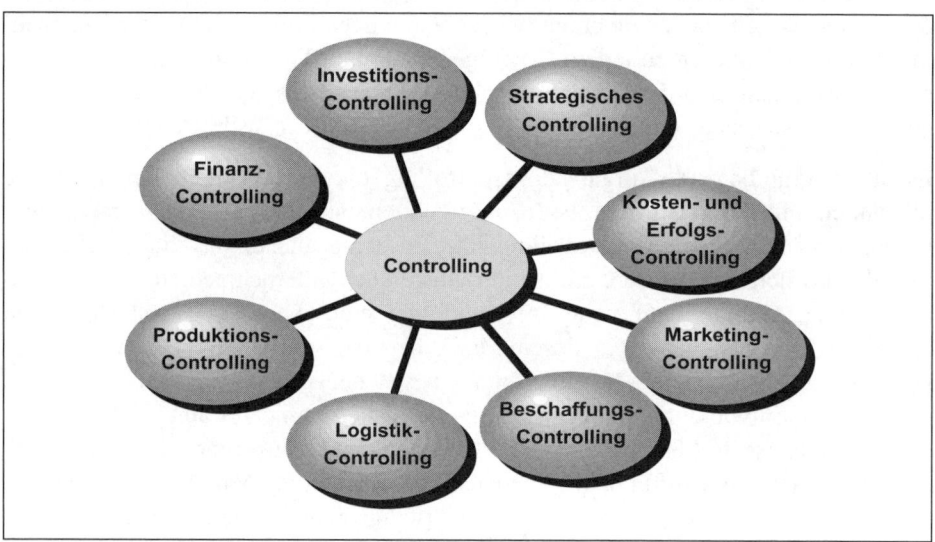

Abbildung 74: Bausteine des Controlling

Zu den speziellen Aufgaben der Strategieüberwachung – also des strategischen Controlling – gehören:

- Überwachung der Planungsprämissen (Konjunktur, Konkurrenzverhalten usw.),
- Überprüfung der Realisierung der Maßnahmen zur Strategieumsetzung sowie der Zielerreichung,
- Strategische Konsequenzen einleiten,
- Strategie überarbeiten,
- Verbesserung der Umsetzung der bisherigen Strategie.

Mittels Soll-Ist-Abweichungsanalyse sollen im Rahmen der Strategieüberwachung Ursachen für Planabweichungen ermittelt werden. Mögliche Ursachen sind:

- Änderungen der Rahmendaten (Annahmen),
- unrealistisch hohe Zielsetzung,
- falscher oder unzureichender Ressourceneinsatz (Arbeitskraft, Kapital, Zeit),
- Ausarbeitung und Durchführung eines für die Zielsetzung ungeeigneten Maßnahmenkataloges,
- mangelhafte Umsetzung der festgelegten Maßnahmen.

Jedes Controllingsystem[181], speziell auch das strategische Controllingsystem, sollte folgende Anforderungen erfüllen, die als Vorgaben auch für eine Balanced Scorecard zu interpretieren sind:

1) **Zieltransparenz**
   Das Controlling muss einen Bezug zwischen sämtlichen Auswertungen des Controlling und dem obersten Unternehmensziel – der nachhaltigen Steigerung des Unternehmenswerts – erstellen.

2) **Langfristige Orientierung**
   Die langfristige Orientierung der Unternehmenspolitik, die beim Ziel der Bestandssicherung zum Ausdruck kommt, erfordert zwingend eine langfristige Orientierung des Controlling.

3) **Ganzheitliche und systemische Sichtweise**
   Das Controlling muss die gleiche ganzheitliche Perspektive einnehmen, die die Unternehmensführung bei wichtigen unternehmerischen Entscheidungen zwangsläufig einzunehmen hat. Controlling darf sich somit nicht nur auf traditionelle Finanz- und Kostenthemen beschränken.

4) **Reaktionsanalyse und Frühaufklärung**
   Jede Unternehmensplanung – und damit jedes Controllingsystem – basiert auf Annahmen über die Zukunftsentwicklung. Eine Fundierung der getroffenen Annahmen erfordert leistungsfähige Prognosesysteme, um bestmögliche Aussagen über die Zukunftsentwicklung zu treffen und Frühaufklärungssysteme, die möglichst rechtzeitig vor sich abzeichnenden Veränderungen warnen. Ebenfalls Aufgabe des Controlling ist es, mögliche Handlungsoptionen bei Planabweichungen (Annahmeverletzungen) vorzubereiten und die Konsequenzen möglicher Planabweichungen vorab einzuschätzen.

5) **Planungssicherheit und Risikoquantifizierung**
   Durch die Identifikation, Bewertung und Aggregation von Risiken ist es möglich, die Bandbreite für die Abweichung um den Erwartungswert (Planungswert) abzuschätzen.

---
181 Vgl. Gleißner; Piechota, 2002.

6) **Durchgängige Datenbasis und flexible Auswertungen**
Dem Controlling stehen heute oft nur Daten zur Verfügung, die bereits in erheblichem Umfang durch die Informationslieferanten aggregiert oder sogar aufbereitet wurden. Idealerweise sollte das Controlling jedoch Zugriff auf sämtliche Originaldaten haben, was eine entsprechende IT-Grundlage erfordert.

11.3 Unternehmenssteuerung: Die FutureValue Scorecard

11.3.1 Grundlagen zur Balanced Scorecard

Eine Balanced Scorecard ist ein strategisches Managementinstrument, das die Umsetzung von Unternehmensstrategien unterstützt. Neben finanziellen Kennzahlen (z. B. Rentabilität), die nur die Ergebnisse der unternehmerischen Tätigkeit zeigen, werden hier auch Kennzahlen einbezogen, die die Wettbewerbsposition (z. B. Kundentreue), die Effizienz der Arbeitsprozesse sowie die Mitarbeiterperspektive beschreiben. Grundsätzlich versteht man unter einer „strategischen Kennzahl" eine solche, die für den Unternehmenserfolg maßgeblich ist, also beispielsweise als Indikator für das Vorliegen eines Erfolgspotenzials dient.

Zur Bedeutung der Balanced Scorecard formulieren KAPLAN und NORTON:[182] „Strategiefokussierte Organisationen rücken mit Hilfe der Balanced Scorecard die Strategie in den Mittelpunkt ihres Managementprozesses. Die Balanced Scorecard leistet einen einzigartigen Beitrag zur konsistenten Beschreibung der Strategie. In der Vergangenheit mangelte es dem Management an einem solchen Rahmengerüst, das bei der Beschreibung der Strategie behilflich war. Die Unternehmensführung war nicht in der Lage, etwas zu implementieren, das sie nicht beschreiben konnte."

Im Folgenden soll die Anwendung einer Balanced Scorecard speziell für die Unterstützung der Geschäftsstrategie dargestellt werden; auf die Besonderheiten von Balanced Scorecard-Ansätzen für die strategische Steuerung eines Konzerns (insbesondere also der Portfoliostrategie) und die Balanced Scorecard für einzelne Funktionsbereiche (z. B. IT-Ableitung) wird hier verzichtet.

Im Kern besteht eine Balanced Scorecard aus Kennzahlen, denen strategische Ziele und Zielwerte zugeordnet sind (vgl. die folgende, vereinfachte Darstellung in Abbildung 75), zudem werden zu jeder Kennzahl die Maßnahmen festgelegt, die zur Erreichung des Ziels erforderlich erscheinen. Durch die Festlegung von Messgrößen ist es

---

[182] Vgl. KAPLAN; NORTON, 2001, S. 24.

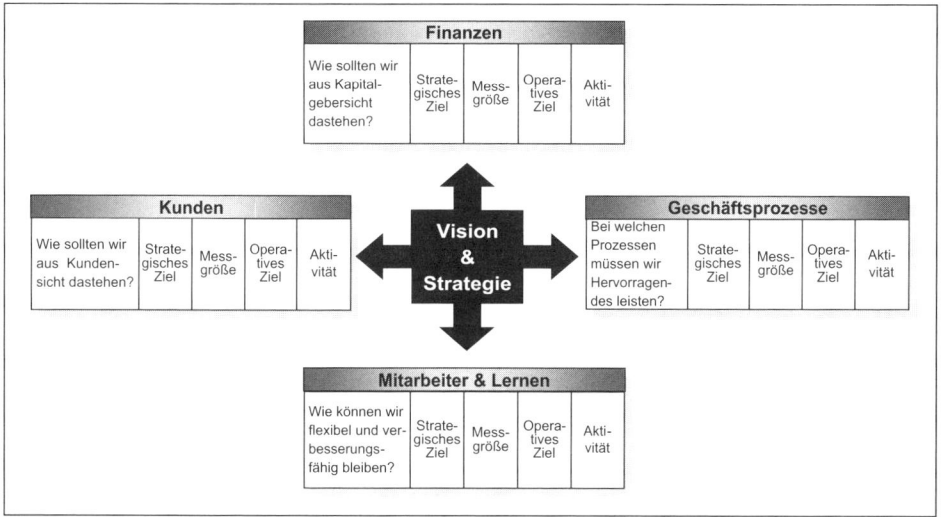

Abbildung 75: Balanced Scorecard (gemäß Kaplan/Norton, 1997)

regelmäßig möglich, den Stand der Zielerreichung, also der Umsetzung der Unternehmensstrategie, zu prüfen und wenn erforderlich Korrekturmaßnahmen einzuleiten.

Eine Balanced Scorecard (vgl. Abbildung 76) zeigt zudem explizit die angenommenen kausalen Abhängigkeitsbeziehungen zwischen den einzelnen Kennzahlen – also die Geschäftslogik – auf. Es zwingt dazu, eine Strategie mit allen strategischen Kennzahlen – wie Marktattraktivität, Kundentreue, Mitarbeiterzufriedenheit oder Arbeitseffizienz – zu operationalisieren, also messbar zu machen. Sie zeigt, über welche Wirkungswege geplante Maßnahmen Wirkung zeigen sollen. So wird die Kommunizierbarkeit der Strategie verbessert; Fortschritte bei der Umsetzung der Strategie werden unmittelbar erkennbar.

Für die Umsetzung der Vorgaben und Maßnahmen der Balanced Scorecard im Rahmen der Budgetierung kann es sinnvoll sein, zwischen einem „operativen Budget" und einem „strategischen Budget" zu unterscheiden.[183] Im operativen Budget sind die aus der erwarteten Umsatzentwicklung abgeleiteten Bedarfe an Ressourcen und die damit verbundenen Kosten (insbesondere also die Herstellkosten und zumindest die operativen Vertriebskosten) enthalten. Im strategischen Budget werden die Kosten für die Einführung neuer Produkte und Dienstleistung, die Entwicklung neuer Kompetenzen und Technologien, dem Aufbauen neuer Organisationsprozesse oder Marken sowie dem Aufbau zusätzlicher Kapazitäten zusammengefasst.

---

[183] Vgl. KAPLAN, NORTON; 2001, S. 255-262.

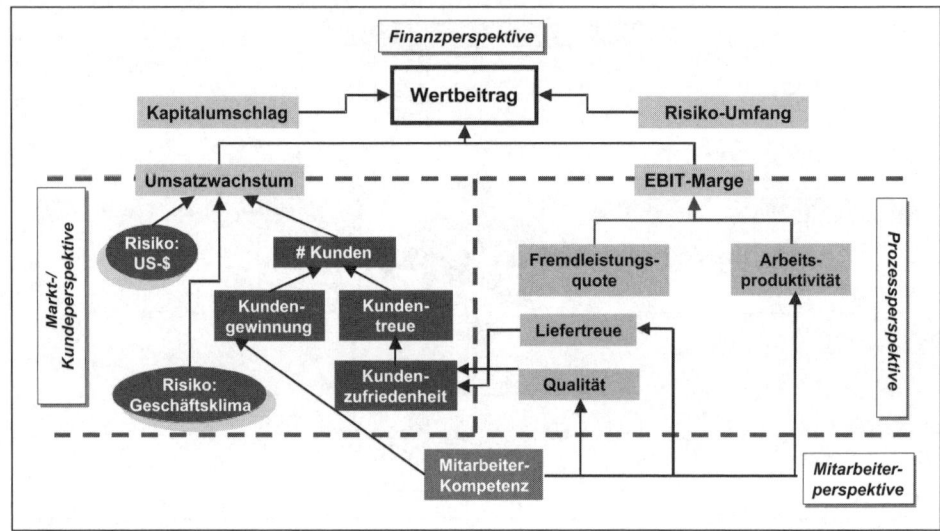

Abbildung 76: Beispiel der kausalen Zusammenhänge in einer FutureValue Scorecard

Ergänzend zur Ableitung strategischer Maßnahmen kann man in einem weiteren Schritt die Vorgaben der Balanced Scorecard bis auf den einzelnen Mitarbeiter herunterbrechen, was die Fixierung persönlicher Ziele ermöglicht. Diese werden dann als Grundlage für die individuelle Kompetenzentwicklung, die Vergütung und insgesamt für die Personalentwicklung genutzt. Typischerweise werden dabei sowohl mitarbeiterspezifische als auch teambezogene Prämien festgelegt, wobei letztere zwar ein kooperatives Verhalten unterstützen sollen, aber durchaus auch ein „Trittbrettfahrer-Problem" nach sich ziehen können.

Zusammenfassend kann man die Vorteile einer Balanced Scorecard folgendermaßen beschreiben:[184]

1. Eine Balanced Scorecard zwingt, eine (gegebene) Strategie in Kennzahlen zu konkretisieren.
2. Eine Balanced Scorecard ergänzt finanzielle Kennzahlen um strategische Faktoren.
3. Sie umfasst „Leistungstreiber" (leading indicator) und Ergebnisse (lagging indicator), wobei finanzielle Kennzahlen als Zielgrößen an der Spitze stehen.
4. Sie macht die angenommenen Kausalbeziehungen der Variablen („Kennzahlen") einer Strategie explizit und prinzipiell auch empirisch prüfbar.
5. Sie ermöglicht es, eine Strategie den Mitarbeitern zu kommunizieren und liefert die Grundlage für ein strategiekonformes Entlohnungssystem.
6. Sie zwingt, Lücken in der Erfassung wichtiger Daten, die für eine Prüfung des Stands der Umsetzung einer Strategie erforderlich sind, zu schließen.

---

[184] Vgl. GLEIẞNER, 2000a.

7. Sie schafft Rückkopplungsschleifen zur Prüfung der Strategie und ihrer Umsetzung.

11.3.2 Besonderheiten der FutureValue Scorecard

Trotz der überzeugenden Vorteile von Balanced Scorecards hat die Erfahrung in den letzten Jahren gezeigt, dass für die Akzeptanz und den Erfolg einer Balanced Scorecard einige Herausforderungen zu meistern sind, die im traditionellen Balanced Scorecard-Ansatz nicht adäquat berücksichtigt werden. Die FutureValue Group AG hat daher, basierend auf vielfältigen praktischen Erfahrungen, das Konzept der FutureValue Scorecard (FVS) entwickelt. Dieses zeichnet sich gegenüber den traditionellen Ansätzen durch folgende Vorteile aus, die teilweise schon angesprochen wurden:[185]

Wertorientierung
Bei einer FutureValue Scorecard wird sichergestellt, dass die insgesamt erfassten Kennzahlen zusammen in der Lage sind, den Unternehmenswert (oder Wertbeitrag) zu erklären und zu steuern, was offensichtlich Grundvoraussetzung für jedes wertorientierte Management ist. So werden die überzeugenden Vorteile eines wertorientierten Managements – wie klare Definition des Unternehmensziels, Zukunftsbezug und die Berücksichtigung von Risiken – in der Praxis realisiert.

Systematik und Kausalnetz
Aus dem obersten Ziel des Unternehmens („Erfolgsmaßstab") werden diejenigen Kennzahlen, die für die Realisierung dieses Zieles maßgeblich sind, systematisch abgeleitet, sodass quasi automatisch die Ursache-Wirkungs-Beziehungen zwischen den einzelnen Kennzahlen mit aufgedeckt werden. Die Systematik und Stringenz der Ableitung geeigneter Kennzahlen erhöht zudem die Akzeptanz des Gesamtsystems. Da diese Ursache-Wirkungs-Beziehungen prinzipiell auch durch geeignete mathematische Funktionen beschrieben werden können, ermöglicht es die FutureValue Scorecard, die Wirkung unternehmerischer Maßnahmen über sämtliche Wirkungswege hinsichtlich der Konsequenzen für Ziele des Unternehmens (beispielsweise Unternehmenswert) zu beurteilen.

Frühaufklärungsfähigkeit
Schon bei der Ableitung der relevanten Kennzahlen einer Scorecard wird ermittelt, welche möglichen Ursachen für zukünftige Planabweichungen bestehen könnten. Auf diese Weise werden insbesondere die für das Risikomanagement maßgeblichen Risiken mit identifiziert, und es werden Frühwarnindikatoren abgeleitet, die kritische Planabweichungen bereits frühzeitig vorhersagen.

---
185 Vgl. GLEIẞNER, 2003.

Abweichungsanalyse

Die Darstellung der Wechselwirkungen zwischen den einzelnen Kennzahlen und die Einbeziehung von Risiken bzw. Frühwarnindikatoren ermöglichen es, Abweichungen zwischen den geplanten Werten einer Kennzahl und den tatsächlich realisierten Kennzahlen („Ist-Werten") auf Abweichungsursachen zu untersuchen. Dies trägt entscheidend zu einer Steigerung der Akzeptanz bei den Verantwortlichen bei. Erfahrungsgemäß leidet die Akzeptanz einer traditionellen Balanced Scorecard dadurch, dass bei eingetretenen Planabweichungen nicht zwischen Faktoren, die vom Verantwortlichen für die Kennzahl zu vertreten sind, und sonstigen (exogenen) Störungen unterschieden wird. Mit Hilfe der FutureValue Scorecard ist es möglich, schon beim Aufbau des Kennzahlensystems über mögliche Planabweichungen (und damit Risiken) nachzudenken und dieses nicht erst bei der Rechtfertigung von Planabweichungen nachzuholen.[186]

Integration des Risikomanagements

Da die Risiken genau so wie die Erträge und die Wachstumsperspektiven den Wert eines Unternehmens maßgeblich bestimmen, werden Risikokennzahlen konsequent im Rahmen der FutureValue Scorecard berücksichtigt. Diese werden unmittelbar aus dem Risikomanagement-System des Unternehmens abgeleitet, das vollständig mit der Balanced Scorecard vernetzt werden kann. Durch die Einbeziehung von Rating-Kennzahlen können Finanzierungsrisiken in Folge einer Verschlechterung des Rating erkannt werden.

Die Erfahrungen der letzten Jahre beweisen, dass mit der Balanced Scorecard ein leistungsfähiges Instrument gefunden wurde, Unternehmensstrategien konsequent umzusetzen. Erkenntnisse über dabei aufgetretene Schwächen und Akzeptanzprobleme wurden durch die Weiterentwicklung hin zur FutureValue Scorecard entgegengetreten. Der methodische Ansatz der FutureValue Scorecard erlaubt insbesondere eine konsequente Verbindung mit dem Risikomanagement, was beim Auf- bzw. Ausbau beider Systeme erhebliche Synergien mit sich bringt. Einen erheblichen Zusatznutzen bietet die Möglichkeit, der Scorecard zugleich Frühaufklärungsaufgaben zu übertragen. Insgesamt wird es so möglich, Balanced Scorecard, Risikomanagement und operative Planung hoch effizient durch ein integriertes Gesamtmanagementsystem abzubilden.

11.3.3 Ausblick: Integrierte wertorientierte Steuerungssysteme (Value Navigator)

Die Grundidee beim Aufbau integrierter wertorientierter Steuerungssysteme ist es, die beiden primären Determinanten des Unternehmenswertes – die freien Cash-Flows und die Diskontierungszinssätze – durch zwei vernetzte Subsysteme, die Balanced Scorecard und das Risikomanagement-System fundiert abzuleiten.

---

186 Weiterführende Erläuterungen zu Abweichungsanalysen, wie sie im operativen Controlling und bei Balanced Scorecard angewandt werden können, findet man bei GLADEN, 2001.

Eine Balanced Scorecard zeigt dabei die „Werttreiber" aus der „Marktperspektive" und der „Prozessperspektive", die die Umsätze und die (zahlungswirksamen) Kosten und somit letztendlich die den Unternehmenswert bestimmenden freien Cash-Flows beeinflussen.

Der zusätzlich für die Unternehmenswertsteuerung erforderliche Diskontierungszinssatz (Kapitalkostensatz WACC) der freien Cash-Flows ist vom Risiko abhängig. Durch eine Aggregation der Risiken eines Unternehmens im Rahmen des Risikomanagements (vgl. Absatz 9.4) lässt sich ermitteln, wie hoch der Eigenkapitalbedarf – als Risikodeckungspotenzial – ist und welcher Kapitalkostensatz damit angemessen ist.

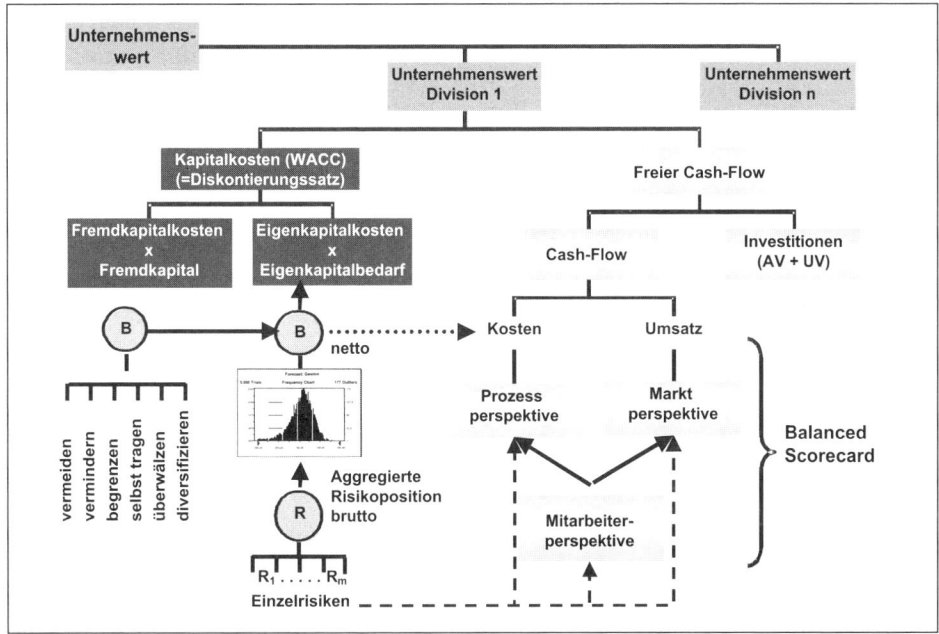

Abbildung 77: Konzept der integrierten Unternehmenssteuerung[187]

Zusammenfassend erkennt man, wie Risikoanalyse und Risikoaggregation einerseits und die Balanced Scorecard andererseits in einem wertorientierten Steuerungssystem verbunden werden können. Ein solches integriertes wertorientiertes Steuerungssystem stellt die strategische Planung auf eine fundierte Datengrundlage. Die Kennzahlen der Balanced Scorecard werden so klar auf die Erklärung und Steuerung des Unternehmenswertes hin ausgerichtet, und das Risikomanagement findet seinen Platz bei der Abschätzung der Kapitalkosten.

---

187 Vgl. GLEIßNER, 2003c, S. 311.

Wertorientierte Unternehmenssteuerungssysteme schaffen damit die notwendigen Voraussetzungen, um die Konsequenzen geplanter strategischer Maßnahmen auf den Unternehmenswert über alle Wirkungswege – Kapitalkosten und Cash-Flow – transparent zu machen. Sie tragen damit letztlich zu einer besseren Fundierung wichtiger unternehmerischer Entscheidungen bei.

Die FutureValue Scorecard kann vollständig mit einem IT-System unterstützt werden, das auf der vorhandenen EDV-Basis eines Unternehmens (z. B. SAP R3) aufbaut und vollständig mit Risikomanagement und operativer Unternehmensplanung/Controlling verbunden werden kann. Die entsprechende Softwarelösung – der ValueNavigator (vgl. www.valuenavigator.de) – wurde auf Basis von OLAP-Technologie mit der MIS AG, Darmstadt realisiert.

11.3.4 Kennzahlen für die Balanced Scorecard[188]

Nachfolgend werden die vier Perspektiven der Balanced Scorecard näher betrachtet, um insbesondere aufzuzeigen, welche Themen und Kennzahlen in den Perspektiven üblicherweise abgedeckt werden.

1. Finanz- und Risikoperspektive

Typische Kennzahlen der Finanzperspektive:
■ Cash burn rate,
■ Cash-Flow-Marge,
■ Debitorenfrist,
■ dynamischer Verschuldungsgrad,
■ Eigenkapitaldeckung,
■ Eigenkapitalquote,
■ Eigenkapitalrendite,
■ EVA (Economic-Value-Added),
■ Fixkostenanteil am Umsatz.
■ Gesamtkapitalrendite,
■ Investitionen (in Prozent des Umsatzes),
■ Investitionsquote,
■ Kapitalkostensatz (WACC),
■ Kapitalrückflussquote,
■ Liquiditätsreichweite,
■ RORAC,
■ RORACE,
■ Umsatzrendite,
■ Umsatzwachstumsrate,
■ Unternehmenswert,
■ Value at Risk.

Abbildung 78: Typische Kennzahlen der Finanzperspektive

---
188 GLEIßNER, 2000a und 2000b.

Grundsätzlich sollte in der Finanzperspektive das (finanzielle) Hauptziel des Unternehmens durch eine geeignete Kennzahl (Erfolgsmaßstab) erfasst werden. Bei einem wertorientierten Unternehmenssteuerungsansatz wären hier z. B. Unternehmenswert oder Wertzuwachs geeignete Kennzahlen.

Hat man beispielsweise den Unternehmenswert als Hauptziel festgelegt, so sollten in der Finanzperspektive diejenigen Kenngrößen („primäre Werttreiber") enthalten sein, die den Unternehmenswert besonders maßgeblich bestimmen (z. B. Umsatzrendite, Umsatzwachstumsrate, Investitionsquote sowie ein geeignetes Risikomaß). Als einfache Risikokennzahlen lassen sich die banküblichen Kennzahlen des Finanzrating, z. B. Eigenkapitalquote oder dynamischer Verschuldungsgrad – verwenden; natürlich lassen sich auch Kennzahlen aus dem Risikomanagement – wie der „Value at Risik" – integrieren. Darüber hinaus sind in der Finanzperspektive oft Kennzahlen zur Effizienz des Kapitaleinsatzes, z. B. Debitorenfrist, enthalten. In der Abbildung 78 sind einige mögliche Kennzahlen der Finanzperspektive aufgeführt. Jedoch sollte jedes Unternehmen, individuell für seine Situation, angemesse Kennzahlen entwickeln.

2. Markt- und Kundenperspektive

Insgesamt sollten die Kennzahlen dieser Perspektiven zusammen geeignet sein, die Umsatzentwicklung des Unternehmens zu erklären. Ebenfalls sind hier Kennzahlen einzuordnen, welche die relative Position des Unternehmens am Markt beschreiben (z. B. Marktanteil oder Wettbewerbsvorteile gemäß Wettbewerbsuntersuchungen). Im Bereich der Markt- und Kundenperspektive sind Kennzahlen vorzusehen, welche den Umsatz erklären aber auch die Kundenzufriedenheit beschreiben (z. B. Anzahl Kundenreklamationen oder Kundentreue). Ergänzend bietet es sich an, Kennzahlen zu den Vertriebsaktivitäten aufzunehmen (z. B. Anzahl der Vertriebsmitarbeiter, Anzahl der Neukundenkontakte sowie die Akquisitionserfolgsquote (vgl. Abbildung 79)).

Typische Kennzahlen der Markt- und Kundenperspektive:
■ Akquisitionserfolgsquote (z. B. 8 % der kontaktierten potenziellen Kunden haben ein Produkt bestellt), ■ Anteil Stammkunden, ■ Anteil unrentabler Kunden, ■ Anzahl der (positiven) Erwähnungen des Unternehmens in der Presse, ■ Anzahl der Kundenreklamationen, ■ Anzahl der Neukunden-Kontakte, ■ Anzahl der Vertriebsmitarbeiter, ■ Auftragsbestand, ■ Auftragseingang (pro Periode), ■ durchschnittliche Auftragsgröße (je Kunde oder je Auftrag), ■ durchschnittlicher Ausschöpfungsgrad eines Kunden ■ Kundentreue, ■ Kundenzufriedenheit, ■ Marktanteil, ■ Marktdurchdringung, ■ Preisprämie, ■ Transaktionen pro Kunde, ■ Transaktionen pro Verkaufsstelle, ■ Umsatz aus „cross-selling", ■ Umsatz mit neuen Kunden, ■ Umsatz mit neuen Produkten, ■ Weiterempfehlungsrate, ■ Werbeerfolgsquote (z. B. 3 % der umworbenen Adressen einer Direktmailingaktion haben geantwortet), ■ Werbung in Prozent des Umsatzes, ■ Wettbewerbsvorteile (gemäß Kundenbefragung).

Abbildung 79: Typische Kennzahlen der Markt- und Kundenperspektive

3. Prozessperspektive

Im Rahmen der Prozessperspektive werden diejenigen Kennzahlen erfasst, die etwas über den quantitativen und qualitativen Output beziehungsweise den Zustand der Betriebsprozesse aussagen (z. B. Projektanzahl, Kundenanzahl oder Lieferantenanzahl). Ebenfalls hier angesiedelt sind Produktivitätskennzahlen, wie der spezifische Deckungsbeitrag oder der Deckungsbeitrag pro Mitarbeiter. Auch technische Kennzahlen zur Prozessgüte, wie die Verfügbarkeit der Anlagen, sind dieser Perspektive zuzuordnen. Mit den Kennzahlen zur Zuverlässigkeit, und der Qualität (der Prozesse und

Prozessergebnisse) enthält die Prozessperspektive häufig auch Kennzahlen, die selbst wiederum als Bestimmungsgrößen der „Markt- und Kundenperspektive" große Bedeutung haben, weil z. B. die Zuverlässigkeit die Kundenzufriedenheit beeinflusst. Eine Kennzahl, die viel über die Effizienz des Gesamtprozesses ausdrückt, ist die Relation der Bearbeitungszeit zur gesamten Durchlaufzeit eines Auftrags. Insgesamt sollten die Kennzahlen zur Prozessperspektive die (Umsatz-)Rentabilität des Unternehmens und die wichtigsten internen Einflussfaktoren auf die Wettbewerbsvorteile erklären.

Typische Kennzahlen der Prozessperspektive:

- Anteil Verwaltungsmitarbeiter (an der gesamten Zahl der Mitarbeiter),
- Deckungsbeitrag je Mitarbeiter,
- Kapazitätsauslastung,
- Kundenanzahl,
- Lagerreichweite,
- Lieferantenanzahl.
- Lieferzuverlässigkeit (= Anteil termingerechter Auslieferungen),
- Produktivität; spezifischer Deckungsbeitrag (Deckungsbeitrag pro Euro Personalaufwand),
- Projektanzahl,
- Relation Bearbeitungs- zu Durchlaufzeit eines Auftrags,
- Stückkosten,
- Time to Market,
- Verfügbarkeit der Anlagen,
- Wertschöpfung pro Mitarbeiter.

Abbildung 80: Typische Kennzahlen der Prozessperspektive

4. Mitarbeiter- und Kompetenzperspektive

Insgesamt soll diese Perspektive die strategischen bedeutsamen Ursachen der langfristigen Unternehmensentwicklung erklären. Dabei können die Kompetenzen von Mitarbeitern oder auch die Verfügbarkeit von qualifizierten Personal eine Rolle spielen. Genauso relevant kann ein System zur Gewinnung oder Speicherung von Wissen sein (Dokumentation, Patente, F&E, etc.).

Kennzahlen der Mitarbeiter- und Kompetenzperspektive lassen sich oft durch eine Operationalisierung der (angestrebten) Kernkompetenzen ableiten. Kernkompetenzen des Unternehmens sind diejenigen Fähigkeiten, die strategisch zum Aufbau von Wettbewerbsvorteilen dienen. Man sollte versuchen, Kennzahlen zu finden, die anzeigen, ob die internen Kompetenzen angewachsen sind. Dies ist aber in der Praxis nicht einfach. Geeignete Indikatoren sind Kennzahlen, wie z. B. der Anteil von Mitarbeitern, die bestimmte Schulungen durchlaufen haben (Schulungsquote), der Umfang von Weiterbildungsmaßnahmen oder die Teilnahme eigener Mitarbeiter an Fachkongressen. Auch der Umfang der Forschungs- und Entwicklungskosten (in Prozent des Umsatzes) gibt Auskunft über die Anstrengungen der Kompetenzentwicklung. Hierbei ist jedoch zu beachten, dass Forschungs- und Entwicklungskosten zunächst nur eine „Input-Größe" darstellen. Aus dieser lässt sich nur mit Einschränkung auf die Entwicklung der Kompetenzen schließen.

Typische Kennzahlen der Mitarbeiter- und Kompetenzperspektive:

- Anzahl Besprechungen (z. B. innerhalb einer Abteilung),
- Anzahl der Verbesserungsvorschläge der Mitarbeiter,
- Anzahl der verfügbaren Patente,
- Anzahl veröffentlichter Fachartikel,
- Entwicklung von der Gesamtzahl der initiierten Entwicklungsprojekte,
- Fluktuationsrate,
- Forschungs- und Entwicklungskosten in % des Umsatzes,
- Forschungsausbeute (Anteil der am Markt eingeführten Entwicklung von der Gesamtzahl der initiierten Entwicklungsprojekte
- Krankenstand,
- Mitarbeiterzufriedenheit,
- Schulungsquote,
- Teilnahme von Mitarbeitern an Fachkongressen,
- Weiterbildungsumfang der Mitarbeiter (z. B. Anzahl der Weiterbildungsmaßnahmen).

Abbildung 81: Typische Kennzahlen der Mitarbeiter- und Kompetenzperspektive

Ebenfalls in den Bereich der Mitarbeiter- und Kompetenzperspektive gehören Kennzahlen, die Betriebsklima und Motivation operationalisieren. Die diesbezüglichen Kennzahlen, z. B. die Mitarbeiterzufriedenheit, können durch Mitarbeiterbefragungen erhoben werden. Indirekte Hinweise auf die Probleme des Betriebsklimas gibt auch die Kennzahl „Fluktuationsrate", die besagt, welcher Anteil der Mitarbeiter das Unternehmen verlassen hat. Typischerweise steigt die Fluktuationsrate – und auch der Krankenstand – an, wenn es innerbetriebliche Motivations- und Betriebsklimaprobleme gibt.

Grundsätzlich ist eine Operationalisierung dieser vierten Perspektive am schwierigsten. Insbesondere lassen sich eindeutig, messbare und kausale Beziehungen zu den anderen Bereichen oft nicht mehr ohne weiteres herstellen.

11.3.5 Systematische Herleitung geeigneter Kennzahlen

Beim Aufbau einer Balanced Scorecard ist die Ableitung geeigneter Kennzahlen und ihrer kausalen Verknüpfungen eine zentrale Aufgabe. Gerade hier treten jedoch in der Praxis die größten Probleme auf, weshalb in den beiden folgenden Beispielen die systematische Ableitung von Kennzahlen gezeigt werden soll. Ziel muss es sein, Kennzahlen nicht im Sinne eines „Brainstorming" mehr oder weniger willkürlich zusammenzustellen, sondern sie möglichst aus anderen Kennzahlen bzw. den Zielen der Unternehmensstrategien direkt abzuleiten.

Bei der Ableitung von Kennzahlen ist darauf zu achten, dass die Anzahl der abgeleiteten Variablen nicht zu groß wird. Fünf bis maximal zehn Kennzahlen pro Perspektive der Balanced Scorecard sollten ausreichen.

Beispiel 1: Kennzahlenherleitung in der Markt- und Kundenperspektive
Verfolgt ein Unternehmen z. B. das strategische Ziel „Umsatzwachstum" und will deshalb die zukünftige Umsatzentwicklung erklären, lässt sich diese beispielsweise durch die Kennzahlen „Zahl der Aufträge" und „Durchschnittsumsatz je Auftrag" ausdrücken (vgl. Abbildung 82). Überlegt man sich dann, wovon die Zahl der Aufträge abhängt, werden häufig die Kundenanzahl und die durchschnittliche Zahl der Aufträge pro Kunde herangezogen. In einem weiteren Schritt kann man die Kundenanzahl im Planjahr 2003 durch die Anzahl neu gewonnener Kunden zuzüglich der Anzahl der Kunden des Jahres 2002, die dem Unternehmen erhalten bleiben, beschreiben. Die Kundentreue (α) wird maßgeblich durch die relativen Wettbewerbsvorteile, z. B. bezüglich Service, Lieferanten und Produktqualität, beeinflusst. Die Anzahl der neuen Kunden lässt sich wiederum als Produkt von Anzahl der Neukundenkontakte und der Akquisitionserfolgsquote (β) auffassen.

Mit der Anzahl der Neukundenkontakte hat man nun eine Kennzahl (ein Instrument) hergeleitet, die unmittelbar eine Steuerung des Umsatzes ermöglicht. Abweichungen von den geplanten Umsätzen kann man im Nachhinein auf seine Ursachen zurückführen. So lässt sich unmittelbar ermitteln, ob das Umsatzziel nicht erreicht wurde, weil der Vertrieb den vorgegebenen Zielwert der Neukundenkontakte nicht erreicht hat oder weil die Annahmen zur Kundentreue und/oder der Akquisitionserfolgsquote (α bzw. β) falsch waren.

Beginnend mit einer Zielgröße lassen sich auf der beschriebenen Weise weitere relevante Kennzahlen ableiten. Dieses Vorgehen hat gegenüber intuitiv geprägten Verfahren den großen Vorteil, dass die hierbei unterstellten kausalen Abhängigkeiten der Kennzahlen zwangsläufig und nachvollziehbar sind.

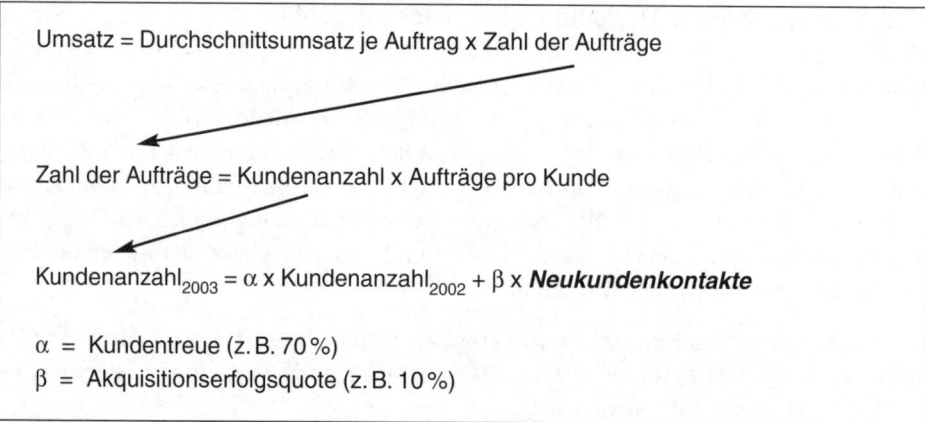

Abbildung 82: Herleitung der Kennzahl „Neukundenkontakte"

Beispiel 2: Herleitung von Kennzahlen für die Prozessperspektive

Zur Herleitung geeigneter Prozesskennzahlen hat sich folgende Vorgehensweise bewährt (konkretes Beispiel siehe Abbildung 83):

- Identifikation der wesentlichen Schritte der Prozesskette,
- Identifikation der strategischen Kosten- und Qualitätstreiber der Prozessschritte,
- Ermittlung der relevanten Kennzahlen,
- Abhängigkeiten der Kennzahlen darstellen,
- Bestimmung der Zielwerte für die Kennzahlen.

Es wurde bereits weiter oben darauf hingewiesen, dass die Leistungsfähigkeit der Prozesse insbesondere die Kosten (Finanzperspektive) und die Kundenzufriedenheit (Markt- und Kundenperspektive) beeinflusst. Infolgedessen ist es nahe liegend, zunächst den Prozess in seinen wesentlichen Arbeitsabschnitten zu beschreiben, um anschließend zu überlegen, durch welche Kennzahlen die Kostenentwicklung und auch die Qualität jedes Prozessschrittes möglichst gut beschreibbar sind.

Dabei kann man z. B. als Kriterien für die Qualität der Prozessschritte – hier Verkauf, Materialwirtschaft, Fertigung und Service – die durch Kundenbefragungen identifizierten Kaufkriterien (z. B. Beratungsqualität oder Lieferbereitschaft) verwenden. Prozesskennzahlen, die diese potenziellen Wettbewerbsvorteile (Kaufkriterien) beeinflussen, haben natürlich eine strategische Bedeutung.

Verfolgt ein Unternehmen beispielsweise die strategischen Ziele „wettbewerbsfähige Preise" und „Differenzierung über Beratung und Liefertreue", so ist es im dargestellten Beispiel (vgl. Abbildung 83) nahe liegend, Kennzahlen in die Balanced Scorecard einzuführen, welche

Ermittlung der Kosten und Qualitätstreiber

Mitarbeiter	20	11	44	5
Kosten	1,8 Mio.	1,3 Mio.	2,8 Mio.	1,0 Mio.
Kapitalbindung	0,1 Mio.	0,5 Mio.	1,2 Mio.	0,6 Mio.
	Verkauf	**Material**	**Fertigung**	**Service**
Kaufkriterien	Prio	KK	Einfluss	Einfluss	Einfluss	Einfluss

Kaufkriterien	Prio	KK	Verkauf Einfluss	Material Einfluss	Fertigung Einfluss	Service Einfluss
Beratung	3		++			+
Liefertreue	2			++	+	+
Produktqualität	2				++	
Preis	4		+	+	+++	+

Bewertung - - / - / 0 / + / ++

Abbildung 83: Prozessanalyse als Basis der Kennzahlenableitung[189]

- die Qualität der Beratung im Prozessschritt „Verkauf" beschreiben (z. B. „Beratungserfolgsquote"),
- den Beitrag der Materialwirtschaft zur Liefertreue darstellen (z. B. „Anteil termingerechter Materialanlieferungen") und
- die Effizienz bzw. Kosten in der Fertigung erfassen (z. B. „Arbeitszeit je produzierter Baugruppe").

Bei einer systematischen Ableitung von Kennzahlen wird man naturgemäß mehr Kennzahlen generieren, als sie aus Praktikabilitätsgründen in der Balanced Scorecard aufgenommen werden sollten. Die auf dem „Deduktionsweg" ermittelten Kennzahlen von geringerer Relevanz (z. B. weil diese in Näherung als Konstanten angesehen werden) sollten in der Gesamtdokumentation zur Herleitung der Balanced Scorecard erfasst, aber nicht mit Zielwerten, Maßnahmen und Verantwortlichkeiten versehen werden. Diese so genannten „Hilfskennzahlen", die in leistungsfähigen Balanced Scorecard-Softwaresystemen auch separat mit abgebildet werden können (vgl. z. B. MIS Balanced Scorecard), sind natürlich sehr nützlich, um später die Entstehung der Balanced Scorecard nachzuvollziehen und Ansatzpunkte für eine Weiterentwicklung dieses strategischen Managementsystems zu finden.

---

189 Die Anzahl der „+" stellt die Bedeutung eines Prozessschrittes für ein Kaufkriterium dar.

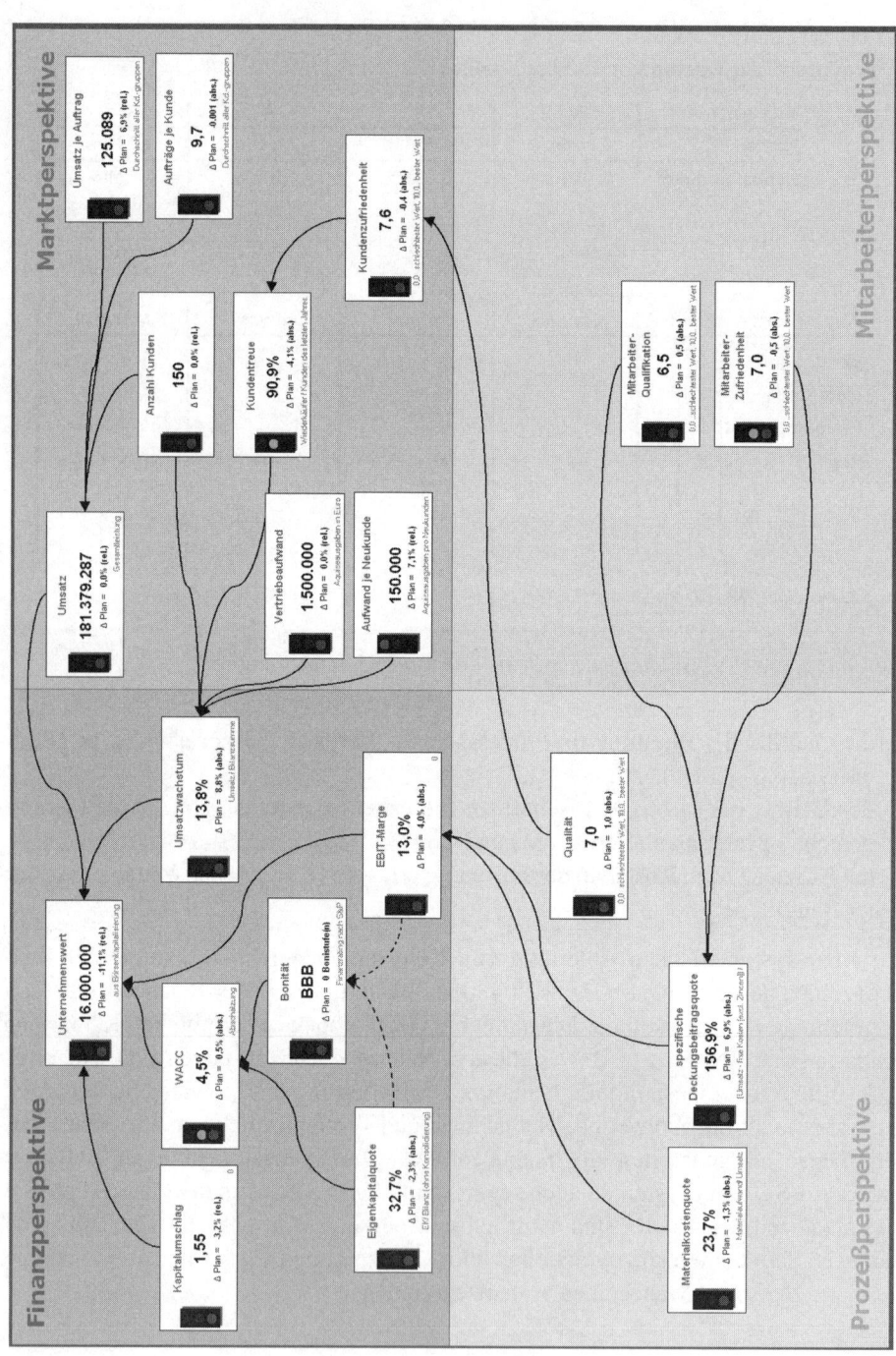

Abbildung 84: Kausalnetz einer FutureValue Scorecard

Auf Grund des begrenzten Informationsstandes in der volks- und betriebswirtschaftlichen Forschung sowie durch die Komplexität eines Unternehmens muss man realistischerweise davon ausgehen, dass nicht sämtliche relevanten Kennzahlen aus unstrittigen Annahmen deduziert oder mit empirisch bestens abgesicherten Ursache-Wirkungs-Beziehungen begründet werden können. In machen Bereichen der Balanced Scorecard – speziell in der Mitarbeiterperspektive – wird man um ein erhebliches Maß an Kreativität und bestenfalls heuristischen Verfahren zur Ableitung von Kennzahlen nicht herumkommen. Ein derartiges heuristisches Verfahren ist beispielsweise die so genannte „Relevanzbaumtechnik" (vgl. GLADEN, 2001, S. 111-122). Dabei wird zunächst auf einer ersten, obersten Ebene ein Gesamtproblem und der angestrebte Zielzustand beschrieben (z. B. angestrebte Ausprägung des Erfolgsmaßstabs). Zur Reduzierung der Komplexität wird dieses Gesamtproblem auf einer zweiten Ebene in Teilprobleme aufgelöst. Die Lösung jedes dieser Teilprobleme wird dabei jeweils als Mittel zur Lösung der Probleme (Aufgabe) auf der übergeordneten Ebene angesehen. Bei Bedarf kann jedes der so abgeleiteten Unterprobleme – auf einer weiteren Ebene – wiederum in Teilprobleme zerlegt werden. So entsteht eine Baumstruktur, die die Ursache-Wirkungs-Beziehungen zwischen den Teilproblemen bzw. Teilaufgaben darstellen.

Für jede definierte Problem- oder Aufgabenstellung müssen (oft durch einen kreativen Prozess) mögliche Aktivitäten gesucht werden, die diese Aufgabe lösen können. Wie bei einer Nutzwertanalyse werden die möglichen Aktivitäten in ihrer geschätzten Wirkung (Gewichtungsfaktoren) für die Aufgabenstellung beurteilt. Jede Aufgabenstellung wird wiederum in ihrer (relativen) Bedeutung für die übergeordneten Ziele bewertet. Auf diese Weise kann eine Bewertung der Bedeutung (Relevanz) von einzelnen Aktivitäten erfolgen, und es werden unmittelbar relevante Kennzahlen abgeleitet, die erforderlich sind, um die Umsetzung der abgeleiteten Maßnahmen anzuzeigen. Jede Aufgabe kann dabei (genau wie jede zugeordnete Maßnahme) hinsichtlich ihrer Zielwirksamkeit bezüglich der übergeordneten Aufgabe bewertet werden.

Insgesamt lässt sich festhalten, dass ein vollkommen deduktives Herleiten eines Kennzahlensystems aus der Balanced Scorecard aus unstrittigen Annahmen nicht realistisch ist. Dennoch sollte man in der betrieblichen Praxis zunächst so weit wie möglich versuchen, stringent aus den obersten Zielsetzungen weitere Kennzahlen abzuleiten und erst dann auf heuristische Verfahren „umzusteigen", wenn die Grenzen des deduktiven Vorgehens erreicht sind. Ein deduktives Vorgehen bietet durch grundlegende Vorteile (wie z. B. Systematik und Nachvollziehbarkeit) einen erheblichen Mehrwert. Keinesfalls sollte im Rahmen einer Balanced Scorecard auf die (möglichst auch quantitative) Abbildung der Ursache-Wirkungs-Beziehung verzichtet werden, da man sich damit die Möglichkeit nimmt, die Sinnhaftigkeit bestimmter Maßnahmen über alle Wirkungswege hinweg zu beurteilen oder Handlungsmöglichkeiten zu simulieren.

Die Quantifizierung von Wirkungbeziehungen zwischen Kennzahlen ist für ein Steuerungssystem unabdingbar. Andernfalls lassen sich die in der Balanced Scorecard aufgestellten Wirkungshypothesen niemals überprüfen. Ferner lassen sich Ursache-Wirkungs-Beziehungen bestenfalls vom Vorzeichen her abschätzen, was jedoch schon bei mehr als einer Ursache-Wirkungs-Beziehung sehr schnell zu fehlerhaften bzw. nicht eindeutigen Aussagen führen kann. Wird beispielsweise angenommen, dass eine bestimmte Kennzahl B (z. B. Werbeaufwand) eine zu erklärende Kennzahl A (z. B. Gewinn) negativ beeinflusst, (d. h., wenn B steigt (sinkt), sinkt (steigt) A) so lässt sich diese Wirkungshypothese wie folgt darstellen:

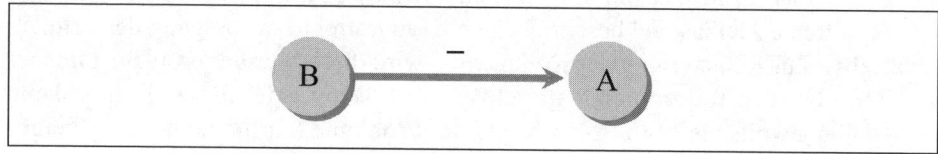

Abbildung 85: Wirkungshypothese hinsichtlich einer Ursache-Wirkungs-Beziehung

Bei dem Aufbau einer Balanced Scorecard wird es jedoch in den seltensten Fällen so „einfache" Wirkungshypothesen geben. Wird die obige Wirkungshypothese allein um eine weitere Kennzahl C (z. B. Umsatz) ergänzt, die von B positiv beeinflusst wird und sich ebenfalls positiv auf A auswirkt, so lassen sich über die Gesamtwirkung von B auf A *keine eindeutigen Aussagen* mehr ableiten.

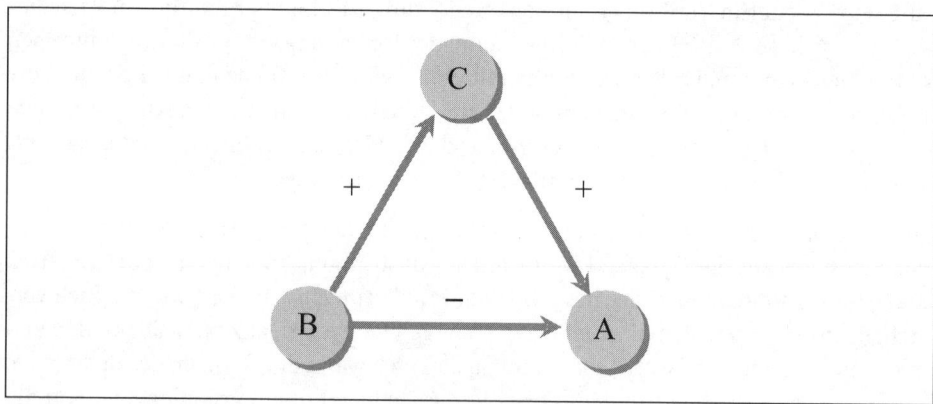

Abbildung 86: Wirkungshypothese mit drei Ursache-Wirkungs-Beziehungen

Ob sich eine Erhöhung der Kennzahl B (Werbeaufwand) positiv oder negativ auf die Kennzahl A (Gewinn) auswirkt, ist nicht mehr eindeutig zu bestimmen, da keine Angaben darüber vorliegen, ob die negative Wirkung von B auf A (Erhöhung der Aufwendungen) die positive Wirkung von B auf A (auf Grund einer Erhöhung des Umsatzes)

überkompensiert oder nicht. Eine solche Aussage ist nur auf der Basis eines quantitativen Kausalnetz
es abzuleiten, welches neben den Vorzeichen auch Aussagen über die Stärke der Wirkungsbeziehungen enthält.

Dieses stark vereinfachte Beispiel hat bereits gezeigt, dass rein vorzeichenorientierte oder gar rein verbale Ursache-Wirkungs-Hypothesen dazu führen können, dass entweder *keine eindeutigen* oder *überhaupt keine Aussagen* mehr über die zu erwartende Wirkung einzelner Kennzahlenveränderungen bzw. Maßnahmen getroffen werden können. Zur Unternehmenssteuerung ist folglich eine derartige Balanced Scorecard *nicht geeignet*.

11.4 Die FutureValue Scorecard als Instrument der Strategieumsetzung[190]

Die Umsetzung der erarbeiteten Unternehmensstrategie ist eine wesentliche Aufgabe der Unternehmensführung. Häufig genug erweist sich, dass eine einmal erarbeitete Strategie lediglich auf dem Papier existiert, aber keinesfalls ihr eigentliches Ziel erreicht: Leitplanke für das operative Tagesgeschäft zu werden.

Die Gründe für eine mangelnde Umsetzung strategischer Konzeptionen mögen vielfältig sein. Neben den dafür notwendigen (sozialen) Kompetenzen der Führungskräfte spielen aber auch die diffizile Kommunizierbarkeit und die „Ungriffigkeit" der formulierten strategischen Zielsetzung eine erhebliche Rolle. Nicht umsonst waren dies die Auslöser für die Entwicklung der Balanced Scorecard durch KAPLAN/NORTON.

Doch mit der Erarbeitung eines Scorecard-Konzeptes ist die strategische Steuerung eines Unternehmens zunächst „nur" mit einem sicherlich wichtigen Baustein unterstützt. Eine „Verfahrensanweisung strategische Steuerung" ergibt sich daraus noch nicht. Wann wird die Strategie überarbeitet? Wie werden strategische Erkenntnisse gewonnen? Diese Fragen soll der folgende Abschnitt beantworten.

Grundvoraussetzung für ein strategisches Steuern ist zunächst einmal die Existenz einer fundierten strategischen Konzeption. Um die folgende Entwicklung des Unternehmens und damit auch die Umsetzung der strategischen Konzeption besser überwachen zu können, bietet sich die Erarbeitung einer FutureValue Scorecard an. Damit nun ein Steuerungskreislauf entstehen kann, in dem das Unternehmen Erkenntnisse aus seiner Entwicklung ziehen kann, muss ein kontinuierlicher Informationsfluss bezüglich der Entwicklung der Kennzahlen der FutureValue Scorecard zur Unternehmensführung

---

190 Von Christian SAUER, Bernd P. MOTT.

gewährleistet sein. Ebenso müssen natürlich die aus den Erkenntnissen abgeleiteten Steuerungsmaßnahmen wieder zurück „an die Basis" fließen. Sowohl die Informationsaufnahme als auch die Informationsverarbeitung sollten in einem Prozess erfolgen, der in Abbildung 87 idealtypisch skizziert ist. Darin wird auch auf wesentliche Anknüpfungspunkte des Scorecard-basierten Umsetzungsprozesses zu anderen typischerweise für die Führung eines Unternehmens wesentlichen Systemen hingewiesen. Dabei bedeuten „R" Risikomanagement, „P" Planung, „O" Operative Datensysteme (z. B. Produktionsdaten) und „Z" Zielvereinbarungssysteme.

Im Foldenden werden die einzelnen Prozessschritte erläutert.

Schritt 1: Strategie-Review durchführen

Sinn dieses Schrittes ist es, in regelmäßigen Abständen (üblich: ein Jahr) darüber nachzudenken, ob die grundsätzlichen Annahmen und Analyseergebnisse, die der Erarbeitung der strategischen Konzeption ursprünglich zugrunde lagen, nach wie vor Gültigkeit besitzen oder ob Änderungen festzustellen sind, die unter Umständen eine Anpassung der strategischen Konzeption erforderlich machen.

Als Basis der Überlegungen ist ein „Status-quo-Bericht" zu erstellen, der die wesentlichen strategischen Entwicklungen aus dem Unternehmensumfeld und in der Bewertung der Stärken und Schwächen des Unternehmens (Strategische Bilanz) zusammenfasst.

Darüber hinaus sind – sofern aus Vorperioden bereits vorliegend – die Implikationen aus dem Risikomanagement und aus dem im Scorecard-Prozess vorgelagerten Schritt (Jahresbesprechung/Abweichungsanalyse) zu beachten und die strategischen Ausgangsüberlegungen (Vision und Geschäftslogik) auf ihren Fortbestand hin zu überprüfen.

Schritt 2: Strategische Konzeption überarbeiten

Basierend auf den Ergebnissen aus Schritt 1 ist zu entscheiden, ob dort ggf. festgestellte Veränderungen eine Anpassung der strategischen Konzeption erforderlich machen.

Für diesen Fall ist eine entsprechende Überarbeitung der strategischen Konzeption vorzunehmen. In aller Regel wird es sich dabei eher um „Feinjustierungen" handeln, die mit dem Instrument der 14 Dimensionen (Positionierung) am einfachsten betont werden können (vgl. Modul 6). Aber auch Veränderungen in der Priorisierung von Geschäftsfeldern und insbesondere bei den anzustrebenden Wettbewerbsvorteilen sind nach dem Ablauf eines ereignisreichen Jahres zu erwarten.

Darüber hinaus sollten (oft zunächst nur) qualitative strategische Ziele formuliert (bzw. fortgeschrieben) sowie strategische Maßnahmen definiert werden, die aus Sicht

Die Future Value Scorecard als Instrument der Strategieumsetzung

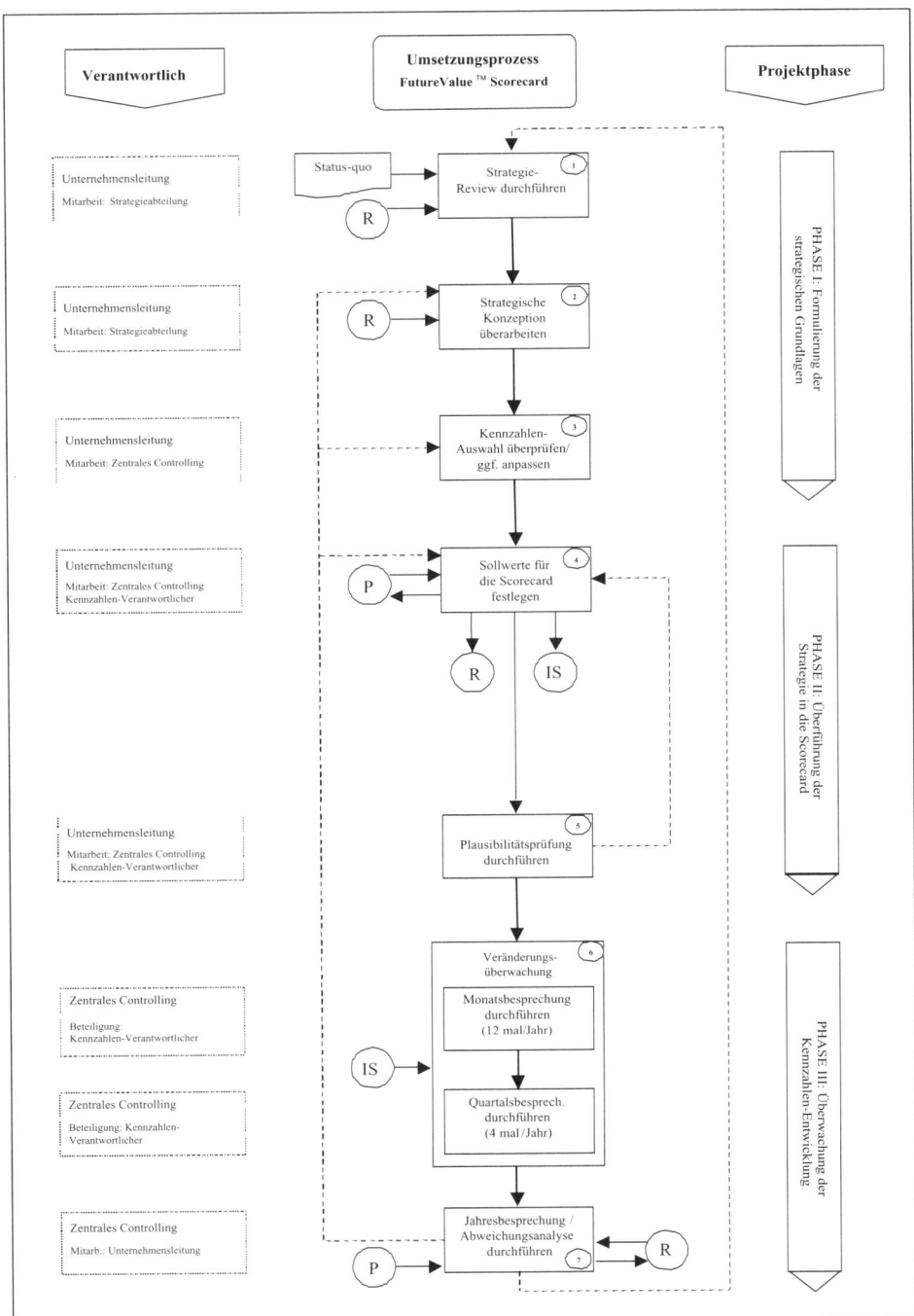

Abbildung 87: Idealtypischer Verlauf der FutureValue-Scorecard-Implementierung

der Unternehmensleitung zwingend erforderlich sind, um die Unternehmensentwicklung in die richtige Richtung zu bringen. Solche strategischen Ziele und Maßnahmen sind beispielsweise: *„Erhaltung des starken Umsatzwachstums im Geschäftsfeld X durch Ausbau der Präsenz in der bisherigen geografischen Grenzregion Y."*

Schritt 3: Kennzahlen-Auswahl überprüfen

Sollte in Schritt 2 eine Anpassung der strategischen Konzeption stattgefunden haben, ist hier zu überprüfen, inwieweit dies Auswirkungen auf die in der FutureValue Scorecard erfassten Kennzahlen hat. Greifen wir das obige Beispiel wieder auf, so wird die Unternehmensleitung sicherlich feststellen, dass bereits ausreichend Kennzahlen in der Scorecard vorhanden sind, die sich mit der Generierung von Umsatzwachstum auseinander setzen, da dies auch in der Vergangenheit schon Zielsetzung war. Da nun aber neue Regionen in den Fokus rücken, ist zu klären, wie bisher die regionale Steuerung des Geschäftsfeldes X erfolgte. Sofern es üblich war, die in der Scorecard vorhandenen Kennzahlen auf jedes Geschäftsfeld zu übertragen, so wird es nun eine „neue" Scorecard (zumindest eine „neue" Marktperspektive) geben, die typischerweise durch Indexierung der bestehenden Kennzahlen entsteht.

Bei extremeren strategischen Veränderungen oder aber wenn noch erste Erfahrungen mit der Scorecard gesammelt werden, ist auch mit Anpassungen im Kennzahlensystem und der die Kennzahlen verbindenden Kausalstruktur zu rechnen. Oft reicht es jedoch, bei kleinen Änderungen der Strategie, lediglich die Sollwerte der Kennzahlen anzupassen (vgl. Schritt 4).

Schritt 4: Festlegen der Sollwerte für die FutureValue Scorecard

Die sich aus der strategischen Konzeption ergebenden Zielsetzungen werden quantifiziert und als entsprechende Sollwert-Vorgaben in die FutureValue Scorecard übernommen. In Fortsetzung unseres obigen Beispiels sind nun also die Wachstumsrate, Angebotserfolgsquote etc. für die neue Region festzulegen. Und zwar so, dass das Gesamtziel (Erhaltung der bisherigen hohen Wachstumsrate) erreicht werden kann.

Dabei ist eine Abstimmung mit der kurz- bis mittelfristigen operativen Unternehmensplanung (Finanz- und Budgetplanung) durchzuführen. Sollten solche Abstimmungen unterbleiben, so wäre ein fataler Bruch zwischen strategischer und operativer Planung zu befürchten. Beispielsweise könnte es passieren, dass in der Budgetierung „vergessen" wird, die für den Aufbau der Präsenz in der „neuen" Region nötigen Mittel (für Personal, Mieten etc.) vorzusehen. Nicht selten sind auch Abstimmungsprozesse mit den Zielvereinbarungen zu berücksichtigen, wie sie sich z. B. aus einem FutureValue-Mitarbeiter-Kompetenzmodell heraus ergeben können. So könnten sich in unserem Beispiel neue Anforderungsprofile (Sprach- und Gesellschaftskenntnisse!) oder auch Bonusvereinbarungen ergeben. Beispielsweise wird der Vertriebsleiter Nordeuropa nun für die Gewährung eines Jahresbonus sicherlich konkrete Vorgaben für seine Ziele in Skandinavien bekommen, die sich sowohl auf Umsatzziele, wie auch Kompetenzziele (Aufbau der Mitarbeiter für Skandinavien) beziehen können.

Zudem ist bei der Festlegung der Sollwerte natürlich das typische Planungsverfahren des Unternehmens zu beachten. Dazu zählt die Kompromissfindung bei unterschiedlichen Vorstellungen „oben" und „unten" genauso wie der übliche Planungsturnus. Im Falle einer dem Kalenderjahr entsprechenden Planung kann davon ausgegangen werden, dass die Verabschiedung der Planung im letzten Quartal beispielsweise im November geschieht, um genügend Vorlauf für Maßnahmen zu haben, die im Januar schon beginnen sollen. Daher ist davon auszugehen, dass die strategische Planung im dritten Quartal (also möglicherweise im September) abgeschlossen sein muss, was wiederum entsprechende Auswirkungen auf die Terminierung der Erstellung von strategisch relevanten Analysen hat.

Vereinfachend gehen wir an dieser Stelle auch nicht auf zusätzliche Komplexitäten im strategischen Steuerungsprozess ein, wie sie sich beispielsweise durch mehrstufige Balanced Scorecards (für Tochterfirmen o. ä.) ergeben.

Schritt 5: Plausibilitätsprüfung durchführen

In diesem Schritt werden die festgelegten Sollwerte unter Berücksichtigung ihrer jeweiligen kausalen Zusammenhänge dargestellt und daraufhin überprüft, ob sich ein schlüssiges Gesamtbild ergibt.

Oft bietet sich dazu ein „Bottom-up"-Vorgehen an. Dabei wird bei den Ausgangskennzahlen der Scorecard (typischerweise beginnt die Kausalstruktur in der Mitarbeiterperspektive) beginnend beurteilt, ob die für sich genommen plausiblen Einzelwerte auch dann noch plausibel erscheinen, wenn der vermutete Einfluss von „Ursachenkennzahlen" auf „Ergebniskennzahlen" (und somit auf deren wertmäßige Ausprägung) berücksichtigt wird. Beispielsweise sollten steigende Kompetenzen auch zu Verbesserungen in der Produktqualität führen, oder nicht?

Die Prüfung erfolgt bis hin zur („obersten") Ebene der Finanzkennzahlen, die die letztendlichen Ergebniskennzahlen der Scorecard darstellen. Sollten die aus der „Aggregation" der einzelnen Kennzahlen resultierenden Finanzkennzahlen von den ursprünglich aus der Strategie abgeleiteten Sollwerten (siehe Schritt 4.) abweichen, sind entsprechende Korrekturen einzelner Kennzahlen oder strategischer Ziele vorzunehmen.

Schritt 6: Durchführung der Veränderungsüberwachung

Mit der Fixierung der Sollwerte in dem vorhergehenden Schritt ist die Basis für die sich daran anschließende Beobachtung der Entwicklung aller Kennzahlen geschaffen.

Je nach Erhebungsrhythmus der einzelnen Kennzahlen erfolgt die Überwachung in unterschiedlichem Turnus. Üblich und in den meisten Fällen sinnvoll ist eine quartalsweise Erhebung der Kennzahlen. Kürzere Abstände zeigen häufig zu wenig – strategisch relevante – Veränderung. Längere Abstände als ein halbes Jahr führen oft dazu, dass erst nach relativ langen Zeiträumen genügend Beobachtungen vorliegen, um die unterstellten Kausalitäten zu verifizieren.

In den dann unter Beteiligung des Controlling und der jeweiligen für die einzelnen Kennzahlen Verantwortlichen abzuhaltenden Besprechungen werden vor allem Plan/Ist-Abweichungen festgestellt und analysiert. Hilfreich sind dabei Erkenntnisse aus dem Risikomanagement, welche Plan-Ist-Abweichungen in einem noch tolerierbaren Rahmen liegen.

Außerdem wird der Maßnahmenfortschritt von Projekten, die dem Erreichen spezifischer Sollwerte dienen, überprüft (z. B. durch Abgleich der zeitlichen mit den inhaltlichen Fortschritten der betreffenden Projektpläne).

Insbesondere wenn sich erhebliche Abweichungen von den vorgegebenen Sollwerten zeigen, kann – nach Besprechung mit den Kennzahlen-Verantwortlichen – ggf. ein entsprechender Bericht vom Controlling an die Unternehmensleitung sinnvoll sein. Zudem können solche eingetretenen Abweichungen wertvoller Input für das Risikomanagement des Unternehmens sein.

Schritt 7: Durchführung der Abweichungsanalyse

Ziel der einmal jährlich durchzuführenden Abweichungsanalyse ist es, Klarheit über die Gründe, die für die festgestellten Plan/Ist-Abweichungen in den Kennzahlen der Scorecard verantwortlich sind, zu erhalten.

Dabei geht es sowohl um mangelnde Performance als Grund für das Verfehlen einzelner Vorgaben als auch um die Identifikation systematischer Fehler im Steuerungssystem des Unternehmens.

Während mangelnde Zielerreichung aus operativen Gründen auch bereits Gegenstand der (Quartals-) Besprechungen ist, bleibt die Identifikation von darüber hinausgehenden Gründen meist der jährlichen Abweichungsanalyse vorbehalten. Als mögliche (nicht operative) Fehlerquellen sind kausale oder strategische Annahmefehler oder aber eine fehlerhafte (oder lückenhafte) Kennzahlenauswahl vorstellbar.

So können beispielsweise vermutete Kausalbeziehungen überhaupt nicht existieren oder aber in anderer Weise (zeitlich verzögert, in höherer oder niedrigerer Intensität etc.) vorhanden sein als angenommen. Strategische Annahmefehler liegen auch dann vor, wenn beispielsweise die Verkürzung der Lieferzeit partout nicht zu einer angenommenen höheren Kundentreue führen will.

Eine fehlerhafte Kennzahlenauswahl liegt dann vor, wenn die zur Messung eines Erfolgsfaktors ausgewählte Kennzahl nicht in der Lage ist, diesen Faktor tatsächlich abzubilden (möglicherweise bleibt der Kundenzufriedenheitsindex der Kundenbefragung stabil, obwohl das Unternehmen die größte Rückruf-, Beschwerde- und Reklamationswelle seit Gründung erlebt etc.).

Die Ergebnisse der angestellten Analysen sind in einem Bericht zusammenzufassen. Dieser bietet die Basis für Schritt 1 („Strategie-Review durchführen") sowie für die danach folgenden Schritte. Dort sind jeweils Anpassungen entsprechend der in Schritt 7 identifizierten Fehler durchzuführen. Unter der Annahme, dass die Jahresauswertung/Abweichungsanalyse im ersten Quartal erfolgt, kann man davon ausgehen, dass die Ergebnisse der Abweichungsanalyse und die des ersten Quartals und gegebenenfalls die des zweiten Quartals den Input für den von vorne beginnenden Zyklus der strategischen Unternehmenssteuerung bilden.

Durch diesen Prozess wird eine dauerhafte „Evolution" des Unternehmens und seines strategischen Steuerungssystems sichergestellt. Zur Bedeutung dieser Evolution sei darauf hingewiesen, dass die sich aus dem strategischen Entwicklungsprozess ergebenden Erkenntnisse in aller Regel „das Zeug" zu einer Kernkompetenz haben! Sie sind nicht käuflich, kaum kopierbar, selten, und leisten – so wollen wir doch hoffen – einen wesentlichen Beitrag zum Erfolg des Unternehmens und seiner Kunden.

11.5 Umsetzung: Die Einführung einer FutureValue Scorecard"

Nach den bisherigen grundlegenden Erläuterungen zur Balanced Scorecard im Allgemeinen und der FutureValue Scorecard im Besonderen, soll nachfolgend der Prozess für die erstmalige Einführung einer Balanced Scorecard noch einmal zusammenfassend dargestellt werden:

Phase I: Präzisierung und Fixierung der Unternehmensstrategie

In einem ersten Workshop wird die durch die Balanced Scorecard zu operationalisierende Unternehmensstrategie in den Kernaussagen fixiert.

Dabei kann man sich an den Themenfeldern des „Strategiequadranten" orientieren und folgende Inhalte zur Strategie zusammenfassen (vgl. Absatz 6.3.1):

- Kernkompetenzen,
- Geschäftsfelder und Wettbewerbsvorteile,
- Gestaltung der Wertschöpfungskette,
- strategische Stoßrichtung (Werttreiber).

Ergänzend werden zu den hier genannten vier Themenfeldern die schon eingeleiteten strategischen Maßnahmen erfasst. Schließlich wird die so zusammengefasste Strategie auf Vollständigkeit, logische Konsistenz und Plausibilität geprüft. Dabei sollte auch kritisch diskutiert werden, inwieweit die dieser Strategie zugrunde liegenden wesentlichen Annahmen als gültig angesehen werden.

Phase II: Grundstruktur des Kennzahlensystems

In einem weiteren Workshop werden nunmehr, gestützt auf die bisherige Strategie und den festgelegten Erfolgsmaßstab (Steigerung des Unternehmenswertes), diejenigen Kennzahlen systematisch abgeleitet, die für eine Operationalisierung der Strategie erforderlich sind. Hierbei empfiehlt sich ein „Top down"-Vorgehen. Hat man beispielsweise den Unternehmenswert definiert als statischen Ertragswert, so gilt es in einem ersten Schritt die für diesen Erfolgsmaßstab entscheidenden Werttreiber abzuleiten. Dies sind typischerweise Risiko (Kapitalkostensatz, WACC), Umsatz, EBIT-Marge und Kapitalumschlag. Diese Werttreiber sind die ersten zentralen Kennzahlen, die im Rahmen der Balanced Scorecard – konkret der Finanzperspektive – zu erfassen sind. Durch die Einbeziehung dieser Werttreiber wird sichergestellt, dass die oberste Zielsetzung des Unternehmens durch die in der Balanced Scorecard enthaltenen Kennzahlen insgesamt beschrieben wird. Im nächsten Schritt werden die Werttreiber selbst wiederum durch geeignete andere Kennzahlen erklärt, wobei auch hier eine systematische Ableitung vorgenommen werden soll. Der so abgeleitete Kennzahlenbaum wird sich erfahrungsgemäß nicht vollständig deduktiv bestimmen lassen, sondern an manchen Stellen auf plausiblen Schätzungen, Erfahrungswerten oder Erkenntnissen aus Studien abgestützt sein. Entscheidend ist hierbei, dass jeweils transparent gemacht wird, wieso eine Kennzahl in der Balanced Scorecard erfasst und wie die angenommene Wirkungsbeziehung begründet wird.

Auf Grund der systematischen Herleitung der Kennzahlen entsteht automatisch ein Ursachen-Wirkungs-Netz (Kausalnetz), das die Abhängigkeitsstruktur zwischen den Kennzahlen aufzeigt und in vielen Fällen sofort durch eine mathematische Beziehung untermauert ist. Nach der systematischen Herleitung der Kennzahlen gilt es in einem Prüflauf noch einmal sicherzustellen, dass alle wesentlichen strategischen Aussagen und Maßnahmen tatsächlich durch die Balanced Scorecard abgebildet werden können.

Schließlich werden die so erarbeiteten Kennzahlen den Perspektiven der Balanced Scorecard zugeordnet, wobei man typischerweise die Zuordnung zu den üblichen vier Perspektiven vornimmt, also

- Finanz- und Risikoperspektive,
- Markt- und Kundenperspektive,
- Prozessperspektive und
- Mitarbeiter- und Kompetenzperspektive.

Phase III: Vertiefende Betrachtung der Perspektiven

Zu jeder der Perspektiven wird ein Workshop durchgeführt, in dem die bisher definierten Kennzahlen genauer betrachtet werden. Die Aufgabe besteht darin zu überprüfen, ob die bei der Grobkonzeptionisierung festgelegten Kennzahlen tatsächlich sinnvoll und vollständig sind. Zudem werden die hergeleiteten kausalen Abhängigkeiten nochmals einer kritischen Diskussion unterzogen, wobei möglichst auch zur Fundierung weitere Informationen (z. B. Studien) einbezogen werden sollten. Schließlich wird für jede der fixierten Kennzahlen ein genaues Messverfahren festgelegt (Operationalisierung), bei dem möglichst Bezug zu bereits vorhandenen Informationen des Unternehmens (z. B. Rechnungswesen) hergestellt werden sollte. Zwangsläufig wird hierbei auch aufgezeigt werden, welche an sich erforderlichen Informationen bisher noch nicht im Unternehmen verfügbar sind.

In denjenigen Fällen, in denen relevante Informationen fehlen, ergeben sich zwei Herausforderungen:

- geeignete Informationserhebungsverfahren im Unternehmen zu implementieren und
- (grobe) Schätzverfahren zu vereinbaren, die angewendet werden sollen, solange die an sich wünschenswerten Informationsgrundlagen noch nicht vorliegen.

In der Praxis werden hier häufig subjektive Schätzungen durch die Führungskräfte des Unternehmens durchgeführt.

Phase IV: Kennzahlensystem

Die logische Struktur einer Balanced Scorecard als Ganzes spiegelt die Geschäftslogik eines Unternehmens wieder. Für jeden maßgeblichen Erfolgsfaktor muss somit eine geeignete Kennzahl enthalten sein. Kleinere Veränderungen in der strategischen Ausrichtung eines Unternehmens, die die grundlegenden Ursachen-Wirkungs-Beziehungen (Geschäftslogik) unverändert lassen, zeigen sich daher fast durchweg lediglich in einer Neufestsetzung der Sollwerte von Kennzahlen.

Zur Vorbereitung der darauf folgenden Phase bietet es sich an, in einem „Testlauf" zu versuchen, sämtliche nunmehr vorläufig definierten Kennzahlen, also die Ist-Werte, zu bestimmen. Nach der endgültigen Fixierung der Kennzahlen werden die aus den strategischen Vorgaben abzuleitenden Sollwerte der Kennzahl festgelegt. Hier erkennt man, dass sich die Fixierung einer Unternehmensstrategie nicht nur in der Auswahl der Kennzahlen widerspiegelt, sondern ganz entscheidend in der Definition der jeweiligen Sollwerte. Erhebliche Unterschiede zwischen den angestrebten Sollwerten und den tatsächlichen Ist-Werten einer Kennzahl verdeutlichen immer strategischen Handlungsbedarf. Stimmen bei einer bestimmten Kennzahl Ist- und Soll-Wert überein, bedeutet dies, dass die jetzt erreichte strategische Positionierung bezüglich dieser Kennzahl aufrechterhalten werden soll.

In einem weiteren Workshop werden die Vorarbeiten zusammengefasst und noch einmal hinsichtlich Konsistenz, Schlüssigkeit und auch Durchführbarkeit geprüft. Danach wird das gesamte Kennzahlensystem verabschiedet. Außerdem werden die Prioritäten für die Initiierung von Maßnahmen zur Verbesserung der Informations- und Datengrundlagen der Balanced Scorecard gesetzt.

Phase V: Maßnahmenplanung

Zumindest in allen Fällen, in denen die Soll- und Ist-Werte von Kennzahlen voneinander abweichen, wird es erforderlich sein, Maßnahmen zu definieren, die eine Kennzahl von der jetzigen Ist-Ausprägung zur Soll-Ausprägung bringen. Im Rahmen eines weiteren Workshops werden die hierfür erforderlichen (strategischen) Maßnahmen den jeweiligen Kennzahlen zugeordnet. Dabei wird insbesondere berücksicht, dass auf Grund der strategischen Vorgaben (vgl. Phase I) bereits bestimmte Maßnahmen geplant worden sind, die lediglich den entsprechenden Kennzahlen zugeordnet werden müssen.

Für jede Kennzahl wird nun ein Verantwortlicher ausgewählt. Dieser „Kennzahlen-Verantwortliche" hat folgende Aufgaben:

- regelmäßige Überwachung der Kennzahl (inklusive Bericht),
- Gesamtverantwortung für sämtliche Maßnahmen, die dieser Kennzahl zugeordnet sind.

Nachdem sämtliche Maßnahmen den Kennzahlen zugeordnet und entsprechende Verantwortlichkeiten geregelt wurden, wird schließlich geprüft, ob die nunmehr aufgestellten strategischen Maßnahmen

- zur Realisierung der Unternehmensstrategie geeignet und
- bei gegebenen Ressourcen des Unternehmens auch durchführbar sind.

Um die Konsistenz der Unternehmensplanung sicherzustellen, empfiehlt es sich ergänzend zu überprüfen, ob die für diese Maßnahmen erforderlichen Budgets tatsächlich auch im Rahmen der operativen Planung berücksichtigt wurden und ob die Soll-Wert-Vorgaben für die einzelnen strategischen Kennzahlen in genau dieser Ausprägung auch im Rahmen der operativen Planung abgebildet worden sind. Jegliche unternehmerische Planung, die nicht eine logische Konsistenz zwischen den verschiedenen Teilsystemen – z. B. strategische Planung, Balanced Scorecard, operative Planung und Risikomanagement – sicherstellt, ist praktisch nicht realisierbar und wird auch nicht von den Mitarbeitern akzeptiert werden, weil sich die logischen Widersprüche nicht verbergen lassen.

Die bisher beschriebene Vorgehensweise wird im Rahmen des **FutureValue-Ansatzes** an einigen Stellen modifiziert, wenn zugleich Aspekte des Risikomanagement mit abgedeckt werden sollen.

Zu Phase III:

Je Perspektive wird ergänzend diskutiert, durch welche Risiken die angestrebten Ziele bzw. Kennzahlen bedroht sind. Die Risiken werden den Kennzahlen zugeordnet und zeigen mögliche Ursachen für Planabweichungen. So werden zudem die bisherige Risikoinventare angepasst.

Zu Phase V:

Ein ergänzender Workshop beschäftigt sich mit der Risikobewältigungältigung und -überwachung. Dabei werden bestehende und mögliche Risikobewältigungsmaßnahmen dokumentiert, die geeignet sind, Risikowirkungen auf die Kennzahlen zu reduzieren. Jeder Kennzahlenverantwortliche wird zugleich dezentraler Riskowner und somit für die kontinuierliche Überwachung der Risiken zuständig, die Wirkung auf die entsprechende Kennzahl haben.

Mit der Balanced Scorecard steht den Unternehmen ein vielfach erprobtes Instrument zur Verfügung, das die Lücke zwischen der „theoretischen Planung" einer Strategie und deren „praktischer Umsetzung" schließen hilft. Das Instrument ist so flexibel, dass sich die Anforderungen unterschiedlichster Unternehmen und deren Strategien erfüllen lassen. Es ist insbesondere als wesentliches Hilfsmittel für eine wertorientierte Unternehmenssteuerung anzusehen und leicht mit bestehenden Managementsystemen – wie beispielsweise dem Risikomanagement-System – zu verbinden.

Nach der Bearbeitung dieses Moduls sollten folgende Ergebnisse vorliegen:

- Die für die Unternehmenssteuerung maßgeblichen Kennzahlen sind fixiert.
- Jeder Kennzahl ist ein Verantwortlicher zugeordnet.
- Jeder Kennzahl sind die Maßnahmen zugeordnet, die zur Erreichung der angestrebten Planwerte erforderlich sind.
- Die Balanced Scorecard als Ganzes ist daraufhin geprüft, ob sie insgesamt eine adäquate Abbildung der Unternehmensstrategie (Modul 6) darstellt.
- Den Kennzahlen sollten die jeweils zugehörigen Risiken (vgl. Modul 9) zugeordnet sein.

12 Modul 12: Implementierung – Kulturentwicklung

12.1 Implementierung – ein Überblick

Auch eine fundierte Unternehmensstrategie, die in den Konsequenzen für das operative Geschäft klar beschrieben und durch ein Steuerungssystem im Unternehmen implementiert wurde, wird nicht zwangsläufig effizient umgesetzt. Das letzte Modul des FutureValue-Ansatzes befasst sich daher mit den Herausforderungen bei der praktischen Umsetzung und Implementierung von Strategien. Dabei werden speziell auch kulturelle und personenbezogene Aspekte betrachtet, da auch bei Existenz qualitativ hochwertiger Steuerungssysteme immer der „Faktor Mensch" berücksichtigt werden muss. Die Menschen in einem Unternehmen sind nicht als vollkommen rationaler Homo Oeconomicus[191] zu betrachten, die ausschließlich monetäre Ziele verfolgen. Daher ist es für eine Realisierung der Unternehmensstrategie immer von Bedeutung, neben monetären Anreizsystemen, sich auch mit den Einstellungen der Mitarbeiter auseinander zu setzen und ihr Wertesystem zu betrachten. Die Mitarbeiter müssen motiviert werden, die eingeschlagene Unternehmensstrategie und ihre Konsequenzen für das Tagesgeschäft tatsächlich anzunehmen und zu ihrer eigenen Sache zu machen.

Abschließend ist zu erwähnen, dass selbstverständlich die Implementierung mit der Erstellung – und konsequenten Umsetzung – eines konkreten Maßnahmenplanes abschließen muss. Auf die hierfür erforderlichen Aktivitäten, insbesondere des Projektmanagement, soll aber im Rahmen dieses Buches nicht eingegangen werden.

12.2 Balanced Values: Wert und Werte[192]

12.2.1 Management von Wert und Werten: Ein Gegensatz?

Die vielfältigen Vorteile einer wertorientierten Unternehmensführung sind kaum zu bestreiten. Vielfach wird eine wertorientierte Unternehmensführung jedoch immer noch kritisch betrachtet, weil sie im Gegensatz zu anderen Werten von Unternehmern und Mitarbeitern, zum Beispiel Kulturwerten wie Wertschätzung, Menschlichkeit, Vertrauen stünden. Gibt es tatsächlich diesen Gegensatz von Wert und Werten?

---

191 Vgl. KIRCHGÄSSNER, 1991.
192 Vgl. GLEIẞNER; MOTT; SCHMELCHER, 2002.

Es ist sicherlich unbestreitbar, dass eine Orientierung unternehmerischer Entscheidungen am Unternehmenswert auch dazu führen kann, dass Konflikte mit dem Wertesystem des Unternehmens entstehen. Da eine komplette Zerstörung des Unternehmenswertes jedoch gleichbedeutend mit einer Insolvenz ist, wird in Extremsituationen dem Unternehmenswert und damit der Überlebensfähigkeit des Unternehmens sicherlich der Vorrang vor eher emotional und kulturell geprägten Werten einzuräumen sein. In der Praxis zeigt sich jedoch, dass ein derartiger extremer Gegensatz sehr selten ist. In vielen Fällen lässt sich belegen, dass ein an kulturellen Werten orientiertes Handeln zugleich den Unternehmenswert im Sinne eines Shareholder-Value-Ansatzes verbessert.

Eine Ursache für den Wertbeitrag der Unternehmenskultur sind relativ niedrige Personalkosten. Der Überwachungsaufwand der Mitarbeiter ist vergleichsweise niedrig. Die Mitarbeiter koordinieren sich effizienter und neue Mitarbeiter können sich in das Unternehmen schneller einarbeiten, da seltener widersprüchliche Aussagen zu Zielen und Werten des Unternehmens zu vernehmen sind. Durch das höhere Engagement der Mitarbeiter wird effizienter und in der Regel auch länger gearbeitet.

In einer empirischen Untersuchung bezüglich der Bedeutung der Unternehmenskultur hat BURT[193] folgende drei Indikatoren für eine stark ausgeprägte Unternehmenskultur angesetzt:

- Die Manager sprechen häufig über den Stil ihres Unternehmens.
- Die Firma kommuniziert ihre Wertvorstellungen und versucht, die Führungskräfte zu einer Übernahme der Werte zu bewegen.
- Werte und Gewohnheit im Unternehmen sind schon relativ lange etabliert.

Mit Verweis auf entsprechende empirische Untersuchungen zeigt BURT, dass die Bedeutung der Unternehmenskultur als Erfolgsfaktor erheblich von der Branchenzugehörigkeit abhängig ist. Während auch bei dieser Untersuchung über die Gesamtheit aller Unternehmen bestenfalls ein sehr schwacher Einfluss der Unternehmenskultur auf die Kapitalrendite (in Relation zum Branchendurchschnitt) festgestellt wurde, zeigt sich in Branchen mit hoher Wettbewerbsintensität (z. B. Fluglinien, Kraftfahrzeuge, Textil und Bekleidung) eine enge Korrelation zwischen Kapitalrendite und Unternehmenskultur. Die Untersuchung bestätigt dabei eine hohe Bedeutung der Branchencharakteristika für die Rentabilität einzelner Unternehmen, aber ebenfalls eine bedeutsame (etwa halb so starke) Relevanz der Unternehmenskultur.

12.2.2 Wert und Werte: Die wechselseitige Verstärkung

Die praktische Realisierung einer wertorientierten Unternehmensstrategie erfordert eine Rücksichtnahme auf das bestehende Wertesystem im Unternehmen. Jede wirkungs-

---
[193] Vgl. BURT, 2001.

volle strategische Ausrichtung bedarf einer Umsetzung durch die Mitarbeiter, um tatsächlich den Erfolg und die Zukunftsfähigkeit des Unternehmens zu verbessern. Schon seit Jahren ist bekannt, dass gerade die praktische Umsetzung einer Unternehmensstrategie zu den entscheidenden Knackpunkten gehört. Strategische Steuerungsinstrumente, wie die Balanced Scorecard, erreichen hier eine große Bedeutung, weil sie aus den theoretischen Vorgaben der Unternehmensstrategie klare, durch Kennzahlen operationalisierte Ziele ableiten und diesen Zielen Maßnahmen und Verantwortlichkeiten zuordnen. Flankierend zur Einführung derartiger Management-Systeme gilt es jedoch, darauf zu achten, dass die eingeschlagene Unternehmensstrategie und das Wertesystem des Unternehmens zusammenpassen. Die meist monetären Anreize und Prämien für eine Umsetzung strategisch wichtiger Aktivitäten, die durch eine Balanced Scorecard erreicht werden können, lassen sich verstärken durch eine Konsistenz zwischen strategischer Ausrichtung und Wertesystem. Eine Orientierung am Wertesystem des Unternehmens hat eine erhebliche, nicht monetär getriebene Motivationswirkung.

Die gegenseitige Verstärkung kann mit Abbildung 88 verdeutlicht werden:

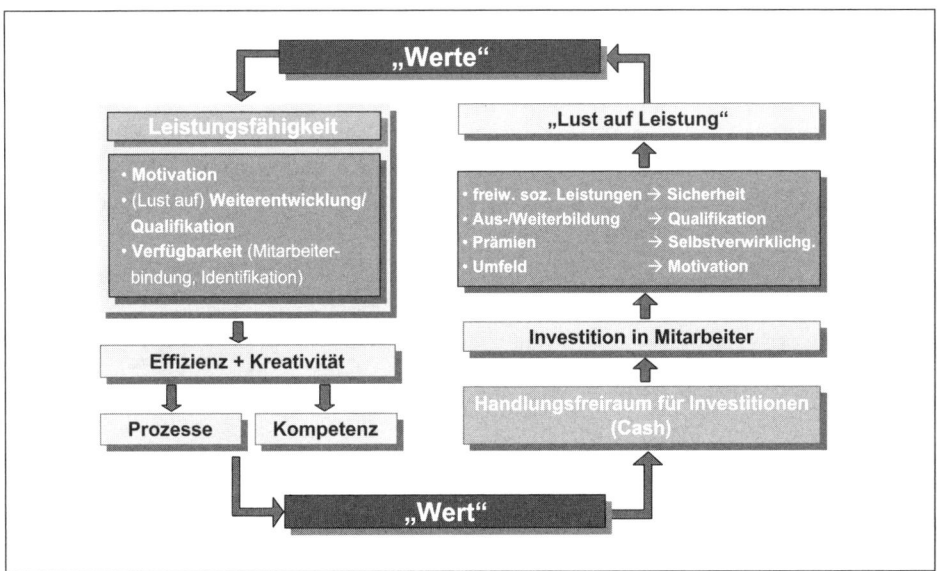

Abbildung 88: Die Verbindung zwischen „Wert und Werten"

Durch die Kreislaufdarstellung wird erkennbar, wie sich Wert und Werte gegenseitig bedingen und verstärken. Erst der Erfolg des Unternehmens ermöglicht den Freiraum für Investitionen in die Mitarbeiter – gleichgültig, ob es sich um finanzielle Vorzüge oder um Freiräume in der Gestaltung von Arbeitszeit oder auch Arbeitsstätte handelt. Dadurch kann die Einsatzbereitschaft der Mitarbeiter für „ihr" Unternehmen deutlich erhöht werden.

Modul 12: Implementierung – Kulturentwicklung

Andererseits ist unternehmerischer Erfolg auch kaum vorstellbar ohne den Einsatz leistungsfähiger Mitarbeiter: Streben nicht alle Unternehmen danach, ihre Mitarbeiter zum gleichen Einsatz anzuspornen „wie ein Unternehmer"? Nur bei einer derart hohen Identifikation mit dem Unternehmen gelingt die Umsetzung auch scheinbar hoch gesteckter Ziele und damit einer Wertschöpfung durch Produktivität und Kreativität.

Um für ein Unternehmen diese motivatorische Wirkung aus dem Wertesystem nutzbar zu machen, sind mehrere Grundvoraussetzungen erforderlich:

Das bestehende Wertesystem muss (unter Einbeziehung der Mitarbeiter) bewusst gemacht werden und neue, für die Strategie relevante Werte müssen erarbeitet und zum Leben „erweckt" werden.

Das Wertesystem des Unternehmens und die (wertorientierte) Unternehmensstrategie müssen präzise aufeinander abgestimmt werden, um Widersprüche abzubauen und Synergien zu nutzen.

Durch eine aufeinander abgestimmte Unternehmenskultur- und Strategie- bzw. Geschäftsprozessentwicklung gilt es, die Weiterentwicklung des bestehenden Wertesystems und der gelebten Unternehmenskultur einerseits und die Umsetzung operativer unternehmerischer Maßnahmen andererseits in Einklang zu bringen.

Angestrebt werden muss sowohl ein ausgewogenes System von emotionalen und kulturellen Werten als auch eine erfolgsversprechende, strategische und operative Ausrichtung des Unternehmens im Kontext einer wertorientierten Führungskonzeption.

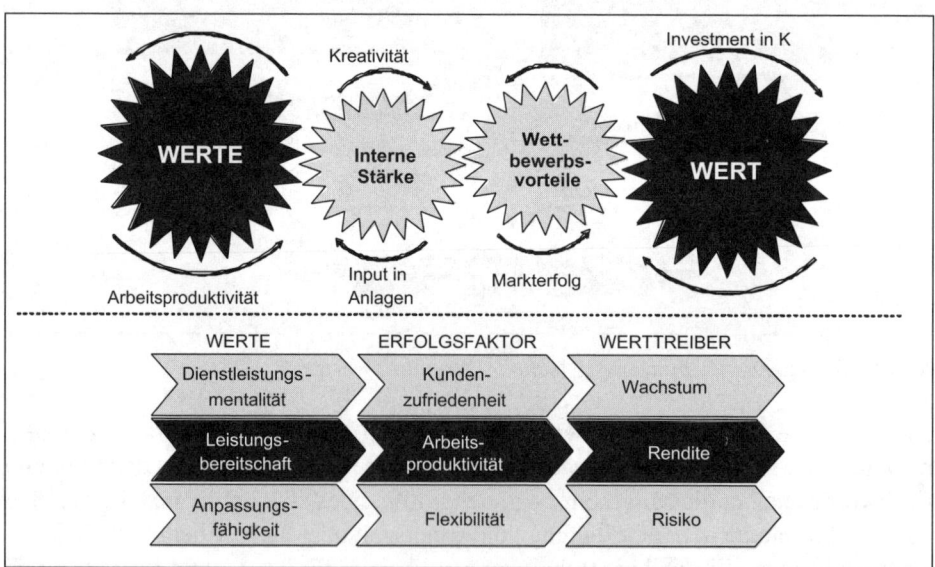

Abbildung 89: Verbinden von Wert und Werten als Balanced Value-Check

Diese ausgewogene Struktur von monetären Wert und kulturellen Werten bezeichnen wir als „Balanced Values".

In der unternehmerischen Praxis bedeutet dies beispielsweise, dass überprüft werden muss, ob die für die Zukunft des Unternehmens maßgeblichen Erfolgsfaktoren und ihre Wechselwirkungen (Geschäftslogik) bei dem vorhandenen Wertesystem des Unternehmens tatsächlich realisierbar und nachhaltig verteidigbar sind. Beispielsweise ist der Erfolgsfaktor „kundenorientierte Problemlösungsfähigkeit" kaum nachhaltig verteidigbar, wenn im Wertesystem des Unternehmens Kundenorientierung keinen hohen Stellenwert hat.

In sämtlichen Fällen, in denen sich eine gravierende Diskrepanz zwischen den Erfolgsfaktoren der Geschäftslogik – also der Basis der Unternehmensstrategie – einerseits und den Werten der Mitarbeiter andererseits zeigt, gilt es

- entweder die Unternehmensstrategie anzupassen, d. h. die Zukunftsfähigkeit auf andere Erfolgsfaktoren abzustützen, und/oder
- das Wertesystem in einem systematischen Kulturentwicklungsprozess näher an die Unternehmensstrategie heranzuführen.

In der Praxis ergibt sich hier meist keine „Entweder-Oder"-Entscheidung; typischerweise wird man sowohl bei dem Strategieentwicklungsprozess auf das vorhandene Wertesystem – quasi als Nebenbedingung – Rücksicht nehmen müssen als auch die Unternehmenskultur an strategische Anforderungen anpassen. Ein eindeutiges Primat der Unternehmensstrategie und die tragenden Erfolgsfaktoren gegenüber dem Wertesystem ist allerdings immer dann gegeben, wenn die erarbeitete wertorientierte Unternehmensstrategie gegenüber sämtlichen Alternativen deutlich überlegen ist. In einer derartigen Situation muss besonders konsequent an der strategiekonformen Weiterentwicklung des Wertesystems gearbeitet werden, was oft im engen Zusammenspiel mit Maßnahmen der Organisationsentwicklung und teilweise auch personalpolitischen Entscheidungen zu sehen ist.

12.3 Unternehmenskultur[194]: Die Verbindung von Wert und Werten[195]

12.3.1 Was versteht man unter Unternehmenskultur, und wie entsteht sie?

Die vielfältigen Herausforderungen der Zukunft sind nicht mehr mit Lean Management, Kostentechnokratie und formalen Steuerungssystemen allein zu bewältigen. Gefragt sind vielmehr ein neuer Geist und glaubwürdige Werte, denn es hängt von den

---
194 Vgl. SCHMELCHER; WITTE; LINXWEILER, 2002.
195 Von Jill SCHMELCHER und Stefan THAMM.

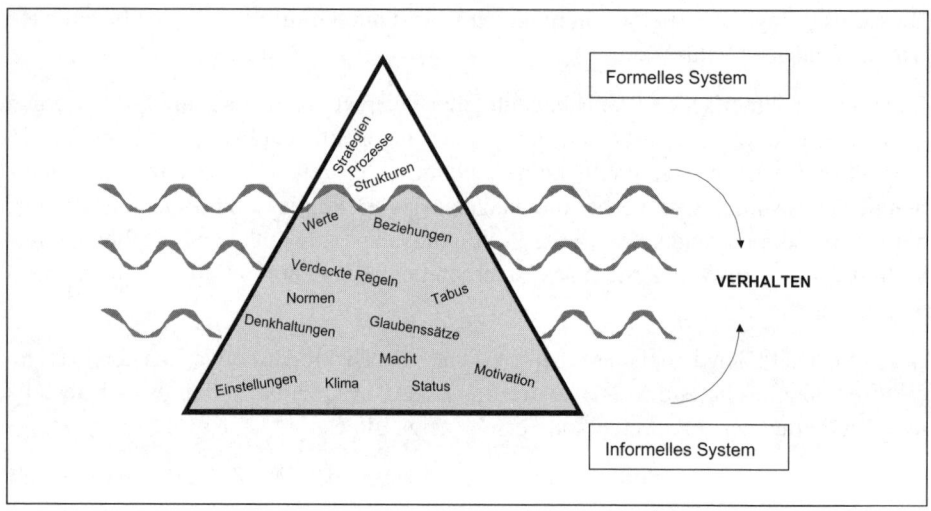

Abbildung 90: Eisberg-Modell (I)

Einstellungen, Denkweisen und Wertvorstellungen ab, ob neue Chancen und Herausforderungen rechtzeitig erkannt und in Unternehmenserfolg umgesetzt werden können.

Die Unternehmenskultur ist die unsichtbare Kraft, die im täglichen Ringen um Erfolg oder Misserfolg spielentscheidend werden kann. Faktoren wie Kreativität, Motivation, Verbindlichkeit, Transparenz sowie fundierte Aus- und Weiterbildung sind die Schlüssel künftiger Innovations- und Wettbewerbsfähigkeit. Aufgabe der Unternehmen ist es, diese „unsichtbare Kraft" zu erkennen, zu fördern und aktiv zur Umsetzung der strategischen Unternehmensziele zu nutzen. Nicht nur Strategieentwicklung ist die zentrale Aufgabe des Unternehmens, sondern Strategie- *und* Kulturentwicklung sind die zentralen Aufgabenstellungen des erfolgreichen Unternehmens, d. h. die Verbindung von Wert und Werten (vgl. Eisberg-Modell).

Die beiden Teile des Eisbergs, das Sichtbare und das Unsichtbare, stehen in enger Wechselwirkung zueinander. Die Identifikation der Mitarbeiter mit dem Unternehmen wird umso stärker sein, je stimmiger diese verschiedenen Komponenten sind. Und je ausgeprägter die Kulturelemente „unter Wasser", umso mehr steuern sie aktiv das Verhalten und werden zu Erfolgsfaktoren für Strategie, Strukturen und Prozesse. Wenn sie auseinander driften, werden sie zu Blockaden und Hindernissen, d. h. zu Misserfolgsfaktoren. Wenn wir davon ausgehen, dass die externen Rahmenbedingungen nur marginal beeinflusst werden können, so sind die internen Bedingungen mit Sicherheit ein wirkungsvoller Raum, um Potenziale zu nutzen oder zu gestalten. So lassen sich gemeinsame Ziele erreichen und verteidigungsfähige Wettbewerbsvorteile aufbauen.

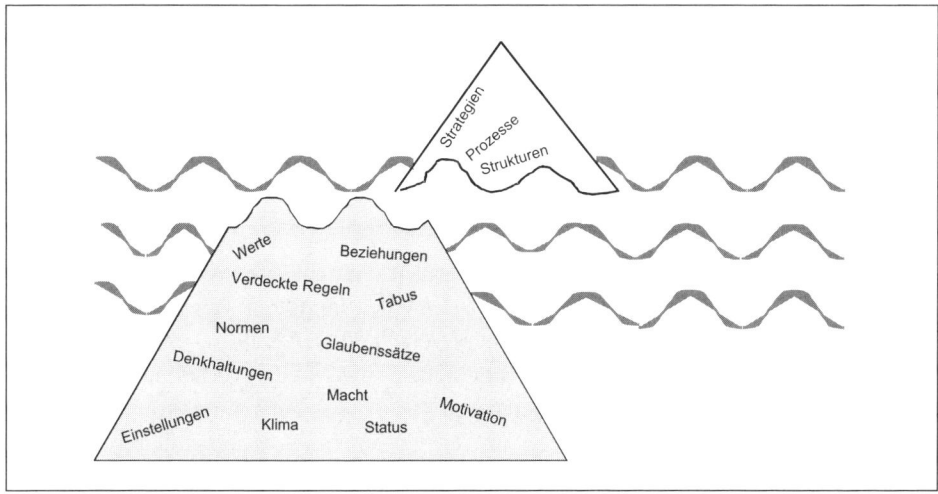

Abbildung 91: Abhängigkeit zwischen dem formellen und informellen System

Um eine Unternehmenskultur bewusst zu gestalten und damit positive Wirkungen zu erzielen, muss es gelingen, die Kulturmerkmale zunächst transparent zu machen. Transparente Merkmale einer starken und vitalen Unternehmenskultur sind zum Beispiel flexible Strukturen, Führen durch Vertrauen und Vorbild sowie im Alltag erkennbare gelebte Werte wie das Miteinander, Kommunikations- und Informationsverhalten, Umgang mit Wissen.

Um den Begriff Unternehmenskultur zu beschreiben, kann man folgende Definition nutzen:

Unternehmenskultur ist eine Sammlung von Überzeugungen, Mythen, Gewohnheiten, die Menschen miteinander teilen und die Teil von ihnen sind – oder wie GEERTZ sie beschreibt: *„Kultur ist das Muster der Sinngebung, in dessen Rahmen Menschen ihre Erfahrungen deuten und ihr Handeln lenken".*[196]

Wer die Entstehung von Unternehmenskulturen analysiert, erkennt, dass sie sich im Grunde auf drei Feldern entwickeln:

1) Das Sichtbare
Dazu zählen zum Beispiel die Architektur der Gebäude, die Gestaltung der Büro- und Produktionsräume, der visuelle Firmenauftritt ebenso wie unternehmensspezifische Sprachregelungen und Redestile, Rituale und Zeremonien.

---

[196] Vgl. GREETZ, 2000.

2) Das Verhalten

Dieses wird unter anderem geprägt vom gemeinsamen Führungsverständnis, den Führungsgrundsätzen, den Spielregeln für die Zusammenarbeit, aber auch von Faktoren wie Arbeitsstil und Sitzungskultur.

3) Das Unsichtbare

Dazu zählen Ideale, Einstellungen, Grundwerte ebenso wie das im Unternehmen vorhandene Know-how.

Die drei Felder stehen in Wechselwirkung zueinander. Es gilt die Regel, dass die Identifikation umso stärker ist, je stimmiger diese verschiedenen Kulturkomponenten sind. Und je ausgeprägter die Kultur, umso mehr steuert sie aktiv das Verhalten und wird zu einem Erfolgsfaktor der Unternehmensstrategie. Ist das Zusammenspiel synchron, überzeugen der Auftritt und die Akzeptanz des Unternehmens nach außen die Kunden und nach innen die Mitarbeiter und Führungskräfte.

Es ist vor allem Aufgabe der Führung, Unternehmenskulturen bewusst und gezielt im Entwicklungsfluss zu halten und vor allem in Krisenzeiten gestalterisch und prägend einzugreifen.

Worauf sollte die Entwicklung in Zeiten der Veränderung und der Instabilität ausgerichtet sein? Hier einige Zeichen einer starken Unternehmenskultur:

- **Entwicklungschancen:** Das heißt Führen durch Zielvereinbarung, Mitarbeitergespräche, Leistungsentlohnung, Assessments u. a.
- **Teamstruktur:** Dezentrale Verantwortung, flache Hierarchien, gemeinsam erarbeitete Ziele, Know-how-Synergie.
- **Lernende Kultur:** Fehlertoleranz, Lernfelder schaffen, in Kompetenzen denken.
- **Produktive Ungeduld:** Zeit qualitativ investieren, anstatt sie einfach verstreichen zu lassen, gesunde Neugier nach vorne statt Festhalten an Vergangenem, „lasst es uns probieren" statt „das haben wir immer so gemacht".
- **Offenheit:** Vertrauen zueinander, Bereitschaft, sich auf andere einzustellen, richtig miteinander reden.
- **Freiräume:** Flexible Arbeitszeiten und Arbeitsmodelle.
- **Informationskultur:** Aktiv informieren über Erfolge und Misserfolge, begründende Information über Entscheidungen, regelmäßige Gespräche, Meetingkultur, Feedbackinstrumente, Wissen über gegenseitige Aufgaben, stufengerechte Einbeziehung der Mitarbeiter in Entscheidungsprozesse.
- **Innovation:** Flexible Dienstwege, Kaizen, Möglichkeiten für Kreativität schaffen.
- **Kundennähe:** Externe wie interne Kundenbeziehungen pflegen, Wissen um Kundenwünsche und -probleme.
- **Erfolgsbeteiligung:** Beteiligung an Erfolgen (materiell und ideell), gemeinsam Erfolge feiern!

Wer diese Liste abarbeitet, weiß ziemlich rasch, dass Unternehmenskultur nicht einfach nur eine „Selbstverständlichkeit" ist. Sie setzt den Willen zur Gestaltung und aktives Engagement voraus.

12.3.2 Entwicklung der Unternehmenskultur im FutureValue-Strategieprozess

Zentrale Probleme, die den Unternehmenserfolg behindern können, sind z. B. veraltete, nicht mehr gültige Werte, starre Denkhaltungen, Beziehungskonflikte, mangelndes Wissen und fehlende Kompetenz. Der integrative Ansatz von FutureValue verbindet Unternehmensstrategie und Kultur. Strategieentwicklung bedeutet auch Kulturentwicklung, d. h. frühzeitige Einbindung der Mitarbeiter, die Entwicklung gemeinsamer Wertesysteme (Credo, Leitbild, Core Values), Überprüfung der Führungssysteme, Teambildungsprozesse und die Erarbeitung eines dynamischen Mitarbeiter-Kompetenzmodells (vgl. Kapitel 7). Unternehmenskulturentwicklung ist ein kontinuierlicher Prozess, den wir in vier Phasen gliedern können und der schwierig ist, da die Früchte der Investition an Zeit und Ressourcen erst zeitversetzt messbar sind. Doch dieser Prozess des parallelen Lernens ist die Basis für langfristigen Unternehmenserfolg.

Mit dem FutureValue-Konzept wird ein langfristig angelegtes, integriertes Programm für ein strategisch orientiertes Veränderungsmanagement entwickelt, das organisatori-

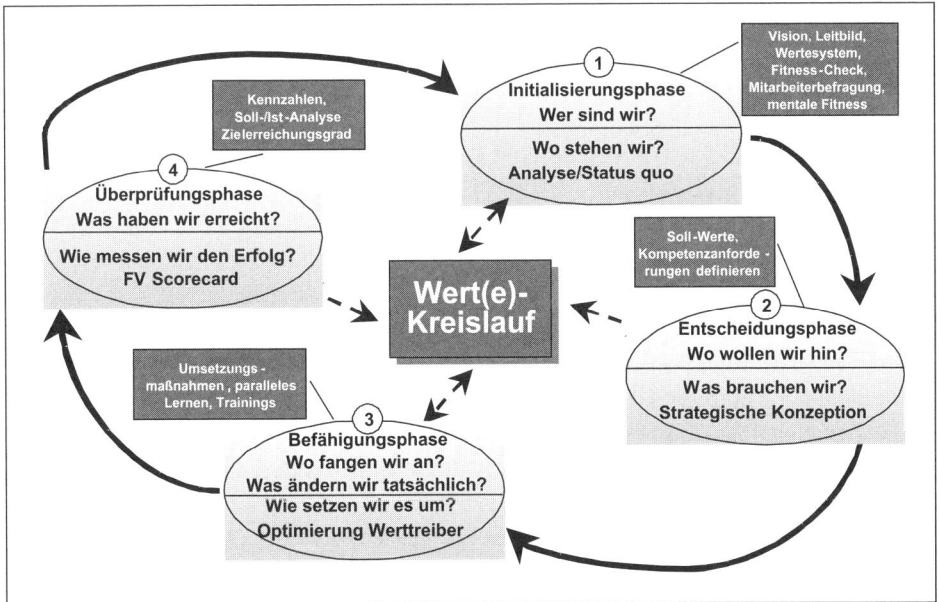

Abbildung 92: Die Parallelität des Strategie- und Unternehmenskulturprozesses

sche, psychologische, kulturelle und wertbezogene Aspekte berücksichtigt, ohne dabei die konsistente strategische Ausrichtung aller Veränderungsmaßnahmen auf die Zukunftsfähigkeit des Unternehmens – also die Steigerung des Unternehmenswerts – aus dem Auge zu verlieren. Durch ein derartiges FutureValue-Development-Programm wird es insbesondere möglich, die tatsächliche Verankerung strategischer Veränderungsmaßnahmen oder die Einführung neuer Unternehmenssteuerungssysteme, wie der Balanced Scorecard, soweit zu unterstützen, dass diese tatsächlich im Unternehmen und dem Bewusstsein aller Mitarbeiter verankert werden.

12.3.3 Beispiele für die Wirkung von Unternehmerkultur

Unternehmen von weltweiter Bedeutung denken heute über ihre Unternehmenskultur nach, sie beschäftigen sich aktiv mit der Fragestellung, ob die Werte, die das Unternehmen erfolgreich gemacht haben, überholt sind, ob sie neu formuliert oder zumindest weiterentwickelt werden sollten. Mit Konzepten der Vergangenheit sind die Aufgaben der Gegenwart und der Zukunft nicht mehr erfolgreich zu lösen. Was heißt dies zum Beispiel? Werte wie Gehorsam, Hierarchie, Karriere, Macht werden abgelöst durch Selbstbestimmung, Partizipation, Team und Kompromissfähigkeit.

Reaktionskulturen werden zu Innovationskulturen. Erfolgreiche Unternehmen von morgen erkennen, dass die derzeitige Unternehmenskultur nicht mit der zukünftigen Strategie übereinstimmt.

Worin unterscheiden sich zum Beispiel schnell und langsam wachsende Unternehmen, abgesehen von Zahlen (gemessen an Umsatzrendite und Gewinn)?

Aus Mitarbeiterbefragungen ergeben sich folgende Erkenntnisse:

1. **Erfolgreiche Unternehmen; ertragsstark und schnell wachsend:**
   - partnerschaftliche, positive Einstellung,
   - Mitarbeiter eher bereit zu wechseln,
   - offen für Neues,
   - hoher Qualitätsanspruch an sich und die Arbeit,
   - glaubwürdige Informationspolitik,
   - Kontakt Mitarbeiter – Management,
   - Aufstieg über Leistung und Selbstverantwortung,
   - Mitarbeiter suchen berufliche Herausforderung und Lernchancen.

2. **Weniger erfolgreiche Unternehmen; ertragsschwach und langsam wachsend:**
   - Unzufriedenheit der Mitarbeiter,
   - schleichende Frustration,
   - Angst der Mitarbeiter um den Arbeitsplatz,

- Distanz, Macht und Hierarchie,
- Management ist zu „satt",
- Aufstieg über Beziehungen,
- Mitarbeiter suchen Sicherheit und Autorität.

DEAL/KENNEDY haben bereits 1982 in ihrem Buch „Corporate Cultures" die Hypothese aufgestellt, dass herausragende Unternehmen sich dadurch charakterisieren, dass ihr Handeln an einigen wenigen, jedoch klaren Grundwerten und Überzeugungen ausgerichtet ist.

Sie haben ihren interessanten Ansatz zur Untersuchung des Zusammenhangs zwischen Kultur und Strategie in einem Portfolio dargestellt:

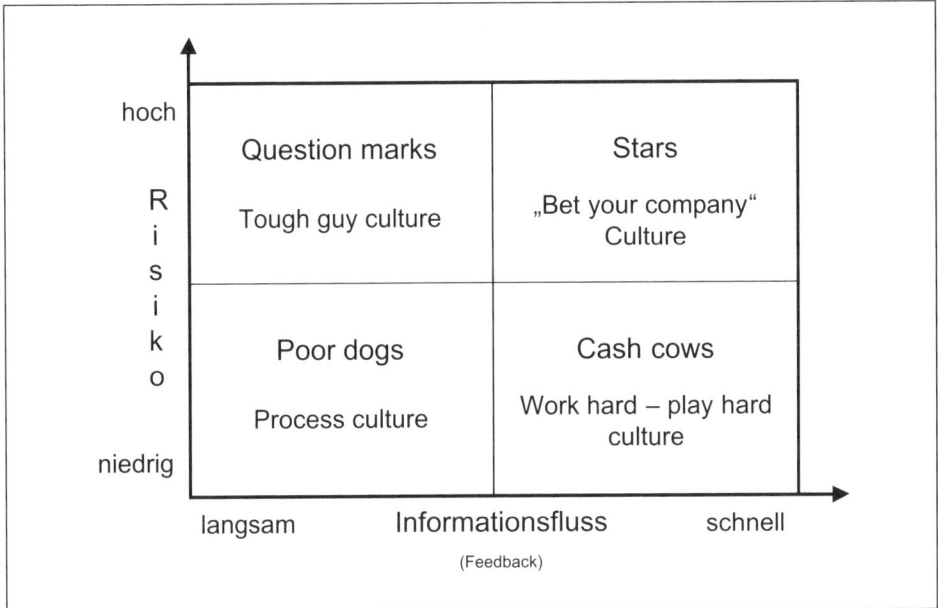

Abbildung 93: Kultur-Strategie-Portfolio[197]

Folgende Kulturtypen können nach DEAL und KENNEDY unterschieden werden:

1) „Bet your company" culture:
hohe Risikobereitschaft, Offenheit für Umfeldtrends, Unternehmungsgeist, unkomplizierte Zusammenarbeit, freundliche Umgangsformen

---

[197] Vgl. DEAL, KENNEDY, 1982.

2) Process culture:
Risikovermeidung, bürokratisch-langsamer Informationsfluss, Einhaltung von Instanzwegen, Absicherungsmechanismen, Statusdenken

3) Tough guy culture:
hohe Risikobereitschaft, schnelles Marktfeedback, Individualität, starke Erfolgsorientierung, temporeiches Handeln, unkonventionelles Erscheinungsbild

4) Work hard – hard play culture:
schwache Risikobereitschaft, Ablehnung von Veränderungen, breite Anwendung analytischer Methoden, Betonung von Werten wie Besonnenheit, Rationalität, Hierarchiebewusstsein

12.3.4 Wie wirkt die Unternehmenskultur auf den Unternehmenswert?

Das FutureValue-Modell der wertorientierten Unternehmenssteuerung spiegelt die Überzeugung der Parallelität von Strategie- und Kulturentwicklung wider.

Als zentralen Aspekt verlangt die FutureValue-Methodik im Rahmen ihrer Wertorientierung die Messbarkeit der Ergebnisse von unternehmerischen Entscheidungen. Die Wirkung auf den Unternehmenswert muss kausal erklärbar und überprüfbar sein. Dies gilt auch für die kulturellen Faktoren. Dabei muss berücksichtigt werden, dass sich viele Maßnahmen im kulturellen Bereich erst langfristig auswirken und die Zielerreichung das Ergebnis eines langfristigen Entwicklungsprozesses ist. Daher ist es wichtig, die Kennzahlen so zu wählen, dass sie sowohl die langfristige Zielerreichung dokumentieren als auch kurzfristige Veränderungen sichtbar und messbar machen. Herausforderungen, denen sich Unternehmen täglich stellen müssen und die sich als Kennzahlen für den unternehmenskulturellen Bereich eignen, sind Fluktuation, Krankenstand, Nacharbeitungskosten, Mitarbeiterdeckungsbeiträge im Projekt, Überstundenaufkommen, Innovationsrate, Kompetenzgrad etc.

Abweichungen der Unternehmenskennzahlen von Branchenbenchmarks geben den Unternehmen Signale über interne Fehlentwicklungen. Gleichfalls gibt es externe Signale, die sich als abgeleitete Größen der internen Signale ergeben: Anzahl der Folgeaufträge bestehender Kunden, Anzahl der Kundentermine bis zur Auftragserteilung bei Neukunden, Kundenreklamationen, Termintreue etc. Die genannten Größen sind Wirkungsgrößen, die auch von kulturellen Aspekten maßgeblich beeinflusst werden.

Die Ursachen für Fehlentwicklungen liegen vielfach auf der kulturellen Ebene. Diese Ebene stellt die Ursachenebene dar, während die oben beschriebenen Indikatoren die Wirkungsebene, die Symptome abbilden. Fluktuation auf der Symptomebene anzuge-

Unternehmenskultur: Die Verbindung von Wert und Werten **299**

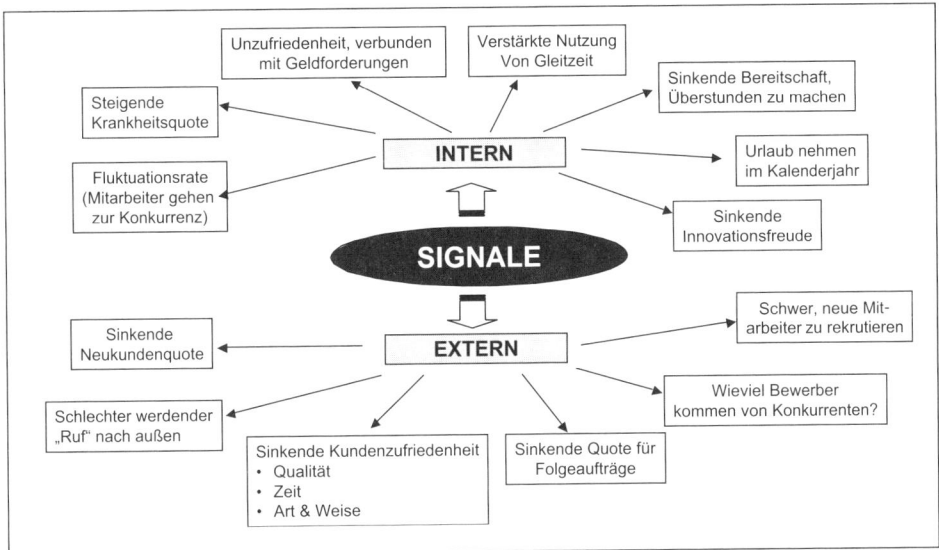

Abbildung 94: Interne und externe Signale für die Fehlentwicklung im kulturellen Bereich

hen, könnte bedeuten, einen perfekten Personalbeschaffungsprozess zu etablieren, um Mitarbeiterabgänge schnell zu kompensieren. Damit ist aber das Übel nicht an der Wurzel gepackt. Beispielsweise kann die eigentliche Ursache in mangelnder Mitarbeiterentwicklung, mangelnder Möglichkeit der Verantwortungsübernahme oder mangelnder Kommunikations- und Informationskultur liegen.

Die Verbindung von Ursachen- und Wirkungsebene – der Zusammenhang zwischen Kultur und der finanziellen Dimension – lässt sich beispielhaft leicht verdeutlichen:

Beschreibung einiger Wirkungsketten:
Die Bereitschaft der Mitarbeiter, Informationen weiterzugeben, verbessert die Prozessgüte und -sicherheit. Diese erhöht die Produktivität des Unternehmens, was sich positiv auf das operative Ergebnis und damit auf die Rendite des Unternehmens auswirkt.

Kompetenzentwicklung (Sozialkompetenz) führt zu verbesserten Kundenbeziehungen und ist neben der operativen Abwicklung von Aufträgen eine zweite Einflussgröße auf die Kundenbindungsquote. Damit erhöht sich die Möglichkeit, bestehende Märkte intensiver auszuschöpfen. Dadurch kann das innere Wachstum verstärkt werden, der Werttreiber Umsatz verbessert sich. Mangelnde Kompetenzentwicklung im Unternehmen kann die Ursache für Mitarbeiterunzufriedenheit sein, die sich in erhöhter Fluktuation, aber auch in innerer Kündigung (Krankenstand, Bereitschaft zu Überstunden, Urlaubsforderungen etc.) äußert. Fluktuation strapaziert das Budget des Unternehmens. Man bedenke den Aufwand, den Unternehmen in der Mitarbeiterbeschaffung betreiben müssen, um die Lücken im Mitarbeiterbestand durch Fluktuation zu kompensieren. Diese Aufwendungen in Kompetenzentwicklung investiert, bedeutet eine echte Investition in die Zukunft des Unternehmens. Daher verwundert der oft geringe Beitrag, den Unternehmen im Rahmen der jährlichen Budgetierung in die Weiterbildung und Entwicklung der Mitarbeiter investieren im Vergleich zum Budget für Mitarbeiterbeschaffungsmaßnahmen. Zusätzlich beeinflusst Fluktuation die Prozesse im Unternehmen negativ. Routine und Erfahrung in der Zusammenarbeit können nicht entstehen. Die Nacharbeitskosten steigen, die Reklamationsquote bei Aussendung fehlerhafter Ware erhöht sich, die Rendite verschlechtert sich.

Die Kausalitäten lassen sich auch aus Perspektive des Unternehmenswertes darstellen. Einer der drei primären Werttreiber ist der Umsatz. Der in einem Geschäftsjahr generierbare Umsatz hängt vom Umsatz mit Bestandskunden und mit Neukunden ab. Dabei spielen die Kundenbindungsquote und die Neukundenquote eine maßgebliche Rolle. Gerade bei diesen Komponenten kommen die weichen Faktoren in Form der Beratungskompetenz und der Sozialkompetenz zum Tragen. Indikator für diese notwendigen Kompetenzen ist zum Beispiel die Besuchshäufigkeit bis zum Vertragsabschluss. Es macht einen Unterschied, ob ein Vertreter fünf- oder zehnmal zum Kunden muss, bis ein Geschäftsabschluss getätigt wurde. Daher liegt es nahe, dahingehend an der Leistungsfähigkeit der Mitarbeiter zu arbeiten, dass die Besuchshäufigkeit reduziert werden kann.

Unternehmen müssen nach anderen Wegen suchen, den Umsatz sicherzustellen. Die Möglichkeiten liegen auch im kulturellen Bereich. Die Faktoren Kundenbindungsquote, Ausschöpfungsquote und Neukundengewinnungsquote sind zu einem hohen Prozentsatz abhängig von der Sozialkompetenz ihrer Mitarbeiter. Wenn es einem Unternehmen nicht gelingt, die notwendige Anzahl an Neukunden zu gewinnen, müssen sie die Neukundengewinnungsquote erhöhen. Ihre Außendienstmitarbeiter müssen sich stärker in den Kunden hineinversetzen können und besser erspüren, wo die Bedürfnisse des Kunden liegen.

Zusammenfassung:
Kulturelle Aspekte in der Unternehmensentwicklung zu vernachlässigen, bedeutet oft die Ursachen für Problemfelder im Unternehmen auszublenden und nur an den Symptomen zu arbeiten. Da aber Probleme oft nicht auf der Ebene ihres Entstehens gelöst werden können, sondern immer nur auf einer höheren Ebene, müssen die kulturellen Themen integraler Bestandteil eines ganzheitlichen Unternehmensentwicklungsprozesses sein.

12.4 Umsetzung: Strategie, Kultur und Maßnahmen

Zielsetzung ist es, die angestrebte Zukunftsentwicklung möglichst präzise zu fixieren und die den Mitarbeitern wichtigen Werte aufzuzeigen. Dies ist eine nötige Voraussetzung für die Implementierung, um bei jedem Schritt aufzeigen zu können, inwieweit die Erfolgsfaktoren der Geschäftslogik (vgl. Modul 2) – also die Wertseite – und die Vision sowie das Wertesystem konsistent sind, also ein „Fitting" schon erreicht ist. In einer Diskussion mit der Unternehmensführung gilt es die wichtigsten Erkenntnisse zusammenzufassen, mögliche Diskrepanzen zwischen Wert und Werten aufzuzeigen und daraus konkrete praxistaugliche Verbesserungsmaßnahmen, Wert(e)-Potenziale, abzuleiten.

In allen Fällen, in denen sich bei der Analyse oder dem Strategieentwicklungsprozess eines Unternehmens zeigt, dass die strategische Ausrichtung des Unternehmens zu verändern ist oder die strategische Ausrichtung nicht mit dem Wertesystem übereinstimmt – also ein Zustand der „Balanced Values" nicht erreicht ist – wird es erforderlich, im Unternehmen einen nachhaltigen Entwicklungsprozess zu initiieren. Die Erfahrung zeigt, dass nahezu bei jeder strategischen Neuausrichtung eines Unternehmens, aber auch bei Reorganisationsprojekten oder der Bewältigung von Unternehmenskrisen, eine systematische Begleitung dieser Veränderungen erforderlich ist, die wertorientierte strategische Aspekte und werteorientierte kulturelle Aspekte gleichermaßen berücksichtigt.

12.5 Der FutureValue Businessplan – strategischer Leitfaden und Maßnahmenplan[198]

12.5.1 Businessplan: Strategie, Kommunikation und Umsetzung

Die tatsächliche Umsetzung einer Unternehmensstrategie erfordert die Kommunikation der geplanten Maßnahmen samt Begründung bei allen Betroffenen. Dies sind neben den Mitarbeitern manchmal auch Lieferanten und besonders oft die Geldgeber. Diese Kommunikation erfolgt insbesondere durch einen Geschäftsplan (Businessplan).

Businesspläne – auch Geschäftspläne genannt – sind heutzutage ein wichtiger Bestandteil für die Planung und Umsetzung einer wertorientierten strategischen Unternehmensführung. Sowohl junge Unternehmen (Gründer) als auch bereits am Markt

---
[198] Von Dorkas SAUTTER.

existente Unternehmen haben in den letzten Jahren den Vorteil eines ausgearbeiteten Businessplanes erfahren können, der beispielsweise von Kreditinstituten oder Venture-Capital-Gesellschaften als Kriterium zur Entscheidungsfindung bei Kreditvergaben herangezogen wird oder dem Unternehmer als strategischer Leitfaden im Rahmen seines täglichen Handelns diente.

Das Kapital ist ein „knappes" Gut. Deshalb kommt denen, die dem Unternehmen direkt (Inhaber) oder indirekt (Fremdkapitalgeber) Geld zur Verfügung stellen, eine besondere Bedeutung zuteil. Da alle unternehmensinternen Aufgaben direkt oder indirekt auf die Gewinnsituation eines Unternehmens Einfluss nehmen, ist es unter anderem die Aufgabe der Geschäftsführung im Kontext eines wertorientierten Managements, zielorientierte Handlungsaktivitäten zu konzipieren und in einem Geschäftsplan festzuhalten, an dem sich wiederum die Kapitalgeber orientieren können.

Ein Geschäftsplan fasst damit die wichtigsten Aspekte, die im Rahmen eines Future-Value-Programms zur Unternehmensgestaltung erarbeitet wurden, strukturiert zusammen. Er bietet damit auch die Grundlage, sämtliche Überlegungen zur Zukunftsgestaltung für einen Dritten nachvollziehbar zu machen.

12.5.2 Aufgabe und Definition des Businessplanes

Wer sich für die Erstellung eines Businessplanes entscheidet, für den sollte es vorerst keinen Unterschied machen, ob er damit nun Banken, Risiko- oder Eigenkapitalgeber überzeugen will oder ob er sich selbst ein Instrumentarium in die Hand geben will, das nur intern die Strategieimplementierung unterstützt.

Bei der Erstellung eines Businessplanes ist grundsätzlich immer darauf zu achten, dass die geplanten Aktivitäten logisch, sinnvoll und vor allem auch nachvollziehbar erscheinen. Wichtig ist, dass durch die Erstellung eines Businessplanes sowohl für den Unternehmer als auch für etwaige Kapitalgeber erkennbar wird, inwieweit geplante unternehmerische Maßnahmen durchdacht, aufeinander abgestimmt und an gegebenen internen (beispielsweise Investitionsbedarf) und externen (beispielsweise Markt) Rahmenbedingungen ausgerichtet worden sind. Lücken und Denkfehler können so schnell sichtbar und bereits im Vorfeld ausgeräumt werden. Ergebnisse eines durchdachten Konzeptes sind eine verbindlich definierte wertorientierte Strategie sowie die konkrete Benennung der durchzuführenden Maßnahmen.

Allein schon bei der Erarbeitung eines Businessplans entwickelt sich eine methodische Denkweise, die es dem Unternehmer ermöglicht, Ungereimtheiten in seiner strategischen Planung zu erkennen. Der Businessplan dient dem Management und auch den Mitarbeitern als „strategischer Leitfaden" des wertorientierten Handelns in der täglichen Arbeit, und mit Hilfe des Businessplanes können Plan-Ist-Vergleiche durchgeführt und auf diese Weise anders verlaufenden (als geplante) Entwicklungen nachgegangen werden.

Was also ist ein Businessplan? Nichts anderes als der „Bauplan" für ein Unternehmen. Während der Bauplan eines Hauses alle relevanten Details zur Sicherheit, Stabilität und Komfort des Hauses darstellt, beschreibt der Businessplan das unternehmerische Gesamtkonzept für eine Geschäftsidee. Er zeigt alle Einzelheiten der Geschäftsmöglichkeit in kritischer und unverfälschter Betrachtungsweise auf.

12.5.3 Aufbau und Inhalt eines FutureValue Businessplanes

Der Inhalt eines FutureValue Businessplanes konzentriert sich darauf, glaubhaft und nachvollziehbar den Nachweis zu erbringen, dass die zugrunde liegende Geschäftsidee mit den dahinter stehenden Ressourcen einen Unternehmenswert schaffen kann, der deutlich höher sein wird als das hierzu ursprünglich eingesetzte Kapital.

Das Gerüst des FutureValue Businessplanes berücksichtigt unter diesem Gesichtspunkt verschiedene Aspekte, die im Folgenden kurz erläutert werden sollen.

12.5.3.1 Die Menschen

Wenn ein Investor von der Kompetenz der Führung überzeugt ist, wird er ihr zutrauen, bei Entwicklungen, die unplanmäßig sind, die notwendigen Anpassungen vorzunehmen. Ein Businessplan, der auch für externe Dritte geschrieben wird, beabsichtigt daher, Vertrauen hinsichtlich der Kompetenz der Unternehmensführung zu gewinnen. Die Fragen nach dem Know-how und der Erfahrung der Führung des Unternehmens müssen auf jeden Fall zu Beginn beantwortet werden.

12.5.3.2 Die Geschäftsidee und die Strategie

Im Abschnitt Geschäftsidee werden die zur Zielerreichung (Steigerung des Unternehmenswertes) entscheidenden Faktoren geprüft und festgehalten. Zuerst wird die Geschäftsidee kurz beschrieben. Dabei müssen die anzubietende Marktleistung, evtl. kurz die Marktsituation und die besonderen Vorteile/Stärken des Unternehmens im Vergleich zur Konkurrenz dargestellt werden.

Folgende drei Kernfragen geben eine Orientierung für die Beurteilung eines Unternehmens auf Grundlage des Geschäftsplanes:

- **Bedarf:** Wieso wird die angebotene Leistung bzw. das Produkt überhaupt benötigt?

- **Kompetenz:** Hat das zukünftige Unternehmen alle Fähigkeiten, diese Leistung bzw. dieses Produkt auch zu produzieren?
- **Wettbewerbsvorteile:** Wieso kann das neue Unternehmen die Leistung besser oder günstiger anbieten als die Wettbewerber?

Das Erarbeiten der Wettbewerbsvorteile setzt natürlich eine intensive und kritische Auseinandersetzung mit den möglichen Zielgruppen und den dazugehörigen Wettbewerbern am Markt voraus.

Ebenso wichtig wie die Wettbewerbsvorteile ist die Marktattraktivität, die beispielsweise von Wachstum der Nachfrage, Markteintrittsbarrieren und Kundenbindungsmöglichkeiten abhängt. Aussichtsreich sind Situationen mit ausgeprägten Wettbewerbsvorteilen in attraktiven Märkten.

Jeder FutureValue Businessplan basiert auf einer klar beschriebenen strategischen Konzeption, die die folgenden Fragen beantworten muss (vgl. Modul 6 „Strategische Konzeption"):

- Welche Kernkompetenzen hat das Unternehmen, auf denen die Wettbewerbsvorteile aufgebaut werden sollen?
- Welche strategisches Stoßrichtung wird damit verfolgt, d. h. wie wirkt sich die Strategie auf das Wachstum, die Rentabilität und das Risiko des Unternehmens aus?
- Welche Wettbewerbsvorteile generiert das Unternehmen in welchen Geschäftsfeldern?
- Welche Wertschöpfungsaktivitäten werden dadurch notwendig: Wie sollten die betrieblichen Ressourcen (Mitarbeiter und Kapital) auf die einzelnen Schritte der Wert-schöpfungskette verteilt werden?

Ist die generelle strategische Ausrichtung geklärt, folgt eine detaillierte Darstellung der geplanten Marketingaktivitäten und der damit erwarteten Umsätze. Dem Leser muss z. B. glaubhaft vermittelt werden, dass der anvisierte Preis am Markt für die geplanten Leistungen erreichbar ist. Darüber hinausgehend sollten auch noch Fragen zur Kundengewinnung und Kundenbindung beantwortet werden.

12.5.3.3 Investitions- und Finanzplanung sowie Planerfolgsrechnung

Ziel der Finanzplanung ist es, die Wirkungen der (geplanten) Geschäftsidee auf die „Geldflüsse" aufzuzeichnen. Zunächst sollte der Bedarf an Anlagevermögen (Gebäude, Maschinen, Fahrzeuge usw.) basierend auf der für den geplanten Umsatz nötigen Kapazität bestimmt werden.

Neben dem Anlagevermögen ist das Umlaufvermögen (Forderungen aus Lieferung und Leistung sowie Vorräte) abzuschätzen. Die zukünftige Kapitalbindung im Umlaufvermögen lässt sich gestützt auf Branchenvergleichszahlen über den Lagerumschlag sowie unter Annahme einer üblichen Debitorendauer für die Forderungsaußenstände berechnen.

Im Anschluss an die Investitions- und Finanzierungsplanung werden eine Planerfolgsrechnung und – unter Berücksichtigung der Höhe von Tilgungszahlungen, Abschreibungen etc. – eine Plan-Liquiditätsrechnung erstellt, die auf den Umsatzprognosen und der Kostenplanung beruht.

12.5.3.4 Die Risikobetrachtung

Da das Fundament einer wertorientierten Unternehmensführung auf den Säulen Ertrag und Risiko aufgebaut ist, darf die Einschätzung der Risiken in einem FutureValue Businessplan nicht fehlen. Geschäftspläne haben naturgemäß Zukunftsbezug (strategischer Leitfaden) und sollen nachvollziehbar Auskunft über die erwartete zukünftige Entwicklung eines Unternehmens (oder eines einzelnen Projektes) liefern. Wie alle zukunftsbezogenen Aussagen sind damit auch Geschäftspläne mit Unsicherheiten versehen. Während meist die Kostenentwicklung noch relativ fundiert beurteilt werden kann, sind die Umsatzprognosen mit erheblichen Unsicherheiten versehen.

Die kritische Auseinandersetzung mit den möglichen Risiken der Geschäftsidee macht dem Leser deutlich, dass die Verantwortlichen sich mit allen Eventualitäten beschäftigt haben und bereits im Vorfeld mögliche Aktionen oder Reaktionen geplant haben.

Die traditionelle, kennzahlengestützte Stabilitätsanalyse von Geschäftsplänen untersucht das Insolvenzrisiko (Rating) des geplanten Unternehmens und schätzt die Nachhaltigkeit und Kontinuität der Erträge ab, beurteilt also insgesamt das Risiko des Unternehmens oder Projekts, gestützt auf die erstellten Planungsrechnungen.

Das Insolvenzrisiko eines Unternehmens hängt entscheidend von der Eigenkapitalausstattung[199] ab, weil das Eigenkapital das gesamte Unternehmensrisiko trägt. Dabei werden zunächst konzeptionelle Finanzkennzahlen wie Eigenkapitalquote oder dynamischer Verschuldungsgrad berechnet und interpretiert (vgl. Kapitel 4).

Eine Besonderheit des FutureValue Businessplans liegt in der nachvollziehbaren Begründung seiner Wertorientierung, d.h. man misst die Geschäftsidee oder Unternehmensplanung daran, ob Unternehmenswert geschaffen wird. Für die Bewertung eines Geschäftsplanes ist daher eine einfache Rentabilitätsbetrachtung keinesfalls ausreichend; eine ergänzende detaillierte Risikobetrachtung ist zwingend erforderlich, weil auch der Risikoumfang unternehmenswertbestimmend ist. Die oben angesprochene Risikobeurteilung auf Grund finanzorientierter Kennzahlen, wie der Eigenkapitalquo-

---

[199] Indirekt auch das Illiquiditätsrisiko, weil die Kreditvergabe der Banken wesentlich durch die Eigenkapitalausstattung bestimmt wird.

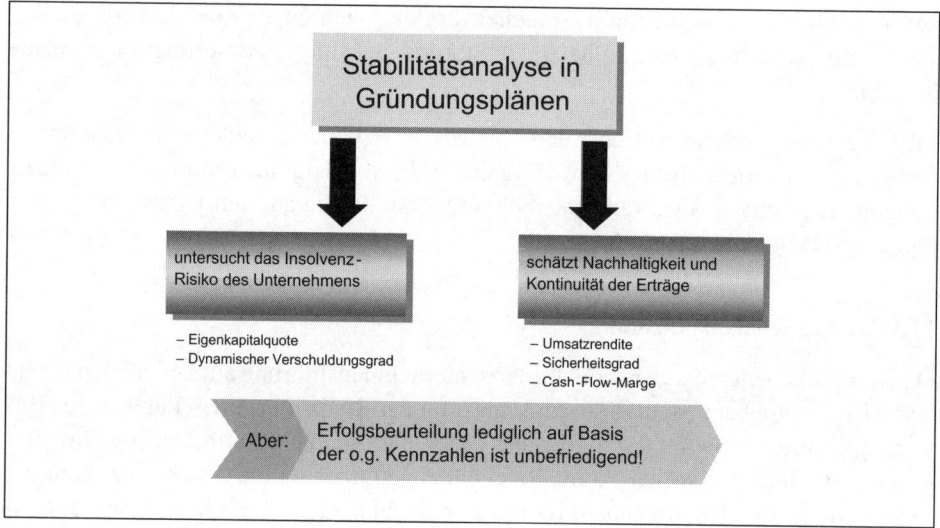

Abbildung 95: Stabilität von Geschäftsplänen

te, ist üblich und sinnvoll. Sie sollte jedoch um eine Beurteilung einzelner Risiken (z. B. Umsatzabweichungen, Zinsänderungen, Fehlschlag eines F&E-Projektes, Vertragsbindungen, konjunkturelle Risiken etc.) ergänzt werden, weil Kennzahlen, wie die Eigenkapitalquote, nur die Risikodeckungsfähigkeit, nicht aber den eigentlichen Risikoumfang beschreiben.

Die Identifikation und Bewertung einzelner Risiken, die zur Abweichung von den geplanten Ergebnissen des Businessplanes führen, kann Ausgangsbasis für eine noch weitergehende Analyse sein. Eine derartige fundierte Risikoanalyse erfordert die Aggregation aller maßgeblichen Risiken durch die Anwendung eines simultanen Verfahrens. Mit Hilfe solcher Risikoaggregationsverfahren wird es beispielsweise möglich, den Eigenkapitalbedarf, also das erforderliche Risikodeckungspotenzial, einer unternehmerischen Aktivität fundiert zu beurteilen (vgl. Kapitel 9).

12.5.3.5 Operative Planung und Maßnahmen

Die operative Planung legt zum Abschluss Ihres Businessplans die zu ergreifenden Maßnahmen mit Verantwortlichen und verbindlichen Terminen fest, sodass einer Umsetzung nichts im Wege steht.

12.5.4 Fazit: Besonderheiten des FutureValue Businessplanes

Ein Businessplan stellt eine in sich schlüssige und abgestimmte Beschreibung eines Unternehmens oder eines einzelnen Projekts dar. Die enthaltenen Aussagen sind nachvollziehbar und möglichst quantitativ. Alle wichtigen Annahmen werden explizit genannt, um eine kritische Diskussion zu ermöglichen. Der FutureValue-Businessplan basiert immer auf einer Unternehmensstrategie, die die langfristigen Zukunftsperspektiven, die Erfolgsfaktoren und ggf. die Kernkompetenzen beschreibt und kritisch bewertet. Der FutureValue Businessplan bewertet eine Geschäftsidee dahingehend, ob sie Unternehmenswert schafft. Dies erfordert u. a. eine detaillierte Analyse – und evtl. auch Aggregation – der wesentlichen Risiken.

12.6 Implementierung

Nach der Bearbeitung dieses Moduls sollten folgende Ergebnisse vorliegen:

- Die wichtigsten Informationen über die Zukunftsentwicklung des Unternehmens sind auch für einen außenstehenden Dritten nachvollziehbar in einem Geschäftsplan zusammengefasst.
- Für gegebenenfalls erforderliche Veränderungen der Unternehmenskultur – der Vision, der kulturellen Werte – wurde ein Kulturentwicklungsprozess initiiert.
- Es ist ein Maßnahmenplan erstellt, der sämtliche für die Umsetzung der Unternehmensstrategie entscheidenden Maßnahmen beschreibt und Verantwortliche, Termine und Prioritäten benennt.
- Ein „strategisches Controlling" wird initiiert, das Rückkopplungsschleifen schafft, um aus Veränderungen der Prämissen der Unternehmensstrategie Handlungsbedarf aufzuzeigen und einen kontinuierlichen Prozess des strategischen Managements zu schaffen.

13 Zusammenfassung

Das FutureValue-Konzept ist ein durchgängiges Konzept für die strategische Ausrichtung von Unternehmen, vor allem für die Entwicklung und Umsetzung wertorientierter Strategien. Es hilft nicht nur, fundierte Informationen über das eigene Unternehmen zusammenzufassen und daraus eine grundlegende Strategie abzuleiten, sondern ist immer auch umsetzungsorientiert: Es zeigt Möglichkeiten, das tatsächliche Handeln im Unternehmen zu verändern, indem geeignete Steuerungssysteme (FutureValue Scorecard) implementiert und die Mitarbeiter für die Unternehmensstrategie eingenommen werden. Auch wenn der FutureValue-Ansatz mit seinen 12 Modulen ein durchgängiges, aufeinander abgestimmtes System darstellt, ist es selbstverständlich nicht zwingend erforderlich, sämtliche Module „in einem Zug" zu realisieren. Die Rahmenbedingungen und Voraussetzungen in den Unternehmen sind unterschiedlich. In dieser Hinsicht ist auch der FutureValue-Ansatz als ein Menü aufzufassen, aus dem unternehmensindividuell – priorisiert nach dem momentanen Handlungsbedarf – ein individueller Vorgehensplan abgeleitet werden kann.

Grundsätzlich sollte jedoch sichergestellt werden, dass zumindest mittelfristig beide Säulen des FutureValue-Ansatzes existieren:

- Es muss eine strategische Leitlinie (Managementkonzept) entwickelt werden, die sämtliche unternehmerische Aktivitäten auf den Erfolg (den Unternehmenswert) ausrichtet, und
- es benötigt ein klares, transparentes Messverfahren (Performance Measurement), das den Fortschritt bei der Realisierung der Strategie anzeigt und geeignet ist, strategische Handlungsoptionen (z. B. Investitionen) unter Abwägung der erwarteten Erträge und der damit verbundenen Risiken zu bewerten.

Fast immer werden sich in einer strategischen Konzeption des Unternehmens Grundprinzipien, wie die Konzentration auf aussichtsreiche Geschäftsfelder oder die Optimierung der Risikoposition, wiederfinden. Die grundlegende Herausforderung der Unternehmensführung kann vereinfacht umrissen werden als fundierte Entwicklung einer Unternehmensstrategie, der Entwicklung eines dazu passenden strategischen Steuerungssystems und die Motivation der Mitarbeiter, die strategisch erforderlichen operativen Maßnahmen auch tatsächlich zu realisieren. Natürlich ist unternehmerischer Erfolg auch von zufälligen Einflüssen abhängig. Aber unabhängig von allen Trends und Modeerscheinungen des strategischen Managements bleibt eines gültig: Die systematische Gestaltung der unternehmerischen Zukunft durch die Unternehmensführung wird immer ein zentraler Erfolgsfaktor bleiben. Genau diese zentrale Herausforderung der Unternehmensführung wollen wir mit dem FutureValue-Ansatz unterstützen.

Sie haben die 12 Module unseres praxisbewährten FutureValue-Ansatzes kennen gelernt. Sie haben damit ein aufeinander abgestimmtes System betriebswirtschaftlicher Instrumente erhalten, die geeignet sind, Ihre vorhandenen Unternehmensführungs- und Steuerungssysteme auszubauen, um so eine erfolgsversprechende Unternehmensstrategie im Unternehmen zu verankern und konsequent umzusetzen. Wir haben Ihnen aber auch die theoretischen Hintergründe und Erläuterungen zu unserem Ansatz angeboten, damit Sie selbst für sich entscheiden können, welche unserer Schlussfolgerungen Sie mittragen. Wir möchten Ihnen keine dogmatischen Patentrezepte oder Glaubensgrundsätze für eine erfolgreiche Unternehmensführung anbieten, da derartig simplifizierende, aber durchaus populäre Ansätze für eine Unternehmensführung der tatsächlichen Komplexität der unternehmerischen Herausforderungen nicht gerecht werden können.

An vielen Stellen haben wir uns bei der Präsentation des FutureValue-Ansatzes darauf beschränkt, die wichtigsten Aspekte und die grundlegenden Zusammenhänge zu präsentieren. Wenn Sie sich vertiefend mit einigen in unserem Buch angeschnittenen und zusammenfassend dargestellten Themen auseinander setzen möchten, können wir Ihnen insbesondere folgende weiterführende Veröffentlichungen empfehlen:

1) Betriebswirtschaftliche Methoden, Entscheidungsregeln und Checklisten:

→ WERNER GLEIßNER: **Faustregeln für Unternehmer – Leitfaden für strategische Kompetenz und Entscheidungsfindung, Gabler Verlag, 2000.**

Durch die Zusammenfassung eines umfangreichen betriebswirtschaftlichen Knowhows sowie praxisbewährter Entscheidungsregeln bietet das Arbeitsbuch einen strukturierten Leitfaden sowie eine Vielzahl von Checklisten, um Fachwissen bei betriebswirtschaftlichen Entscheidungen schnell und systematisch anwenden zu können. Mit dieser Schwerpunktsetzung hilft das Buch dabei, die hier in „FutureValue" beschriebenen Ideen in der Unternehmenspraxis umzusetzen.

2) Risikoanalyse, risikoorientierte Unternehmensplanung (Risikoaggregation), die Optimierung der Risikoposition sowie der Aufbau von Risikomangement-Systemen:

→ WERNER GLEIßNER; GÜNTER MEIER: **Wertorientiertes Risiko-Management für Industrie und Handel, Gabler Verlag, 2001.**

Das Standardwerk bietet einen umfassenden Überblick zu allen wesentlichen Aspekten des Risikomanagements und konzentriert sich dabei auf die Anforderungen von Handels- und Industrieunternehmen. Die theoretischen Erläuterungen zur Risikoanalyse, Risikoaggregation und Risikobewältigung werden durch eine Vielzahl von Checklisten, Formblättern und Fallbeispielen ergänzt. Damit bietet das Buch eine praxisorientierte Hilfe zum Auf- und Ausbau von Risikomangement-Systemen, wobei gezielt Ansatzpunkte für die Identifikation noch bestehender

Schwachstellen in bereits implementierten Systemen geboten werden. Die im Buch beschriebenen Verfahren helfen, den Unwägbarkeiten der risikobehafteten Zukunft gerecht zu werden und so Stabilität und Krisenfestigkeit von Unternehmen zu erhöhen.

3) *Rating sowie Rating- und Finanzierungsstrategien:*

→ **WERNER GLEIßNER; KARSTEN FÜSER: Leitfaden Rating – Basel II: Ratingstrategien für den Mittelstand, Verlag Vahlen, 2. Auflage, 2003.**

In diesem Buch werden im Detail die im Rahmen des FutureValue-Ansatzes nur kursorisch behandelten neuen Herausforderungen durch Basel II und Rating aufgezeigt. Damit wird ein zunehmend wichtiger Teilaspekt der Unternehmensstrategie, die Rating- und Finanzierungsstrategie, die sich mit der Wettbewerbsfähigkeit auf den Kapitalmärkten befasst, vertiefend betrachtet. Im „Leitfaden Rating" wird dabei im Detail erläutert, wie ein Unternehmen durch eine Analyse der eigenen Situation eine Ersteinschätzung des eigenen Rating bestimmen und auf dieser Grundlage eine Ratingtrategie entwickeln kann. Mit dieser Ratingtrategie, deren Entwicklung von einer Vielzahl von Checklisten unterstützt wird, kann sich das Unternehmen auf das Rating durch ein Kreditinstitut oder eine Ratingagentur vorbereiten, um so auch zukünftig einen adäquaten Kreditrahmen zu günstigen Konditionen zu sichern.

4) *Unternehmenskultur:*

→ **JILL SCHMELCHER; MARION WITTE; RICHARD LINXSWEILER: Die unsichtbare Kraft, mit gelebter Unternehmenskultur zum Erfolg, Gabler Verlag, 2002.**

Ein am Unternehmenswert ausgerichtetes Management und ein Management kultureller Werte sind keine Gegensätze – dies ist eine der zentralen Aussagen des FutureValue-Ansatzes. Für eine intensive Ausseinandersetzung mit dem Thema Unternehmenskultur empfehlen wir das Buch von Jill Schmelcher „Die unsichtbare Kraft".

5) *Bereitschaft für Veränderung im Unternehmen schaffen:*

→ **ARNOLD WEISSMAN; JOACHIM FEIGE: Sinnergie, Orell-Füssli, 2000.**

Das Buch „Synergie" hilft dabei, die Grundlagen für jedes erfolgreiche strategische Management zu legen, nämlich die Bereitschaft von Unternehmern und Führungskräften für Veränderungen zu fördern. Dazu werden Analogien zwischen Management-Grundlagen und Prinzipien der Natur aufgezeigt.

6) *Optimierung des Entscheidungsverhaltens der Unternehmer:*

→ **WERNER GLEIßNER: Faustregeln für Unternehmer – Leitfaden für strategische Kompetenz und Entscheidungsfindung, Gabler Verlag, 2000 (wie 1).**

Da unternehmerischer Erfolg letztlich von der Qualität der Entscheidungen der Unternehmensleitung abhängt, werden in diesem Buch – aufbauend auf betriebswirtschaftlichen Grundlagen – die wesentlichen Erkenntnisse der psychologischen Entscheidungstheorie dargestellt. Dabei werden insbesondere die Typen unternehmerischer Fehlentscheidung („Denkfallen") und ihre wesentlichen Ursachen (mit einer Vielzahl von Beispielen) dargestellt, um auf dieser Grundlage konkrete Ratschläge für die Optimierung der eigenen Entscheidungen abzuleiten. Das Buch hilft dabei, die eigenen Handlungs- und Entscheidungsweisen kritisch zu hinterfragen und trägt so auch dazu bei, dass neue Gedanken des FutureValue-Ansatzes auch bei Entscheidungen unter Zeitdruck gegen traditionelle Denkmuster realisiert werden können.

Abschließend möchten wir noch auf den möglicherweise wichtigsten Faktor für eine erfolgreiche Umsetzung des FutureValue-Ansatzes eingehen: Der entscheidende Erfolgsfaktor besteht darin, mit der Umsetzung schnell und konsequent an mindestens einem Punkt zu beginnen. Natürlich ist die Umsetzung sämtlicher im Rahmen dieses Buches beschriebenen Aspekte im eigenen Unternehmen ein großes, oft zu großes Arbeitspaket, das die beschränkten zeitlichen Ressourcen der Unternehmensführung überfordern würde. Es ist jedoch gar nicht entscheidend, dass das gesamte FutureValue-Konzept in einem Unternehmen realisiert wird. Der FutureValue-Ansatz ist modular und muss individuell, also insbesondere in Abhängigkeit von der Ausgangssituation und der aktuellen Prioritätenlage eines Unternehmens angepasst werden.

Um aus den Überlegungen des FutureValue-Ansatzes für Ihr Unternehmen einen Nutzen in Hinsicht auf eine bessere Zukunftsfähigkeit des Unternehmens zu erreichen, schlagen wir Folgendes vor:

1. Schaffen Sie eine Präsenz des FutureValue-Ansatzes, indem Sie für sich die wesentlichsten Gedanken – beispielsweise auf einer Seite – fixieren und diese Ideen in Ihrem Unternehmen diskutieren.

2. Wählen Sie einen Ansatzpunkt aus dem Gesamtangebot des FutureValue-Ansatzes aus, den Sie schnell und konsequent – möglichst innerhalb der nächsten vier Wochen – realisieren können.

3. Entwickeln Sie einen realistischen Rahmenplan für die Umsetzung der weiteren Module des FutureValue-Ansatzes, bei denen in Ihrem Unternehmen Handlungsbedarf besteht, und verankern Sie diesen Rahmenplan in Ihrem Unternehmen.

Der schnelle und konsequente Einstieg ist ein wichtiger Erfolgsfaktor bei der Weiterentwicklung der Unternehmensführungskonzeption. Für Anfragen zur Umsetzung stehen wir Ihnen dabei ebenso gerne zur Verfügung wie für kritische Anmerkungen zu diesem Buch.

Leinfelden-Echterdingen und Nürnberg, Winter 2003/2004
Werner Gleißner
kontakt@futurevalue.de

14 Anhang

14.1 Anhaltspunkte für betriebswirtschaftliche Kennzahlen[200]

Die folgenden Tabellen stellen Ausprägungen von Kennzahlen für eine Reihe von Branchen dar, an denen man sich orientieren kann, wenn man ein Unternehmen bewerten will.

Branche[201]	Material-aufwand	Personal-aufwand	Abschrei-bungen	Zinsauf-wand	sonstiger Aufwand	Gewinn
Verarbeitendes Gewerbe	55,0%	17,7%	3,9%	1,2%	14,3%	4,3%
Ernährungsgewerbe	64,0%	10,9%	3,4%	1,0%	16,5%	2,8%
Textilgewerbe	55,3%	22,5%	3,9%	1,5%	13,8%	3,0%
Bekleidungsgewerbe	60,0%	15,2%	1,8%	1,2%	17,3%	4,6%
Holzgewerbe (ohne Herstellung von Möbeln)	55,6%	20,5%	4,9%	1,7%	15,1%	2,1%
Papiergewerbe	54,6%	16,4%	5,5%	1,4%	16,5%	5,7%
Verlags-, Druckgewerbe, Vervielfältigung v. bespielbaren Ton-, Bild- u. Datenträgern	40,1%	25,9%	4,6%	1,5%	22,4%	5,4%
Chemische Industrie	45,9%	18,2%	5,3%	2,2%	20,1%	8,9%
Herstellung von Gummi- und Kunststoffwaren	50,9%	22,3%	4,6%	1,3%	17,1%	4,9%
Glasgewerbe, Keramik, Verarbeitung von Steinen und Erden	39,6%	24,4%	6,7%	2,4%	22,1%	6,2%
Metallerzeugung und -bearbeitung	62,2%	17,7%	4,2%	1,1%	11,7%	3,5%
Herstellung von Metallerzeugnissen	49,1%	26,4%	4,5%	1,2%	14,4%	5,1%
Maschinenbau	49,5%	26,1%	3,5%	1,2%	15,1%	5,2%
Elektrotechnik	56,8%	20,1%	3,2%	1,6%	13,0%	5,4%
Medizin-, Mess-, Steuer- und Regelungstechnik, Optik	42,5%	30,1%	3,7%	0,9%	18,6%	4,3%
Herstellung von Kraftwagen und Kraftwagenteilen	64,6%	15,9%	4,1%	0,8%	12,2%	2,4%
Energie- und Wasserversorgung	59,4%	11,3%	7,6%	1,3%	13,3%	6,5%
Baugewerbe	58,8%	24,3%	2,8%	1,2%	12,3%	0,5%
Großhandel (ohne Handel mit Kraftfahrzeugen) und Handelsvermittlung	82,3%	6,4%	1,2%	0,7%	7,1%	1,7%
Einzelhandel (inkl. Handel mit Kfz u. inkl. Tankstellen)	73,2%	9,7%	1,5%	0,8%	12,1%	1,1%
Verkehr ohne Eisenbahnen	48,6%	20,7%	6,9%	1,5%	19,5%	–0,4%

---

200 Quelle:Deutsche Bundesbank, Zahlen für 2000; Berechnung: FutureValue Group AG 2003
201 Kostenstruktur – Angaben in Prozent der Gesamtleistung

Branche	EBITM	URnZ	SG	CFM	SDB	DV	EKQ	EKR
Verarbeitendes Gewerbe	5,5%	4,3%	9,7%	8,4%	2,5	3,1	27,0%	6,1
Ernährungsgewerbe	3,7%	2,8%	8,0%	6,2%	3,3	3,8	27,4%	5,1
Textilgewerbe	4,6%	3,0%	6,6%	6,7%	2,0	5,0	25,3%	4,4
Bekleidungsgewerbe	5,8%	4,6%	12,4%	5,1%	2,6	5,2	27,5%	4,4
Holzgewerbe (ohne Herstellung von Möbeln)	3,8%	2,1%	4,8%	7,1%	2,2	5,3	17,5%	2,9
Papiergewerbe	7,1%	5,7%	13,7%	11,7%	2,8	2,6	30,0%	5,9
Verlags-, Druckgewerbe, Vervielfältigung v. bespielbaren Ton-, Bild- u. Datenträgern	6,8%	5,4%	9,7%	8,3%	2,3	2,6	25,6%	3,5
Chemische Industrie	11,1%	8,9%	17,6%	13,2%	3,0	3,2	34,6%	10,0
Herstellung von Gummi- und Kunststoffwaren	6,3%	4,9%	8,1%	8,9%	2,2	3,8	27,9%	4,8
Glasgewerbe, Keramik, Verarbeitung von Steinen und Erden	8,6%	6,2%	8,5%	11,6%	2,5	4,7	31,4%	7,9
Metallerzeugung und -bearbeitung	4,5%	3,5%	9,4%	9,7%	2,1	2,8	32,0%	6,9
Herstellung von Metallerzeugnissen	6,3%	5,1%	9,0%	9,5%	1,9	3,4	23,5%	3,7
Maschinenbau	6,4%	5,2%	10,2%	8,2%	1,9	3,9	26,7%	5,4
Elektrotechnik	7,0%	5,4%	14,0%	7,1%	2,1	3,4	23,1%	6,4
Medizin-, Mess-, Steuer- und Regelungstechnik, Optik	5,2%	4,3%	9,5%	10,8%	1,9	2,6	25,8%	4,5
Herstellung von Kraftwagen und Kraftwagenteilen	3,2%	2,4%	7,2%	7,2%	2,2	2,4	26,9%	6,2
Energie- und Wasserversorgung	7,8%	6,5%	13,5%	13,6%	3,6	2,5	26,7%	13,3
Baugewerbe	1,8%	0,5%	1,4%	2,9%	1,7	21,6	12,0%	3,6
Großhandel (ohne Handel mit Kraftfahrzeugen) und Handelsvermittlung	2,4%	1,7%	9,6%	3,4%	2,8	5,7	20,2%	4,8
Einzelhandel (inkl. Handel mit Kfz u. inkl. Tankstellen)	1,8%	1,1%	4,1%	3,2%	2,8	6,3	17,5%	2,8
Verkehr ohne Eisenbahnen	1,0%	-0,4%	5,3%	7,3%	2,5	5,4	27,0%	6,1

Anhaltspunkte für betriebswirtschaftliche Kennzahlen

Branche	QR	AD II	GKR	ROCE	KU	CEU	ZDQ-1	KR
Verarbeitendes Gewerbe	98,4%	192,3%	7,9%	23,5%	1,4	4,26	4,60	12,1%
Ernährungsgewerbe	87,5%	143,3%	7,6%	16,1%	2,1	4,32	3,89	12,8%
Textilgewerbe	82,8%	168,0%	7,5%	12,4%	1,7	2,71	2,99	11,1%
Bekleidungsgewerbe	88,1%	366,9%	12,4%	25,5%	2,1	4,37	4,68	10,9%
Holzgewerbe (ohne Herstellung von Möbeln)	68,8%	117,8%	6,6%	10,7%	1,7	2,78	2,21	12,2%
Papiergewerbe	93,8%	123,5%	10,8%	17,6%	1,5	2,48	5,0	217,8%
Verlags-, Druckgewerbe, Vervielfältigung v. bespielbaren Ton-, Bild- u. Datenträgern	113,2%	138,7%	11,0%	27,9%	1,6	4,08	4,68	13,3%
Chemische Industrie	72,3%	242,4%	10,1%	35,0%	0,9	3,15	5,10	12,0%
Herstellung von Gummi- und Kunststoffwaren	82,4%	162,8%	9,7%	20,7%	1,5	3,31	4,76	13,7%
Glasgewerbe, Keramik, Verarbeitung von Steinen und Erden	78,9%	219,6%	7,4%	21,5%	0,9	2,51	3,64	10,0%
Metallerzeugung und -bearbeitung	85,0%	133,6%	7,3%	12,5%	1,6	2,74	4,33	15,6%
Herstellung von Metallerzeugnissen	84,8%	147,9%	10,3%	19,2%	1,6	3,03	5,11	15,4%
Maschinenbau	111,9%	257,4%	8,2%	23,7%	1,3	3,71	5,27	10,6%
Elektrotechnik	121,7%	292,5%	8,0%	34,2%	1,1	4,89	4,42	8,1%
Medizin-, Mess-, Steuer- und Regelungstechnik, Optik	130,8%	204,8%	6,8%	15,6%	1,3	2,97	5,66	14,1%
Herstellung von Kraftwagen und Kraftwagenteilen	108,5%	179,1%	5,1%	21,7%	1,6	6,76	3,88	11,4%
Energie- und Wasserversorgung	170,3%	91,1%	5,6%	11,1%	0,7	1,42	5,84	9,7%
Baugewerbe	55,3%	134,7%	1,7%	8,3%	1,0	4,75	1,45	2,9%
Großhandel (ohne Handel mit Kraftfahrzeugen) und Handelsvermittlung	87,5%	219,6%	7,9%	17,0%	3,3	6,98	3,57	11,2%
Einzelhandel (inkl. Handel mit Kfz u. inkl. Tankstellen)	67,3%	160,5%	5,8%	12,0%	3,2	6,56	2,38	10,2%
Verkehr ohne Eisenbahnen	107,3%	87,4%	1,1%	1,9%	1,1	1,79	0,71	8,1%

Abbildung 96: Branchenvergleich diverser Kennzahlen

Aktuelle Kennzahlen im Internet unter http://www.futurevalue.de oder http://www.rmce.de

Bedeutung der Abkürzungen

EBITM:	EBIT-Marge	SDB:	spezifischer Deckungsbeitrag
UrnZ:	Umsatzrendite n. Zinsen	DV:	dynamischer Verschuldungsgrad
SG:	Sicherheitsgrad	EKQ:	Eigenkapitalquote
CEU	KU bezogen auf Capital Employed	CFM:	Cash-Flow-Marge
QR:	Quick-Ratio	AD II:	Anlagendeckungsgrad II
GKR:	Gesamtkapitalrendite	KU:	Kapitalumschlag
KR:	Kapitalrückflussquote (CFROI)	ROCE:	Return on Capital Employed
EKR	Eigenkapitalreichweite (Monate)	ZDQ-1:	Zinsdeckungsquote

14.2 Verfahren der Unternehmensbewertung[202]

14.2.1 Gesamtbewertungsverfahren

14.2.1.1 Ertragswertverfahren

Bei den Ertragswertverfahren wird der Unternehmenswert durch Diskontierung der den Unternehmenseignern zukünftig aus dem Unternehmen zufließenden finanziellen Überschüsse ermittelt. Dabei werden die finanziellen Überschüsse in der Regel aus den künftigen handelsrechtlichen Erträgen abgeleitet.

Meist wird davon ausgegangen, dass die zugrunde gelegten Erträge mit Hilfe des betriebsnotwendigen Vermögens (Capital Employed) erwirtschaftet werden. Dies setzt somit eine Trennung von betriebsnotwendigem und nicht betriebsnotwendigem Vermögen zu Bewertungszwecken voraus.

Das Kernproblem bei der Bewertung eines Unternehmens liegt in der Prognose der finanziellen Überschüsse aus dem betriebsnotwendigen Vermögen.[203] Diese Prognosen erfordern eine umfangreiche Informationsbeschaffung und darauf aufbauende Prognosen sowie eine Plausibilitätsbeurteilung der Planannahmen.

Zur Ermittlung der Ertragsüberschüsse aus dem *betriebsnotwendigen Vermögen* sollten einige Bereinigungen der vorliegenden Jahresabschlussdaten vorgenommen werden:

- Herausrechnen der Aufwendungen und Erträge des nicht betriebsnotwendigen Vermögens (z. B. Erträge von nicht betriebsnotwendigen Beteiligungen),
- Herausrechnen von periodenfremden und außerplanmäßigen Aufwendungen und Erträgen (z. B. Auflösung von Rückstellungen),
- Korrektur ausgeübter Bilanzierungswahlrechte (z. B. Änderung der Bewertungsmethoden bei Vorräten),
- Berücksichtigung personenbezogener und anderer spezifischer Faktoren (z. B. Hinzurechnen eines kalkulatorischen Unternehmenslohns),
- Berücksichtigung von Folgeänderungen bei durchgeführten Bereinigungsvorgängen (insbesondere Neuberechnung ergebnisabhängiger Aufwendungen wie z. B. Steueraufwand).

Die bereinigten Vergangenheitsergebnisse, die sich aus den handelsrechtlichen Gewinn- und Verlustrechnungen ergeben, dienen dazu, die zukünftigen finanziellen

---

[202] Von Werner GLEIßNER und Jürgen KOHLHAMMER.
[203] Vgl. Institut der Wirtschaftsprüfer, 2002, Seite 18 ff.

Überschüsse (z. B. EBIT, Gewinn vor Steuer) ausgehend von den Aufwands- und Ertragsplanungen für den gewählten Planungszeitraum zu prognostizieren. Die erwarteten finanziellen Überschüsse sind jedoch auf Grund der Ungewissheit der Zukunft nicht mit Sicherheit voraussehbar. Aus diesem Grund erwarten die Investoren für die Übernahme dieses Unternehmerrisikos eine Risikoprämie.

Unterstellt man eine unbegrenzte Lebensdauer des zu bewertenden Unternehmens, entspricht der Unternehmenswert dem Barwert der zukünftigen finanziellen Überschüsse aus dem betriebsnotwendigen Vermögen zuzüglich des Barwerts des nicht betriebsnotwendigen Vermögen. Daraus abgeleitet ergibt sich folgende Formel:

$$UW = \sum_{t=1}^{\infty} \frac{E_t^{bV}}{(1+r)^t} + nbV$$

E_t^{bV} = erwarteter Unternehmensertrag aus dem betriebsnotwendigen Vermögen in der Periode t
nbV = nicht betriebsnotwendiges Vermögen
r = individueller, konstanter Kalkulationszinssatz

Der Ertragswert eines Unternehmens ist (zumindest im einfachen Fall eines vollkommenen Kapitalmarktes) zugleich Preisobergrenze für einen potenziellen Käufer und Preisuntergrenze für einen Verkäufer.

In der Bewertungspraxis erfolgt die Prognose zukünftiger Erträge in der Regel nach einzelnen Phasen (z. B. zwei) getrennt:

1. Detaillierte Planung der Erträge bis zum Zeitpunkt T (meist 3 oder 5 Jahre):
   Ermittlung eines Fortführungswertes mittels Fortschreibung der Erträge der ersten Phase unter Berücksichtigung von Wachstumsannahmen.

2. Annahme konstanter Erträge für die Perioden nach T:
   Zudem wird ein Fortführungswert bei Fortschreibung des Ertrages in T+1 unter Annahme eines 0-prozentigen Wachstums durch eine ewige Rente berechnet:

$$UW = \sum_{t=1}^{T} \frac{E_t}{(1+r)^t} + \frac{E_{T+1}}{r \cdot (1+r)^{T+1}} + nbV$$

Die Unsicherheit hinsichtlich der zukünftigen finanziellen Überschüsse lässt sich dabei alternativ durch zwei Vorgehensweisen in der Bewertung berücksichtigen; entweder durch

- die Sicherheitsäquivalenz- bzw. Ergebnisabschlagsmethode (Abschlag vom Erwartungswert der zukünftigen finanziellen Überschüsse) oder
- die Zins- bzw. Risikozuschlagsmethode (Zuschlag zum Diskontierungszinssatz).

Der Diskontierungssatz oder auch Kapitalisierungszinssatz wird dabei aus der Rendite der besten alternativen Kapitalanlage mit vergleichbarem Risiko abgeleitet und entspricht der geforderten Mindestrendite. Der individuelle Kapitalisierungszinssatz eines Investors berechnet sich dann wie folgt:

Risikoloser Basiszins
+ subjektiver Risikozuschlag des Investors
= **individueller Kapitalisierungszinssatz**

Die Ertragswertverfahren und das im folgenden dargestellte DCF-Verfahren lassen sich grundsätzlich wie folgt unterscheiden:

Verfahren / Merkmale	**Ertragswertverfahren**	**DCF-Verfahren**
Ermittlung des Unternehmenswertes	(direkter) Equity-Ansatz	(indirekter) Entity-Ansatz nach dem WACC-Ansatz, APV-Ansatz, TCF-Ansatz oder (direkt) Equity-Ansatz
Art des Unternehmenswertes	„objektivierter" Wert	„entscheidungsorientierter" Wert
finanzmathematisches Verfahren	Kapitalwertmethode (inkl. nachschüssiger ewiger Rente bei Unternehmensfortführung; Going-Concern-Prämisse)	
Diskontierungsarten und Risikoberücksichtigung	individueller Kapitalisierungssatz (inkl. subjektivem systematischen und unsystematischen Risikozuschlag) oder gewichteter Kapitalkostensatz (WACC) mit Ermittlung des systematischen Eigenkapitalrisikos (über CAPM oder APT)	
Kapitalisierungstechnik	in der Regel Phasenrechnung (Detailprognose max. 3-5 Jahre)	prinzipiell Phasenrechnung (Detailprognose für 5-10 Jahre)
Bewertungsgrundlage	bereinigter Ertragsüberschuss	Einnahmenüberschuss: freier Cash-Flow
Einfluss von Bewertungswahlrechten	vorhanden, nicht vermeidbar	weitgehend unabhängig
Berücksichtigung von Investitionen	indirekt, mittelbar über Abschreibungen und Zinsergebnis	direkt, unmittelbar
Berücksichtigung von Veränderungen im Nettoumlaufvermögen	indirekt, mittelbar über Zinsergebnis	direkt, unmittelbar
nicht betriebsnotwendige Vermögensgegenstände	explizit berücksichtigt	
Rechtfertigung der Ebene der Unternehmenswertermittlung	Vollausschüttungstheorie	

Abbildung 97: Ertragswertverfahren und DCF-Verfahren im Vergleich[204]

---

[204] Quelle: SCHULZE, 2001, S. 389.

14.2.1.2 Discounted Cash-Flow-Verfahren

Bei den Discounted Cash-Flow-Verfahren (DCF-Verfahren) wird der Wert des Unternehmens durch die Diskontierung der zukünftigen Cash-Flows errechnet. Dabei stellen Cash-Flows die erwarteten Zahlungen an die Kapitalgeber dar. Im Unterschied zu den Ertragswertverfahren orientieren sich die DCF-Verfahren bei der Bestimmung des Diskontierungssatzes an kapitalmarkttheoretischen Überlegungen, wobei insbesondere das CAP-Modell[205] Verwendung findet.

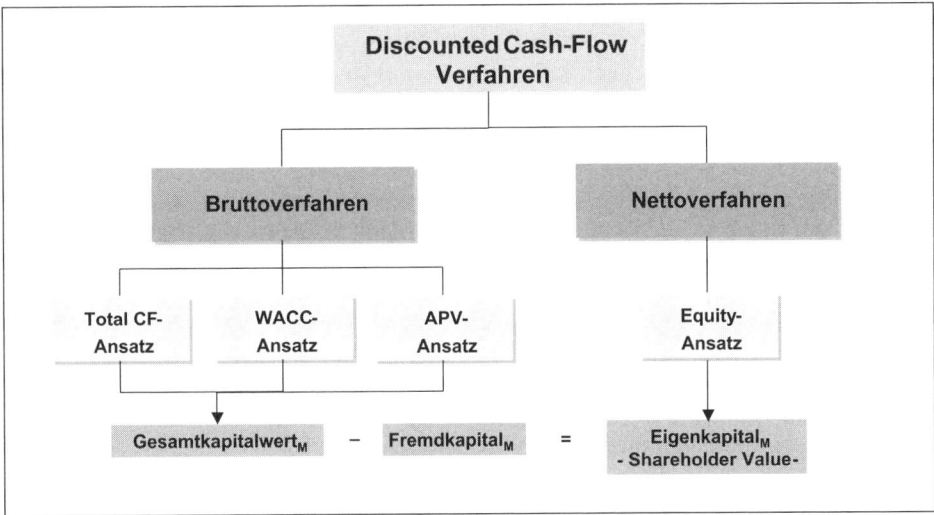

Abbildung 98: DCF-Verfahren im Überblick

Grundsätzlich benötigt man für die Berechnung des Unternehmenswerts (UW) Prognosen über alle zukünftigen freien Cash-Flows und eine Quantifizierung der Risiken, um damit den Kapitalkostensatz bestimmen zu können. Mit diesem Kapitalkostensatz werden, wie schon erwähnt, die entsprechenden freien Cash-Flows risiko-adäquat abgezinst, um deren Gegenwartswert (Kapitalwert) zu berechnen. In der Praxis gibt es fünf verschiedene Ansätze zur Ermittlung der Kapitalkostensätze, die in Absatz 5.3.5 „Herleitung der Kapitalkostensätze" näher erläutert sind.

(A) Bruttoverfahren („Entity-Ansatz")
Man unterscheidet zwei Hauptrichtungen der DCF-Verfahren. Während nach den Bruttoverfahren (Entity-Ansatz) der Unternehmenswert, also der Marktwert des Eigenkapitals (EK_M), sich indirekt als Differenz aus dem Gesamtkapitalwert (GK_M) und dem Marktwert des Fremdkapitals (FK_M) ergibt (Bruttokapitalisierung),

$$UW = EK_m = GK_M - FK_M,$$

wird nach dem Konzept der direkten Ermittlung (Equity-Ansatz) der Marktwert des Eigenkapitals durch Abzinsung der um die Fremdkapitalkosten (FK * k_{FK}) verminderten freien Cash-Flows (fCF) mit der (linear vom Verschuldungsgrad abhängigen) Rendite des Eigenkapitals (k_{EK} = „Eigenkapitalkostensatz") berechnet (Nettokapitalisierung).

$$EK_M = \frac{fCF - FK * k_{FK}}{k_{EK}}$$

Die zukünftigen freien Cash-Flows (fCF) sind jene finanziellen Überschüsse, die den Eigen- und Fremdkapitalgebern des Unternehmens zur Verfügung stehen. Die fCF sind somit die Cash-Flows nach Investitionen und Unternehmenssteuern jedoch vor Zinsen. Beim freien Cash-Flow wird also berücksichtigt, dass ein gewisser Teil der Zahlungsüberschüsse für Investitionen im Unternehmen verbleiben muss, um die Erträge langfristig zu sichern.

Der Unternehmenswert lässt sich auf Basis der freien Cash-Flows nach folgendem Schema berechnen:

Gegenwartswert der freien Cash-Flows
+ Marktwert des nicht betriebsnotwendigen Vermögens
= **Marktwert des Gesamtkapitals**
− Marktwert des verzinslichen Fremdkapitals
= **Marktwert des Eigenkapitals (= Shareholder Value)**

Für die Berechnung der freien Cash-Flows wird ausgehend von der Plan-Gewinn- und Verlustrechnung folgende Formel verwendet:

Betriebsergebnis (EBIT)
− unternehmensbezogene Steuern
+ nichtzahlungswirksame Aufwendungen
 (z. B. Abschreibungen und Veränderung bei langfristigen Rückstellungen)
= **Brutto Cash-Flow**
+/− Veränderung im Working Capital (WC)
− Investitionen in das (betriebsnotwendige) Sachanlagevermögen (bSAV)
= **freier Cash-Flow (fCF)**

Die Bruttoverfahren lassen sich anhand drei unterschiedlicher Vorgehensweisen charakterisieren.

(1) WACC-Ansatz (Weighted-average-cost-of-capital)
Die Berechnung des Unternehmenswertes nach dem WACC-Ansatz erfolgt mit Hilfe der freien Cash-Flows und einem gewogenen Kapitalkostensatz der Eigen- und Fremdkapitalgeber unter Berücksichtigung der steuerlichen Abzugsfähigkeit der Fremdkapitalzinsen (s'):

$$WACC = k_{EK} * \frac{EK_M}{GK_M} + k_{FK} * \frac{FK_M}{GK_M} * (1 - s')$$

Die Annahme konstanter Gesamtkapitalkosten (WACC) erfordert neben unveränderten Risiken (in den meisten Modellvarianten) auch ein konstantes Verhältnis von Eigen- und Fremdkapital (EK, FK), was in der Realität jedoch kaum anzutreffen sein wird.

Der Unternehmenswert (Marktwert des Eigenkapitals) lässt sich wie folgt bestimmen (unendlicher Planungszeitraum):

$$EK_M = \sum_{t=1}^{T} \frac{fCF_t}{(1 + WACC)^t} + \frac{fCF_{T+1}}{WACC * (1 + WACC)^{T+1}} + nbV - FK_M$$

(2) Adjusted Present Value-Ansatz (APV)
Beim Adjusted Present Value-Ansatz (APV) wird in einem ersten Schritt der Marktwert des Gesamtkapitals unter der Annahme der vollständigen Eigenfinanzierung ermittelt. Erst in einem zweiten Schritt werden die Auswirkungen einer Fremdfinanzierung des Unternehmens berücksichtigt.

   Barwert der freien Cash-Flows bei fiktiver Eigenfinanzierung
+ Marktwert des nicht betriebsnotwendigen Vermögens
= **Marktwert des Gesamtkapitals eines unverschuldeten Unternehmens**
+ Barwert des Tax Shields
= **Marktwert des Gesamtkapitals eines verschuldeten Unternehmens**
− Marktwert des Fremdkapitals
= **Marktwert des Eigenkapitals**

Der Diskontierungssatz, mit dem die prognostizierten freien Cash-Flows (= Cash-Flow bei reiner Eigenfinanzierung) abgezinst werden, entspricht der Renditeforderung der Eigenkapitalgeber für das unverschuldete Unternehmen. Der so errechnete Barwert der freien Cash-Flows und der Marktwert des nicht betriebsnotwendigen Vermögens ergeben zusammen den Marktwert des Gesamtkapitals eines unverschuldeten Unternehmens. Bei Fremdfinanzierung führt die steuerliche Abzugsfähigkeit der Fremdkapitalzinsen zu einer Erhöhung des Marktwertes des Gesamtkapitals. Diese Marktwerterhöhung, auch „Tax Shield" genannt, errechnet sich als Barwert der Steuerersparnis aus den Fremdkapitalzinsen.

Meist wird im APV-Ansatz der Eigenkapitalkostensatz mit Hilfe des Capital Asset Pricing Modells bestimmt, obwohl dieses Modell in Mehrperiodenmodellen mit Steuern nicht anwendbar ist und – im Gegensatz zum APV-Ansatz – risikoscheue Investoren unterstellt.[206]

---

[206] Vgl. HERING, 1999, S. 145-148.

(3) Total Cash-Flow-Ansatz (TCF)

Beim hier nur kurz vorgestellten TCF-Ansatz werden bei der Berechnung des Unternehmenswertes anstelle der freien Cash-Flows die so genannten „Total Cash-Flows" herangezogen.

Bei diesem Verfahren wird die Steuerersparnis auf Grund der steuerlichen Absetzbarkeit der Fremdkapitalzinsen schon bei der Abschätzung der zukünftigen Cash-Flows berücksichtigt und nicht erst bei der Ermittlung der gewogenen Kapitalkosten.

Der gewogene Kapitalkostensatz wird angepasst (vgl. „WACC-Ansatz"), und die Berechnung des Diskontierungssatzes erfolgt ohne Berücksichtigung des steuerlichen Vorteils durch Abzugsfähigkeit der Fremdkapitalzinsen (s).

(B) Netto-Verfahren („Equity-Ansatz")

Im Gegensatz zu den Bruttoverfahren wird der Unternehmenswert beim Nettoverfahren („Equity-Ansatz") direkt (also einstufig) errechnet, indem die um die Fremdkapitalkosten (insbesondere Zinsaufwand) verminderten Zahlungsüberschüsse in einem Schritt abgezinst werden. Dabei entsprechen die zu diskontierenden Zahlungsüberschüsse bzw. Cash-Flows den vom Unternehmen erwirtschafteten Einzahlungsüberschüssen, die alleine den Eigenkapitalgebern zur Verfügung stehen (z. B. Dividenden), auch „Flows to Equity" genannt.

Ausgehend von den freien Cash-Flows lässt sich der Flow to Equity wie folgt berechnen:

Freier Cash-Flow
- Fremdkapitalzinsen[207]
+ Steuerersparnis aus Fremdfinanzierung
= **Flow to Equity (FTE)**

Da die FTE allein den Eigenkapitalgebern des Unternehmens zufließen, werden sie nicht mit dem gewogenen Kapitalkostensatz (WACC), sondern mit der geforderten Eigenkapitalrendite für das verschuldete Unternehmen (k_{EK}) abgezinst.

Bei Anwendung des Nettoverfahrens errechnet sich der Marktwert des Eigenkapitals (Shareholder Value) für einen unendlichen Planungszeitraum damit wie folgt:

$$EK_M = \sum_{t=1}^{T} \frac{FTE_t}{(1 + k_{EK})^t} + \frac{FTE_{T+1}}{k_{EK} * (1 + k_{EK})^{T+1}} + nbV$$

Da die Eigenkapitalkosten ihrerseits vom Verschuldungsgrad (zu Marktwerten) – und damit vom Eigenkapitalwert – abhängen, ist das Nettoverfahren iterativ lösbar (vgl. auch NIPPEL, 1999). Die Bruttoverfahren und das Nettoverfahren führen zu identischen Ergebnissen hinsichtlich des ermittelten Eigenkapitals bzw. des (Gesamt-)Unternehmenswertes.

---

[207] Eventuell korrigiert um die Aufnahme oder Tilgung von verzinslichen Fremdkapital.

Grundsätzlich kommen alle hier vorgestellten Verfahren in der Unternehmensbewertung zu dem gleichen Ergebnis, wenn die Parameter konsistent gewählt werden – was jedoch nicht selbstverständlich ist.[208] In der Praxis zeigt sich, dass der APV-Ansatz dann leichter anwendbar ist, wenn der absolute Umfang des Fremdkapitals für das Unternehmen bekannt ist. Dagegen hat der WACC-Ansatz dann Vorteile, wenn der Verschuldungsgrad, und damit die relative Struktur von Eigen- und Fremdkapital, konstant bleiben.

14.2.1.3 Vergleichsverfahren

Bei Vergleichsverfahren wird der Unternehmenswert aus Kapitalmarktdaten (z. B. Börsenkursen) oder realisierten Marktpreisen „vergleichbarer" Unternehmen gewonnen. Mit den Vergleichsverfahren wird ein potenzieller Marktpreis ermittelt, der auf einem angenommenen Markt wahrscheinlich zu erzielen wäre. Derartige Verfahren werden deshalb auch als marktorientierte Bewertungsverfahren bezeichnet.

Während in Deutschland diese Verfahren vergleichsweise wenig eingesetzt werden, sind diese Verfahren in den USA weit verbreitet und werden dort unter dem Begriff „market approach" zusammengefasst. Die hohe Bedeutung und Anwendungshäufigkeit der Vergleichsverfahren in den USA ist insbesondere auf die große Anzahl der dort stattfindenden Unternehmenstransaktionen und die Fülle des für die Bewertung zugänglichen Datenmaterials zurückzuführen.

Beim Comparative Company Approach (CCA) orientiert sich die Ermittlung des Unternehmenswertes an konkreten, tatsächlich realisierten Marktpreisen bzw. Transaktionspreisen für vergleichbare Unternehmen. Ausgehend vom Marktpreis des herangezogenen Vergleichsunternehmens wird dann der mögliche Marktpreis für das zu bewertende Unternehmen abgeschätzt. Diese Abschätzung des Unternehmenswertes erfolgt durch die Ermittlung eines Multiplikators, der sich aus dem Marktpreis des Vergleichsunternehmens und bestimmten „geeigneten Vergleichsgrößen" dieses Unternehmens (z. B. Umsatz, EBITDA, EBIT, Gewinn, Cash-Flow) ergibt. Dieser Faktor wird dann mit der Vergleichsgröße des zu bewertenden Unternehmens multipliziert.

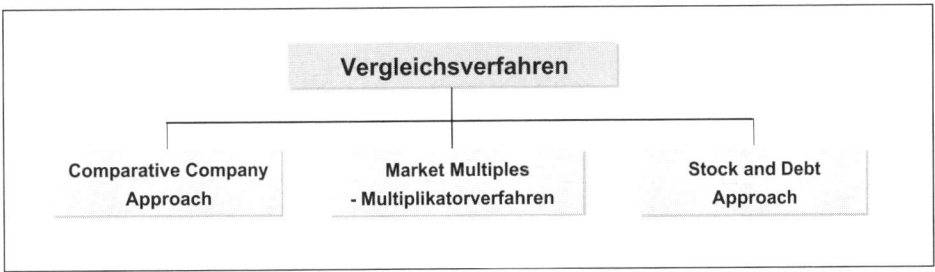

Abbildung 99: Ausgewählte Vergleichsverfahren im Überblick

---
208 vgl. HERING, 1999, S. 151-153.

Wird vereinfachend nur ein Vergleichsunternehmen herangezogen, folgt die Bewertung nach nachstehendem Schema:

$$MP_B = MP_V * \frac{V_B}{V_V}$$

MP_B = potenzieller Marktpreis des zu bewertenden Unternehmens
MP_V = Markt- bzw. Transaktionspreis des Vergleichsunternehmens
V_B = Vergleichsgröße des zu bewertenden Unternehmens (z. B. EBITDA)
V_V = Vergleichsgröße des Vergleichsunternehmens (z. B. EBITDA)

Bei den verschiedenen Verfahren des CCA werden die Multiplikatoren unmittelbar aus bekannten Börsenkursen oder anderen am Markt realisierten Kaufpreisen vergleichbarer Unternehmen verwendet. Im Gegensatz dazu werden beim Multiplikatorverfahren so genannte „market multiples" herangezogen. Dies sind branchenabhängige Multiplikatoren, mit deren Hilfe die Abschätzung des Unternehmenswertes vorgenommen wird. Dabei wird der Unternehmenswert als (potenzieller Marktpreis) durch Multiplikation einer bestimmten Kenngröße des zu bewertenden Unternehmens mit einem – von der gewählten Bezugsgröße abhängigen – branchenspezifischen Faktor ermittelt. Gebräuchlich sind hierbei insbesondere Gewinn-, Cash-Flow- und Umsatzmultiplikatoren. In Abbildung 100 sind beispielhaft verschiedene EBIT- und Umsatzmultiplikatoren branchenbezogen zu entnehmen.

Branche	Experten-Multiples			
	EBIT-Multiple		Umsatz-Multiple	
	von	bis	von	bis
1 Beratende Dienstleistungen	6,5	11,2	1,15	2,90
2 Kommunikation/IT	7,0	18,7	1,60	3,38
3 Handel/E-Commerce	5,1	9,5	0,45	0,96
4 Sonstige Dienstleistungen	6,4	15,4	0,66	2,03
5 Elektrotechnik/Elektronik	6,3	11,1	0,67	1,97
6 Fahrzeugbau und -zubehör	6,2	10,2	0,39	0,64
7 Maschinen- und Anlagenbau	4,8	7,4	0,36	0,78
8 Chemie	7,4	12,2	0,69	1,63
9 Pharma	6,9	17,0	1,12	3,02
10 Textil und Bekleidung	3,3	6,2	0,30	2,03
11 Nahrungs- und Genussmittel	6,7	12,9	0,43	1,10
12 Sonstige Industrie und Verarbeitung	6,3	10,0	0,93	1,23
13 Gas, Strom, Wasser	5,6	16,1	0,83	3,53
14 Umwelttechnologie, Entsorgung und Recycling	5,8	9,7	0,80	1,70
15 Bau und Handwerk	3,5	9,2	0,45	1,25

Abbildung 100: EBIT- und Umsatzmultiplikatoren[209]

---

[209] Aus Finance-Magazin 09/2003 (Stand September 2003).

Die bekannten empirischen Studien deuten darauf hin, dass nicht börsennotierte Unternehmen einen Bewertungsabschlag von etwa 20 % bis 30 % gegenüber börsennotierten Gesellschaften aufweisen.[210]

Der mittels eines Vergleichsverfahrens errechnete Unternehmenswert ist als möglicher realisierbarer Marktpreis zu interpretieren, der bei tatsächlicher Veräußerung des bewerteten Unternehmens auf einem bestimmten Markt erzielt werden kann. Die Vergleichsverfahren sind damit von ihrer Intention her nicht darauf ausgerichtet, den „Marktwert" des Unternehmens (Marktwert des Eigenkapitals) zu bestimmen, wie es bei den Ertragswertverfahren bzw. DCF-Verfahren angestrebt wird. Die Verwendung von Vergleichsverfahren ist jedoch dann problematisch, wenn im Falle einer „Spekulationsblase" – wie in Deutschland Ende der 90er Jahre – die Unternehmen überwertet sind und diese Marktpreise dann zur Unternehmensbewertung herangezogen werden. Ein zusätzliches erhebliches Problem bei der Anwendung von Multiplikatorenverfahren ist die Auswahl geeigneter Vergleichsunternehmen, also die Definition der so genannten „Peer-Group". Um einen sinnvollen Vergleichsmaßstab zu erhalten, ist es erforderlich, die Geschäftsstrategie, den Verschuldungsgrad, die Unternehmensgröße, den Diversifikationsgrad, das Risiko, die Marktposition und die Marktattraktivität sowie die Qualität des Managements zu berücksichtigen.[211]

Zu beachten ist, dass der verwendete Multiplikator grundsätzlich durch die Erwartungen hinsichtlich Umsatzwachstum, Rentabilitätsentwicklung und Kapitalkostensätzen (Risiken) beeinflusst wird.[212]

Die Vergleichsverfahren werden methodisch stetig weiterentwickelt, sodass davon auszugehen ist, dass insbesondere der Multiplikatoransatz zukünftig verstärkt in der Praxis Verwendung finden wird.[213] Die Multiplikatoransätze weisen aus theoretischer Sicht aber erhebliche Schwächen auf. Die typischerweise verwendeten „Multiples", wie Umsatz, EBITDA etc. sind nur lose mit den eigentlich interessierenden freien Cash-Flows der zukünftigen Perioden verknüpft und ignorieren bestimmte, unter Wertgesichtspunkten maßgebliche, unternehmensspezifische Unterschiede (z. B. hinsichtlich Kapitaleffizienz (Kapitalumschlag), EBIT-Marge, Wachstum, etc.).

Die Popularität der Multiplikatoransätze ist aber insbesondere auf folgende Gründe zurückzuführen:

- Die Bestimmung des Unternehmenswerts ist einfacher als die beiden theoriegeleiteten, in sich konsistenten DCF-Modelle, die auf zahlreichen, individuell zu treffenden Annahmen (hinsichtlich der zukünftigen fCF-Entwicklung) beruhen.

---

210 Vgl. KOEPPLIN; SARIN; SHAPIRO, 2, S. 94 – 101.
211 Vgl. PEERMÖLLER; MEISTER; BECKMANN, 2002.
212 Für die Kontrolle über ein Unternehmen (in der Regel beim Aktienanteil von über 50) wird zudem meist eine Prämie auf den Unternehmenswert gezahlt, die im Mittel etwa bei 40 liegen dürfte, vgl. NOVAK, 2000.
213 Vgl. PEEMÖLLER; MEISTER; BECKMANN, 2002.

■ Die Multiplikatoransätze bringen auch in Zeiten von Börseneuphorien und -depressionen akzeptable Ergebnisse – jedenfalls wenn man die jeweiligen, von der aktuellen Stimmung der Kapitalmärkte abhängigen Börsenwerte als Vergleichsmaßstab wählt.

Wenn man konsistent bleiben will, dann muss man viele wertbestimmende Einflussfaktoren berücksichtigen, die auch bei den DCF-Modellen zu berücksichtigen sind.

14.2.2 Einzelbewertungsverfahren (Substanzwertbetrachtung)

14.2.2.1 Substanzwertverfahren auf Basis von Reproduktionswerten

Im Rahmen dieses Bewertungsverfahrens wird von der Fortführung des Unternehmens ausgegangen – going concern. Beim Substanzwertverfahren wird der Wert ermittelt, der aufzuwenden wäre, um das zu bewertende Unternehmen wieder aufzubauen. Der Substanzwert wird daher auch als Reproduktionswert bezeichnet.

Betriebsnotwendiges Vermögen zu Wiederbeschaffungspreisen
+ Liquidationswert des nicht betriebsnotwendigen Vermögens
− Verbindlichkeiten bei Fortführung des Unternehmens
= **Substanzwert auf Basis von Reproduktionswerten**

Der Substanzwertermittlung liegt die Annahme zugrunde, dass *sämtliche* Vermögenswerte des Unternehmens zum Bewertungsstichtag erfasst werden sollen, was voraussetzt, dass auch die Werte berücksichtigt werden, die in der Handelsbilanz nicht aktiviert sind. Darin liegt auch das wesentliche Problem der Substanzwertverfahren, da immaterielle (originäre) Vermögensgegenstände – wie etwa selbst geschaffene Marken- und Patentrechte, Know-how der Mitarbeiter, Mietrechte, Kundenbeziehungen oder Investitionsausgaben in Forschungs- und Entwicklungsvorhaben – bei der Wertermittlung in der Regel nicht erfasst werden, sodass der Substanzwert ohne Berücksichtigung des „Goodwill" lediglich als Teil-Reproduktionswert bezeichnet werden kann.

14.2.2.2 Substanzwertverfahren auf Basis von Liquidationswerten

Bei der Wertermittlung im Rahmen des Substanzwertverfahrens auf Basis von Liquidationswerten wird von einer Zerschlagung (Auflösung unter Zeitdruck) oder Liquidation (Auflösung „unter Normalbedingungen") des Unternehmens ausgegangen. Dieser Substanzwert wird nach folgendem Schema berechnet.

Liquidationswert des gesamten betrieblichen Vermögens
− bei Unternehmensauflösung zu bedienende Schulden
− Kosten der Liquidation
= **Substanzwert auf Basis von Liquidationswerten**

Die einzelnen Vermögensgegenstände werden mit den erwarteten Verwertungserlösen bewertet, wobei davon ausgegangen wird, dass die Auflösung des Unternehmens unter Zeitdruck erfolgt. Bei länger andauernder Liquidation des Unternehmens ist auf den Barwert der Verwertungserlöse abzustellen.

Die Höhe des realisierbaren Verwertungserlöses hängt vom Grad der Veräußerbarkeit und der angestrebten Veräußerungsgeschwindigkeit der Vermögensgegenstände ab, sodass sich der tatsächliche Liquidationswert nicht ganz einfach abschätzen lässt.

Bei schlechter Ertragslage kann der Barwert der finanziellen Überschüsse, die sich bei Liquidation des gesamten Unternehmens ergeben, den Fortführungswert (Ertragswert) übersteigen. Dann bildet dieser Liquidationswert die Wertuntergrenze für die Unternehmensbewertung – jedenfalls dann, wenn die Unternehmensführung im Interesse der Eigenkapitalgeber handelt und das Unternehmen unter diesen Umständen tatsächlich liquidiert. Dabei darf aber nicht übersehen werden, dass der Anreiz für das Management des Unternehmens, dies zu tun, nicht besonders stark ausgeprägt sein dürfte, da das Management mit der Liquidierung des Unternehmens seine eigenen Arbeitsplätze vernichtet.

14.2.3 Mischverfahren

14.2.3.1 Mittelwertverfahren

Es können sich bei den Mittelwertverfahren unterschiedliche Gewichtungen in Bezug auf den Substanz- und Ertragswert (SW und EW) ergeben:

$$UW = \frac{SW + 3 * EW}{4}$$

Das in der Bewertungspraxis häufig angewendete Mittelwertverfahren ist das so genannte „Stuttgarter Verfahren". Das Stuttgarter Verfahren ist ein Verfahren zur Bewertung nichtnotierter Anteile an Kapitalgesellschaften nach dem Bewertungsgesetz (BewG) und ist gemäß § 11 Abs. 2 Satz 2 BewG dann anzuwenden, wenn der Wert des Unternehmens nicht aus einem Verkauf abgeleitet werden kann. Das Stuttgarter Verfahren hat diese Bestimmung konkretisiert, insbesondere auf der Grundlage der Berücksichtigung sowohl des Vermögenswertes (Substanzwertes) als auch des Ertragswertes. Grundsätzlich gilt, dass zunächst eine Ertragsbewertung der nächsten fünf Perioden erfolgt, die dann um einen Restwert, der aus dem Substanzwert gebildet wird (inkl. Abdiskontierung um fünf Jahre) ergänzt wird.

Die Ermittlung des Unternehmenswertes nach dem Stuttgarter Verfahren orientiert sich dabei an folgender Vorgehensweise:

- Bei der Ermittlung des Vermögenswertes ist das Vermögen der Kapitalgesellschaft mit dem Wert zugrunde zu legen, wie er sich aus der Bilanz ergibt. Betriebsgrundstücke und Beteiligungen sind mit dem Substanzwert etc. anzusetzen. Hieraus errechnet sich die Relation zum Nennkapital der Gesellschaft, die dem Vermögenswert des Anteils entspricht.

- Bei der Ermittlung des Ertragswertes kommt es auf den voraussichtlichen künftigen Jahresüberschuss nach Steuer an. Für die Schätzung dieses Jahresüberschusses bietet der in der Vergangenheit tatsächlich erzielte gewichtete Durchschnittsertrag eine wichtige Beurteilungsgrundlage. Auszugehen ist vom Jahresüberschuss nach Steuer der letzten drei Wirtschaftsjahre. Diese Ergebnisse sind in der Weise zu gewichten, dass der Jahresüberschuss nach Steuer des letzten Wirtschaftsjahres mit dem Faktor 3, das des vorletzten Wirtschaftsjahres mit dem Faktor 2 und das des vorvorletzten Wirtschaftsjahres mit dem Faktor 1 anzusetzen ist. Dieser Ertrag, von dem angenommen wird, dass er innerhalb der nächsten fünf Jahre zu erzielen ist, ist nach der derzeit geltenden Verwaltungsvorschrift mit einem Zinssatz von 9 % zu kapitalisieren.

Der Wert des Anteils ergibt sich aus dem Vermögenswert des Anteils, erhöht oder gemindert um den Unterschiedsbetrag zwischen dem prozentualen Anteil des Ertrages bezogen auf das Nennkapital nach folgender Formel: 68 % aus der Summe des Vermögenswertes und dem fünffachen Ertragshundertsatz. Ausgehend von diesem System der Ermittlung des Anteilswertes ergeben sich die Werte der Anteile an einer fiktiven GmbH nach Maßgabe der nachfolgenden Berechnung (Annahme: Nennkapital 50.000 Euro, Besonderheiten, die zu Zu- oder Abschlägen führen, sind nicht berücksichtigt).[214]

I. Errechnung des Vermögenswertes (Substanzwert)

	Grundstücke (tatsächlicher Wert)	200.000 €
+	Finanzanlagen (tatsächlicher Wert)	300.000 €
+	sonstige Vermögensgegenstände	–15.000 €
–	Rückstellungen und Verbindlichkeiten	110.000 €
=	**Gesamt**	**405.000 €**
	Vermögenswert des Anteils (Vermögen bezogen auf das Stammkapital von 50.000 €)	**810 %** des Nennbetrages

---

[214] Quelle: IHK Frankfurt.

II. Errechnung des Ertragswertes

		Faktor	Gesamt
Jahresüberschuss nach Steuer letztes Wirtschaftsjahr	12.000 €	3	36.000 €
+ Jahresüberschuss nach Steuer vorletztes Wirtschaftsjahr	68.000 €	2	136.000 €
+ Jahresüberschuss nach Steuer vorvorletztes Wirtschaftsjahr	26.000 €	1	– 26.000 €
= Gesamt			198.000 €
= **Durchschnittsertrag**			**– 33.000 €**

Ertragshundertsatz (Ertrag bezogen auf das Nennkapital)	66 %

III. Errechnung des Wertes eines Anteils

Vermögenswert des Anteils	810 %
Fünffacher Ertragshundertsatz (5 x 66 %)	330 %
= Summe	1.140 %
davon 68 %	775 %
= **Wert des Unternehmens (Nennkapital 50.000 € x 775 %)**	**387.500 €**

Das Unternehmen mit einem gezeichneten Kapital (Nennkapital) von nominal 50.000 Euro hat damit einen Wert von 387.500 Euro.

Die steuerliche Bewertung der Anteile mit Hilfe des Stuttgarter Verfahrens erfolgt nach dem Aussetzen bzw. Wegfall der Vermögenssteuer nicht mehr regelmäßig, sondern nur im Bedarfsfall. Dennoch ist die Verwendung des Stuttgarter Verfahrens für die Bewertung nichtnotierter Anteile an Kapitalgesellschaften weiterhin sinnvoll, weil eine sehr umfangreiche Rechtsprechung zu vielen Bewertungsfragen besteht, auf die zurückgegriffen werden kann. Allerdings lassen sich insgesamt keine fundierten und überzeugenden Begründungen für unterschiedliche oder gleiche Gewichtungsfaktoren finden, sodass die Auswahl der Gewichtungsfaktoren relativ willkürlich erfolgt. Außerdem werden Aspekte – wie das zukünftige Unternehmenswachstum oder die risikoabhängige Kapitalkosten – nicht berücksichtigt.

14.2.3.2 Übergewinnverfahren

Beim Übergewinnverfahren wird der Unternehmenswert aus der Summe von Substanzwert (siehe Einzelbewertungsverfahren) und Barwert der „Übergewinne" ermittelt:

Substanzwert ((Teil-)Reproduktionswert)
+ Barwert der Übergewinne
= **Unternehmenswert**

1. EVA bzw. MVA-Konzept

Im Mittelpunkt des Konzeptes von STERN/STEWART[215] steht die Berechnung des „Economic Value Added" (EVA), ein buchhalterischer auf eine Periode bezogener *Übergewinn*. Diese Erfolgsgröße soll eine (Tendenz-)Aussage darüber ermöglichen, ob in der betreffenden Periode ein Wertbeitrag erwirtschaftet wurde. Dies soll immer dann der Fall sein, wenn der EVA-Wert positiv ist.

Der Economic Value Added wird aus bereinigten Jahresabschlussdaten in Verbindung mit einem gewogenen Kapitalkostensatz (WACC) ermittelt.

1. $EVA = NOPaT - EBV \times WACC$ oder

2. $EVA = \left(\dfrac{NOPaT}{EBV} - WACC\right) \times EBV$

NOPaT = Net Operating Profit after Taxes (Jahreserfolg)
EBV = Economic Book Value

Der Quotient „NOPaT/EBV" ist eine Rentabilitätsgröße. Zur Ermittlung von NOPaT und EBV sind im Zusammenhang mit der Bereinigung bzw. Aufbereitung der Jahresabschlussdaten einige Korrekturen an der handelsbilanziellen Datenbasis vorzunehmen. Dazu gehört, z. B. die Eliminierung von Einflüssen aus dem nicht betrieblichen Bereich zur Bestimmung des ordentlichen Betriebsergebnisses oder vollständige Erfassung des wirtschaftlichen Eigenkapitals (z. B. inkl. „stille Reserven" im Sachanlagevermögen).

Der Economic Book Value lässt sich mit folgendem Ermittlungsschema berechnen:

Buchwert des Anlagevermögens
+ Buchwert des Umlaufvermögens
+ Kumulierte Abschreibungen von derivativen Geschäfts- und Firmenwerten
+ Barwert der Miet- und Leasingaufwendungen
+ Barwert der Forschungs- und Entwicklungsaufwendungen
+ Barwert von Vorlaufkosten
+ Passivische Wertberichtigung auf Forderungen
+ Erhöhung der Differenz zwischen Vorratsbewertung nach LIFO[216] gegenüber dem FIFO[217]-Verfahren

---

215 Vgl. STERN; SHIELY; ROSS, 2002.
216 Last In First Out.
217 First In First Out.

- Nicht verzinsliche kurzfristige Verbindlichkeiten
- Marktgängige Wertpapiere
- Anlagen im Bau
= **Economic Book Value (EBV)**

Der Net Operating Profit after Taxes (NOPaT) kann nach folgendem Schema ermittelt werden:

Ergebnis der gewöhnlichen Geschäftstätigkeit
- a. o. Erträge
+ a. o. Aufwand
= Operatives Ergebnis vor Zinsen
- Ertragssteuern (Steuern, die auf das operative Ergebnis entfallen)
= **Net Operating Profit after Taxes (NOPaT)**

In der Bewertungspraxis wird häufig anstelle des NOPaT auch das EBIT nach Steuern (EBIT*(1-s)), für das EBV auch das Capital Employed (CE) und für die Überrendite (NOPaT/EBV) die Rentabilitätsgröße Return-on-Capital-Employed (ROCE) herangezogen, sodass sich der Wertbeitrag pro Periode auch wie folgt ermitteln lässt (vgl. Absatz 5.4.6 „Wertbeitrag pro Periode"):

1. $EVA = EBIT(1-s) - CE * WACC$

2. $EVA = CE * (ROCE(1-s) - WACC)$

Die oben dargestellte Verfahrensweise dient zur Berechnung des realisierten Wertbeitrages eines Unternehmens in der abgelaufenen Periode und ist damit eine reine Vergangenheitsbetrachtung. Es besteht jedoch im Rahmen von EVA auch die Möglichkeit, den Wert eines Unternehmens bzw. den Marktwert des Eigenkapitals zu bestimmen. Dabei sind zunächst die Planwerte für NOPaT und EBV zu prognostizieren, aus denen dann die Planwerte für EVA abgeleitet werden können. In einem weiteren Schritt ist dann der zu erwartende Residualwert ab Ende des Planungszeitraumes zu bestimmen. Dabei wird eine Unternehmensfortführung unterstellt und analog zu den DCF-Verfahren der Gegenwartswert bzw. Barwert für EVA ermittelt.

Der so errechnete Wertbeitrag, auch Market Value Added (MVA) genannt, lässt sich mit folgender Formel berechnen:

$$MVA = \sum_{t=1}^{\infty} \frac{EVA_t}{(1+WACC)^t}$$

Der Market Value Added ist dabei die Differenz zwischen dem Marktwert des Eigenkapitals und den über die vergangenen Perioden im Unternehmen investierten Beträgen[218].

---

218 Vgl. STERN; SHIELY; ROSS, 2002, S. 36 ff.

Die Ermittlung des Perioden-Wertbeitrages eines Unternehmens im Rahmen des EVA-Konzept weist einige methodischen Schwächen auf, sodass im Rahmen von FutureValue bei der Berechnung des Wertbeitrages in Anlehnung an EVA ein modifiziertes Modell favorisiert wird (vgl. 5.4.6. Wertbeitrag einer Periode").

2. CFRoI-Konzept (CVA-Modell) [219]
Grundsätzliches Anliegen des CFRoI-Konzeptes ist die Glättung der freien Cash-Flows bei diskontinuierlichen Investitionsverhalten (z. B. „Sprunginvestitionen" alle 10 Jahre), sodass diese Werte innerhalb des Investitionszyklus nicht systematisch verzerrt werden und somit sinnvoll für strategische Steuerungsprozesse (z. B. Portfolioentscheidung) herangezogen werden können. Dabei wird ausgehend von Jahresabschlussdaten im Gegensatz zum EVA-Konzept ein mehrperiodiges Investitionsprofil für ein Geschäftsfeld unterstellt, um hieraus dessen realen internen Zins abzuleiten. Der interne Zins wird als Cash-Flow Return on Investment (CFRoI) bezeichnet. Ein Geschäftsfeld ist dann unternehmenswertschaffend, wenn die Differenz aus CFRoI und den realen risikoadäquaten gewogenen Kapitalkosten (WACC) positiv ist.

Nach Berechnung des CFRoI kann die Veränderung des Unternehmenswertes, in diesem Fall der so genannte Cash Value Added (CVA), wie beim EVA-Konzept auf zwei Wegen berechnet werden:

1. $CVA = BCF - BIB * WACC$

2. $CVA = (CFRoI - WACC) * BIB$

Die beiden Variablen BCF (Brutto-Cash-Flow) und BIB (Brutto-Investitionsbasis) lassen sich wie folgt berechnen:

Gewinn nach Steuern (gemäß Ergebnis nach DVFA/SG[220])
+ Abschreibungen auf das abnutzbare Sachanlagevermögen
+ Fremdkapitalzinsen (auch aus Miet- und Leasingaufwendungen)
+ Erhöhung der Differenz zwischen Vorratsbewertung nach LIFO gegenüber dem FIFO-Verfahren
= **Brutto-Cash-Flow (BCF)**

Bilanzsumme (zu Buchwerten)
+ kumulierte Abschreibungen auf das abnutzbare Sachanlagevermögen
+ Inflationsanpassung des abnutzbaren Sachanlagevermögens
+ Kapitalisierte Miet- und Leasingkosten
− derivative Geschäfts- und Firmenwerte
− unverzinsliches Fremdkapital (inkl. aller Rückstellungen)
= **Brutto-Investitionsbasis (BIB)**

---
[219] Vgl. EIDEL, 2000, S. 319 ff. und WORTMANN, 2001, S. 101 ff..
[220] Deutsche Vereinigung für Finanzanalyse und Analyseberatung/ Schmalenbach Gesellschaft.

Der auf die Brutto-Investitionsbasis abgestellte Brutto-Cash-Flow (nach Steuer) soll sicherstellen, dass die Ermittlung des internen Zinsfußes möglichst frei von Bewertungseinflüssen und der Altersstruktur des Geschäftsfeldes erfolgen kann. Dabei wird bei der Ermittlung der „kumulierten Abschreibungen auf das abnutzbare Sachanlagevermögen" anstelle der bilanziellen Abschreibungsdauer eine so genannte strategische oder ökonomische Nutzungsdauer des Sachanlagevermögens zugrunde gelegt.

Soll das Konzept des CFRoI zur (vereinfachten) Unternehmenswertermittlung herangezogen werden, so ist für die Bestimmung des Marktwertes des Eigenkapitals folgendes Schema zugrunde zu legen[221]:

Barwert des Cash Value Added (CVA)
+ investiertes Kapital (gesamt, netto)
+ Marktwert des nicht betriebsnotwendigen Vermögens
= **Marktwert des Eigenkapitals (Shareholder Value)**

14.3 Musterfragebogen: Mitarbeiterbefragung[222]

Mitarbeiterfragebogen zur Ermittlung der Einschätzung des Unternehmens aus Sicht der Mitarbeiter

Um sich ein möglichst umfassendes Bild von einem Unternehmen machen zu können, muss ein Unternehmensberater viele Informationen erheben.

Ein Großteil dieser Informationen lässt sich jedoch nicht aus Prospekten und Bilanzen herauslesen. Man kann diese Informationen wohl am besten mit „Erfahrung der Belegschaft" umschreiben.

„Diese Erfahrung der Belegschaft" ist für eine möglichst „richtige Sicht der Dinge" sehr wichtig. Deshalb möchten wir auch Ihre Sicht des Unternehmens kennen lernen, um sie bei den Planungen der Geschäftsführung berücksichtigen zu können. Ihre Kenntnisse können dazu beitragen, sowohl die Wettbewerbsfähigkeit des Unternehmens als auch die Arbeitszufriedenheit aller Mitarbeiter zu steigern.

Wir bitten Sie daher, diesen Fragebogen möglichst sorgfältig und gewissenhaft auszufüllen. Beachten Sie bitte, dass der Fragebogen **anonym** ausgefüllt und zurückgegeben werden sollte.

---

221 Vgl. LEWIS, T.G., 1995, S. 126 und S. 259 ff.
222 Für diese Befragung liegen bei der FutureValue Group AG umfangreiche Benchmark-Daten vor.

Die meisten Fragen können durch ankreuzen beantwortet werden. Sieht die Antwortzeile z. B. so aus: „*sehr gut* ☐ ☐ ☐ ☐ ☐ *sehr schlecht*", so bedeutet ein Kreuz im linken Kästchen „sehr gut", ein Kreuz im rechten Kästchen „sehr schlecht" und ein Kreuz dazwischen bedeutet einen Wert zwischen diesen beiden „Extremen", also z. B. „durchschnittlich".

Vielen Dank für Ihre Mitarbeit!

1. **Unternehmensindividuelle Frage**

   ☐ ja
   ☐ nein

2. **Unternehmensindividuelle Frage z. B. zur Zugehörigkeit der Mitarbeiter zu bestimmten Standorten oder Geschäftsfeldern**

   ☐
   ☐
   ☐

3. **In welchem Unternehmensbereich sind Sie hauptsächlich tätig? (Bitte nur eine Antwort ankreuzen)** *(diese Frage wird individuell an das Unternehmen angepasst)*

   ☐ Kaufmännische Mitarbeiter (Verwaltung und Unternehmensführung)
   ☐ Verkauf
   ☐ Produktion
   ☐ Einkauf
   ☐ Sonstige

4. **Haben Sie Führungsverantwortung gegenüber untergebenen Mitarbeitern?**

   ☐ Ja
   ☐ Nein

5. **Wie lang ist Ihre durchschnittliche Arbeitszeit?**

   ☐ halbtags oder weniger
   ☐ bis 45-Stunden-Woche
   ☐ über 45-Stunden-Woche

6. **Werden Sie entsprechend Ihrer beruflichen Ausbildung, Ihres Studiums bzw. Ihrer Berufserfahrung und sonstigen Qualifikationen eingesetzt?**

   vollständig ☐ ☐ ☐ ☐ ☐ überhaupt nicht

7. **Wie gut können Sie Ihre tägliche Arbeit vorplanen?**

   sehr gut ☐ ☐ ☐ ☐ ☐ überhaupt nicht

8. **Wie groß ist Ihr Entscheidungsspielraum bei Ihrer gewöhnlichen Tätigkeit?**

   sehr groß ☐ ☐ ☐ ☐ ☐ kein Entscheidungsspielraum

9. **Erhalten Sie automatisch die notwendigen Informationen zur Ausübung Ihrer gewöhnlichen Tätigkeit?**

   sehr gute Informationsversorgung ☐ ☐ ☐ ☐ ☐ stark mangelhafte Info.

10. **Verfügen Sie über sinnvolle Hilfsmittel zur Ausübung Ihrer gewöhnlichen Tätigkeit? (z.B. Computer, Vordrucke, Telefax, Nachschlagewerke, Ablagemöglichkeiten, Schreibtisch, Werkzeuge, Kleingeräte etc.)**

    sehr gute Ausstattung ☐ ☐ ☐ ☐ ☐ absolut unzureichende Ausstattung

    Womit sind Sie besonders unzufrieden?
    _____
    _____

11. **Wie beurteilen Sie das Betriebsklima an Ihrem Arbeitsplatz?**

    sehr angenehm ☐ ☐ ☐ ☐ ☐ äußerst unangenehm

12. **Haben Sie bei Ihrer täglichen Arbeit direkt Kontakt zu Kunden?**

    sehr oft ☐ ☐ ☐ ☐ ☐ nie

13. **Was glauben Sie, welche *Bedeutung* die folgenden Faktoren für die Kaufentscheidung der Kunden Ihres Unternehmens haben? Bitte vergeben Sie in der Spalte „Bedeutung" eine „1" für *„unbedeutend für unsere Kunden"* bis hin zu einer „5" für *„das ist unseren Kunden überragend wichtig"*.**

    Was glauben Sie, wie die Kunden Ihr Unternehmen im Vergleich zu anderen bezüglich dieser Faktoren einschätzen (**Bewertung**)? Bitte vergeben Sie in der Spalte „Bewertung" eine „1" für **„da sind wir Spitze"** bis hin zu einer „5" für **„da sind wir sehr schwach"**.

Kaufentscheidende Faktoren	Bedeutung bei der Auftragserteilung	Bewertung durch die Kunden
Preis		
Qualität der Produkte/Leistungen		
Lieferbereitschaft/Flexibilität		
Terminzuverlässigkeit		
Beratungsservice		
Persönliche Kontakte/Kooperationen		
Räumliche Nähe/Standort		
Bekanntheitsgrad/ „Größe"/Marke		
Weiteres?		

14. **Wie sicher schätzen Sie Ihren Arbeitsplatz ein?**

    sehr sicher ☐ ☐ ☐ ☐ ☐ stark gefährdet

15. **Wie beurteilen Sie die „sozialen" Einrichtungen (Toiletten, Aufenthaltsraum, „Kaffeemaschine") im Unternehmen?**

    sehr gut ☐ ☐ ☐ ☐ ☐ sehr schlecht

16. **Wie häufig werden Sie durch die im Folgenden genannten Ursachen bei Ihrer gewöhnlichen Tätigkeit gestört bzw. unterbrochen?**

    Technische Ursachen   sehr oft ☐ ☐ ☐ ☐ ☐ nie
    Vorgesetzte   sehr oft ☐ ☐ ☐ ☐ ☐ nie
    Gleichrangige Kollegen   sehr oft ☐ ☐ ☐ ☐ ☐ nie
    Untergebene   sehr oft ☐ ☐ ☐ ☐ ☐ nie
    Externe (z. B. Kunden)   sehr oft ☐ ☐ ☐ ☐ ☐ nie
    Andere? _____   sehr oft ☐ ☐ ☐ ☐ ☐ nie

17. **Welche Erfahrungen haben Sie mit internen Verbesserungsvorschlägen gemacht?**

    ☐ gibt es praktisch nicht
    ☐ werden ausreichend gewürdigt
    ☐ werden nicht ausreichend beachtet

18. **Werden Ihnen ausreichend Weiterbildungsmöglichkeiten angeboten?**

   ☐ Nein
   ☐ Ja, die sind gut
   ☐ Ja, die sind akzeptabel
   ☐ Ja, aber die sind schlecht oder nicht sinnvoll

19. **Welches sind nach Ihrer Meinung die Stärken oder Schwächen Ihres Unternehmens? Bitte geben Sie Noten von „1" für *„da sind wir ganz stark"* bis hin zu einer „5" für *„da haben wir eine große Schwäche"*.**

20. **Welche Bedeutung hat nach Ihrer Ansicht Ihre Arbeit für die Zufriedenheit der Kunden?**

Unternehmenspolitik	
Kundenzufriedenheit	
Organisatorischer Aufbau	
Finanzsituation	
Arbeitsvorbereitung/Planung	
Arbeitsausführung	
Mitarbeiterqualifikation	
Führungsstil	
Technische Ausstattung	
Know-how	

sehr große Bedeutung ☐ ☐ ☐ ☐ ☐ keine Bedeutung

21. **Wie häufig treten die folgenden „typischen" Fehlerquellen an Ihrem Arbeitsplatz auf?**

   unklare Verantwortungsbereiche   sehr oft ☐ ☐ ☐ ☐ ☐ nie
   fehlende Informationen über Kundenwünsche   sehr oft ☐ ☐ ☐ ☐ ☐ nie
   unklare Aufgabenstellung   sehr oft ☐ ☐ ☐ ☐ ☐ nie
   fehlende Informationen von anderen Mitarbeitern sehr oft ☐ ☐ ☐ ☐ ☐ nie
   fehlende Entscheidungskompetenz   sehr oft ☐ ☐ ☐ ☐ ☐ nie
   technische Fehler (EDV, Produktionsanlage, ...) sehr oft ☐ ☐ ☐ ☐ ☐ nie
   Andere? _____   sehr oft ☐ ☐ ☐ ☐ ☐ nie

22. Wie zufrieden sind Sie „Alles in allem" mit Ihrer Arbeitsstelle?

sehr zufrieden überhaupt ☐ ☐ ☐ ☐ ☐ nicht zufrieden

23. Wie funktioniert die Zusammenarbeit in Ihrem Unternehmen? *(diese Frage wird entsprechend Frage 3 unternehmensindividuell angepasst)*

In den grauen Kästchen können Sie Noten für die Zusammenarbeit zwischen Ihrer Abteilung und den anderen Abteilungen vergeben.

Wenn in der folgenden Tabelle Ihre eigene Abteilung genannt ist, geben Sie bitte eine Note für die Zusammenarbeit der Mitarbeiter **innerhalb** Ihrer Abteilung an.

Vergeben Sie bitte Bewertungen von **"1"** für **"prima Zusammenarbeit"** bis zu **"5"** für **"überhaupt keine funktionierende Zusammenarbeit"**. Wenn Sie die Situation nicht beurteilen können, lassen Sie die entsprechenden Kästchen einfach frei.

Verwaltung/Unternehmensführung	Einkauf	Verkau	Produktion

24. Die folgende Frage soll abschließend nochmal etwas genauer untersuchen, was Ihnen an Ihrer Arbeitsstelle gefällt und was Sie nicht gut finden. Bewerten Sie bitte wieder von *sehr zufrieden = „1"* bis zu *sehr unbefriedigend = „5"*)

Interessante Arbeitsinhalte	
Leistungsgerechtes Entgelt	
Aufstiegschancen	
Freiraum für Eigeninitiative	
Erfolgsbeteiligung, Treuebonus etc.	
Außertarifliche Zusatzleistungen	
Attraktives Weiterbildungsangebot	
Innerbetriebliches Vorschlagswesen	
Weiteres?	

25. Inwieweit treffen die folgenden Aussagen auf den Führungsstil in Ihrer Abteilung zu?
Bewerten Sie Ihren *unmittelbaren* Vorgesetzten.

Der Vorgesetzte geht auf die Untergebenen und ihre Probleme individuell ein.
trifft vollständig zu ☐ ☐ ☐ ☐ ☐ trifft nicht zu

Der Vorgesetzte äußert eher Kritik als Lob.
trifft vollständig zu ☐ ☐ ☐ ☐ ☐ trifft nicht zu

Der Vorgesetzte informiert seine Mitarbeiter über die von der Gruppe zu erreichenden Arbeitsziele.
trifft vollständig zu ☐ ☐ ☐ ☐ ☐ trifft nicht zu

Der Vorgesetzte unterstützt bei Bedarf seine Untergebenen durch konstruktive Vorschläge und hilft nötigenfalls mit.
trifft vollständig zu ☐ ☐ ☐ ☐ ☐ trifft nicht zu

Der Vorgesetzte motiviert seine Mitarbeiter.
trifft vollständig zu ☐ ☐ ☐ ☐ ☐ trifft nicht zu

Entscheidungen werden nach einer Gruppendiskussion gemeinsam von Vorgesetzten und Mitarbeitern getroffen.
trifft vollständig zu ☐ ☐ ☐ ☐ ☐ trifft nicht zu

Der Vorgesetzte nimmt wenig Einfluss auf seine Mitarbeiter.
trifft vollständig zu ☐ ☐ ☐ ☐ ☐ trifft nicht zu

Der Führungsstil ist eher autoritär als kooperativ.
trifft vollständig zu ☐ ☐ ☐ ☐ ☐ trifft nicht zu

Der Vorgesetzte kontrolliert die Arbeitsergebnisse seiner Mitarbeiter in kurzen Zeitabständen.
trifft vollständig zu ☐ ☐ ☐ ☐ ☐ trifft nicht zu

Literaturverzeichnis

Aaker, D., A., 1991, Management des Marktwerts, Frankfurt/New York.
Adam, D., 1996, Planung und Entscheidung, Wiesbaden.
Adam, D. u. a., 1998, Koordination betrieblicher Entscheidungen, Berlin und Heidelberg.
Adam, D.; Johannville, U., 1998, Die Komplexitätsfalle, in: Adam, D. (Hrsg.), Komplexitätsmanagement, Wiesbaden.
Akerlof, G. A.; Dickens, W. T., 1982, The Economic Consequences of Cognitive Dissonance, in: The American Economic Review, Vol. 72, June 1982, S. 307-319.
Amit R.; Wernerfelt, B., 1990, Why do Firms Reduce Risk?, in: Academy of Management Journal S. 520-533.
Ansoff, I., 1965, The New Corparate Strategy, New York.
Ansoff, I., 1976, Managing surprise and discontinuity – strategic response to weak signals, in:ZfBF, 28. Jg. 1976, S. 129 ff.
Arrow, K. J., 1995, A Note on Freedom and Flexibility, in: Basu, K.; Pattanaik, P.; Suzumura, K., Choice, Welfare, and Development; A Festschrift in Honour of Amartya K. Sen, Oxford, S. 7-16.
Baetge, J., 1998, Bilanzanalyse, Düsseldorf.
Bain, J. S., 1956, Barriers to New Competition, Cambridge.
Bamberger, I. (Hrsg.), 2002, Strategische Unternehmensberatung, 3. Auflage, Wiesbaden.
Barney, J. B., 1991, Firm Resources and Sustained Competitive Advantage, in: Journal of Management, Nr. 17, 1, 1991, S. 99-120.
Behm, U.; Zimmermann, H., 1993, The empirical relationship between dividends and earnings in Germany, in: Zeitschrift für Wirtschafts- und Sozialwissenschaften.
Becker, U.; Dunwoody, S., 1993, Risiko ist ein Konstrukt, München.
Bester, H., 2000, Theorie der Industrieökonomik, Berlin und Heidelberg.
Bieta, V., 2002, Risikomanagement und Spieltheorie; wie Global Player mit Risiken umgehen müssen, Bonn.
Blockwitz, S.; Eigermann, J., 1999, Effiziente Kreditrisikobeurteilung durch Diskriminanzanalyse mit qualitativen Merkmalen, in: Eller, R.; Gruber, W. (Hrsg), Handbuch, Kreditrisikomodelle und -derivate.
Blum, U.; Dudley, L., 1999, The Two Germanies: Information Technology and Economic Divergence 1949 – 1989, in: Journal of Institutional and Theoretical Economics, Vol. 155, No. 4.
Blum, U., 2000, Volkswirtschaftslehre, 3. Auflage, München.
Blum, U.; Gleißner, W., 2001, Trends und Frühaufklärung: Das fundierte Orakel, in: Blum, U.; Leibbrand, F., 2001, Entrepreneurship und Unternehmertum – Denkstrukturen für eine neue Zeit, Wiesbaden.
Blum, U.; Leibbrand, F. (Hrsg.), 2001, Entrepreneurship und Unternehmertum – Denkstrukturen für eine neue Zeit, Wiesbaden.
Born, K., 1995, Unternehmensanalyse und Unternehmensbewertung, Stuttgart.
Bowman, E., 1980, A-Risk-Return-Paradoxon for Strategic Management, in: Sloan-Management Review.Braun, F.; Saitz, B. (Hrsg.), 1999, Das Kontroll- und Transparenzgesetz, Wiesbaden.
Brealey, R. A., 1990, Portfolio Theory versus Portfolio Practice, in: Journal of Portfolio Management, Summer, S. 6-10.

Brennan, G.; Buchanan, J. M., 1993, Die Begründung von Regeln: Konstitutionelle Politische Ökonomie, Mohr und Tübingen.

Brühwiler, B.; Stahlmann, B. H.; Gottschling, H. D. (Hrsg.), 1999, Innovative Risikofinanzierung, Wiesbaden.

Budd, J. L., 1993, Characterizing risk from the strategic management perspective, Kent State University, Diss.

Bühner, R.; Sulzbach, K., 1999, Wertorientierte Steuerungs- und Führungssysteme, Stuttgart.

Büschgen, H. E.; Everling, O., 1996, Handbuch Rating, Wiesbaden.

Burt, R., 2001, Wann Unternehmenskultur ein Wettbewerbsvorteil ist, in: Financial Times Deutschland, 2001, Mastering: Strategie; Das gesammelte Wissen der weltweit führenden Business-Schools, Kempten, S. 350-356.

Buzzell, R. D.; Gale, B. T., 1989, Das PIMS Programm: Strategien und Unternehmenserfolg, Wiesbaden.Casti, J. L., 1992, Szenarien der Zukunft, Stuttgart.

Chandler, A. D., 1962/1973, Strategy and structure, in: chapters in the history of the industrial enterprise, Cambridge, MA:, MIT Press.

Coase, R., 1937, The Nature of the Firm, Economia 4, S. 386-405.

Codd, E. F.; Codd, S. B.; Salley, C. T. 1993, Providing OLAP (On-Line Analytical Processing) to User-Analysts, An IT Mandat, E. F. Codd & Associates, White Paper, o. O.

Cool, K. (2001) Kritische Masse: Wenn der Sieger alles bekommt, in: Financial Times Deutschland, 2001, Mastering: Strategie; Das gesammelte Wissen der weltweit führenden Business-Schools, Kempten, S. 209-220.

Copeland, T.; Koller, T.; Murrin, J., 1990, Unternehmenswert, Frankfurt/Main.

Credit Suisse Financial Products (CSFP), 1997, CreditRisk+: A Credit Risk Management framework, London.

Das, T. K.; Elango, B., 1995, Managing Strategic Flexibility: Key to Effective Performance, in: Journal of General Management, Vol. 20, No. 3, Spring, S. 60-75.

Daschmann, H., 1994, Erfolgsfaktoren mittelständischer Unternehmen, Stuttgart.

D'Aveni, R. A., 1994, Hypercompetition: managing the dynamics of strategic maneuvering, New York, u. a., Free Press.

Deal, T. E.; Kennedy, A. A., 1982 und 1987, Corporate Cultures, Reading Mass. 1982, deutsch: Unternehmenserfolg durch Unternehmenskultur, Bonn 1987.

Deutsch H. P.; Eller, R., 1998, Derivate und Interne Modelle; modernes Risikomanagement, Stuttgart.

Diggelmann, P; Labhardt, P.; Suter, R.; Volkart, R., 1999, Risikomanagement – Aktionärs- und Managementinteresse, in: BILANZ 4/1999.

Dixit, A. K.; Pindyck, R. S., 1994, Investment under Uncertainty, Princeton, N. J.

Dörner, D., 1989, Die Logik des Misslingens: Strategisches denken in komplexen Situationen, Reinbek bei Hamburg.

Dörner, D.; Horváth, P.; Kagermann, H. (Hrsg.), 2000, Praxis des Risikomanagements, Stuttgart.

Eckey, H. F.; Kosfeld, R.; Dreger, Ch., 1995, Ökonometrie, Wiesbaden.Eller, R. (Hrsg) 1998, Handbuch des Risikomanagements, Stuttgart.

Eidel, U., 2000, Moderne Verfahren der Unternehmensbewertung und Perfomance-Messung, in: Küting, K. (Hrsg.); Weber, C. P. (Hrsg.) Rechnungs- und Prüfungswesen, 2. Auflage, Herne/Berlin.

Ehrbar, A.; Stern Stewart GmbH, 1999, Economic Value Added; Der Schlüssel zur wertsteigernden Unternehmensführung, Wiesbaden.

Everling, O., 1999, Ratingagenturen expandieren in Europa, in: Die Bank, Heft 12.
Everling, O.; Gleißner, W. 2003, Zukunftsvisionen und Entwicklungstendenzen für das Rating, in: Kredit & Rating Praxis, 4/2003.
Fama, E. F.; French, K. R., 1992, The Cross-Section of Expected Stock Returns, in: Journal of Finance, 47, S. 427-465.
Financial Times Deutschland, 2001, Mastering: Strategie; Das gesammelte Wissen der weltweit führenden Business-Schools, Kempten.
Franke, G.; Hax, H., 1999, Finanzwirtschaft des Unternehmens und Kapitalmarkt, Berlin, Heidelberg.
Frankl, V. E., 1985, Der Mensch vor der Frage nach dem Sinn. Eine Auswahl aus dem Gesamtwerk, München.
Freimuth, J.; Kiefer, B.-U. (Hrsg.), 1995, Geschäftsberichte von unten – Konzepte für Mitarbeiterbefragungen, Göttingen.
Fröhling, O., 2000, KonTraG und Controlling, München.
Funk, J., 1999, Wie schaffen diversifizierte Unternehmen Wert?, in: ZfBF 51, Seite 759-772.
Füser, K., 1995, Neuronale Netze in der Finanzwirtschaft, Wiesbaden.
Füser, K., 2001, Intelligentes Scoring und Rating, Wiesbaden.
Füser, K.; Gleißner, W.; Meier, G., 1999, Risikomanagement (KonTraG) – Erfahrungen aus der Praxis, in: Der Betrieb, 15/1999, S. 753-758.
Gabele, E., 1989, Die Rolle der Werthaltungen von Führungskräften bei der Erringung strategischer Wettbewerbsvorteile: Ergebnisse eines europäischen Forschungsprojektes, in: DBW 1989, S. 623-637.
Ghemawat, P., 1991, Commitment: the Dynamic of Strategy, Free Press, New York.
Gilbert, X.; Strebel, P. J., 1987, Outpacing-Strategies, in Journal of Business Strategy, Sommer 1987, S. 28-36.
Ginsberg, A., 1989, Assessing the Effectiveness of Strategy Consultants, in: Group & Organizational Studies, Vol. 14, No. 3, S. 281-298.
Gladen, W., 2001, Kennzahlen- und Berichtssysteme; Grundlagen zum Performance Measurement, Wiesbaden.
Gleich, R., 2001, Das System des Performance Measurement; München.
Gleißner, 1997, Notwendigkeit, Charakteristika und Wirksamkeit einer Heuristischen Geldpolitik, 2. Auflage, Stuttgart.
Gleißner, W.; Mott, B.P., 1998, Unternehmensgestaltung, in: WIMA-Info.
Gleißner W.; Meier, G., 1999, Risikoaggregation mittels Monte-Carlo-Simulation, in: Versicherungswirtschaft, S. 926-929.
Gleißner, W., 2000, Faustregeln für Unternehmer – Leitfaden für strategische Kompetenz und Entscheidungsfindung, Wiesbaden.
Gleißner, W., 2000a, Balanced Scorecard im Kontext einer wertorientierten Unternehmenssteuerung, in: DSWR 6/2000. S 160-163.
Gleißner, W., 2000b, Aufbau einer Balanced Scorecard in der Unternehmenspraxis, in: Bilanzbuchhalter und Controller, Nr. 6/2000, S. 129-134.
Gleißner, W., 2000c, Risikopolitik und Strategische Unternehmensführung, in: Der Betrieb Heft 33 8/2000, S. 1625-1629.
Gleißner, W., 2000d, Wertorientierte Unternehmensführung: Chancen und Risiken managen, BDU Depesche 6/2000, S. 4-5, www.bdu.de.
Gleißner, W.; Füser, K., 2000, Moderne Frühwarn- und Prognosesysteme für Unternehmensplanung und Risikomanagement, in: Der Betrieb 2000, Heft 19, S. 933-941.

Gleißner, W.(Hrsg.), 2001, Risikomanagement im Unternehmen, Augsburg, 2001/2003.
Gleißner, W., 2001a, Erfolgsfaktoren, Strategien und Geschäftspläne von Entrepreneuren, in: Blum, U.; Leibbrand, F. (Hrsg) 2001, Entrepreneurship und Unternehmertum, Wiesbaden, S. 235-318.
Gleißner, W., 2001b, Wertorientiertes Risikomangement, in: Blum, U.; Leibbrand, F. (Hrsg) (2001), Entrepreneurship und Unternehmertum, Wiesbaden, S. 363-396.
Gleißner, W., 2001c, Wertorientierte strategische Steuerung, in: Gleißner, W.; Meier, G., Wertorientiertes Risikomangement für Industrie und Handel, Wiesbaden, 2001, S. 63-100.
Gleißner, W., 2001d, Identifikation, Messung und Aggregation von Risiken, in: Gleißner, W.; Meier, G., Wertorientiertes Risikomangement für Industrie und Handel, Wiesbaden 2001, S. 111-138.
Gleißner, W., 2001e, Ratschläge für ein leistungsfähiges Risikomanagement – eine Checkliste, in: Gleißner, W.; Meier, G., Wertorientiertes Risikomangement für Industrie und Handel, Wiesbaden 2001, S. 253-266.
Gleißner, W., 2001f, Mehr Wert durch optimierte Risikobewältigung, in: Zeitschrift für Versicherungswesen, Nr. 6/01.
Gleißner, W., 2001/ 2003, Balanced Scorecard und Risikomanagement: Synergien nutzen, in: Gleißner, W. (Hrsg.), Risikomanagement im Unternehmen, Augsburg, Kapitel 7-4.3.
Gleißner, W.; Lienhard, H., 2001, Wertorientierte Kapitalallokation – ein Schlüssel zum Unternehmenserfolg, in: Gleißner, W.; Meier, G., Wertorientiertes Risikomangement für Industrie und Handel, Wiesbaden, S. 269-287.
Gleißner, W.; Weissman, A., 2001, Kursbuch Unternehmenserfolg, Offenbach.
Gleißner, W.; Weissman, A., 2001a, Das Paradigma der Wertorientierung, in: Gleißner, W.; Meier, G., Wertorientiertes Risikomangement für Industrie und Handel, Wiesbaden, S. 45-52.
Gleißner, W., 2002, Wertorientierte Analyse der Unternehmensplanung auf Basis des Risikomanagements, Finanzbetrieb, Heft 7/8, S. 417-480.
Gleißner, W., 2002a, Rating-Strategien für den Mittelstand, DSWR, 1-2/2002.
Gleißner, W.; Füser, K., 2002, Leitfaden Rating – Basel II: Rating-Strategien für den Mittelstand, 2. Auflage, 2003, München.
Gleißner, W.; Mott, B.; Schmelcher, J., 2002, Balanced Values, Sonderdruck der FutureValue Group AG, Leinfelden-Echterdingen.
Gleißner, W.; Piechota, S., 2002, Advanced Controlling – Eine Ideenskizze, in: Controller Magazin 05 /2002, S. 496-500.
Gleißner, W.; Kintz, S., 2002, Erfolgsorientiertes Benchmarking – Neue Analysemethoden beim Betriebsvergleich: Referenzunternehmen und Erfolgsfaktorenanalysen, in: BDU Datenbank, 2002/2003, Fachaufsätze von Unternehmensberatern (www.bdu.de).
Gleißner, W., 2003, Strategische Positionierung: 14 Dimensionen der Unternehmensstrategie, DSWR, 7/2003.
Gleißner, W., 2003a, Strategische Risikoanalyse, in: Gleißner, W. (Hrsg.), Risikomanagement im Unternehmen, Augsburg.
Gleißner, W., 2003b, Stochastische Planung, Rating und Balanced Scorecard, in: Controller Magazin, 4/2003, S. 400-406.
Gleißner, W., 2003c, Balanced Scorecard und Risikomanagement als Bausteine eines integrierten Managementsystems, in: Romeike, F. (Hrsg); Finke, R., 2003, Erfolgsfaktor Risikomanagement, Wiesbaden.
Gleißner, W.; Grundmann, T., 2003, Stochastische Planung: Auf dem Weg zu einem chancen- und risikoorientierten Controlling, in: Zeitschrift Controlling, Heft 9, S. 459-466.
Gleißner, W.; Leibbrand, F., 2003, Indikatives Rating und Unternehmensplanung als Basis für eine Ratingstrategie, in: Everling, O.; Achleitner, A. K., 2003, Praxishandbuch Rating – Antworten auf die Herausforderung Basel II, Wiesbaden.

Gleißner, W.; Saitz, B., 2003, Kapitalkostensätze: Vom Risikomanagement zur wertorientierten Unternehmensführung, Accounting, September 2003.

Global Association of Risk Professionals (GARP) (September), 1999, Response to Basle's Credit Risk Modelling: Current Practices and Applications – By the Committee on Regulation and Supervision, New York.

Gomez, P., 1995, Shareholder Value, in: Gerke, W., Steiner, M. (Hrsg.), Handwörterbuch des Bank- und Finanzwesens, Stuttgart.

Gomez, P.; Probst, G., 1997, Die Praxis des ganzheitlichen Problemlösens, 2. Auflage, Bern, Stuttgart, Wien.

Göttgen, O., 1996, Erfolgsfaktoren in stagnierenden und schrumpfenden Märkten, Saarbrücken/Wiesbaden.

Goolsbee, A., 2001, Weshalb der Netzwerk-Effekt so entscheidend ist, in: Financial Times Deutschland, 2001, Mastering: Strategie; Das gesammelte Wissen der weltweit führenden Business-Schools, Kösel Kempten, S. 39-44.

Greetz, C., 2000, The interpretation of cultures, New York.

Grundmann, T., 2003, Anforderungen an ein Softwaresystem zur Integration des Risikomanagements in ein umfassendes, wertorientiertes Unternehmenssteuerungssystem, in: Gleißner, W.; Meier, G., Wertorientiertes Risikomangement für Industrie und Handel, Wiesbaden, S. 335-350.

Günther, T., 1997, Unternehmenswertorientiertes Controlling, München.

Gutenberg, E., 1966, Grundlagen der Betriebswirtschaftslehre, 1. Band, Die Produktion, Springer, Berlin u. a., 12. Auflage.

Hahn, D., 1996, PuK Controllingkonzepte: Planung und Kontrolle, Planungs- und Kontrollsysteme, Planungs- und Kontrollrechnung, Wiesbaden.

Hamel, G.; Prahalad, C. K., 1995, Wettlauf um die Zukunft, Wien.

Hamel, G., 1996, Strategie as Revolution, in: Harvard Bussines Review, Juli/August, Boston.

Hammer, R. M., 1998, Strategische Planung und Frühaufklärung, 3. Auflage, München und Wien.

Hayek, F. A. v., 1945, Die Verwertung des Wissens in der Gesellschaft, englisch: The Use of Information in Society, American Economic Review 35.

Hermann, D.C., 1996, Strategisches Risikomanagement kleiner und mittlerer Unternehmen, Berlin.

Hering, T., 1998, Kapitalwert und interner Zins, in: WISU 8-9/98, S. 899-904.

Hering, T., 1999, Finanzwirtschaftliche Unternehmensbewertung, Wiesbaden (zugl. Habilitationsschrift Greifswald 1998).

Hinterhuber, H.; Sauerwein, E.; Fohler-Norek, C., 1998, Betriebliches Risikomanagement, Wien.

Horváth, P., 1998, Controlling, 7. Auflage, München.

Horváth, P.; Kaufmann, L., 1998, Balanced Scorecard – ein Werkzeug der Umsetzung von Strategien, in: Harvard Business manager 1998, Heft 5.

Hubbard, R. G., 1994, Investment Under Uncertainty: Keeping One's Options Open, in: Journal of Economic Literature, Vol. 32, S. 1816-1831.

Huschens, S., 2000, Verfahren zur Value-at-Risk-Berechnung im Marktrisikobereich, in: Handbuch Risikomanagement, Hrsg.: L. Johanning, B. Rudolph, München.

Institut der Wirtschaftsprüfer, 2002, Grundsätze zur Durchführung von Unternehmensbewertungen, Düsseldorf.

Jacob, H., 1974, Unsicherheit und Flexibilität – Zur Theorie der Planung bei Unsicherheit, in: Zeitschrift für Betriebswirtschaft, Vol. 44, S. 299-326, S. 403-448, S. 505-526.

Jendruschewitz, B., 1997, Value at Risk – Ein Ansatz zum Management von Marktrisiken in Banken, Frankfurt/Main.

Jenner, T., 1999, Determinante des Unternehmenserfolgs: eine empirische Analyse auf Basis eines holistischen Untersuchungsansatzes, Stuttgart, Schäffer-Poeschel.
Johanning, L.; Rudolph, B., 2000, Handbuch Risikomanagement (2 Bände), Bad Soden.
Jones, R.; Ostroy, J., 1984, Flexibility and Uncertainty, in: Review of Economic Studies, 1984, S. 13-32.
Kaplan, R. S.; Norton, D. P., 1997, Balanced Scorecard: Strategien erfolgreich umsetzen, Stuttgart.
Kaplan, R. S.; Norton, D. P., 2001, Die strategiefokussierte Organisation: Führen mit der Balanced Scorecard, Stuttgart.
Keil, R., 1996, Strategieentwicklung bei qualitativen Zielen, Berlin.
Keiner, T., 2001, Rating für den Mittelstand: Wie Unternehmen ihre Bonität unter Beweis stellen und sich günstige Kredite sichern, Frankfurt, New York.
Keitsch, D., 2000, Risikomanagement, Stuttgart.
Knez, M., 2001, Kompromisse beim Aufbau einer Organisation, in: Financial Times Deutschland, 2001, Mastering: Strategie; Das gesammelte Wissen der weltweit führenden Business-Schools, Kempten, S. 179-184.
Kirchgässner, G., 1991, Homo oeconomicus, Tübingen.
Knight, F. H., 1921, Risk, Uncertainty, and Profit, Boston, Neuauflage, Chicago, 1971.
Kralicek, P., 2001, Kennzahlen für Geschäftsführer, Wien.
Krammer, C., 2000, Logik und Konzeption eines strategischen Anreizsystems auf Basis des Wertsteigerungsansatzes, in PwS Personalwirtschaftliche Schriften, Band 17, München.
Krüger, 1988, Die Erklärung von Unternehmenserfolg: Theoretischer Ansatz und empirische Ergebnisse, in: DBW 1988, S. 27-43.
Krystek, U., 1987, Unternehmenskrisen: Beschreibung, Vermeidung und Bewältigung überlebenskritischer Prozesse in Unternehmungen, Wiesbaden.
Krystek, U.; Müller, M., 1999, Frühaufklärungssysteme, in: Controlling 1999, Heft 4/5.
Kühn, R.; Grünig, R., 2000, Grundlagen der strategischen Planung; Ein integraler Ansatz zur Beurteilung von Strategien, 2. Auflagen, Bern. Stuttgart, Wien.
Kühn, R.; Walliser, M., 1978, Problemdeckungssystem mit Frühwarneigenschaften, in: Die Unternehmung, S. 223 ff.
Küting, K.; Heiden, M.; Lorsen P., 2000, Neuere Ansätze – Externe unternehmenswertorientierte Performancemessung, in: Beilage zu BBK Heft 1/2000.
Küting, K.; Weber, C.-P., 2000, Der Konzernabschluß, Stuttgart.
Labhardt, P.; Suter, R.; Volkart, R., 1999, Risiko – Management – Aktionärs- und Managementinteresse, in: Bilanz 4/1999.
Lehner, U., 1999, Risikomanagement – Ein Gegenstand der Abschlußprüfung, in: Baetge, J. (Hrsg.), Auswirkung des KonTraG auf Rechnungslegung und Prüfung, Düsseldorf.
Leibbrand, F., 2001, Flexibilität und Risiko – zwei unabhängige Welten, in: Gleißner, W.(Hrsg.), 2001, Risikomanagement im Unternehmen, Augsburg, Kapitel 4.5 S. 20 ff.
Lewis, T. G., 1995, Steigerung des Unternehmenswertes – Total Value Management, 2. Auflage, Landsberg am Lech.
Lintner, J., 1965, The Valueation of Risk Assets and the Selection of Risky Investments in Stock Portfolios and Capital Budgets, in: Review of Economics and Statistics, vol. 47, S. 13-37.
Lorson, P., 1999, Shareholder Value-Ansätze, in: Der Betrieb, Heft 26/27 1999, S. 1329-1339.
Lücke, W., 1991, Investitionslexikon, 2. Auflage, München.
Lückmann, R., 1999, Tretminen rechtzeitig entschärfen, in: Handelsblatt vom 18.03.1999.
Mandl, G.; Rabel, U., 1997, Unternehmensbewertung: Eine praxisorientierte Einführung, Wien, Frankfurt/Main.

Markowitz, H. M., 1952, Portfolio Selection, Journal of Finance, S. 77-91.
Marschak, T.; Nelson, R., 1962, Flexibility, Uncertainty, and Economic Theory, in: Metroeconomica, Apr.-Dec. 1962, S. 42-58.
May, P., 2001, Lernen von den Champions; Fünf Bausteine für unternehmerischen Erfolg, Frankfurt am Main.
Meyer, C., 2000, Kunden-Bilanzanalyse der Kreditinstitute; Eine Einführung in die Jahresabschluss-Analyse und in die Analyse-Praxis der Kreditinstitute, 2. Auflage, Stuttgart.
Meyer-Pliening, A., 1990, Zero Base Planning; Zukunftsicherndes Instrument der Gemeinkostenplanung, Köln.
Meffert, H., 1985, Größere Flexibilität als Unternehmenskonzept, in: Zeitschrift für betriebswirtschaftliche Forschung, Vol. 37, S. 121-137.
Miller, M.H.; Modigliani, F., 1958, The cost of capital, corporation finance and the theorie of investment, in: American Economic Review, 48, S. 261-297.
Miller, M.H.; Modigliani, F., 1961, Dividend policy, growth and the valuation of shares, in: Journal of Business, 34, S. 411-433.
Mintzberg, H., 1996, Strategie als Handwerk, in: Montgomery, C. A.; Porter, M. E (Hrsg.), Strategie, Wien 1996, S. 459- 474.
Mintzberg, H.; Ahlstrand, B.; Lampel, J., 2001, Viele Standpunkte, – bessere Strategien, in Financial Times Deutschland, 2001, Mastering: Strategie; Das gesammelte Wissen der weltweit führenden Business-Schools, Kempten, S. 28-35.
Mintzberg, H.; Waters, J. A., 1985, Of strategies, deliberate and emergent, Stategic-Management Journal, 6, S. 257-272.
Mintzberg, H.; Ahlstrand, B.; Lampel, J., 1999, Strategy Safary; eine Reise durch die Wildnis des strategischen Managements, Wien.
Möller, H.P., 1988, Die Bewertung risikobehafteter Anlagen an Deutschen Börsen, in ZFbF, 40. Jahrgang, S. 779-797.
Morck, R.; Yeung, B., 2001, Wann Synergien das Wachstum fördern, in Financial Times Deutschland, 2001, Mastering: Strategie; Das gesammelte Wissen der weltweit führenden Business-Schools, Kempten, S. 171-178.
Mott, B., 2001, Organisatorische Gestaltung von Risiko-Managementsystemen, in: Gleißner, W.; Meier, G., Wertorientiertes Risikomangement für Industrie und Handel, Wiesbaden 2001, S. 199-232.
Müller-Stevens, G.; Lechner, C., 2001, Strategisches Management: wie strategische Initiativen zum Wandel führen, Stuttgart.
Muth, J. F., 1961, Rational Expectations and the Theory of Price Movements, in: Econometrica, 29, S. 315-335.
Nelson, R.R.; Winter, S.G., 1982, An Evolutonary Theory of Economic Growth, Cambridge Mass., London.Nippel, P., 1999, Zirkularitätsproblem in der Unternehmensbewertung, in: BfuP 3/99 S. 333 – 347.
Nieschlag, R.; Dichtl, E.; Hörschgen, H., 1990, Marketing, Berlin.
Nowak, K., 2000, Marktorientierte Unternehmensbewertung, Wiesbaden.
Oehler, A. (Hrsg.), 2000, Kreditrisikomanagement – Portfoliomodelle und Derivate, Stuttgart.
Oettinger, B. von, 2001, Einleitung: Renaissance der Strategie, in: Financial Times Deutschland, 2001, Mastering Strategie, Das gesammelte Wissen der weltweit führenden Business-Schools, Kempten.
Ohne Verfasser, 1999, Alternativer Risikotransfer (ART) für Unternehmen: Modeerscheinung oder Risikomanagement des 21. Jahrhunderts? (o.V.), sigma 2/1999 (und 1/2003).

Overbeck, L.; Stahl, G., 1998, Stochastische Modelle im Risikomanagement des Kreditportfolios, in: Oehler, S. 97-110.

Pascale, R.; Millemann, M.; Gioja, L.; Hermann, M., 2002, Chaos ist die Regel; Wie Unternehmen Naturgesetze erfolgreich anwenden, München.

Peemöller, V., H., 2002, Praxishandbuch der Unternehmensbewertung, 2. Auflage, Herne.

Peemöller, V. H.; Meister, J.; Beckmann, C., 2002, Der Multiplikatoransatz als eigenständiges Verfahren in der Unternehmensbewertung, in: Finanz-Betrieb 04/2002, S. 197 – 209.

Penrose, E. T. 1959, The theory of the growth of the firm, 1. Auflage, Oxford/Blackwell.

Perridon, L.; Steiner, M., 2002, Finanzwirtschaft der Unternehmung, München.

Pindyck, R. S., 1991, Irreversibility, Uncertainty, and Investment, in: Journal of Economic Literature, Vol. 29, S. 1110-1148.

Porter, M. E., 1992, Wettbewerbsvorteile, 3. Auflage., Frankfurt/Main.

Porter, M. E., 1995, Wettbewerbsstrategie, 8.Auflage., Frankfurt/Main.

Rappaport, A., 1996 Wertorientierte Unternehmensführung – Strategien zur Schaffung von Shareholder Value, in: Montgomery, C. A.; Porter M. E. (Hrsg).: Strategie, S. 433-458.

Rappaport, A., 1999, Shareholder Value, 2. Auflage, Stuttgart.

Reissner, S., 1992, Synergiemanagement & Aquisitionserfolg, Wiesbaden.

Richter, R.; Furubotn, E. G., 1999, Neue Institutionenökonomik, 2. Auflage, Tübingen.

Romens, U., 1994, Stategie, Structur, and ecconomic performance, Boston.

Romeike, F. (Hrsg.); Finke, R. (Hrsg.), 2003, Erfolgsfaktor Risikomanagement, Wiesbaden.

Romeike, F., 2003, Balanced Scorecard in Versicherungen, Wiesbaden.

Rommel, G.; Kluge, J.; Kempis, R.-D., Bruch, F., 1993, Einfach überlegen; das Unternehmenskonzept, das die Schlanken schlank und die Schnellen schnell macht, Stuttgart.

Roselieb, F. (Hrsg), 2002, Die Krise managen: 5 wertsteigernde Strategien für die Internetwirtschaft, Frankfurt/Main.

Ross, S.A., 2003, Fundamentals of corporate finance, 6. Auflage, Boston.

Röttger, B., 1994, Das Konzept Added Value als Maßstab für finanzielle Performance, Kiel.

Saitz, B.; Braun, F., 1999, Das Kontroll- und Transparenzgesetz, Wiesbaden. Schierenbeck, H., 1999, Risk Controlling in der Praxis, Zürich.

Schierenbeck, H.; Lister, M., 2001, Value Controlling: Grundlagen wertorientierter Unternehmensführung, München, Wien.

Schumpeter, J. 1942, Capitalism, Socialism, and Democracy, New York.

Schultze, W., 2001, Methoden der Unternehmensbewertung, Düsseldorf.

Schütz, A., 1972, Strukturen der Lebenswelt, in: Schütz, A., Gesammelte Aufsätze, Band 2: Studien zur soziologischen Theorie, Den Haag. 1972, S. 153-170.

Schwetzler, B.; Darijtschuk, N., 1999, Unternehmensbewertung mit Hilfe der DCF Methode – eine Anmerkung zum „Zirkularitätsproblem", in der Zeitschrift für Betriebswirtschaft, 3/1999, S. 295-318.

Senge, P. M. , 2001, Die fünfte Disziplin – Kunst und Praxis der lernenden Organisation, 8. Auflage, Stuttgart.

Sharpe, W.,1964, Capital Asset Prices: A Theory of Market Equilibrium under Conditions of Risk, Journal of Finance 19.

Sharpe, W., 1970, Portfolio Analysis and Capital Markets, New York.

Shiller, R. J., 2000, Irrationaler Überschwang. Warum eine lange Baisse an der Börse unvermeidlich ist, Frankfurt/Main, New York.

Shiller, R. J., 2003, Die neue Finanzordnung, Frankfurt am Main.

Simon, H., 1990, Hidden Champions – Speerspitze der deutschen Wirtschaft, in: ZfB 1990, S. 875-890.
Simon, H.; Homburg, Chr. (Hrsg.), 1998, Kundenzufriedenheit, 3. Auflage, Wiesbaden.
Smith, A., 1776, Der Wohlstand der Nationen – Eine Untersuchung seiner Natur und seiner Ursachen. Beck, München.
Spremann, K., 1996, Wirtschaft, Investition und Finanzierung, München, Wien.
Staehle, W., 1991, Management, 6. Auflage, München.
Steiner, P.; Uhlir, H., 2000, Wertpapieranalyse, Heidelberg.
Stern, J.M.; Shiely, J. S.; Ross, I., 2002, Wertorientierte Unternehmensführung mit Economic Value Added (EVA), München.
Strauss, B.; Hentschel, B., 1990, Verfahren der Problemdeckung und -analyse im Qualitätsmanagement von Dienstleistungsunternehmen, in: Jahrbuch der Absatz- und Verbrauchsforschung, 3/90, S. 232-259.
Strauss, B.; Hentschel, B., 1991, Dienstleistungsqualität, in: WiSt Heft 5, Mai 1991, S. 238-244.
Tversky, A.; Kahneman, D., 1972, Subjective probability: a judgement of representativeness, in: Cognitive Psychology 3, 1972.
Tversky, A.; Kahneman, D., 1986, Rational Choice and the Framing of Decisions, in: Journal of Business, 59, No. 4, S. 251-278.
Ulschmid, C., 1994, Empirische Validierung von Kapitalmarktmodellen; Untersuchungen zum CAPM und zur APT für den deutschen Aktienmarkt, in: Europäische Hochschulschriften, Reihe V, Volks- und Betriebswirtschaft, Bd. 1602, Peter Lang – Europäischer Verlag der Wissenschaften.
Unzeitig, E.; Köthner, D., 1995, Shareholder Value Analyse, Stuttgart.
Utecht, B., 1994, Neuklassische Theorie, Marktunvollkommenheit und Beschäftigungspolitik, Berlin.
Warfsmann, J., 1993, Das Capital Asset Pricing Model in Deutschland, Wiesbaden.
Weber, J.; Schäffer, U., 2000, Entwicklung von Kennzahlensystemen, in: Betriebswirtschaftliche Forschung und Praxis 2000, Nr. 1.
Weber, M.; Krahanen, J.P.; Foßmann, F., 1999, Risikomessung im Kreditgeschäft: Eine empirische Analyse bankinterner Rating-Verfahren; in: Zeitschrift für betriebswirtschaftliche Forschung, Sonderheft 41.
Weissman, A.; Feige, J., 1997, Sinnergie; Wendezeit für das Management, Zürich.
Whittington, R.; Pettigrew, A.; Ruigrock, W., 2001, Struktur und Strategie müssen ins Konzept passen, in: Financial Times Deutschland, 2001, Mastering: Strategie; Das gesammelte Wissen der weltweit führenden Business-Schools, Kempten, S. 201-208.
Wiemann, V.; Mellewigt, T., 1998, Das Rendite Risiko Paradoxon; eine statistische Illusion, in: ZfBF 50, S. 551-572.
Wiemann, V. 1998, Verlust Eskalation in Management Entscheidungen: eine empirische Untersuchung, Frankfurt a. M., Berlin, Bern, Wien.
Williamson, O. E., 1985, The Economic Institutions of Capitalism: Firma, Markets, Relational Contracting, New York.
Williamson, O., 1985, The Economic Institutions of Capitalism, New York.
Wilson, T., 1997a, Portfolio Credit Risk (I), Risk 10 (9), S. 111-119.
Wilson, T., 1997b, Portfolio Credit Risk (II), Risk 10 (10), S. 56-61.
Wolbert, J., 1999, Die Früherkennung von Risiken mit Hilfe wertorientierter Unternehmensführung, in: Braun, F.; Saitz, B., (Hrsg.), Das Kontroll- und Transparenzgesetz, Wiesbaden.
Wolf, K.; Runzheimer, B., 1999, Risikomanagement und KonTraG, Wiesbaden.

Wortmann, A., 2001, Shareholder Value in mittelständischen Wachstumsunternehmen, Wiesbaden.
Zentraler Kreditausschuss, 2000, Stellungnahme zur „Neuregelung der angemessenen Eigenkapitalausstattung" des Baseler Ausschusses für Bankenaufsicht, (o. V.) Bonn (März).
Zimmermann, H., 1996, Corporate Finance und Financial Engineering, in: Fit-for-Finance. Anlagestrategien für die Praxis; Verlag Neue Züricher Zeitung, S. 367-413.
Züger, E., 1998, Zum Zusammenhang zwischen Aktionärsstruktur, Shareholder Value und Kapitalallokation, Universität St. Gallen.

Abbildungsverzeichnis

Abbildung 1: Aktien, Renditen in verschiedenen Branchen 24
Abbildung 2: Die Logik des wertorientierten Managements 25
Abbildung 3: Unternehmenswert als Wert der einzelnen Geschäftsfelder (GF) . 26
Abbildung 4: Unternehmenswert als „Discounted Cash-Flow" (DCF) 27
Abbildung 5: Gesamtüberblick FutureValue 30
Abbildung 6: Marktattraktivität-Wettbewerbsvorteil-Portfolio 31
Abbildung 7: Analyse der Erfolgsfaktoren 32
Abbildung 8: Komponenten der Untersuchungsstrategie 33
Abbildung 9: Risikoumfang und Risikotragfähigkeit 35
Abbildung 10: Beispiel der kausalen Zusammenhänge in einer FutureValue
Scorecard 36
Abbildung 11: Optimierung der operativen Werttreiber 39
Abbildung 12: Unternehmensvision versus Persönliche Version? 45
Abbildung 13: Der Zusammenhang zwischen Vision, Leitbild und Strategie . . 49
Abbildung 14: Positiver Sog durch das Leitbild 50
Abbildung 15: Wettbewerbskräfte gemäß Porter 56
Abbildung 16: Ergebnisse der PIMS-Studie 60
Abbildung 17: Beispielhafter Ausschnitt aus einer Geschäftslogik 64
Abbildung 18: Das einzig Beständige ist der Wandel 67
Abbildung 19: Marktattraktivität 76
Abbildung 20: Differenzierungsprofil 77
Abbildung 21: Value-Check 83
Abbildung 22: Die fünf Erfolgsfaktoren 84
Abbildung 23: Checkliste zur Strategie- und Managementbewertung 88
Abbildung 24: Checkliste zur Organisations- und Prozessbewertung 88
Abbildung 25: Checkliste zur Mitarbeiterbewertung 88
Abbildung 26: Checkliste zur Markt- und Kundenbewertung 89
Abbildung 27: Ergebnisse einer Mitarbeiterbefragung 92
Abbildung 28: „Werttreiberbaum" 94
Abbildung 29: DuPont-Schema 95
Abbildung 30: Status-quo: Stärken und Schwächen zu den Erfolgsfaktoren . . . 100
Abbildung 31: FutureValue als Element des Shareholder Value 104
Abbildung 32: Anlässe der Unternehmensbewertung 106
Abbildung 33: Bewertungsverfahren im Überblick 106
Abbildung 34: Gesamtbewertungsverfahren im Überblick 107
Abbildung 35: Substanzwertverfahren im Überblick 109
Abbildung 36: Mischverfahren im Überblick 110

Abbildung 37: Kriterienraster zur Bestimmung des Geschäftsrisikos 120
Abbildung 38: Das 2-Phasen-Wachstumsmodell 122
Abbildung 39: Beispiel zur Entwicklung von EBIT und fCF 123
Abbildung 40: Screenshot Strategienavigator 128
Abbildung 41: Kernkompetenzen als Erfolgspotenziale 133
Abbildung 42: Marktattraktivitäts-Wettbewerbsposition-Portfolio 139
Abbildung 43: Vier-Felder-Matrix der Boston Consulting Group 140
Abbildung 44: Marakon-Matrix 142
Abbildung 45: Zusammenhänge zwischen Eigen- und Risikokapital 149
Abbildung 46: Rendite-Risiko-Portfolio 149
Abbildung 47: Balance zwischen Risiko und Risikotragfähigkeit 150
Abbildung 48: Kernbereiche der Unternehmensstrategie 155
Abbildung 49: Strategische Unterziele 159
Abbildung 50: Kompetenztypen 172
Abbildung 51: Kompetenzstruktur der Wertschöpfungskette (Beispiel) 173
Abbildung 52: Kompetenzmatrix (Auszug) 179
Abbildung 53: Prozessanalyse als Basis der Ressourcenplanung 186
Abbildung 54: Ablauf der Organisationsgestaltung 187
Abbildung 55: Das Unternehmen mit prozessorientierter Struktur 189
Abbildung 56: Geschäftsprozess 194
Abbildung 57: Beispiel für ein Risikoinventar 208
Abbildung 58: Risikoaggregation 210
Abbildung 59: Verteilungsfunktion des Gewinns 211
Abbildung 60: Verteilungsfunktion der Eigenkapitalquote 212
Abbildung 61: Rating-Kriterien 219
Abbildung 62: Rating-Check und Rating-Advisory 222
Abbildung 63: Instrumente zur Optimierung des Rating 224
Abbildung 64: Checkliste – Optimierung des Rating 225
Abbildung 65: Auszug aus dem Risiko-Kompass 227
Abbildung 66: Basiserfolgsstrategien in stagnierenden Märkten 230
Abbildung 67: Differenzierungs-/Wachstumsmatrix 235
Abbildung 68: Auszug der Kaufkriterien 237
Abbildung 69: Kundensegmente 240
Abbildung 70: Produktpositionierungs-Diagramm 241
Abbildung 71: AIDA-Regel 244
Abbildung 72: Die Marke als Determinante des Unternehmenswertes:
Werttreiber 250
Abbildung 73: Evolutionsebenen der Marke 251
Abbildung 74: Bausteine des Controlling 256
Abbildung 75: Balanced Scorecard (gemäß Kaplan/Norton, 1997) 259
Abbildung 76: Beispiel der kausalen Zusammenhänge in einer Future
Value Scorecard 260

Abbildungsverzeichnis

Abbildung 77: Konzept der integrierten Unternehmenssteuerung 263
Abbildung 78: Typische Kennzahlen der Finanzperspektive 264
Abbildung 79: Typische Kennzahlen der Markt- und Kundenperspektive . . . 266
Abbildung 80: Typische Kennzahlen der Prozessperspektive 267
Abbildung 81: Typische Kennzahlen der Mitarbeiter- und Kompetenz-
perspektive 268
Abbildung 82: Herleitung der Kennzahl „Neukundenkontakte" 270
Abbildung 83: Prozessanalyse als Basis der Kennzahlenableitung 271
Abbildung 84: Kausalnetz einer FutureValue Scorecard 272
Abbildung 85: Wirkungshypothese hinsichtlich einer Ursache-Wirkungs-
Beziehung 274
Abbildung 86: Wirkungshypothese mit drei Ursache-Wirkungs-Beziehungen . 274
Abbildung 87: Idealtypischer Verlauf der FutureValueScorecard-
Implementierung 277
Abbildung 88: Die Verbindung zwischen „Wert und Werten" 289
Abbildung 89: Verbinden von Wert und Werten als Balanced Value-Check . . 290
Abbildung 90: Eisberg-Modell (I) 292
Abbildung 91: Abhängigkeit zwischen dem formellen und informellen
System 293
Abbildung 92: Die Parallelität des Strategie- und Unternehmenskultur-
prozesses 295
Abbildung 93: Kultur-Strategie-Portfolio 297
Abbildung 94: Interne und externe Signale für die Fehlentwicklung im
kulturellen Bereich 299
Abbildung 95: Stabilität von Geschäftsplänen 306
Abbildung 96: Branchenvergleich diverser Kennzahlen 317
Abbildung 97: Ertragswertverfahren und DCF-Verfahren im Vergleich 320
Abbildung 98: DCF-Verfahren im Überblick 321
Abbildung 99: Ausgewählte Vergleichsverfahren im Überblick 325
Abbildung 100: EBIT- und Umsatzmultiplikatoren 326

Stichwortverzeichnis

A
Ablauforganisation 183 f.
Ableitung 153
Abweichungsanalyse 262, 280
Adjusted Present Value-Ansatz (APV) 321, 323
After sales 246
AIDA-Regel 244
Arbitrage Pricing Theory (APT) 113
Atomisierung 70
Aufbauorganisation 183, 197
Aufgaben der Holding 145
Ausschüttungen 202

B
Balanced Scorecard 255, 259 f., 264
Balanced Value 287, 291
Balanced Value-Check 290
Basel II-Akkord 38, 217
Beta-Faktor (ß) 112, 119
Betriebsergebnis 94
Bottom-Up-Planung 20
Branchenanalyse 75
Branchenvergleich 317
Brutto-Cash-Flow (BCF) 334
Brutto-Investitionsbasis (BIB) 334
Businessplan 301 f.

C
Call-Option 201
Capital Asset Pricing Model (CAPM) 112
Cash-Flow 98, 118, 201, 262, 321
Cash Value Added (CVA) 334
Controlling 148, 223, 256
Controllingsysteme 256 f.
Core Value 49, 295
Critical-Incident-Methode (CIM) 238

D
DCF-Verfahren 107, 321
Debitorenfrist 96
Delegation 184
Differenzierung 166, 240
Differenzierungsprofil 77
Differenzierungsstrategie 233
Discounted Cash-Flow 27
Discounting 230 f.
Diversifikation 144 f.
Dividendenpolitik 202
DuPont-Schema 95
dynamischer Verschuldungsgrad (DVG) 87, 98

E
EBIT-Marge 95, 282
Economic Book Value (EBV) 332 f.
Economic Value Added (EVA) 332
Effizienzsteigerungsprogramm 194
Eigenkapital 202, 204, 210, 214
Eigenkapitalallokation 136, 148
Eigenkapitalbedarf 214
Eigenkapitalquote (EKQ) 97, 150, 212
Einzelbewertungsverfahren 106, 108, 328
emergente Strategien 18
Erfolgsfaktoren 32, 53, 84
Erfolgsfaktorengruppen 85
Erfolgsmaßstab 117
Erfolgspotenziale 84, 133, 206
Ertragsmaßstab 117
Ertragsniveau 219
Ertragswertverfahren 107, 318, 320

F
Factoring 204
finanzielle Stärke 87
Finanzierung 203
Finanzierungsstruktur 199, 220, 222
Finanzperspektive 282
Flexibilität 57, 133, 175
freier Cash-Flow 118, 142, 205, 221
Frühaufklärungsfähigkeit 261

Frühaufklärungssysteme 68, 175
Führung 86, 91
Führungsstil 86, 91
Future Value 13, 29 f., 104
Future Value-Ansatz 40, 284
Future-Value-Konzept 29
Future Value Scorecard 35, 255, 260 f., 264, 272, 275, 277 f., 281

G
Gegenstromverfahren 20
Gesamtbewertungsverfahren 106 f.
Gesamtkapitalbedarf 148
Gesamtrisikoumfang 210
Geschäftsfelder 151, 154, 156, 167
Geschäftsidee 303
Geschäftslogik 30, 53, 63 f., 167, 283, 291
Geschäftspläne 306
Geschäftsprozess 194
Geschäftsrisiko 120
Geschäftsstrategie 135, 153
Glaubwürdigkeit 220
Grundlagen zur Balanced Scorecard 258

H
Harvard Business School 16, 22
Hierarchie 182, 184
Holding 145

I
Implementierung 287
Individualisierung 70
Industrieökonomie 55
Innovationen 177
Innovationsfähigkeit 131, 175, 177

J
Jahresabschlussanalyse 87, 92 f.

K
Kapitalbedarf 141, 203

Kapitalbindung 222
Kapitalkostensätze 111, 119, 263, 282
Kapitalmarkttheorie 137, 147
Kapitalumschlag (KU) 93, 96
Kapitalwertmethoden 108
Kaufkriterien 76, 167, 236 f.
Kausalnetz 261, 282
Kennzahlen 36, 92, 258, 264, 269, 315, 317
Kennzahlensystem 282 f.
Kernkompetenzen 17, 21, 34, 131 ff., 166 f., 171
Kernrisiken 206, 214
Kommunikation 223
Kommunikationspolitik 244
Kompetenzen 79, 11, 183
Kompetenzmodell 171, 178 f.
Kompetenzperspektive 282
Kompetenzprofile 171
Kompetenzstruktur 172 f.
Kompetenztyp 171 f., 179
Konkurrenzpreisstrategie 243
Konsumverhalten 73
Koordination 19, 184 f.
Koordinationsmechanismen 19
Kosteneffizienz 176
Kostenmanagement 176, 192 f.
Kostenpreisstrategie 242
Kreditorenfrist 96
kritische Masse 166
Kulturentwicklung 287
Kundenansprache 172, 246
Kundenbefragung 235 f., 238, 253
Kundendialog 246
Kundengewinnung 246
Kundengruppen 240
Kundennähe 174
Kundenorientierung 61
Kundenperspektive 282
Kundenvertrautheit 157
Kundenzufriedenheit 237 f., 253
Kulturentwicklung 292
Kultur-Strategie-Portfolio 297

L
Leitbild 30, 37, 43, 49 f.
Lernfähigkeit 175

Lücke-Theorem 108

M
Marakon-Matrix 138, 142 ff.
Marke 176, 247 f., 250 f.
Markenebene 251 f.
Markenführung 247, 249
Markenkompetenz 176
Markenwert 248 f., 251
Marketing-Mix 241
Marketingstrategie 229, 235, 247, 253
Market Value Added (MVA) 332 f.
Marktanteil 60, 144
Marktattraktivität 31, 76, 304
Marktattraktivitäts-Portfolio 139
Marktperspektive 282
Markt-Portfolio 138, 152
Maßnahmenplanung 284
Megatrends 72
Mitarbeiter 86, 267 f., 289, 292, 300
Mitarbeiterbefragung 90, 335
Mitarbeiterkompetenz 178
Mitarbeiterperspektive 282
Mittelwertverfahren 110, 329
Modigliani-Miller-Theorem 200
Monte-Carlo-Simulation 120, 210, 215
More for Less 230, 232
Multiplikatorverfahren 325 f.

N
Nachfragerpreisstrategie 242
Net Operating Profit after Taxes (NOPaT) 333
Netto-Verfahren 324
Netzwerkeffekte 164
Netzwerkkompetenz 176

O
Optimierung des Rating 224 f.
Option 202
Optionspreis-Theorie 202
Organisation 181, 191
Organisationsgestaltung 181, 187
Organisationshandbuch 195

P
Paradigma der Wertorientierung 23, 28
Perspektiven 282 f.
PIMS-Studie 59 f.
Planerfolgsrechnung 210, 304
Planungsprozesse 136
Planungssicherheit 257
Plausibilitätsprüfung 279
Portfoliomanagement 136, 145, 177
Portfoliostrategie 135 ff., 151
Positionierung 229
Preispolitik 242 f.
Produktführerschaft 156
Produktion 86
Produktionskompetenz 175
Produkt-Markt-Kombinationen 154
Produktpolitik 242
Produktpositionierung 240
Prospect-Theorie 148
Prozessperspektive 282

Q
Qualifikation 91
Qualitätskompetenz 175
Quick-Ratio 98

R
Rating 38, 89, 92, 217
Rating-Advisory 222
Rating-Kriterien 218 f.
Rating-Strategie 221, 224
Rechtekompetenz 177
Rendite-Risiko-Portfolio 138
Rentabilität 94, 159
Risiken 89, 92, 166, 201, 205, 210, 213, 220, 305 f.
Risikoaggregation 34, 120, 210
Risikoaggregationsverfahren 115 f.
Risikoanalyse 207 f., 306
Risikobewältigung 212 f., 222
Risikodeckungspotenzial 163, 220
Risikofelder 207
Risikohandbuch 216
Risikoinventar 89, 150, 208

Risiko-Kompass 89, 226 f.
Risikokosten 212, 214 f.
Risikomanagement 34, 89, 149, 162, 199, 205, 207, 209, 217, 226, 262
Risikomanagement-System 116, 205, 207, 215 f.
Risikoperspektive 282
Risikopolitik 162 f.
Risikoprämien 112, 214
Risiko-Rendite-Paradoxon 148
Risikosimulationsverfahren 210
Risikoumfang 32, 35, 150, 210
Risk-Return-Paradoxon 147

S
Sachmittelkompetenz 177
Segmentierung 229, 240
Sensitivitätsanalysen 212
SERVQUAL-Ansatz 238 f.
SGE 79
Shareholder-Value 104, 322, 335
Shareholder-Value-Ansätze 103, 288
Spieltheorie 161
Stellenbeschreibungen 183
Steuerungssysteme 223
Strategie 49, 134, 168, 181, 221, 301
– rentabilitätsorientierte 158
– revolutionäre 160
– risikoorientierte 158
Strategiedimensionen 169
Strategieentwicklung 100, 136, 160, 292
Strategienavigator 128
Strategie-Review 276
strategische Dimensionen 168
strategische Geschäftseinheiten 136
strategische Kompetenz 176
strategische Konzeption 131, 166, 170, 276
strategische Optionen 126
strategische Planung 131
strategische Positionierung 168
strategische Stoßrichtung 157, 159, 167
strategisches Management 13 f., 16
strategisches Risikomanagement 163
Structur-Follows-Strategie 181
Stuttgarter Verfahren 329, 331

Substanzwert 109, 328, 330
SWOT-Analyse 101
Synergien 145 f., 152

T
Technologien 69, 86, 177
technologische Führerschaft 177
Top-Down-Planung 20
Top-Risiken 209
Total Cash-Flow-Ansatz (TCF) 324
Transaktionskosten 69 f., 72, 146
Transaktionskostentheorie 146
Transparenz 193, 220, 223
Trends 67, 69, 72, 74, 79

U
Übergewinnverfahren 110, 331
Umsatzmultiplikatoren 326
Unternehmensanalyse 81, 89
Unternehmensbewertung 105 f., 318
Unternehmenserfolg 43, 57
Unternehmensgestaltung 181, 185
Unternehmenskultur 37, 86, 288, 291 f., 294, 298
Unternehmensplanung 20
Unternehmenssteuerung 144, 263
Unternehmensstrategie 27, 33, 131, 153, 281
– Inhalte 155
– Kernbereiche 155
Unternehmenswert 25 ff., 93, 103 f., 110, 117, 120 ff., 298
Unternehmensziele 30
Unternehmerkultur 296

V
Value-at-Risk (VaR) 205, 211
Value-Check 82 f., 92, 100
Value Marketing 230, 233
Value Navigator 262
Vergleichsverfahren 107, 325, 327
Verschuldungsgrad 199 f.
Vertriebskompetenz 174

Vertriebspolitik 245
Vision 30, 43 f., 47 ff.

W
WACC-Ansatz 263, 282, 322 f.
Wachstum 94, 229, 235
Wachstums-Strategien 158, 235
Wahrscheinlichkeitsverteilungen 211
Wert 37
Wertbeitrag 124 f., 138, 207
Wertesysteme 37, 288, 290
wertorientierte Managementsysteme 117
wertorientiertes Management 23, 25, 204
Wertorientierung 23, 261
Wertschöpfungskette 157, 166
Werttreiber 39, 250

Werttreiberanalyse 32, 103, 127
Werttreiberbaum 93 f.
Wert und Werte 49, 287 ff., 291
Wettbewerb 74
Wettbewerbsanalyse 75
Wettbewerbsposition 138
Wettbewerbsposition-Portfolio 139
Wettbewerbsvorteile 75, 131 f., 156, 167, 191, 304
Wirkungshypothese 274

Z
Zero-Base-Planing 194
Zinsdeckungsquote 98
Zukunftsszenario 211
2-Phasen-Wachstumsmodell 122

Die Autoren

Die Mitwirkenden an diesem Buch waren:

Dr. Werner Gleißner, Vorstand FutureValue Group AG und Geschäftsführer RMCE RiskCon GmbH & Co. KG: Er ist verantwortlich für die Entwicklung des FutureValue-Ansatzes und das fachliche Gesamtkonzept des Buches sowie für Beiträge in allen Kapiteln.

Dr. Gleißner ist Diplom-Wirtsch.-Ing., Jahrgang 1966 und seit 1990 als Geschäftsführer der **wima** GmbH – Unternehmensberatung im BDU – selbständiger Unternehmer. Seit seiner Promotion in Volkswirtschaftslehre hat er zudem einen Lehrauftrag an der Technischen Universität Dresden.

Die Schwerpunkte seiner Beratertätigkeit liegen in den Bereichen Strategieentwicklung, Rating, Risikomanagement und Quantitative Analyseverfahren. Dr. Gleißner gilt als Spezialist für die Entwicklung und Umsetzung praxisgerechter, betriebswirtschaftlicher Methoden und Verfahren, wie des FutureValue-Konzepts. Er ist Autor zahlreicher Fachartikel und Fachbücher.

Professor Dr. Arnold Weissman, Inhaber der FutureValue Academy und Partner von Dr. Gleißner bei der Konzipierung des Systems FutureValue – zur nachhaltigen Steigerung des Unternehmenswertes. Professor Dr. Weissman, Jahrgang 1955, ist seit 28 Jahren selbständiger Unternehmer und Berater und gilt als Spezialist für strategische Unternehmensentwicklung. Neben seinem Lehrstuhl an der Fachhochschule Regensburg hat er mehrere Aufsichtsratsmandate sowie Sitze in Beiräten inne. Er ist Autor zahlreicher Managementbücher zum Thema Unternehmensentwicklung.

Bernd P. Mott, Partner, Bereichsleiter und Senior-Projektleiter bei der FutureValue Group AG: Beiträge zu den Kapiteln 6, 8, 11 und 12.

Jill Schmelcher, Stellvertretender Vorstand der FutureValue Group AG: Beiträge zu den Kapiteln 1 und 12.

Jürgen Kohlhammer, Berater und Analyst bei der FutureValue Group AG: Beiträge zu den Kapiteln 4 und 5.

Alexander Artmann, Mitarbeiter der FutureValue Academy: Beiträge zu Kapitel 10 sowie koordinative Unterstützung bei der Erstellung des Buches.

Für die Mitarbeit an weiteren Textbeiträgen zu diesem Buch gilt der Dank Dorkas Sautter (Stellvertretender Vorstand FutureValue Group), Professor Dr. Ulrich Blum (TU Dresden), Swen Hansen (FutureValue Group), Christian Sauer (FutureValue Group) sowie Stefan Thamm (FutureValue Group). Für kritische Anregungen und verschiedentliche Unterstützung bei der Erstellung dieses Buches gilt der Dank Thilo Grundmann, Martin Bemmann, Jens Gärtner und Andreas Göhler, der insbesondere in der Schlussphase die Arbeiten am Buch koordiniert hat und für die Einarbeitung der Korrekturen zuständig war.